钻井液使用与维护

唐丽　毛程　陈红均　编著

中国石化出版社

图书在版编目（CIP）数据

钻井液使用与维护/唐丽，毛程，陈红均编著．
—北京：中国石化出版社，2017.8
ISBN 978 - 7 - 5114 - 4531 - 5

Ⅰ．①钻…　Ⅱ．①唐…②毛…③陈…　Ⅲ．①钻井液
-高等职业教育-教材　Ⅳ．①TE254

中国版本图书馆 CIP 数据核字（2017）第 146143 号

中国石化出版社出版发行

地址：北京市朝阳区吉市口路 9 号
邮编：100020　电话：(010)59964500
发行部电话：(010)59964526
http：//www. sinopec-press. com
E-mail：press@ sinopec. com
北京科信印刷有限公司印刷
全国各地新华书店经销

＊

787×1092 毫米 16 开本 21.5 印张 459 千字
2017 年 8 月第 1 版　2017 年 8 月第 1 次印刷
定价：46.00 元

前　言

本书是高职高专特色专业最新开发的核心课程教材之一，体现了高职高专油田化学应用技术专业改革和课程建设的最新成果。本书按照高等职业教育油田化学应用技术专业人才培养目标和专业教学标准进行编写，内容与生产实际紧密结合，以8个来源于企业的工作任务为载体，设置8个学习情境：学习情境1，黏土矿物的晶体构造；学习情境2，黏土—水胶体化学基础；学习情境3，钻井液性能的测定和调控；学习情境4，钻井液配浆原材料及处理剂；学习情景5，水基和油基钻井液体系；学习情境6，固控设备的使用与维护；学习情境7，井下复杂情况的预防和处理；学习情境8，保护油气层钻井液技术。本书可作为高等职业学校、中等职业学校油田化学应用技术专业的教材，可供从事钻井液生产操作的专业技术人员、生产操作工及管理人员参考使用，也可作为企业职业技能鉴定的培训教材。

本教材紧密结合石油企业钻井液生产操作职业技能鉴定和高职教育的教学特点及学生实际，基于工作过程确定教材内容框架，以通过典型工作任务的学习为载体，进行教材体系的重构，确定学习项目及实训任务。融合钻井液工生产操作职业资格标准，帮助学生掌握钻井液的使用与维护技术。在教材编排上采用了"学习目标→任务描述→相关知识→任务实施→拓展提高→考核建议→思考与练习"等最新教材项目编写体例。

克拉玛依职业技术学院唐丽副教授编写了学习情境1～学习情境6，并审阅了全书；陈红均编写了学习情境7及学习情境8；毛程及其他教师也参与了部分学习情境的编写，并为本书的编写提供了大量资料，提出了宝贵的指导意见，在此一并向他们表示感谢。

限于编者水平，书中不妥和错误之处在所难免，敬请读者批评指正。

目　录

学习情境1 黏土矿物的晶体构造

【学习目标】

能力目标：

（1）能了解钻井液的功能、组成和类型。

（2）能掌握黏土矿物的特点和功能。

（3）能说出巡回检查路线及各岗位检查要点。

知识目标：

（1）了解钻井液的基本功用、组成及类型。

（2）掌握黏土矿物的特点和功能。

（3）掌握巡回检查路线及检查要点。

素质目标：

（1）具有吃苦耐劳、爱岗敬业的职业意识。

（2）能独立使用各种媒介完成学习任务，具有自主学习能力。

（3）具备分析解决问题、接受及应用新技术的能力，以及与生产实践相关的方法能力。

（4）能反思、改进工作过程，能运用专业词汇和同学、老师讨论工作过程中的各种问题。

（5）具有团队合作精神、沟通能力及语言表达能力。

（6）具有自我评价和评价他人的能力。

【任务描述】

通过对钻井液功用、类型和组成的描述，使学生对钻井液在钻井工作中的作用具备初步地了解。通过对黏土矿物结构特点的讲解，帮助学生学习各种黏土矿物的结构和特点，最终能掌握配浆黏土的种类和特点。本项目所针对的工作内容主要是配浆黏土的晶体构造，具体包括：钻井液功用、组成、类型，黏土矿物的晶体构造，以及巡回检查路线。

要求学生以小组为单位，根据任务要求，制定出工作计划，能够分析和处理操作中遇到的异常情况，撰写工作报告。

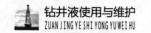
【相关知识】

钻井液是指油气钻井过程中以其多种功能满足钻井工作需要的各种循环流体的总称。钻井液应用技术是油气钻井工程的重要组成部分。现代钻井技术对钻井液应用技术提出了3 个方面的要求：①辅助钻井提高钻井速度；②保证钻井井下安全，防止钻井过程中各种复杂问题发生，如井塌、卡钻、井喷、井漏等；③保护油气层，提高油气井产量。

一、钻井液的基本功用

（一）钻井液的循环过程

钻井液的循环是通过泥浆泵来维持的。从泥浆泵排出的高压钻井液经过地面高压管汇、立管、水龙带、水龙头、方钻杆、钻杆、钻铤到达钻头，并从钻头喷嘴喷出，然后再沿钻柱与井壁（或套管）形成的环形空间向上流动，返回地面后经排出管线流入泥浆池，再经各种固控设备进行处理后返回上水池，并进入再次循环，这就是钻井液的循环过程和循环系统（图1-1）。

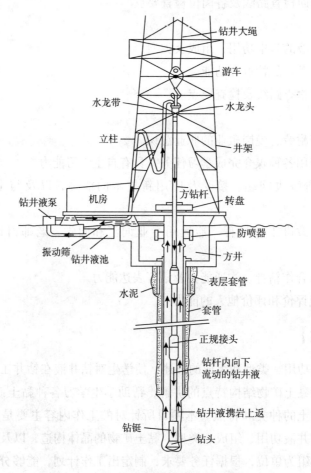

图1-1　钻井液循环过程示意图

（二）钻井液的功用

1. 携带和悬浮岩屑

钻井液最基本的功用就是通过循环，将井底被钻头破碎的岩屑携带到地面，保持井眼清洁，保证钻头在井底始终接触和破碎新地层，不造成重复切削，保持安全快速钻进。在接单根、起下钻或因故停止循环时，钻井液又能将留存在井内的钻屑悬浮在钻井液中，使钻屑不会很快下沉，防止沉砂卡钻等情况的发生。

2. 稳定井壁

井壁稳定、井眼规则是实现安全、优质、快速钻井的基本条件。性能良好的钻井液应能借助于液相的滤失作用，在井壁上形成一层薄而韧的泥饼，以稳固已钻开的地层，并阻止液相侵入地层，减弱泥页岩水化膨胀和分散的程度。

3. 平衡地层压力和岩石侧压力

在钻井工程设计和钻进过程中需通过不断调节钻井液密度，使液柱压力能够平衡地层压力和地层侧压力，从而防止井喷和井塌等井下复杂情况的发生。

4. 冷却和润滑钻头、钻具

钻进时，钻头一直在高温下旋转破碎岩层，产生大量热量。钻具也不断与井壁摩擦而产生热量。正是通过钻井液的循环，将这些热量及时带走，从而起到冷却钻头、钻具，延长其使用寿命的作用。由于钻井液的存在，使钻头和钻具均在液体内旋转，因此在很大程度上降低了摩擦阻力，起到了很好的润滑作用。

5. 传递水动力

钻井液在钻头喷嘴处以极高的流速喷出，钻井液所形成的高速射流会对井底产生强大的冲击力，从而提高了钻井速度和破岩效率。高压喷射钻井所利用的即为该原理，因而显著提高了机械钻速。在使用涡轮钻具钻进时，钻井液由钻杆内以较高流速流经涡轮叶片，使涡轮旋转并带动钻头破碎岩石。

此外，为了防止及尽可能减少对油气层的损害，现代钻井技术还要求钻井液必须与所钻遇的油气层相配伍，满足保护油气层的要求。为了满足地质上的要求，所使用的钻井液必须有利于地层测试，不影响对地层的评价，钻井液还应不会对钻井人员及环境造成伤害和污染，不腐蚀井下工具及地面装备或尽可能减轻腐蚀。

一般情况下，钻井液成本只占钻井总成本的 7% ~ 10%，然而先进的钻井液技术往往可以成倍地节约钻时，从而大幅度地降低钻井成本，带来十分可观的经济效益。

（三）钻井液的组成和分类

1. 钻井液的组成

1）水基钻井液是基本组成

水基钻井液是由膨润土、水（或盐水）、各种处理剂、加重材料以及钻屑所组成的多相分散体系。其中，膨润土和钻屑的平均密度均为 $2.6g/cm^3$，通常称它们为低密度固相；而加重材料常被称为高密度固相。最常用的加重材料为 API 重晶石，其密度为 $4.2g/cm^3$。

在水基钻井液中膨润土是最常用的配浆材料，主要起到提黏切、降滤失和造壁等作用。将它和重晶石等加重材料称作有用固相，而将钻屑称作无用固相。在钻井液中，应通过各种固控措施尽量减少钻屑的含量，膨润土的用量也应以够用为度，不宜过大，否则会造成钻井液粘切过高，还会严重影响机械钻速，并对保护油气层产生不利影响。

2）油基钻井液的基本组成

油基钻井液（油包水乳化钻井液）是以水滴为分散相，油为连续相，并添加适量乳化剂、润湿剂、亲油的固体处理剂（如有机土、氧化沥青等）、石灰和加重材料等所形成的乳状液体系。为保护生态环境，适应海洋钻探的需要，从 20 世纪 80 年代初开始，又逐步推广使用了以矿物油作为基油的低毒油包水乳化钻井液。

油基钻井液具有抗高温、抗盐钙侵、有利于井壁稳定、润滑性好和对油气层损害程度较小等多种优点，目前已成为钻高难度的高温深井、大斜度定向井、水平井和各种复杂地层的重要手段，并且还可广泛地用做解卡液、射孔完井液、修井液和取心液等。

2. 钻井液的分类

随着钻井液工艺技术的不断发展，钻井液的种类越来越多。目前，国内外对钻井液有各种不同的分类方法。其中较简单的分类方法有以下几种。

（1）按其密度大小可分为非加重钻井液和加重钻井液。

（2）按与黏土水化作用的强弱可分为非抑制性钻井液和抑制性钻井液。

（3）按其固相含量的不同，将固相含量较低的称为低固相钻井液，基本不含固相的称为无固相钻井液。

然而，一般所指的分类方法是按钻井液中流体介质和体系的组成特点来进行分类的。根据流体介质的不同，总体上分为水基钻井液、油基钻井液和气体型钻井流体 3 种类型（图1-2）。

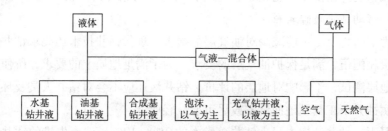

图1-2　钻井液的分类

由于水基钻井液在实际应用中一直占据着主导地位，根据体系在组成上的不同又可将其分为若干种类型。下文所述为在参考国外钻井液分类标准的基础上，在国内得到认可的各种钻井液类型。

1）细分散钻井液

分散钻井液是指用淡水、膨润土和各种对黏土与钻屑起分散作用的处理剂（简称为分散剂）配制而成的水基钻井液。

分散型钻井液是最早出现的、使用时间最长的一类钻井液。分散型钻井液配制方法较简单，且配制成本较低，是一种常用钻井液。

分散钻井液的主要特点为：可容纳较多的固相，较适于配制高密度钻井液；容易在井壁上形成较致密的泥饼，故其滤失量一般较低。某些分散钻井液，如以磺化烤胶、磺化褐煤和磺化酚醛树脂作为主处理剂的三磺钻井液，具有较强的抗温能力，适用于在深井和超深井中使用。但与其他后来出现的钻井液类型相比，其缺点是抑制性和抗污染能力较差，且因其固相含量高，对提高钻速和保护油气层均有不利的影响。

2）钙处理钻井液

钙处理钻井液的组成特点是体系中同时含有一定浓度（质量浓度）的 Ca^{2+} 和分散剂。Ca^{2+} 通过与水化作用很强的钠膨润土发生离子交换，使一部分钠膨润土转变为钙膨润土，从而减弱水化的程度。分散剂的作用是防止 Ca^{2+} 引起体系中的黏土颗粒絮凝过度，使其保持在适度絮凝的状态，以保证钻井液具有良好、稳定的性能。这类钻井液的特点是抗盐、钙污染的能力较强，并且对所钻地层中的黏土有抑制水化分散的作用。因此，可在一定程度上控制页岩坍塌和井径扩大，同时又能减轻对油气层的损害。

3）盐水及饱和盐水钻井液

盐水钻井液是用盐水（或海水）配制而成的。在含盐量从 1%（Cl^- 的质量浓度为 6000mg/L）直至饱和（Cl^- 的质量浓度为 189000mg/L）之前的整个范围内都属于此种类型。盐水钻井液也是一类对黏土水化有较强抑制作用的钻井液。

饱和盐水钻井液是指钻井液中 NaCl 含量达到饱和时的盐水钻井液体系。它可以用饱和盐水配成，亦可先配成钻井液再加盐至饱和。饱和盐水钻井液主要用于钻其他水基钻井液难以应对的大段岩盐层和复杂的盐膏层，也可以作为完井液和修井液使用。

4）聚合物钻井液

聚合物钻井液是以某些具有絮凝和包被作用的高分子聚合物作为主处理剂的水基钻井液。由于这些聚合物的存在，体系所包含的各种固相颗粒可保持在较粗的粒度范围内，与此同时所钻出的岩屑也因及时受到包被保护而不易分散成微细颗粒。其主要优点表现为下述 3 点。

（1）钻井液密度和固相含量低，因而钻进速度可明显提高，对油气层的损害程度也较小。

（2）剪切稀释特性强。在一定泵排量下，环空流体的黏度、切力较高，因此具有较强的携带岩屑的能力；而在钻头喷嘴处的高剪切速率下，流体的流动阻力较小，有利于提高钻速。

（3）聚合物处理剂具有较强的包被和抑制分散的作用，因此有利于保持井壁稳定。因此，自 20 世纪 70 年代以来，该类钻井液一直在国内外得到十分广泛的应用，并且其工艺技术不断得到完善和发展。

5）钾基聚合物钻井液

钾基聚合物钻井液是一类以各种聚合物的钾（或铵、钙）盐和 KCl 为主处理剂的防塌

钻井液。在各种常见无机盐中，以 KCl 抑制黏土水化分散的效果为最好。而聚合物处理剂的存在，使这类钻井液又具有了聚合物钻井液的各种优良特性。因此，在钻遇泥页岩地层时，使用钾基聚合物钻井液可以取得比较理想的防塌效果。

6）油基钻井液

以油（通常使用柴油或矿物油）作为连续相的钻井液称作油基钻井液。含水量在 5% 以下的普通油基钻井液目前已较少使用，而主要使用油水比在（50～80）:（50～20）范围内的油包水乳化钻井液。与水基钻井液相比，油基钻井液的主要特点是能抗高温，有很强的抑制性和抗盐、钙污染的能力，润滑性好，并可有效地减轻对油气层的损害等。因此，这类钻井液已成为钻深井、超深井、大位移井、水平井和各种复杂地层的重要技术手段之一。但另一方面，由于配制成本较高，且使用时会对环境造成一定污染，因而导致油基钻井液的应用受到一定的限制。

7）合成基钻井液

合成基钻井液是以合成的有机化合物作为连续相，盐水作为分散相，并含有乳化剂、降滤失剂、流型改进剂的一类新型钻井液。由于使用无毒并且能够生物降解的非水溶性有机物取代了油基钻井液中通常使用的柴油，因此这类钻井液既保持了油基钻井液的各种优良特性，同时又能大大减轻钻井液排放时对环境造成的不良影响，尤其适用于海上钻井。

8）气体型钻井流体

气体型钻井流体主要适用于钻低压油气层、易漏失地层以及某些稠油油层。其特点是密度低，钻速快，可有效保护油气层，并能有效防止井漏等复杂情况的发生。通常又将气体型钻井流体分为以下 4 种类型。

（1）空气或天然气钻井流体。即钻井中使用干燥的空气或天然气作为循环流体。其技术关键在于必须有足够大的注入压力，以保证能将全部钻屑从井底携至地面的环空流速。

（2）雾状钻井流体。即少量液体分散在空气介质中所形成的雾状流体。是空气与泡沫钻井流体之间的一种过渡形式。

（3）泡沫钻井流体。钻井中使用的泡沫是一种将气体介质（一般为空气）分散在液体中，并添加适量发泡剂和稳定剂而形成的分散体系。

（4）充气钻井液。有时为了降低钻井液密度，将气体（一般为空气）均匀地分散在钻井液中，便形成充气钻井液。混入的气体越多，钻井液密度越低。

9）保护油气目的层钻井液

这是指在储层中钻进时使用的一类钻井液，当一口井钻达目的层时，所设计的钻井液不仅要满足钻井工程和地质的要求，而且还应满足保护油气层的需要。比如，钻井液密度和流变参数应调控至合理范围，滤失量尽可能低，所选用的处理剂应与油气层相配伍，以及选用适合的暂堵剂等。

（四）钻井液技术的发展概况

钻井液应用技术是油气钻井工程的重要组成部分，它在确保安全、优质、快速钻井中起着关键性的作用。在深入学习钻井液工艺的原理和实际应用等具体内容之前，有必要对国内外该项技术的发展概况有一个初步的了解。

1. 水基钻井液的发展概况

1）初步发展时期——自然造浆阶段

在打井的最初阶段，钻井是用清水作为洗井液的。钻屑里的黏土分散在水中，清水逐渐变成混水而成为泥浆，也就是所谓自然造浆。这种最原始的泥浆主要解决问题是携带岩屑、净化井底和平衡地层压力。其基本组成是：水 + 钻屑 + 地面土（1920 年以后使用重晶石、铁矿粉等加重剂）。因为没有使用化学处理剂，存在着滤失量高，性能不稳定，以及易引起井塌、卡钻等一系列问题。

2）快速发展时期——细分散钻井液阶段

后来，人们发现使用人工预先配制的钻井液比使用清水具有更好的功能，此时钻井液才逐渐成为了一项工艺技术。主要解决的问题是钻井液性能的稳定性和井壁稳定问题，典型技术是研制出简单的钻井液性能测定仪器，使用了专门黏土配浆和分散性化学处理剂，于是形成了以细分散钻井液为主的淡水泥浆。

分散钻井液主要用于浅井阶段。它由黏土、水和各种起分散作用的处理剂组成。通常加入纯碱、烧碱、单宁酸钠、褐煤碱液等控制其黏度和滤失量。这些无机和有机处理剂的主要作用是将钻井液中的黏土颗粒充分分散，使体系成为胶体状态，并保持其稳定性。但是，分散钻井液存在着不能有效控制地层造浆，抗温和抗污染能力差，以及不能有效防塌等缺点。

3）高速发展阶段——粗分散钻井液阶段

随着世界石油工业的迅速发展，钻井的数量、速度和深度均显著增长，所钻穿的地层也更加复杂多样，裸眼也越来越长，从而对钻井液提出了更高的要求。这必然促使人们设法寻找各种配制钻井液的原材料和处理剂，研究其性能与钻井工作的关系，并逐步研制出各种钻井液测试仪器和设备，使钻井液应用也得到不断发展。

主要须解决的问题是对付石膏、盐的污染，解决温度的影响等。典型技术包括各种盐水、钙处理钻井液，以及形成了多达16类处理剂品种。

该阶段的特点是出现了新的一类钻井液处理剂——无机絮凝剂，主要是含钙离子的电解质，如石灰、石膏、氯化钙等。同时，经过适度絮凝的钻井液需要作用更强的稀释剂和降滤失剂才能有效地控制钻井液的流动性和滤失性。于是，一些抗盐抗钙能力强的处理剂发展起来，如铁铬木质素磺酸盐、钠羧甲基纤维素等。

4）科学发展时期——聚合物不分散钻井液阶段

随着井深的逐渐增加，更多地钻遇高温高压及各种复杂地层，钻井工艺技术有了更快的发展。例如，超深井钻井、高压喷射钻井、近平衡压力钻井和定向钻井等技术的运用和发展，均促使钻井液技术和固控技术不断向前发展。其中一个突出表现是：主要解决了快速钻井和保护油气层的问题，包括各种影响钻速和井壁稳定的问题。典型技术是钻井液类型不断增多，包括不分散低固相钻井液、气体钻井、保护油气层的钻井液完井液，特别是不分散低固相聚合物钻井液的出现，使高压喷射钻井等新工艺措施得以实现，是钻井液技术发展进程中取得的重要突破。

实践证明，聚合物钻井液在提高机械钻速、稳定井壁、携带岩屑和保护油气层等方面均明显好于其他类型的水基钻井液。

2. 油基钻井液的发展概况

油基钻井液是另一大类钻井液体系。由于其配制成本比水基钻井液高得多，一般只用于高温深井、海洋钻井，以及钻大段泥页岩地层、大段盐膏层和各种易塌、易卡的复杂地层中。

国外最早大约在 20 世纪 20 年代就用原油作为洗井介质，但其流变性和滤失量均不易控制。到了 50 年代，发展形成了以柴油为连续介质的油基钻井液和油包水乳化钻井液。为了克服油基钻井液钻速较低的缺点，在 70 年代又发展了低胶质油包水乳化钻井液，在这期间，为了进一步增强其防塌效果，还发展了活度平衡的油包水乳化钻井液。80 年代以来，为加强环境保护，特别是为了避免钻屑排放对海洋生态环境的影响，又大力发展了以矿物油作为连续相的低毒油包水乳化钻井液。

3. 气体型钻井流体

气体型钻井流体是第三大类钻井流体体系，它包括空气或天然气、雾、泡沫和充气钻井流体。这类流体主要应用于钻低压易漏地层、强水敏性地层和严重缺水地区。从 20 世纪 30 年代起，气体型钻井流体就开始应用于石油钻井中。由于受到诸多限制，应用并不十分广泛。但近年来，随着欠平衡钻井技术和保护油气层技术的发展，气体型钻井流体，特别是泡沫和充气钻井流体的研究和应用受到了广泛重视。

4. 我国钻井液应用技术发展回顾

我国钻井液工艺技术的发展规律与国际上该项技术的发展规律基本相似，也是经历了最初的自然造浆和以钠基为基础的细分散钻井液，后来的对付钻遇复杂地层，如大段泥页岩层、厚岩盐层、石膏层及其他可溶性盐类地层时发展起来的以石灰、石膏及氯化钙为絮凝剂的钙处理钻井液及盐水钻井液，以及目前的不分散低固相和不分散无固相阶段。具体可以分为 4 个具有标志性的阶段。

1）钙处理钻井液阶段（20 世纪 60 ~ 70 年代）

主要使用了 CaO、NaCl 来提高井壁稳定性；利用 FCLS、NaC、CMC 及一些表面活性剂维持钻井液性能的稳定。

2）三磺钻井液阶段（20 世纪 70 年代后期）

三磺钻井液主要用在深井。其使用的处理剂是 SMP、SMC、SMK，有效地降低钻井液高温高压失水，进而提高井壁稳定性。用这类处理剂成功钻成了我国最深的 2 口井：关基井（7175m）、女基井（6011m）。有人称这是我国钻井液技术的"第一大进步"。

3）聚磺钻井液阶段（20世纪70年代末~80年代）

聚磺钻井液是将分散性钻井液（三磺钻井液）和不分散钻井液结合，即在三磺水基钻井液基础上引入阴离子型丙烯酰胺类聚合物抑制剂。有人称这是我国钻井液技术的"第二大进步"。

4）阳离子、两性离子聚合物钻井液阶段（20世纪80年代末~90年代）

阳离子聚合物钻井液：聚合物分子结构上引入阳离子基团（－N－），如阳离子聚丙烯酰胺、羟丙基三甲基氯化胺。两性离子聚合物钻井液：聚合物分子结构上引入阳离子和阴离子2种基团，如FA－367、XY－27等。此类钻井液很好地解决了地层抑制性问题，有人称这是我国钻井液技术的"第三大进步"。

二、黏土矿物的晶体构造及其性质

黏土主要是由黏土矿物（含水的铝硅酸盐）组成的。某些黏土除黏土矿物外，还含有不定量的非黏土矿构，如石英、长石等。许多黏土还含有非晶质的胶体矿物，如蛋白石、氢氧化铁、氢氧化铝等。大多数黏土颗粒的粒径小于$2\mu m$，它们在水中有分散性、带电性、离子交换以及水化性，这些性能都是在处理与配制钻井液时需要考虑的因素。

（一）黏土矿物的分类和化学组成

1. 黏土矿物的分类

黏土矿物的分类方法很多，现根据其单元晶层构造的特征进行分类（表1-1）。

表1-1 黏土矿物的晶体构造分类

单元晶层构通特征	黏土矿物族	黏土矿物
1:1	高岭石族	高岭石、地开石、珍珠陶土等
	埃洛族	埃洛石等
2:1	蒙皂石族	蒙脱石、拜来石、囊脱石、皂石、蛭石等
	水云母族	伊利石、海绿石等
2:2	绿泥石族及其他	各种绿泥石等
层链状结构	海泡石族	海泡石、凹凸棒石、坡缕缩石等

2. 黏土矿物的化学组成

黏土中常见的黏土矿物有3种：高岭石，蒙脱石（也叫微晶高岭石、胶岭石等），伊利石（也称水云母）。它们的化学组成如表1-2所示。

表1-2 几种主要黏土矿物的化学组成

黏土矿物名称	化学组成	$SiO_2 : Al_2O_3$
高岭石	$2Al_2O_3 \cdot 4SiO_2 \cdot 4H_2O$	2:1
蒙脱石	$(Al_2 Mg_3)(Si_4 O_{10})(OH)_2 \cdot nH_2O$	4:1
伊利石	$(K, Na, Ca)_m (Al, Mg)_3 (Si, Al)_8 O_{20}(OH)_4 \cdot nH_2O$	1:1

从表1-2可以看出，不同类型的黏土矿物其化学成分是不同的。如高岭石，其氧化铝含量较高，氧化硅含量较低；而蒙脱石的氧化铝含量较低，氧化硅含量较高；伊利石的特点是含有较多的氧化钾。上述各类黏土矿物化学成分的特点是用化学分析方法鉴别黏土矿物类型的依据。

3. 几种主要黏土矿物的晶体构造

1）黏土矿物的两种基本构造单元

（1）硅氧四面体与硅氧四面体晶片。硅氧四面体中有1个硅原子与4个氧原子，硅原子在四面体的中心，氧原子（或氢氧原子团）在四面体的顶点。硅原子与各氧原子之间的距离相等［图1-3（a）］。在大多数黏土矿物中，硅氧四面体的排列就俯视示意图而言为六角形的硅氧四面体网络［图1-3（b）］。硅氧四面体网络实际上是立体结构［图1-3（c）］。硅氧四面体累加的个数愈多，硅氧四面体网络尺寸愈大。硅氧四面体网络又称硅氧四面体晶片。

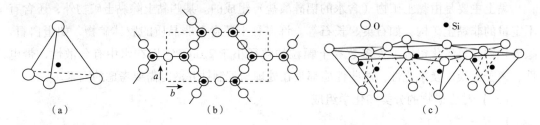

（a）　　　　　　　　　　（b）　　　　　　　　　　（c）

图1-3　硅氧四面体及四面体晶片示意图

（a）单个硅氧四面体；（b）硅氧四面体晶片（俯视图）；（c）硅氧四面体晶片（立体图）

（2）铝氧八面体与铝氧八面体晶片。铝氧八面体的6个顶点为氢氧原子团，铝、铁或镁原子居于八面体中央［图1-4（a）］。图1-4（b）指的是在这种八面体晶片内，铝本应占据的中央位置中仅有2/3被铝原子所占据，有1/3空位，用星号标记。如果八面体晶片的中央位置由Al^{3+}、Fe^{3+}等三价离子占据2/3，留下1/3的空位，这种晶片被称为二八面体晶片。当八面体晶片的中央位置全部由Mg^{2+}、Fe^{2+}等二价离子占据时，这种晶片被称为三八面体晶片。图1-4（c）所示的是三八面体晶片立体图。

（3）晶片的结合。四面体晶片与八面体晶片以适当方式结合，构成晶层。八面体晶片与四面体晶片通过共用的氧原子连接在一起。当只有一片四面体晶片与一片八面体晶片时（如高岭石），四面体以相同的方式连接到八面体上。因此，在这种情况下六角环网络只是暴露在一个层面上。

2）几种主要黏土矿物的晶体构造

硅氧四面体片与铝氧八面体片通过共价键连接在一起构成单元晶层，单元晶层面一面堆积在一起形成晶体。一个单元晶层到相邻的单元晶层的垂直距离c称为晶层间距（图1-5），c为7.2×10^{-1}nm。

（1）高岭石。高岭石的单元晶层构造（图1-5）是由1片硅氧四面体晶片和1片铝氧八面体晶片组成的，所有的硅氧四面体的顶尖都朝着同样的方向，指向铝氧八面体。硅氧四面体晶片和铝氧八面体晶片由共用的氧原子连接在一起。

高岭石构造单元中电荷是平衡的，化学式为 $2Al_2O_3 \cdot 4SiO_2 \cdot 4H_2O$。因为其单元晶层构造是由 1 片硅氧片和 1 片铝氧片组成，故也称为 1:1 型黏土矿物。其晶层在 c 轴方向上一层一层地重叠，而在 a 轴和 b 轴方向上连续延伸。高岭石在显微镜下呈六角形鳞片状结构。

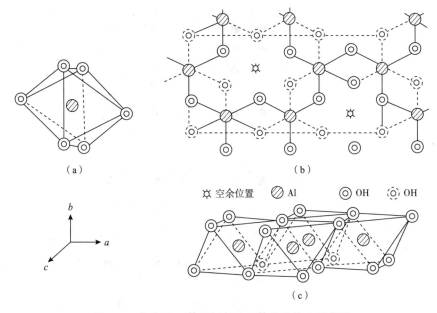

（a）　　　　　　　　　　　　　（b）

☼ 空余位置　　 ◫ Al　　 ◎ OH　　 ◉ OH

（c）

图 1-4　铝氧八面体及铝氧八面体晶片构造示意图

（a）单个铝氧八面体；（b）铝氧八面体晶片（俯视图）；（c）铝氧八面体晶片（立体图）

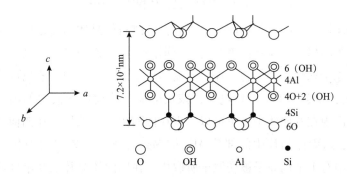

O　　　◎ OH　　○ Al　　● Si

图 1-5　高岭石晶体钩造示意图

高岭石单元晶层，一面为 OH 层，另一面为 O 层（图 1-5），而 OH 键具有强的极性，晶层与晶层之间容易形成氢键。因而，晶层之间连接紧密，晶层间距仅为 7.2×10^{-1} nm，故高岭石的分散度低且性能比较稳定，几乎无晶格取代现象。由于高岭石晶体构造具有上述特点，故阳离子交换容量小，水分不易进入晶层中间，为非膨胀类型的黏土矿物。其水化性能差，造浆性能不好。目前，一般不用高岭石作为配浆黏土。在钻井过程中，含高岭

石的泥页岩地层易发生剥蚀掉块，对此现象必须予以重视。

（2）蒙脱石。蒙脱石可看作是叶蜡石的衍生物。叶蜡石的化学式为 $Al_2[Si_4O_{10}](OH)_2$。叶蜡石的每一晶层单元由 2 片硅氧四面体晶片和夹在它们中间的 1 片铝氧八面体晶片组成（图1-6）。每个四面体顶点的氧都指向晶层的中央，面与八面体晶片共用。此种构造单元晶层沿 a 轴和 b 轴方向无限铺开，同时沿 c 轴方向以一定间距（9.13×10^{-1} nm）重叠起来，构成晶体。

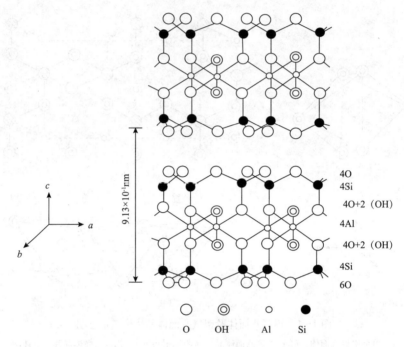

图 1-6　叶蜡石的晶体构造示意图

蒙脱石的晶体构造与叶蜡石不同之处在于：叶蜡石的晶体构造是电平衡的，即电中性的，而蒙脱石由于晶格取代作用而带电荷。所谓晶格取代作用是在其结构中某些原子被其他化合价不同的原于取代而晶体骨架保持不变的作用。例如，如果蒙脱石晶体中 1 个 Al^{3+} 被 1 个 Mg^{2+} 取代，就会产生 1 个负电荷，该负电荷吸附周围溶液中的阳离子来平衡。这种取代作用可以出现在八面体中，也可以出现在四面体中。例如，在四面体晶片中的部分 Si^{4+} 被 Al^{3+} 取代，八面体晶片中的部分 Al^{3+} 被 Mg^{2+}、Fe^{2+}、Zn^{2+} 等取代。如果八面体晶片的 4 个铝原子中有 1 个铝原子被镁原子所取代，在四面体晶片的 8 个硅原子中有 1 个硅原子被铝原子取代。蒙脱石晶体构造如图 1-7 所示。

蒙脱石晶层上、下面皆为氧原子，各晶层之间以分子间力连接。连接力弱，水分子易进入晶层之间，引起晶格膨胀，更为重要的是由于晶格取代作用，蒙脱石带有较多的负电荷，于是能吸附等电量的阳离子。水化的阳离子进入晶层之间，致使 c 轴方向上的间距增加。所以，蒙脱石是膨胀型黏土矿物，这就大大地增加了它的胶体活性。其晶层的所有表面，包括内表面和外表面，都可以进行水化及阳离子交换（图1-8）。蒙脱石具有很大的比表面，可达 $800m^2/g$。

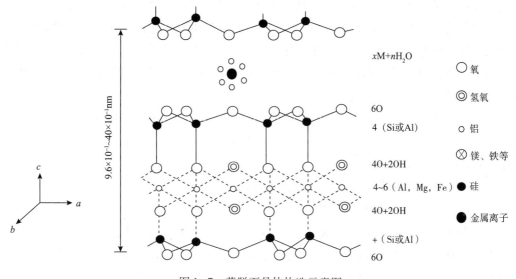

xM+nH₂O 部分的标注，右侧图例：
- 氧
- 氢氧
- 铝
- 镁、铁等
- 硅
- 金属离子

左侧标注：
6O
4（Si或Al）
4O+2OH
4~6（Al，Mg，Fe）
4O+2OH
+（Si或Al）
6O

图 1-7 蒙脱石晶体构造示意图

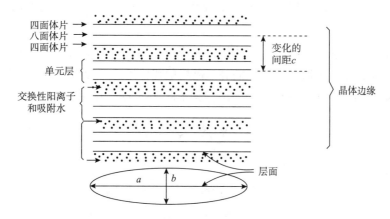

图 1-8 三层型膨胀型黏土晶格示意图

　　蒙脱石的膨胀程度在很大程度上取决于交换性阳离子的种类。被吸附的阳离子以钠离子为主的蒙脱石（称为钠蒙脱石），其膨胀压很大，晶体可以分散为细小的颗粒，甚至可以变为单个的单元晶层（表 1-3）。

表 1-3　在水溶液悬浮体中钠蒙脱石颗粒的粒度分布

粒级组分	质量分数/%	等效离子半径/μm	最大宽度/μm（由电子光学双折射得到/由电子显微镜得到）	厚度/10^{-3}nm	每个颗粒的平均晶层
1	27.3	>0.14	2.5/1.4	146	7.7
2	15.4	0.14~0.08	2.1/1.1	88	4.6
3	17.0	0.08~0.04	0.76/.068	28	1.5
4	17.9	0.04~0.023	0.51/0.32	22	1.1
5	22.4	0.023~0.007	0.49/0.28	18	1

表1-3的数据表明，黏土颗粒的宽度和厚度均随等效球形半径的降低而减小。这一结果从 X 射线衍射和光散射研究得到同样的证明。用超离心机分离出的粗钠蒙脱石，其边缘的电子显微镜照片表明，每 3~4 个单元层堆叠在一起而组成薄片。如果交换性阳离子主要为钙、镁、铵等（称为钙土、镁土、铵土），则分散程度较低，颗粒较粗。卡恩在研究中运用了"等效球"这一概念。假设一个球体的体积和不规则形状黏土颗粒的体积相等，则该球体谓之黏土颗粒的等效球。

推算等效球大小的方法是，假定黏土颗粒为一扁方体，扁方体的体积以下式计算：

$$V_{粒} = L^2 B \tag{1-1}$$

式中　$V_{粒}$——黏土颗粒体积，μm^3；

　　　L——所测得的黏土颗粒最大宽度，μm；

　　　B——所测得的钻土颗粒厚度，μm。

（3）伊利石。伊利石也称为水云母，它的原生矿物是白云母和黑云母。在云母演变为伊利石的过程中，由于云母颗粒逐渐变细，比表面积增大，裸露在表面的钾比晶层内部的钾易于水化，也容易和别的阳离子交换。晶层间的 K^+ 也有一部分换成了 Ca^{2+}、Mg^{2+}、$(H_3O)^+$。化学分析表明，伊利石比它的原生矿物云母少钾、多水。因此，它又称为水云母。

伊利石是三层型黏土矿物，其晶体构造和蒙脱石类似，主要区别在于晶格取代作用多发生在四面体中，铝原子取代四面体的硅。晶格取代作用也可以发生在八面体中，典型的是 Mg^{2+} 和 Fe^{2+} 取代 Al^{3+}，产生的负电荷主要由 K^+ 来平衡（图1-9）。

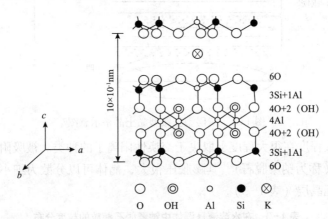

图1-9　白云母的晶体构造示意图

伊利石的晶格不易膨胀，水不易进入晶层之间，这是因为伊利石的负电荷主要产生在四面体晶片，离晶层表面近，K^+ 与晶层的负电荷之间的静电引力比氢键强，水也不易进入晶层间。另外，K^+ 的大小刚好嵌入相邻晶层间的氧原子网络形成的空穴中，起到连接作用，周围有 12 个氧与它配位，因此，K^+ 连接通常非常牢固，是不能交换的。然而，在每个黏土颗粒的外表面却能发生离子交换。因此，其水化作用仅限于外表面，水化膨胀时，它的体积增加的程度比蒙脱石小得多。

有些伊利石以降解的形式出现，这种降解的形式是由于钾从晶层间伸出来，这种变化使某些晶层间水化和晶格膨胀。但是绝不会达到蒙脱石水化膨胀的程度。

　　伊利石在水中可分散到等效球形直径为 0.15μm 的颗粒，宽约为 0.7μm。

　　伊利石是最丰富的黏土矿物，存在于所有的沉积年代中，且在古生代沉积物中占优势。钻井遇到含伊利石为主的泥页岩地层时，常常发生剥落掉块，因此需采用抑制黏土分散的钻井液。

　　黏土矿物的晶体构造，特别是其表面构造和钻井液关系最密切，因为黏土和水及处理剂的作用主要在表面上进行。因此，了解黏土矿物的性质，应着重从晶体构造了解黏土表面的性质。3 种黏土矿物的特点如表 1-4 和图 1-10 所示。

表 1-4　3 种黏土矿物的晶体构造和物理化学性质的特点

矿物名称	晶　　型	晶层间距/μm	层间引力	CEC/（mmol/100g 黏土）
高岭石	1:1	7.2	氢键力，引力强	3~5
蒙脱石	2:1	9.6~40.0	分子间力，引力弱	70~130
伊利石	2:1	10.0	引力较强	20~40

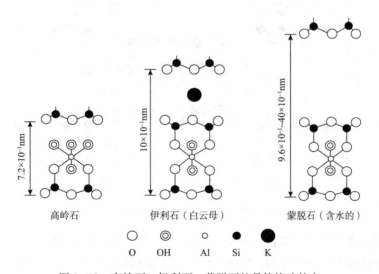

图 1-10　高岭石、伊利石、蒙脱石的晶体构造特点

　　（4）绿泥石。绿泥石晶层是由如叶蜡石似的三层型晶片与一层水镁石晶片交替组成的（图 1-11）。

　　硅氧四面体中的部分硅被铝取代产生负电荷，但是其净电荷数很低。水镁石层有些 Mg^{2+} 被 Al^{3+} 取代。因此带正电荷，这些正电荷与上述负电荷平衡，其化学式为：2〔（Si, Al）$_4$（Mg, Fe）$_3$O$_{10}$（OH）〕（Mg, Al）$_6$（OH）$_{12}$。通常绿泥石无层间水，而某种降解的绿泥石中一部分水镁石晶片被除去了，因此，有某种程度的层间水和晶格膨胀。绿泥石在古生代沉积物中含量丰富。

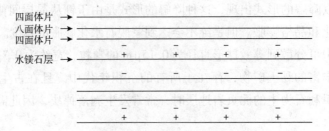

图 1-11 绿泥石晶体构造示意图

（5）海泡石族。海泡石族矿物俗称抗盐黏土，属链状构造的含水铝镁硅酸盐。其中包括海泡石、凹凸棒石、坡缕缟石（又名山软木）。目前，这类黏土矿物的研究资料较少。它是含水的铝镁硅酸盐，晶体构造常为纤维状，其特点是硅氧四面体所组成的六角环都依上下相反的方向对列，并且相互间被其他的八面体氧和氢氧群所连接，铝或镁居八面体的中央。同时，构造中保留了一系列的晶道，具有极大的内部表面，水分子可以进入内部孔道。图 1-12 是坡缕缟石晶体构造示意图。

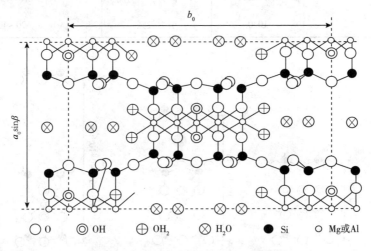

○ O　◎ OH　⊕ OH$_2$　⊗ H$_2$O　● Si　○ Mg或Al

图 1-12　坡缕缟石晶体构造示意图

海泡石为一含水的硅酸镁，SiO$_2$ 与 MgO 的分子比约等于 1.5。但是长期以来由于各地的海泡石化学成分有显著的差别，所以化学式尚未最后确定，通常以 $4MgO \cdot 6SiO_2 \cdot 2H_2O$ 来表示海泡石族具有的独特晶体构造。海泡石外形为纤维状，由其配制的悬浮体经搅拌后，纤维互相交叉，形成"乱稻草堆"似的网架结构，这是海泡石保持悬浮体稳定的决定性因素。因此，海泡石族黏土悬浮体的流变特性取决于纤维结构的机械参数，而不取决于颗粒的静电引力。

由于这种矿物具有特殊的晶体构造，因而它的物理化学性质也和其他黏土矿物有显著的不同。这表现在海泡石含有较多的吸附水（表 1-5），具有好的热稳定性，适用于配制深井钻井液。另一方面，海泡石在淡水中与在饱和盐水中造浆情况几乎一样，因而具有良好的抗盐稳定性。因此，用海泡石配制的钻井液可用于海洋钻井和钻高压盐水层或岩盐层，具有很好的悬浮性能。

表1-5 几种黏土矿物的吸附水含量

矿物名称	吸附水含量/% （质量分数）
山软木（坡缕缟石）	24.3
蒙脱石	20.2
水云母	5.4
高岭石	2.0

（6）混合晶层黏土矿物。有些地方发现，多种不同类型的黏土矿物晶层堆叠在同一黏土矿物晶体中，这类矿物称为混合晶层黏土矿物。不同晶层的互相重叠，称为混层结构。最常见的混层结构有伊利石和蒙脱石混合层（简称伊蒙混层）以及绿泥石和蛭石的混合层结构。一般来说，各晶层的排列次序是无规则的，也有地方是以同样的次序有规则的重复排列。通常，混合晶层黏土矿物晶体在水中比单一黏土矿物晶体更容易分散，也易膨胀，特别是当其中一种成分有膨胀性时，则更是如此。

【任务实施】

任务1 巡回检查实训

一、学习目标

掌握巡回检查路线。

二、训练准备

（1）穿戴好劳保用品。

（2）确定上岗巡回检查路线：值班房→钻井液房→钻井液槽→药池→加重漏斗→搅拌器→储备罐→药品材料库。

（3）带好笔和记录本等。

三、训练内容

（一）实训方案

实训方案的具体项目及相应教学内容如表1-6所示。

表1-6 巡回检查实训方案安排

序号	项目名称	教学目的及重点
1	巡回检查	了解巡回检查路线
2	各岗位的检查内容	掌握各岗位的具体检查内容
3	异常操作	分析原因、纠正检查路线及具体内容
4	正常操作	掌握巡回检查具体内容

（二）常规操作要领

训练过程中常规的操作要领如表1-7所示。

表1-7 巡回检查常规操作要领

序号	操作项目	调节使用方法
1	相关知识	（1）井口钻井液槽，矩形开口铁槽，宽约0.7m，高约0.4m，坡度为2%～3%。配备梯子、栏杆、电杆、护罩固定可靠。各阀门、开关、罐与罐之间过渡槽应安装牢固，管线畅通 （2）各管线之间不能串线。低、中压管线用清水试压3MPa，保持15min，压力下降不超过0.05MPa才为合格 （3）罐间过渡槽用垫子把缝塞好，各缝不能渗漏。罐以清水试验，不漏为合格。大循环池堤与罐间距离为1.5～2m，大循环池容积视井型而定。储备罐、配药池、加药池应配备齐全。对运转部件应及时进行保养、润滑及防腐，含液部分注意防冻。电器、照明严格按用电常识操作，以防触电
2	巡回检查	巡回检查路线：（可根据实际情况检查）坐岗房→钻井液槽→加药罐→搅拌机→储备罐→配药罐→加重漏斗→固控设备→值班房 （1）检查坐岗房。检查钻井液原始记录、工具箱、常用仪器和液面报警器 （2）检查钻井液槽。检查钻槽的坡度、钻井液流动情况和净化效果 （3）检查加药池。检查加药池中药液的品种、数量、质量、浓度及比例 （4）检查搅拌机和储备罐。检查搅拌机工作是否正常，检查储备罐的储量和性能 （5）检查混合漏斗。检查管线是否齐全，阀门是否灵活好用，喷嘴是否畅通 （6）检查药品材料房。检查药品的储备数量、名称标注、摆放位置、出入库登记 （7）检查值班房。检查处理剂的消耗记录、小型试验记录、仪器、仪表、工具 技术要求： （1）钻井液报表记录及时、齐全、准确，各种仪器清洁完好。马达运转正常，药品、液量充足 （2）振动筛工作良好，筛布完好无损。砂泵运站正常，底流呈伞状，工作压力在0.15～0.25MPa之间 （3）循环罐无杂物，管线连接良好。加重管线系统配备齐全，闸门灵活，喷嘴畅通 （4）处理剂摆放合理，进出库记录准确无误

四、考核建议

为了准确的评价本课程的教学质量和学生的学习效果，体现注重学生职业能力培养的教学目标，建议对本课程的各个环节进行考核，以便对学生作出公正、准确的评价，建议建立过程考评（任务考评）与期末考评（课程考评）相结合的评价方法，强调过程考评的重要性。过程考评占60%，期末考评占40%。考核评价方式如表1-8所示。

表1-8 考核评价表

	评价内容	分值	权重
过程评价	明确巡回检查路线	20	60%
	巡回检查路线各岗位具体内容（技能水平、操作规范）	40	
	方法能力考核（制定计划或报告能力）	15	
	职业素质考核（"5S"与出勤执行情况）	15	
	团队精神考核（团队成员平均成绩）	10	
期末考评	期末理论考试（联系生产实际问题及职业技能证书考核中的"应知"内容）	100	40%

【拓展提高】

一、钻井液应用的关键技术

钻井液应用技术的发展是和钻井工艺技术发展紧密联系在一起的，是和钻井液化学应用技术直接相关的，当前钻井液工艺技术的关键内容大致包括以下方面。

（1）深井高温、高密度钻井液。

（2）井壁失稳的机理与防塌钻井液。

（3）新型处理剂系列和新型钻井液体系的发展与应用。

（4）大斜度井、大位移井、水平井、多底井和小井眼等特殊工艺钻井液技术。

（5）欠平衡钻井液技术。

（6）保护储层的钻井液、完井液。

（7）钻井液润滑性及防卡、解卡技术。

（8）钻井液防漏、堵漏技术。

（9）钻井液流变性及其与携岩的关系。

（10）钻井液固控技术。

（11）废弃钻井液处理技术，环境可接受钻井液体系的研究及其应用。

（12）计算机和信息技术在钻井液中的应用。

目前，国外对以上方面的研究都十分重视，尤其对井眼稳定性以及保护储层的钻井液、完井液等方面的研究，且对于处理剂和体系的发展与应用等方面的研究更为突出。在井眼稳定性方面，重点开展岩石力学和钻井液化学的耦合研究。在保护油气层方面，注重对损害机理的预测、诊断技术以及钻井液、完井液暂堵技术的研究，注重研制与储层相配伍的钻井液、完井液体系。在处理剂和体系的发展与应用方面，目前十分重视新型钻井液体系（如 MMH 钻井液、阳离子聚合物钻井液等）的研制和应用。

二、钻井液新技术发展方向

随着国内外钻井技术向高难度方向发展，对钻井液工艺也提出了新的更高的要求。通过对近期的研究情况进行分析，预计在以下方面有可能取得较大进展。

1. 钻井液强化井壁技术

这是国内外广泛关注的一个重要课题，主要攻关目标将集中在化学固壁研究，井壁失稳的岩石力学和钻井液化学因素的耦合研究，盐岩层蠕变规律研究以及仿油基钻井液研究等方面。其最终目的是能够通过钻井液优化设计，有效地解决在各种复杂泥页岩地层和大段盐膏层钻进时经常遇到的井塌问题。通过准确地确定地层的孔隙压力和坍塌压力剖面，以及有关水化力、膨胀力、岩石地应力的实验数据和计算，决定采用的钻井液密度和钻井液体系及配方。

2. 复杂地质条件下深井、超深井、大位移井钻井液技术

对于深井、超深井，将主要解决抗高温及高温条件下抗盐、钙侵及防塌等问题。关键技术为抗高温处理剂的研制和系列化，并通过机理研究解决处理剂在高温条件下的降解、解吸附及处理剂之间的配伍等问题。对于大位移井，除解决抗温问题外，还将主要解决大位移复杂井段的井塌、井漏和润滑问题。

3. 新型钻井液体系及其处理剂的研制与应用

为适应钻深井、超深井和复杂地层的需要，并满足日益受到重视的环境保护的相关要求，进一步降低钻井液成本，在钻井液体系及其处理剂的研制方面，目前正亟须新的突破。新型的合成基钻井液、硅酸盐钻井液、甲酸盐钻井液均可能得到进一步的发展。

4. 废弃钻井液处理技术

为满足生态环境保护的需要，国外已投入大量人力、物力解决废弃钻井液的排放问题。目前在处理技术方面已取得一定进展，但仍存在着处理工艺复杂、处理成本高等问题，须要在今后几年内找到更为简便易行且成本低廉的处理方法。此外，钻井液及其处理剂的毒性检测技术和无毒、低毒处理剂的研制技术也必将得到进一步的发展。

5. 保护油气层技术

今后几年，预计保护油气层技术在以下方面将取得一些新的进展：①油气层损害机理的快速诊断技术；②针对裂缝型油藏的钻井液暂堵技术；③水平井、探井和高温深井的钻井液、完井液技术；④欠平衡条件下的钻井液、完井液技术。尤其是保护低渗透油气层的各种处理剂研制及钻井液、完井液技术。

【思考题及习题】

一、填空题

3 种黏土矿物的晶体构造和物理化学性质的特点

矿物名称	晶 型	晶层间距	层间引力	黏土矿物特点
高岭石				
蒙脱石				
伊利石				

二、简答题

1. 试阐述钻井液在钻井过程中的主要作用。

2. 钻井液是如何分类的？每类钻井液各有何特点？

3. 试简述国内外钻井液应用技术的发展概况。

4. 试简述国内外钻井液应用的关键技术及其发展方向。

5. 黏土矿物的 2 种基本构造单元是什么？

学习情境 2　黏土—水胶体化学基础

【学习目标】

能力目标：

（1）了解黏土的电性及其影响因素。

（2）掌握扩散双电层理论。

（3）掌握黏土的水化性及影响因素。

（4）掌握黏土—水胶体分散体系的稳定性及影响因素。

知识目标：

（1）掌握黏土矿物的电性及影响因素。

（2）掌握扩散双电层理论。

（3）掌握黏土的水化性及影响因素。

（4）掌握黏土—水胶体分散体系的稳定性及影响因素。

素质目标：

（1）具有吃苦耐劳、爱岗敬业的职业意识。

（2）能独立使用各种媒介完成学习任务，具有自主学习能力。

（3）具备分析解决问题、接受及应用新技术的能力，以及与生产实践相关的方法能力。

（4）能反思、改进工作过程，能运用专业词汇和同学、老师讨论工作过程中的各种问题。

（5）能与内操通畅配合，具有团队合作精神、沟通能力及语言表达能力。

（6）具有自我评价和评价他人的能力。

【任务描述】

黏土矿物的电性、水化性，扩散双电层理论及黏土—水的稳定性是学习钻井液的基础理论。利用多媒体讲解和实际操作让学生懂得黏土—水胶体化学的基本理论，学会分析钻井过程中出现的复杂问题。

要求学生以小组为单位，根据任务要求，制定出工作计划，完成操作，并能够分析和处理操作中遇到的异常情况，撰写工作报告。

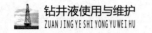
【相关知识】

一、黏土的电性

从电泳和电渗现象得到证明，黏土颗粒是带电的，黏土颗粒在水中通常带有负电荷。黏土的电荷是使黏土具有一系列电化学性质的基本原因，同时对黏土的各种性质都具有影响。例如，黏土吸附阳离子的多少决定于其所带负电荷的数量。此外，钻井液中的无机处理剂、有机处理剂的作用，钻井液胶体的分散、絮凝等性质，也都受到黏土电荷的影响。

（一）黏土的电荷

黏土晶体因环境的不同或环境的变化而可能带有不同的电性，或者说带有不同的电荷。黏土晶体的电荷可分为永久负电荷、可变负电荷、正电荷3种。

（1）永久负电荷。永久负电荷是由于黏土在自然界形成时发生晶格取代作用所产生的。例如，黏土的硅氧四面体中四价的硅被三价的铝取代，或者铝氧八面体中三价的铝被二价的镁、铁等取代，黏土就产生了过剩的负电荷。这种负电荷的数量取决于晶格取代作用的多少，而不受 pH 值的影响。因此，这种电荷被称为永久负电荷。不同的黏土矿物的晶格取代情况是不相同的。蒙脱石的永久负电荷主要来源于铝氧八面体中的一部分铝离子被镁、铁等二价离子所取代，仅有少部分永久负电荷是由于硅氧四面体中的硅被铝取代所造成的，一般不超过15%。蒙脱石每个晶胞有 0.25~0.6 个永久负电荷。伊利石和蒙脱石不同，它的永久负电荷主要来源于硅氧四面体晶片中的硅被铝取代，大约有1/6的硅被铝取代，每个晶胞中约有 0.6~1 个永久负电荷。高岭石的晶格取代很微弱，由此而产生的永久负电荷少到难以用化学分析法来证明。由此看出，伊利石的永久负电荷最多，高岭石的永久负电荷最少，蒙脱石居中。黏土的永久负电荷大部分分布在黏土晶层的层面上。

（2）可变负电荷。黏土所带电荷的数量随介质 pH 值的改变而改变，这种电荷叫做可变负电荷。产生可变负电荷的原因比较复杂，可能有以下几种原因：黏土晶体端面上与铝连接的 OH 基中的 H 在碱性或中性条件下解离；黏土晶体的端面上吸附了 OH^-、SiO_3^{2-} 等无机阴离子或吸附了有机阴离子聚电解质等。

黏土永久负电荷与可变负电荷的比例与黏土矿物的种类有关，蒙脱石的永久负电荷最高，约占负电荷总量的95%，伊利石约占60%，高岭石只占25%。

（3）正电荷。不少研究者指出，当黏土介质的 pH 值低于9时，黏土晶体端面上带正电荷。兹逊用电子显微镜照相观察到高岭石边角上吸附了负电性的金溶胶，由此证明了黏土端面上带有正电荷。黏土端面上带正电荷的原因多数人认为是裸露在边缘上的铝氧八面体在酸性条件下从介质中解离出 OH^-，如下式所示：

$$\diagdown Al—O—H \xrightarrow{H^+} \diagdown Al^+ + OH^-$$

1. 黏土的带电原因

从黏土电荷分析可知，导致黏土颗粒的原因至少有 4 种情况。

（1）晶格取代。晶格取代主要使黏土颗粒层表面带负电荷。

（2）电离带电。Al—OH 键属于两性键，在酸性环境中呈碱性电离，电离出 OH^-，使黏土颗粒带正电；在碱性环境中呈酸性电离，电离出 H^+，使黏土颗粒带负电。钻井液 pH 值都大于 7，因此，在钻井液中电离使黏土颗粒带负电，这在层表面和端表面都可以发生。

（3）吸附带电。在碱性环境中，黏土层面上的氧原子通过氢键吸附体系中的 OH^- 使黏土颗粒表面带负电。钻井液中的黏土颗粒吸附各种电解质处理剂，也可以使黏土颗粒带电。

（4）断键带电。片状的黏土在外力作用下，在 a、b 平面上结合键断裂，形成细小颗粒，在黏土颗粒断键边缘处一端带正电荷，另一端带负电荷。

2. 黏土的带电规律

黏土种类不同，带电原因不同，所带电荷多少也不同，蒙脱石带电多，高岭石带电少。黏土颗粒不同部位所带电荷多少不同，层表面带电多，端表面带电少。层表面带负电荷，端表面所带电荷有正有负。黏土的正电荷与负电荷的代数和即为黏土晶体的净电荷数。由于黏土的负电荷一般多于正电荷，因此，黏土颗粒一般都带负电荷。

3. 黏土的交换性阳离子及其测定

如前所述，黏土一般都带负电荷。为了保持电中性，黏土必然从分散介质中吸附等电量的阳离子。这些被黏土吸附的阳离子，可以被分散介质中的其它阳离子所交换，因此，称为黏土的交换性阳离子。

1）黏土阳离子交换容量概念

黏土的阳离子交换容量是指在分散介质的 pH 值为 7 的条件下，黏土所能交换下来的阳离子总量，包括交换性盐基和交换性氢。阳离子交换容量以 100g 黏土所能交换下来的阳离子毫摩尔数来表示，符号为 CEC（Cation Exchange Capacity）。

黏土矿物种类不同，其阳离子交换容量有很大差别。例如，蒙脱石的阳离子交换容量一般为 70～130mmol/100g 黏土，伊利石约为 20～40 mmol/100g 黏土。上述两种矿物的阳离子交换现象的 80% 以上发生在层面上。高岭石的阳离子交换容量仅为 3～15mmol/100g 黏土，而且大部分发生在晶体的端面上。各种黏土矿物的阳离子交换容量如表 2-1 所示。

表 2-1　各种黏土矿物的阳离子交换容量

矿物名称	$CEC/$（mmol/100g 黏土）
蒙脱石	70～150
伊利石	20～40
高岭石	3～15
绿泥石	10～40
凹凸棒石，海泡石	10～35
钠膨润土（夏子街）	82.30
钙膨润土（高阳）	103.70

2）影响黏土阳离子交换容量大小的因素

影响黏土阳离子交换容量大小的因素包括黏土矿物的本性、黏土的分散度以及分散介质的酸碱度。

（1）黏土矿物的本性。若黏土矿物的化学组成和晶体构造不同，阳离子交换容量会有很大差异。因为引起黏土阳离子交换的因素是晶格取代和氢氧根中的氢的解离所产生的负电荷。其中晶格取代愈多的黏土矿物，其阳离子交换容量也愈大。

（2）黏土的分散度。当黏土矿物化学组成相同时，其阳离子交换容量随分散度（或比表面）的增加面变大。特别是高岭石，其阳离子交换主要是由于裸露的氢氧根中氢的解离产生电荷所引起的，因而颗粒愈小，露在外面的氢氧根愈多，交换容量显著增加（表2-2）。蒙脱石的阳离子交换主要是由于晶格取代所产生的电荷，由于裸露的氢氧根中氢的解离所产生的负电荷所占比例很小，因而受分散度的影响较小。

表2-2　高岭石的阳离子交换容量与颗粒大小的关系

颗粒大小/μm	40～20	10～5	4～2	1～05	0.5～0.25	0.25～0.1	0.1～0.05
$CEC/$（mmol/100g 黏土）	2.4	2.6	3.6	3.8	3.9	5.4	9.5

（3）溶液的酸碱度。在黏土矿物化学组成和其分散度相同的情况下，在碱性环境中，阳离子交换容量变大（表2-3）。

表2-3　酸碱条件对阳离子交换容量的影响

矿物名称	$CEC/$（mmol/100g 黏土）	
	pH=2.5～6	pH＞7
高岭石	4	10
蒙脱石	95	100

阳离子交换容量随介质 pH 值增高而增加的原因是铝氧八面体中 Al—O—H 键是两性的，在强酸性环境中氢氧根易解离，黏土表面可带正电荷；在碱性环境中氢易解离，使黏土表面负电荷增加。此外，溶液中氢氧根增多，它以氢键吸附于黏土表面，使黏土表面的负电荷增多，从而增加黏土的阳离子交换容量。

黏土的阳离子交换容量及吸附的阳离子种类对黏土的胶体活性影响很大。例如，蒙脱石的阳离子交换容量大，膨胀性也大，在低浓度下就形成稠的悬浮体，特别是钠蒙脱石，水化膨胀性更厉害；而高岭石的阳离子交换容量很低，惰性较强。

二、黏土的水化作用

（一）黏土矿物的水分

黏土矿物的水分按其存在的状态可以分为结晶水、吸附水、自由水 3 种类型。

（1）结晶水。这种水（矿物中铝氧八面体中的 OH⁻ 层）是黏土矿物晶体构造的一部分。只有温度高于 300℃时，结晶受到破坏，这部分水才能释放出来。

（2）吸附水。由于分子间引力和静电引力，具有极性的水分子可以吸附到带电的黏土表面上，在黏土颗粒周围形成一层水化膜，这部分水随黏土颗粒一起运动，所以也称为束缚水。

（3）自由水。这部分水存在于黏土颗粒的孔穴或孔道中，不受黏土的束缚，可以自由运动。

（二）黏土水化膨胀作用的机理

各种黏土都会水化膨胀，只是不同的黏土矿物水化膨胀的程度不同而已。黏土水化膨胀受3种力制约，分别为表面水化力、渗透水化力和毛细管作用。

1. 表面水化

表面水化是由黏土晶体表面（膨胀性黏土表面包括外表面和内表面）吸附水分子与交换性阳离子水化而引起的。表面水是多层的。第一层水分子与黏土表面的六角形网格的氧原子形成氢键而保持在表面上，水分子也通过氢键结合为六角环；第二层也以类似情况与第一层以氢键连接，以后的水层照此继续。氢键的强度随离开表面距离的增加而降低。表面水化水的结构带有晶体性质，比如，黏土表面上 10×10^{-1} nm 以内的水的比容比自由水小3%，其水的黏度也比自由水大。

交换性阳离子以两种方式影响黏土的表面水化。第一，许多阳离子本身是水化的，即它们本身有水分子的外壳。第二，它们与水分子竞争，键接到黏土晶体的表面上，并且倾向于破坏水的结构。但 Na^+ 和 Li^+ 例外，它们与黏土键接很松弛，倾向于向外扩散。当干的蒙脱石暴露在水蒸气中时，水在晶层间凝结，引起晶格膨胀，第一层水的吸附能很高，除去第一层水所需要的压力（估计高达4000Pa），相继的水层吸附能都迅速降低。诺利斯（Norrish）利用X射线衍射技术测定了蒙脱石在单一的某种阳离子饱和溶液中其晶格间距的大小，然后观察它在逐步稀释的溶液中和在纯水中的晶格间距。观察的数值表明，吸附水不多于4层。

2. 渗透水化

由于晶层之间的阳离子浓度大于溶液内部的浓度，因此，水发生浓差扩散，进入层间，由此增加晶层间距，从而形成扩散双电层。渗透膨胀引起的体积增加比晶格膨胀大得多。例如，在晶格膨胀范围内，每克干黏土大约可吸收0.5g水，体积可增加1倍。但是，在渗透膨胀的范围内，每克干黏土大约可吸收10g水，体积可增加20～25倍。

黏土产生渗透水化的机理。根据杜南（Donnan）的平衡理论，当一个容器中有一个半透膜，膜的一边为胶体溶液，另一边为电解质溶液时，电解质的离子能够自由地透过此膜，而胶粒不能透过，达到平衡后，离子在膜的两边的分布将是不均等的。整个体系称做Donnan体系。膜两边称做两个"相"，含胶体的一边称为"内相"，仅含自由溶液的一边称为"外相"。在这种情况下，胶粒不能透过此膜的原因是孔径较小的半透膜对粒径较大的胶粒具有机械阻力。后来发现，形成Donnan体系并不一定需要一个半透膜的存在，只要能够设法使胶体相与自由溶液相分开即可。当黏土表面吸附的阳离子浓度高于介质中浓度时，便产生渗透压，从而引起水向黏土晶层间扩散，水的这种扩散程度受电解质的浓度差的控制，就是渗透水化膨胀的机理。早在1931年，这一理论就应用于钻井液的使用过程中，使用溶解性盐以降低钻井液和坍塌页岩中液体之间的渗透压，后来进一步发展了饱

和盐水钻井液、氯化钙钻井液等。

（三）影响黏土水化膨胀的因素

（1）因黏土晶体的部位不同，水化膜的厚度也不相同。黏土晶体所带的负电荷大部分都集中在层面上，层面吸附的阳离子也很多。黏土的表面水化膜主要是阳离子水化造成的。在黏土晶体的端面上带电量较少，故水化膜薄。总之，黏土晶体表面的水化膜厚度是不均匀的，其层面上厚，端面上薄。

（2）黏土矿物不同，水化作用的强弱也不同。蒙脱石的阳离子交换容量高，水化最好，分散度也最高。而高岭石阳离子交换容量低，水化差，分散度也低，颗粒粗，是非膨胀性矿物。由于晶层间 K^+ 的特殊作用，伊利石也是非膨胀性矿物。

（3）因黏土吸附的交换性阳离子不同，其水化程度有很大差别。如钙蒙脱石水化后其晶层间距最大仅为 17×10^{-1} nm，而钠蒙脱石水化后其晶层间距可达 $17 \times 10^{-1} \sim 40 \times 10^{-1}$ nm（图2-1）。所以为了提高膨润土的水化性能，一般都需将其预水化，使钙膨润土变为钠膨润土。

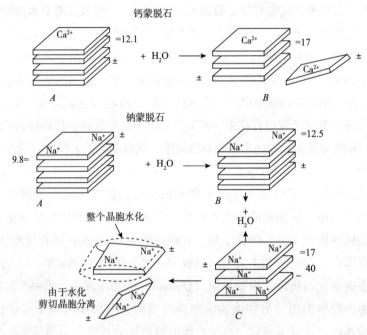

图2-1 Na土和Ca土水化区别示意图

不同的交换性阳离子引起水化程度不同的原因是：黏土单元晶层间存在着两种力，一种是层间阳离子水化产生的膨胀力和带负电荷的晶层之间的斥力；另一种是黏土单元晶层对层间阳离子产生的静电引力。黏土膨胀分散程度取决于这两种力的比例关系。如果黏土单元晶层对层间阳离子的静电引力大于晶层间的斥力，黏土就只能发生晶格膨胀（如钙土）；与此相反，如果晶层之间产生的斥力大到足以破坏单元晶层对层间阳离子的静电引力，黏土便发生渗透膨胀，形成扩散双电层，双电层斥力使单元晶层分离开，如钠土。因此钠土是配制钻井液的理想材料。

三、黏土胶体化学基础

（一）胶体化学基础知识

1. 关于胶体化学的几个基本概念

1）相和相界面

相是指那些物质的物理性质和化学性质都完全相同的均匀部分。体系中有两个或两个以上的相称为多相体系。相与相之间的接触面称为相界面。

2）分散相与分散介质

在多相分散体系中，被分散的物质叫做分散相。包围分散相的另一相，称为分散介质。例如，水基钻井液中，黏土颗粒分散在水中，黏土为分散相，水为分散介质。

3）分散度和比表面

分散度是分散程度的量度，通常用分散相颗粒平均直径或长度的倒数来表示。比表面是物质分散度的另一种量度，其数值等于全部分散相颗粒的总面积与总质量（或总体积）之比。如果用 S 代表总表面积，用 V 表示总体积，用 M 表示总质量，则比表面可表示为：

$$S_{比} = S/V(\mathrm{m^{-1}}) \tag{2-1}$$

或

$$S_{比} = S/M(\mathrm{m^2/kg}) \tag{2-2}$$

物质的颗粒愈小，分散度愈高，比表面愈大，界面能与界面性质就会发生惊人的变化。所有颗粒分散体系的共性是具有极大的比表（界）面。

按分散度不同，可将分散体系分为细分散体系与粗分散体系。胶体实际上是细分散体系，其分散相的比表面 $>1 \times 10^4 \mathrm{m^2/kg}$，其颗粒长度在 $1\mathrm{nm}$ ~ $1\mathrm{\mu m}$ 之间。悬浮体则属于粗分散体系，其比表面 $\leqslant 1 \times 10^4 \mathrm{m^2/kg}$，分散相的颗粒直径在 $1 \sim 40\mathrm{\mu m}$ 之间。钻井液是复杂的胶体分散体系。水基钻井液基本上是溶胶和悬浮体的混合物，本书中统称为胶体分散体系。

4）吸附作用

物质在两相界面上自动浓集（界面浓度大于内部浓度）的现象，称为吸附。被吸附的物质称为吸附质，吸附吸附质的物质称为吸附剂。按吸附的作用力性质不同，可将吸附分为物理吸附和化学吸附两类。仅由范德华引力引起的吸附，是物理吸附。这类吸附一般无选择性，吸附热较小，容易脱附。若吸附质与吸附剂之间的作用力为化学键力，这类吸附叫化学吸附。化学吸附具有选择性，吸附热较大，不易脱附。

2. 沉降与沉降平衡

钻井液中的黏土颗粒，在重力场的作用下会沉降。由于颗粒沉降，下部的颗粒浓度增加，上部浓度低，破坏了体系的均匀性。这样又引起了扩散作用，即下部较浓的粒子向上运动，使体系浓度趋于均匀。因此，沉降作用与扩散作用是矛盾的两个方面。

若胶体粒子为球形，半径为 r，密度为 ρ，分散介质的密度为 ρ_0，则下沉的重力 F_1 为：

$$F_1 = (4/3)\,\pi r^3(\rho - \rho_0)g \tag{2-3}$$

式中　g——重力加速度，cm/s^2；

　　　r——粒子半径，cm；

　　　ρ——分散相的密度，g/cm^3；

　　　ρ_0——分散介质的密度，g/cm^3。

若粒子以速度 v 下沉，按斯托克斯（stokes）定律，粒子下沉时所受的阻力 F_2 为：

$$F_2 = 6\pi\eta rv \tag{2-4}$$

式中　η——介质黏度，$mPa \cdot s$。

当 $F_1 = F_2$ 时，粒子匀速下沉，则：

$$v = (2r^2/9\eta)(\rho - \rho_0)g \tag{2-5}$$

这就是球形质点在介质中的沉降速度公式。

3. 胶团结构

溶胶粒子大小在 $1nm \sim 1\mu m$ 之间，所以每个溶胶粒子是由许多分子或原子聚集而成的。例如，用稀 $AgNO_3$ 溶液与 KI 溶液制备 AgI 溶胶时，首先形成不溶于水的 AgI 粒子，它是胶团的核心。研究表明，AgI 也具有晶体结构，它的比表面积很大。所以，如果 $AgNO_3$ 过量，按法扬斯（Fajans）法则，AgI 易从溶液中选择吸附 Ag^+ 而构成胶核，被吸附的 Ag^+ 称为定势离子。留在溶液中的 NO_3^- 称为反离子。反离子本身有热运动，结果只有部分 NO_3^- 靠近胶核，并与被吸附的 Ag^+ 一起组成所谓"吸附层"，而另一部分 NO_3^- 则扩散到较远的介质中去，形成所谓"扩散层"。胶核与吸附层 NO_3^- 组成"胶粒"。由胶粒与扩散层中的反离子 NO_3^- 组成"胶团"。胶团分散于液体介质中，便是溶胶。AgI 的胶团结构可表示如下：

$$\{\underbrace{[\underbrace{m(AgI) \cdot nAg^+} \cdot (n-x)NO_3^-]^{x+}} \cdot xNO_3^-\}$$
胶核
胶粒
胶团

从胶团结构式可以看出，构成胶粒的核心物质，决定电位离子（定势离子）和反离子。关于黏土胶团，现以某种纯的钠蒙脱石为例，其胶团结构可表示为：

$$\{\underbrace{m[\underbrace{(Al_{3.34}Mg_{0.66})(Si_8O_{20})(OH)_4]^{m-}_{0.06}} \cdot (0.66m-x)Na^+\}^{x-}} \cdot xNa^+$$
胶核
胶粒
胶团

总之，组成胶核的分子或原子一般为几百至几千个，反离子的电荷数等于定势离子的电荷数，所以胶团是电中性的。在布朗运动中，胶粒运动时扩散层的反离子由于与定势离子的静电引力减弱，不跟随胶粒一起运动。因此，胶粒在介质中运动时显出电性。这就是前面已提到过的电泳与电渗现象产生的原因。

（二）扩散双电层理论与电动电位

1. 扩散双电层的形成与结构

1924 年，Stern 提出了较完善的扩散双电层理论，其要点为：从胶团结构可知，既然胶体粒子带电，那么在它周围必然分布着电荷数相等的反离子，于是在固液界面形成双电层。双电层中的反离子，一方面受到固体表面电荷的吸引，靠近固体表面，另一方面，由于反离子的热运动，又有扩散到液相内部去的能力。这两种相反作用的结果，使得反离子扩散地分布在胶粒周围，构成扩散双电层。在扩散双电层中反离子的分布是不均匀的，靠近固体表面处密度高，形成紧密层（吸附层）（图 2-2）。如果固体表面吸附的反离子为负离子，随着与界面的距离增大，负离子的分布由多到少，到了正电荷的电力线所不及的距离处，作为反离子的负电荷就等于零。从固体表面到反离子为零处的这一层称为扩散双电层。

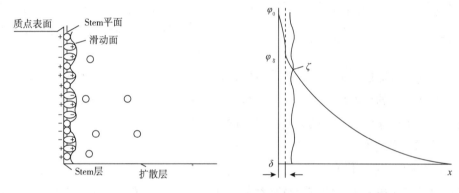

图 2-2　扩散双电层模型

反离子是溶剂化（例如水化）的，固体表面上紧密地连接着部分反离子，构成图中的吸附溶剂化层（紧密层）。其余的离子带着其溶剂化壳，扩散地分布到液相中，构成扩散层。当胶粒运动时，界面上的吸附溶剂化层随着胶粒一起运动，与外层错开。吸附溶剂化层与外层错开的界面称为滑动面。从吸附溶剂化层界面（滑动面）到均匀液相内的电位，称为电动电位（或 ζ 电位），从固体表面到均匀液相内部的电位，称为热力学电位（φ_0）。热力学电位决定于固体表面所带的总电荷，而 ζ 电位则取决于固体表面电荷与吸附溶剂化层内反离子电荷之差。

2. 黏土溶胶、悬浮体双电层的特点

由于黏土矿物晶体层面与端面结构不同，因此，可以形成两种不同的双电层，这就是所谓黏土胶体双电层的两重性。这一点显著地区别于其它胶体，下面分别加以讨论。

（1）黏土层面上的双电层结构。正如前面所述，在蒙脱石和伊利石的晶格里，硅氧四面体晶片中部分 Si^{4+} 可被 Al^{3+} 取代，铝氧八顶体晶片中部分 Al^{3+} 可被 Mg^{2+} 或 Fe^{2+} 等取代。这种晶格取代作用造成黏土晶格表面上带永久负电荷，于是它们吸附等电量的阳离子（Na^+、Ca^{2+}、Mg^{2+} 等）。若将这些黏土放到水里，吸附的阳离子便解离，向外扩散，结果形成了胶粒带负的扩散双电层。黏土表面上紧密地连接着一部分水分子（氢键连接）和部分带水化壳的阳离子，构成吸附溶剂化层。其余的阳离子带着它们的溶剂化水扩散地分布在液相中，组成扩散层（图2-3）。

（2）黏土端面上的双电层结构。黏土矿物晶体端面上裸露的原子结构和层面上不同。在端面，黏土晶格中铝氧八面体与硅氧四面体原来的键被断开了。八面体处端部表面相当

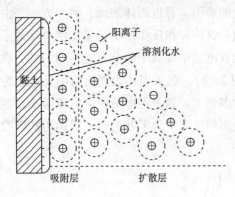

于铝矾土[Al（OH）₃]颗粒的表面。不少研究者指出，当介质的pH值低于9时，这个表面上OH⁻解离后会露出带正电的铝离子，故可以形成正溶胶形式的双电层。而在碱性介质中，由于这个表面上的氢解离，裸露出带负电的表面（>Al—O⁻）在这种情况下所形成的双电层，其电性与层面上相同。另外，在黏土硅氧四面体的端面，通常由于H⁺的解离面带负电。但黏土悬浮体中常常有少量Al³⁺存在，它将被吸附在硅氧四面体的破键处，从而使之带正电。

图2-3　黏土层面的双电层示意

黏土端面可以形成正溶胶形式的双电层，这一点与电泳实验中黏土颗粒带负电并不矛盾。因为端面所带的正电荷与黏土层面上带的负电荷数量相比，是很少的。就整个黏土颗粒而言，它所带的净电荷是负的，故在电场的作用下向正极运移。

3. 双电层中的电位

1）电动电位（ζ电位）

电动电位是扩散双电层的重要特征参数。从图2-3可以看出，电动电位ζ的数值取决于吸附层滑动面上的净电荷数。

2）扩散层电位

扩散层电位φ比较微弱，随距固体表面的距离x变化，服从指数关系，即扩散层电位φ按指数关系下降，如下式：

$$\varphi = \varphi_0 \exp^{(-Kx)} \tag{2-6}$$

式中　φ——扩散层中任一点的电位；

　　　φ_0——热力学电位（表面电位）；

　　　K——德拜参数；

　　　x——离开表面的距离。

显然，当x为离子氛（扩散双电层）的厚度（$1/K$）时，

$$\varphi = \varphi_0 / e \tag{2-7}$$

由式（2-7）可以看出，在距离x等于$1/K$处，电位的下降为φ_0的$1/e$倍。当$x \to \infty$时，$\varphi \to 0$；当$x = 0$时，$\varphi = \varphi_0$。

4. 影响双电层厚度与电动电位ζ的因素

胶体的聚结稳定性与双电层厚度、电动电位大小有密切关系。双电层愈厚，ζ愈大，

胶体愈稳定。根据强电解质的德拜-休格理论，双电层的厚度主要取决于溶液中电解质的反离子价数与电解质的浓度。随着加入电解质浓度的增加，特别是离子价数的升高，扩散双电层厚度下降。

在溶液中加入电解质之后，扩散双电层厚度下降的原因是此时将有更多的反离子进入吸附层，结果扩散层的离子数下降，这就导致双电层厚度下降，电动电位随之下降（即电解质压缩双电层的作用）。如图2-4所示，当所加电解质把双电层压缩到吸附溶剂化层的厚度时，胶粒即不带电，此时电动电位降至零，这种状态称为等电态。在等电态，胶体容易聚结。

黏土溶胶悬浮体的组成和性能比一般胶体复杂。特别是钻井液胶体更为复杂。由于钻井液是由黏土、水、各种处理剂组成的混合体系，故其电动电位受多种因素的影响。除了上述加入电解质对 ζ 电位的影响外，还受 pH 值、交换性阳离子与吸附的阴离子等因素的影响。

从胶团结构可知，既然胶体粒子带电，那么在它周围必然分布着电荷数相等的反离子，于是在固液界面形成双电层。双电层中的反离子，一方面受到固体表面电荷的吸引，靠近固体表面，另一方面，由于反离子的热运动，又有扩散到液相内部去的能力。这两种相反作用的结果，使得反离子扩散地分布在胶粒周围，构成扩散双电层。在扩散双电层中反离子的分布是不均匀的，靠近固体表面处密度高，从而形成紧密层（吸附层）（图2-3）。

如果固体表面吸附的反离子为负离子，随着与界面的距离增大，负离子的分布由多到少，到了正电荷的电力线所不及的距离处，作为反离子的负电荷就等于零。从固体表面到反离子为零处的这一层称为扩散双电层。

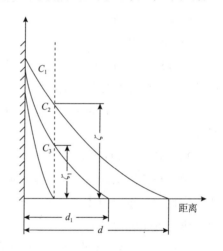

图2-4　电解质浓度对扩散双电层的影响

四、黏土—水分散体系的稳定性与聚结

胶体的稳定与破坏是胶体化学的核心问题，这是因为胶体是高度分散的多相分散体系、具有很大的比表面和表面能。根据表面能自发下降的原理，胶体质点有自发聚结变大的趋势，以降低表面能。也就是说，胶体是热力学上的不稳定体系。胶体体系的不稳定性是绝对的，稳定性是相对的，有条件的。如金溶胶可以稳定几年或几十年，$Fe(OH)_3$ 也可以稳定几个月或一年，但终究是要被破坏的。钻井液是复杂的胶体体系，使用各种方法，如加入各种处理剂调整钻井液性能，本质上就是调整胶体的稳定性。那么，哪些因素能够使胶体具有相对稳定性，胶体稳定与破坏的规律是什么？这就是下面所要讨论的主要内容。

（一）胶体稳定性的概念

所谓胶体的稳定性有两种不同的概念：动力（沉降）稳定性和聚结稳定性。

1. 动力稳定性

动力稳定性是指在重力作用下分散相粒子是否容易下沉的性质。一般用分散相下沉速

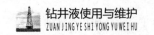

度的快慢来衡量动力稳定性的好坏。例如，在一个玻璃容器中注满钻井液、静止24h后，分别测定上部与下部的钻井液密度。其差值愈小，则动力稳定性愈强，说明粒子沉降速度很慢。

2. 聚结稳定性

聚结稳定性是指分散相粒子是否容易自动地聚结变大的性质。不管分散相粒子的沉降速度如何，只要它们不自动降低分散度聚结变大，该胶体就是聚结稳定性好的体系。

必须指出，动力稳定性与聚结稳定性是两种不同的概念，但是它们之间又有联系。如果分散相粒子自动聚结变大，那么，由于重量加大，必然引起下沉。因此，失去聚结稳定性，最终必然失去动力稳定性。由此可见，在上述两种稳定性中，聚结稳定性是最根本的。

（二）影响黏土—水分散体系稳定性的因素

1. 动力稳定性

1）重力的影响

重力是影响动力稳定性的决定因素。如前所述，固体颗粒在液体介质中受到的净重力以及分散相质点在胶态体系中所受的净重力，主要决定于固体颗粒半径的大小，其次决定于分散相与分散介质的密度差。正因为此，所以钻井液中用的加重材料必须磨得很细才能悬浮。

2）布朗运动的影响

理论与实践均证明，颗粒半径愈小，布朗运动愈剧烈。因此，布朗运动对于溶胶的动力稳定性起着重要的作用。当直径大于约 $5\mu m$ 时，就没有布朗运动了。因此，悬浮体是动力学上的不稳定体系。

3）介质黏度对动力稳定性的影响

根据斯托克斯（Stokes）定律，在液体介质中，固体颗粒下沉的速度与介质黏度成反比。因此，提高介质黏度可以提高动力稳定性。这也是钻井液要求有适当的黏度的重要原因之一。

2. 聚结稳定性的影响因素

1）静电稳定理论

由 Derjaguin、Landau、Verwey 和 Overbeek 分别提出的静电稳定理论（DLVO 理论），是对胶体稳定性以及电解质对胶体稳定性的影响解释得比较完善的理论。根据这一理论，溶胶粒子之间存在两种相反的作用力吸力与斥力。如果胶体颗粒在布朗运动中相互碰撞时，吸力大于斥力，溶胶就聚结；反之，当斥力大于吸力时，粒子碰撞后又分开了，保持其分散状态。下面分别讨论颗粒之间的吸力与斥力。

（1）两个溶胶粒子间的吸力。溶胶粒子间的吸力，本质上是范德华引力，但它和单个的分子不同，溶胶粒子是许多分子的聚结体，因此，溶胶粒子间的引力是胶体粒子中所有分子引力的总和。一般分子间的引力与分子间距离的 6 次方成反比；而溶胶粒子间的吸引力，与距离的 3 次方成反比。这说明溶胶粒子间有"远程"范德华引力。有的文献指出，它在离开颗粒表面100nm甚至更远的地方仍起作用。

（2）胶粒间的相互排斥力。胶粒间的排斥力来源于两个方面：一方面是静电斥力；另一方面是溶剂化膜（水化膜）斥力。

胶粒间的静电斥力是由扩散双电层引起的。布朗运动会导致胶体粒子沿着滑动面错开，使胶粒带电，于是胶粒间产生静电斥力。胶粒间静电斥力的大小取决于电动电位的大小，两个胶粒之间的静电斥力与电动电位的平方成正比。电动电位的大小与扩散层中反离子的多少、离子水化膜的厚薄有密切关系。

扩散层离子水化膜变薄时，会导致扩散层变薄，即扩散层中部分反离子进入吸附层（紧密层），从而使电动电位降低，结果胶体发生聚结。反之，当扩散层离子水化膜变厚时，扩散层也变厚，这时扩散层中反离子浓度较低，吸附层中的反离子因热运动进入扩散层的机会增多，结果使电动电位升高。

许多实验证明，在胶粒周围，会形成一个溶剂化膜（水化膜）。对于水化膜来说，膜中的水分子是定向排列的。当胶体粒子相互接近时，水化膜被挤压变形，但引起定向排列的引力将力图使水分子恢复原来的定向排列。这样，水化膜表现出弹性，成为胶粒接近的机械阻力。另外，水化膜中的水和体系中的自由水相比，有较高的黏度，从而增加了胶体粒子间的机械阻力，这些阻力统称为水化膜斥力。

如上所述，水化膜的厚度和扩散层的厚度相当。当然，此数值要受体系中电解质浓度的影响。当电解质浓度增大时，扩散双电层厚度减小，故水化膜变薄。

2）影响聚结稳定性的因素

胶体粒子之间的吸力位能是永恒存在的，只是当胶体处于相对稳定状态时，吸力位能会被斥力位能所抵消而已。一般说来，外界因素很难改变吸引力的大小，然而改变分散介质中电解质的浓度与价态则可显著影响胶粒之间的斥力位能。

（1）电解质浓度的影响。随着电解质浓度的升高，斥能峰降低。而高浓度电解质存在时，除了胶体粒子非常靠近外，在任何距离上都是吸引位能占优势，在这种情况下聚结速度最快；在中等电解质浓度下，由于"远程"斥力位能的作用，聚结过程延缓了。在低电解质浓度下存在明显的"远程"斥力作用，聚结过程很慢，要几周或几个月才发生明显的聚结。

（2）反离子价数的影响。通常用聚沉值和聚沉率两个指标定量地表示电解质对溶胶聚结稳定性的影响。能使溶胶聚沉的电解质最低浓度称为聚沉值。各种电解质有不同的聚沉值。该值是个相对值，它与溶胶的性质、含量、介质的性质以及温度等因素有关。如果各种条件确定，那么电解质对某一溶胶的聚沉值也是一定的。具体来讲，聚沉值（或临界聚沉浓度）是指在指定条件下，使胶体明显聚沉所需电解质的最低浓度，单位为mmol/L。聚沉值愈低，说明电解质的聚沉能力愈强。

聚沉率是聚沉值的倒数。聚沉率愈高，电解质的聚沉能力愈强。电解质中起聚沉作用的主要是与胶粒带相反电荷的反离子，反离子价数愈高，聚沉值愈低，聚沉率愈高。从大

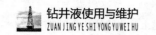

量实验资料总结出如下规律：

$$M^+ : M^{2+} : M^{3+} = 100 : 1.6 : 0.3 = (1/1)^6 : (1/2)^6 : (1/3)^6$$

上述括号中的分母为反离子价数。由此可见，电解质的聚沉值与反离子价数的 6 次方成反比，这个规则称为舒采-哈迪（Schulze－Hardy）规则：

$$v_c = K/Z^6 \qquad\qquad (2-8)$$

式中 K——常数。

（3）反离子大小的影响。同价离子的聚沉率虽然相近，但仍有差别，特别是一价离子的差别比较明显，若将各离子按其聚沉能力的顺序排列，则一价阳离子的排序为：

$$H^+ > Cs^+ > Rb^+ > NH_4^+ > K^+ > Na^+ > Li^+$$

一价阴离子的顺序为：

$$F^- > IO_3^- > H_2PO_4^- > BeO_3^- > Cl^- > ClO_3^- > Br^- > I^- > CNS^-$$

同价离子聚沉能力的次序称为感胶离子序，与水化离子半径从小到大的次序大致相同，这可能是由于水化离子半径越小，越容易靠近胶体粒子的缘故。对于高价离子，影响其聚沉能力的因素中，价数是主要的，离子大小的影响相对地就不那么显著了。

（4）同号离子的影响。与胶粒所带电荷相同的离子称为同号离子。通常情况下，同号离子对胶体有一定的稳定作用，可以降低反离子的聚沉能力。但有机高聚物离子（聚电解质）例外，即使与胶粒带电相同，也能被胶粒所吸附。

（5）相互聚沉现象。一般情况下，带相同电荷的两种溶胶混合后没有变化。若将两种相反电荷的溶胶相互混合，则会发生聚沉，这种现象叫做相互聚沉现象。

由于多数钻井液都是黏土—水胶体分散体系，因此上文所介绍的这类体系的稳定和聚结原理对钻井液优化设计和现场应用具有重要的指导意义

【任务实施】

任务1 黏土—水胶体稳定性实训

一、学习目标

掌握扩散双电层理论，熟悉影响黏土—水胶体稳定性的影响因素。

二、训练准备

（1）穿戴好劳保用品。

（2）加入 NaCl 0.1%、加入 AlCl$_3$0.1%、PHP 0.1%、CaCl$_2$ 0.1%（均为质量浓度），稀钻井液若干。

（3）50mL 具塞量筒 9 个、滴定管 2 支。

（4）检查搅拌机转动灵活好用。

三、训练内容

（一）实训方案

实训方案的具体项目及相应教学内容如表2-4所示。

表2-4 黏土—水胶体稳定性实训方案安排

序号	项目名称	教学目的及重点
1	不同浓度的电解质对黏土—水胶体稳定性的影响	了解不同浓度的电解质对扩散双电层的影响
2	同一电解质不同化合价对黏土—水胶体稳定性的影响	了解同一电解质不同化合价对黏土—水胶体稳定性的影响
3	异常操作	分析原因、掌握电解质浓度和反粒子化合价絮凝能力对黏土稳定性的影响
4	正常操作	掌握不同电解质和化合价影响黏土—水胶体稳定性的正常操作方法

（二）正常操作要领

训练过程中常规操作要领如表2-5所示。

表2-5 黏土—水胶体稳定性实训常规操作要领

序号	操作项目	调节使用方法
1	不同浓度的电解质对黏土—水胶体稳定性的影响	操作步骤：将盛有50mL钻井液的3个具塞量筒，分别注入浓度为0.1%的$CaCl_2$溶液2滴、5滴和10滴，翻转、振摇10次，静置一段时间，观察现象，记录数据
2	同一电解质不同化合价对黏土—水胶体稳定性的影响	操作步骤：将盛有50mL钻井液的3个具塞量筒，分别注入浓度为0.1%的$NaCl$、0.1%的$CaCl_2$、0.1%的$AlCl_3$溶液各5滴，翻转、振摇10次，静置一段时间，观察现象，记录数据
3	不同浓度的聚合物对黏土—水胶体稳定性的影响	操作步骤：将盛有50mL钻井液的3个具塞量筒，分别注入浓度为0.1%的PHP溶液2滴、5滴和10滴，翻转、振摇10次，静置一段时间，观察现象，记录数据

四、考核建议

为了准确的评价本课程的教学质量和学生的学习效果，体现注重学生职业能力培养的教学目标，建议本课程的各个环节进行考核，以便对学生作出公正、准确的评价。建立过程考评（任务考评）与期末考评（课程考评）相结合的方法，强调过程考评的重要性。过程考评占60%，期末考评占40%。考核评价方式如表2-6所示。

表2-6 考核评价表

	评价内容	分值	权重
过程评价	不同浓度的电解质对黏土—水胶体稳定性的影响操作步骤（技能水平、操作规范）	20	60%
	同一电解质不同化合价对黏土—水胶体稳定性的影响（技能水平、操作规范）	40	
	方法能力考核（制定计划或报告能力）	15	
	职业素质考核（"5S"与出勤执行情况）	15	
	团队精神考核（团队成员平均成绩）	10	
期末考评	期末理论考试（联系生产实际问题、职业技能证书考核中"应知"内容）	100	40%

让学员配置不同黏土级别类型的钻井液，分析其差别和原因。

【拓展提高】

一、黏土阳离子交换容量的测定

黏土阳离子交换容量 CEC 与黏土的其他各种物理化学性质都有密切关系。因此，常常需要首先测定黏土的阳离子交换容量。测定黏土阳离子交换容量的方法很多，经典的方法是醋酸铵淋洗法，其基本原理如下。

淋洗剂为醋酸铵 NH_4Ac，$NH_4{}^+$ 可交换出黏土中的 Ca^{2+} 和 Mg^{2+} 等阳离子，其作用如图 2-5 所示。

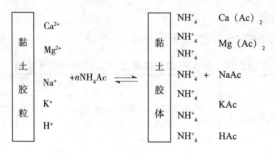

图 2-5　黏土阳离子交换示意图

淋洗完成后，将滤液蒸干并进行焙烧，此时各种醋酸盐均分解为无机化合物。醋酸铵及多余的醋酸即分解为水与挥发物 NH_3 及 CO_2。

焙烧反应举例如下：

$$CH_3COONH_4 + 2O_2 \longrightarrow NH_3\uparrow + 2H_2O\uparrow + 2CO_2\uparrow$$

$$CH_3COOH + 2O_2 \longrightarrow 2CO_2\uparrow + 2H_2O\uparrow$$

$$Ca(CH_3COO)_2 + 4O_2 \longrightarrow CaCO_3 + 3CO_2\uparrow + 3H_2O\uparrow$$

$$2CH_3COOK + 4O_2 \longrightarrow K_2CO_3 + 3CO_2\uparrow + 3H_2O\uparrow$$

$$2Al(CH_3COO)_3 + 12O_2 \longrightarrow Al_2O_3 + 12CO_2\uparrow + 9H_2O\uparrow$$

可见，所得到的残余物为碱土金属与碱金属的碳酸盐及氧化物，俗称残渣。残渣用盐酸处理后，即可测定 Ca^{2+}、Mg^{2+} 等的含量。最方便的方法是用过量的标准酸溶解残渣，剩余的酸用标准碱滴定，再求出 Ca^{2+}、Mg^{2+}、K^+、Na^+ 等的含量。

醋酸铵淋洗以后的黏土，用乙醇洗去过剩的醋酸铵，再向黏土中加浓 $NaOH$ 溶液，这时，黏土晶体上的交换性 $NH_4{}^+$ 又被 Na^+ 交换出来，生成氢氧化铵。因此，经过直接蒸煮后，得到 NH_4OH，用标准酸吸收，再经过滴定，便可换算为每 100g 土的交换性阳离子的毫摩尔数，即黏土的阳离子交换容量。

二、胶粒间吸引能与排斥能

溶胶粒子间的位能为吸引位能与排斥位能之和，若令位能为 V，则

$$V = V_A + V_R$$

图 2-6 表示两个带有相同电荷的胶粒相互趋近时，系统总位能随距离的变化。横坐标

表示两个粒子间的距离，纵坐标表示斥力能（正值）与吸引能（负值），V_R 表示斥力位能曲线，V_A 表示吸力位能曲线，B 表示总位能曲线。吸力位能 V_A 只在很短的距离内起作用，斥力能 V_R 的作用稍远些。当 $d \to 0$ 时，$V_A \to \infty$，引力随着粒子的接近而迅速增加。当两个胶粒相距较远时，离子氛尚未重叠，粒子间的"远程"吸力位能在起作用，即吸力位能占优势，曲线在横轴以下，总位能为负值；随着距离的趋近，离子氛重叠，斥力位能开始起作用，总位能逐渐上升为正值。当两个胶粒靠近到一定距离，总位能达到最大，出现一个斥能峰 E_0，只有粒子的动能超过这一点时才能聚沉，所以该斥能峰的高低往往标志着溶胶稳定性的强弱。

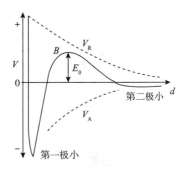

图 2-6　胶体粒子间的作用位能
　　　　与距离的关系

从胶粒间总位能曲线图可知，絮凝与聚结是两个不同的概念。当胶粒处于第二位能极小值时，表现为絮凝状态，这时颗粒间的连接力较弱，絮凝是可逆的。而当胶粒处于第一位能极小值范围时，则表现为聚结状态，聚结是不可逆的。

【思考题及习题】

一、填空题

1. 黏土矿物的水化机理是（　　　）和（　　　）。

2. 影响 ζ 电位的主要因素是（　　　）和（　　　）。

二、简答题

1. 什么叫黏土的阳离子交换容量？其大小与水化性能有何关系？与钻井液性能、井壁稳定性又有何关系？

2. 伊利石晶胞的平均负电荷比蒙脱石高，但伊利石的阳离子交换容量（CEC）却低于蒙脱石，这是为什么？

3. 蒙脱石、伊利石和高岭石的水化机理有何异同点？

4. 写出钠蒙脱石的胶团结构式，并与 AgI 正溶胶相比较，它们之间有何区别？

5. 黏土胶体的电荷来源与一般胶体有何异同？黏土层面和端面上的双电层结构各有何特点？

6. 什么叫 ζ 电位？其大小与黏土胶体的稳定性有何关系？

7. 根据斯托克斯（Stokes）定律，试分析钻井液的动力稳定性与哪些因素有关？

8. 什么是舒采-哈迪规则？它与胶体稳定性的关系是什么？

9. 什么是 DLVO 理论？其要点是什么？

学习情境3 钻井液性能的测定和调控

【学习目标】

能力目标：

（1）能熟练测定和调控钻井液的密度。

（2）能熟练测定和调控钻井液的漏斗黏度。

（3）能熟练测定和计算钻井液流变性能参数并进行调控。

（4）能熟练测定和调控钻井液的滤失性能和润滑性能。

（5）能熟练测定钻井液的 pH 值、碱度及钻井液的含砂量。

（6）能熟练测定和计算钻井液的 OH^-、CO_3^{2-} 及 HCO_3^- 含量。

（7）能熟练测定和计算钻井液的钻井液的固相含量。

（8）能熟练测定和计算钻井液的膨润土含量。

（9）能熟练测定和计算钻井液滤液中 Cl^- 含量。

（10）能熟练测定和计算钻井液的 Ca^{2+}、Mg^{2+} 含量。

知识目标：

（1）掌握钻井液密度及漏斗黏度的定义及调控方法。

（2）掌握钻井液流变性理论知识，流变参数的计算方法、测定方法及调控方法。

（3）掌握钻井液滤失性能和润滑性能的理论知识、测定方法及调控方法。

（4）掌握钻井液 pH 值、碱度及钻井液的含砂量的定义、测定方法、计算方法及调控方法。

（5）掌握钻井液固相含量和膨润土含量的定义、测定方法和调控方法。

（6）掌握 Cl^- 含量，Ca^{2+}、Mg^{2+} 含量的测定方法及计算方法。

素质目标：

（1）具有吃苦耐劳、爱岗敬业的职业意识。

（2）能独立使用各种媒介完成学习任务，具有自主学习能力。

（3）具备分析解决问题、接受及应用新技术的能力以及与生产实践相关的方法能力。

（4）能反思、改进工作过程，能运用专业词汇和同学、老师讨论工作过程中的各种问题。

（5）具有团队合作精神、沟通能力及语言表达能力。

（6）具有自我评价和评价他人的能力。

【任务描述】

只有具备一定的性能钻井液才能满足钻井工程的要求，实现钻井液的基本功用。按照API推荐的钻井液性能测试标准，需检测的钻井液常规性能包括：密度、漏斗黏度、塑性黏度、动切力、静切力、API滤失量、HTHP滤失量、pH值、碱度、含砂量、固相含量、膨润土含量和滤液中各种离子的质量浓度等。通过钻井液流变性能参数测定的实训操作，让学生掌握钻井液流变性能参数的测定、计算和调控方法，学会对钻井液异常工况进行分析和处理。

要求学生以小组为单位，根据任务要求，制定出工作计划，完成仿真操作，并能够分析和处理操作中遇到的异常情况，写出工作报告。

【相关知识】

一、钻井液的流变性

钻井液流变性是指在外力作用下，钻井液发生流动和变形的特性，其中流动性是主要的方面。该特性通常是用钻井液的流变曲线和流变参数来进行描述的。现场钻井液应用技术中常用的流变参数主要有塑性黏度（Plastic Viscosity）、动切力（Yield Point）、静切力（Gel Strength）、表观黏度（Apparent Viscosity）等。钻井液流变性是钻井液的一项基本性能，它在解决下列钻井问题时发挥着十分重要的作用：①携带岩屑，保证井底和井眼清洁；②悬浮岩屑与重晶石；③提高机械钻速；④保持井眼规则和保证井下安全。此外，钻井液的某些流变参数还直接用于钻井环空水力学的有关计算。因此，对钻井液流变性的深入研究，以及对油气井钻井液流变参数的优化设计和有效调控，是钻井液应用技术的一个重要方面。

（一）流体流动的基本流型

1. 流体流动的基本概念

1）剪切速率和剪切应力

液体与固体的重要区别之一是液体具有流动性，即加很小的力就能使液体发生变形，而且只要力作用的时间相当长，很小的力就能使液体发生很大的变形。以河水在水面的流速分布为例，可以观察到：越靠近河岸，流速越小，河中心处流速最大，河面水的流速分布如图3-1所示。管道中水的流速分布是中心处流速最大，越向周围流速越小，靠近管壁处流速为0。流速剖面形状为抛物线状。从立体来看，它像一个套筒望远镜或拉杆天线（图3-2）。

水中各点的流速不同，可以设想将其分成许多薄层。通过管道中心线上的点作一条流速的垂线，自中心线上的点沿垂线向管壁移动，随着位置的变化，流速也在发生变化。液流中各层的流速不同的现象，通常用剪切速率（或称流速梯度）来描述。如果在垂直于流

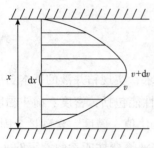

图3-1 水在河面的流速分布

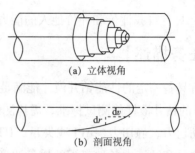

(a) 立体视角

(b) 剖面视角

图3-2 水在圆管路的流速分布

速的方向上取一段无限小的距离 $\mathrm{d}x$，流速由 v 变化到 $v + \mathrm{d}v$，则比值 $\mathrm{d}v/\mathrm{d}x$ 表示在垂直于流速方向上单位距离流速的增量，即剪切速率。剪切速率也可用符号 γ 来表示。若剪切速率大，则表示液流中各层之间流速的变化大；反之，流速的变化小。在 SI 单位制中，流速的单位是 m/s，距离的单位为 m，所以剪切速率的单位为 s^{-1}。

钻井液在循环过程中，由于它在各处的流速不同，因此剪切速率也不相同。流速越大之处剪切速率越高，反之则越低。一般情况下，沉砂池处剪切速率最低，大约为 $10 \sim 20\mathrm{s}^{-1}$；环形空间为 $50 \sim 250\mathrm{s}^{-1}$；钻杆内为 $100 \sim 1000\mathrm{s}^{-1}$；钻头喷嘴处最高，大约为 $10000 \sim 100000\mathrm{s}^{-1}$。

液流中各层的流速不同，故层与层之间必然存在着相互作用。由于液体内部内聚力的作用，流速较快的液层会带动流速较慢的相邻液层，而流速较慢的液层又会阻碍流速较快的相邻液层。这样在流速不同的各液层之间会发生内摩擦作用，即出现成对的内摩擦力（即剪切力），阻碍液层剪切变形。通常将液体流动时所具有的抵抗剪切变形的物理性质称做液体的黏滞性。

为了确定内摩擦力与哪些因素有关，牛顿通过大量实验研究提出了液体内摩擦定律，通常称为牛顿内摩擦定律。其内容为：液体流动时，液体层与层之间的内摩擦力 F 的大小与液体的性质及温度有关，并与液层间的接触面积 S 和剪切速率 γ 成正比，而与接触面上的压力无关，即

$$F = \mu S\gamma \qquad (3-1)$$

内摩擦力 F 除以接触面积 S 即得液体内的剪切应力 τ，剪切应力可理解为单位面积上的剪切力，即

$$\tau = F/S = \mu\gamma \qquad (3-2)$$

式（3-1）、式（3-2）中，μ 是表示液体黏滞性大小的物理量，通常称为黏度。其物理意义是产生单位剪切速率所需要的剪切应力。μ 越大，表示产生单位剪切速率所需要的剪切应力越大。黏度是液体的性质，不同液体有不同的黏度。黏度还与温度有关，液体的黏度一般随温度的升高而降低。

在 SI 单位制中，τ 的单位是 Pa，γ 的单位是 s^{-1}，μ 的单位是 Pa·s。由于 Pa·s 单位太大，在实际应用中一般用 mPa·s 表示液体的黏度。例如 20℃ 时，水的黏度是 1.0087 mPa·s。

式（3-2）是牛顿内摩擦定律的数学表达式，通常将剪切应力与剪切速率的关系遵循牛顿内摩擦定律的流体，称为牛顿流体；不遵守牛顿内摩擦定律的流体称为非牛顿流体。水、酒精等大多数纯液体、轻质油、低分子化合物溶液以及低速流动的气体等均为牛顿流体，高分子聚合物的浓溶液和悬浮液等一般为非牛顿流体。大多数钻井液都属于非牛顿流体。

2）流变模式和流变曲线

剪切应力和剪切速率是流变学中的两个基本概念，钻井液流变性的核心问题就是研究各种钻井液的剪切应力与剪切速率之间的关系。这种关系可以用数学关系式表示，也可以作出图线来表示。若用数学关系式表示，称为流变方程，习惯上又称为流变模式，如式（3-2）就是牛顿流体的流变模式。若用图线来表示，则称为流变曲线。

当对某种钻井液进行实验，求出一系列的剪切速率与剪切应力数据时，即可在直角坐标图上作出剪切速率随剪切应力变化的曲线，或剪切应力随剪切速率变化的曲线。这2种形式是一样的，只是纵、横坐标互换。鉴于目前各种文献中，两种表示方法同时存在，所以对它们都应该熟悉。图3-3（a）和图3-3（b）分别为两种液体流变曲线的不同表示方法。很显然两种液体均为牛顿流体。在图3-3（b）中，直线的斜率 $\tan\alpha = \tau/\gamma = \mu$。对某种液体来说，$\mu$ 是一个常数，说明在任何剪切速率下，牛顿流体的黏度不变。剪切速率 γ 每增加一倍，剪切应力 τ 也相应地增加一倍。也就是说，只用一个参数 μ 即可描述牛顿流体的流变性。从图3-3中还可看出，α 越大，液体的黏度 μ 也越大。显然，图中液体1的黏度比液体2的黏度高。

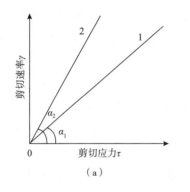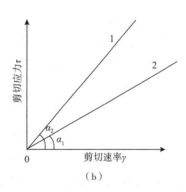

图3-3 2种牛顿流体的流变曲线

（a）剪切速率随剪切应力的变化；（b）剪切应力随剪切速率的变化

2. 流体的基本流型

按照流体流动时剪切速率与剪切应力之间的关系，流体可以分为不同的类型，即所谓流型。除牛顿流型外，根据所测出的流变曲线形状的不同，又可将非牛顿流体的流型归纳为塑性流型、假塑性流型和膨胀流型。以上4种基本流型的流变曲线如图3-4所示。

1）牛顿流体

前面已提到，牛顿流体是流变性最简单的流体。流变方程为式（3-2）的意义是，当牛顿流体在外力作用下流动时，剪切应力与剪切速率成正比。从牛顿流体的流变方程和流变曲线可以看出，这类流体有如下特点：当 $\tau > 0$ 时，$\gamma > 0$。说明只要对牛顿流体施加一个外力，即使此力很小，也可以产生一定的剪切速率，即开始流动。此外，其黏度不随剪切速率的增减而变化。

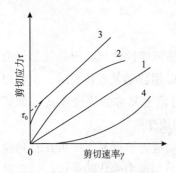

图 3-4 4 种基本流型的曲线
1—牛顿流体；2—假塑性流体；
3—塑性流体；4—膨胀流体

膨胀流体比较少见。从图 3-4 可发现其流动特点是：稍加外力即发生流动（曲线过原点）；黏度随剪切速率（或剪切应力）增加而增大，静置时又恢复原状。与假塑性流体相反，其流变曲线凹向剪切应力轴。这种流体在静止状态时，所含有的颗粒是分散的。当剪切应力增大时，部分颗粒会纠缠在一起形成网架结构，使流动阻力增大。

因为目前广泛使用的多数钻井液为塑性流体和假塑性流体，下文中将重点对这两种类型的非牛顿流体展开具体阐述。

2）塑性流体

高黏土含量的钻井液、高含蜡原油和油漆等都属于塑性流体。与牛顿流体不同，当塑性流体 $\gamma = 0$ 时，$\tau \neq 0$。也就是说，它不是加很小的剪切应力就开始流动，而是必须加一定的力才开始流动，这种使流体开始流动的最低剪切应力 τ_s 称为静切应力（又称静切力、切力或凝胶强度）。从图 3-4 中塑性流体的流变曲线可以看出，当剪切应力超过 τ_s 时，初始阶段剪切应力和剪切速率的关系不是一条直线，表明此时塑性流体还不能均匀地被剪切，黏度随剪切速率增大而降低（图 3-4 中曲线段）。继续增加剪切应力，当其数值大到一定程度之后，黏度不再随剪切速率增大而发生变化，此时流变曲线变成直线(图 3-4 中直线段)。此直线段的斜率称为塑性黏度（表示为 μ_p 或 PV）。延长直线段与剪切应力轴相交于一点 τ_0，通常将 τ_0（亦可表示为 YP）称为动切应力（常简称为动切力或屈服值）。塑性黏度和动切力是钻井液的两个重要流变参数。

引入动切力之后，塑性流体流变曲线的直线段即可用下面的直线方程进行描述：

$$\tau = \tau_0 + \mu_p \gamma \tag{3-3}$$

此式即是塑性流体的流变模式。因是宾汉首先提出的，该式常称为宾汉模式（Bingham Model），并将塑性流体称为宾汉塑性流体。

塑性流体能够表现出上述流动特性与它的内部结构是分不开的。例如，水基钻井液主要由黏土、水和处理剂所组成。黏土矿构具有片状或棒状结构，形状很不规则，颗粒之间容易彼此连接在一起，形成空间网架结构。研究表明，黏土颗粒可能出现如图 3-5 所描述的 3 种不同连接方式，即面—面、端—面和端—端连接。这是由于黏土颗粒表面的性质（带电性和水化膜）极不均匀所引起的。3 种不同的连接方式将产生不同的后果。面—面连接会导致形成较厚的片，即颗粒分散度降低，这一过程即聚结；而端—面与端—端连接则形成三维的网架结构。特别是当黏土含量足够高时，能够形成布满整个空间的连续网架结构，胶体化学上称做凝胶结构，这一过程通常称为絮凝。与聚结和絮凝相对应的相反过程分别称为分散和解絮凝（图3-5）。

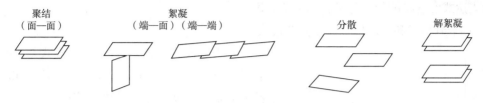

图3-5　黏土颗粒的连接方式

一般情况下，钻井液中的黏土颗粒在不同程度上处在一定的絮凝状态。因此，要使钻井液开始流动，就必须施加一定的剪切应力，破坏絮凝时形成的这种连续网架结构。这个力即静切应力。由于静切应力反映了所形成结构的强弱，因此又将静切应力称为凝胶强度。

在钻井液开始流动以后，由于初期的剪切速率较低，结构的拆散速度大于其恢复速度，拆散程度随剪切速率增加而增大，因此表现为黏度随剪切速率增加而降低（图3-4中塑性流体的曲线段）。随着结构拆散程度增大，拆散速度逐渐减小，结构恢复速度相应增加。因此，当剪切速率增至一定程度，结构破坏的速度和恢复的速度保持相等（即达到动态平衡）时，结构拆散的程度将不再随剪切速率增加而发生变化，相应地黏度亦不再发生变化（图3-4中直线段）。该黏度即钻井液的塑性黏度。该参数不随剪切应力和剪切速率而改变，在钻井液的水力计算中很重要。从宾汉模式可以得出：$\mu_p = (\tau_0 - \tau) / \gamma$，塑性黏度的单位为mPa·s。

3）假塑性流体

某些钻井液、高分子化合物的水溶液以及乳状液等均属于假塑性流体。其流变曲线是通过原点并凸向剪切应力轴的曲线（图3-4）。这类流体的流动特点是：施加极小的剪切应力就能产生流动，不存在静切应力，它的黏度随剪切应力的增大而降低。假塑性流体和塑性流体的一个重要区别在于：塑性流体当剪切速率增大到一定程度时，剪切应力与剪切速率之比为一常数，在这个范围，流变曲线为直线；而假塑性流体剪切应力与剪切速率之比总是变化的，即在流变曲线中无直线段。

假塑性流体服从下式所示的幂律方程，即

$$\tau = K\gamma^n \quad (n < 1) \tag{3-4}$$

该式为假塑性流体的流变模式，习惯上称为幂律模式（Power Low Model）。式中的n（流性指数）和K（稠度系数）是假塑性流体的两个重要流变参数。

从图3-6可以看出，在中等和较高的剪切速率范围内，幂律模式和宾汉模式均能较好地表示实际钻井液的流动特性，然而在环形空间的较低剪切速率范围内，幂律模式比宾汉模式更接近实际钻井液的流动特性，采用幂律模式能够比宾汉模式更好地表示钻井液在环空的流变性，并能更准确地预测环空压降和进行有关的水力参数计算。在钻井液设计和现场实际应用中，这两种流变模式往往同时使用。为了进一步提高幂律模式的应用效果，一种经修正的幂律模式，即赫-巴三参数流变模式也已经引入对钻井液流变性的研究中，其数学表达式和各参的物理意义将在下节讨论。

4）卡森模式和赫谢尔-巴尔克莱模式

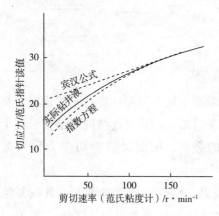

图3-6　幂律模式和宾汉模式的比较

（1）卡森模式（Casson）。卡森模式是1959年由卡森首先提出的，最初主要应用于油漆、颜料和塑料等工业中。1979年，美国人劳增（Lauzon）和里德（Reid）首次将卡森模式用于钻井液流变性的研究中。研究和应用结果表明，卡森模式不但在低剪切区和中剪切区有较好的精确度，还可以利用低、中剪切区的测定结果预测高剪切速率下的流变特性。

①卡森方程及其流变曲线。宾汉和幂律模式是广泛应用于钻井液工艺的两个流变模式。随着钻井掩工艺和环空水力学理论的不断发展，人们感到这两个模式在实际应用中均存在着一定的局限性，特别是不能较好地描述钻井液在高剪切速率下的流变性能。因而提出了卡森模式。卡森模式是一个经验式，其一般表达式为：

$$\tau^{1/2} = \tau_c^{1/2} + \eta_\infty^{1/2} \gamma^{1/2} \tag{3-5}$$

式中　τ_c——卡森动切力（或称卡森屈服值），Pa；

　　　η_∞——极限高剪切黏度，mPa·s；

　　　τ——剪切应力，Pa；

　　　γ——剪切速率，s^{-1}。

将式中每一项分别除以 $\gamma^{1/2}$，可得卡森模式的另一表达式：

$$\eta^{1/2} = \eta_\infty^{1/2} + \tau_c^{1/2}/\gamma^{1/2} \tag{3-6}$$

式中　η——某一剪切速率下的有效黏度，mPa·s。

如果用平方根坐标系作图，卡森流变曲线是一条直线。其斜率 $\tan\alpha$ 分别为 $\eta_\infty^{1/2}$ 和 $\tau_c^{1/2}$，截距分别为 $\tau_c^{1/2}$ 和 $\eta_\infty^{1/2}$（图3-7）。

②卡森流变参数的物理意义和影响因素。卡森动切力 τ_c 表示钻井液内可供拆散的网架结构强度。从流变曲线上可看出，τ_c 是流体开始流动时的极限动切力，其大小可反映钻井液携带与悬浮钻屑的能力。

既然 τ_c 是钻井液网架结构强度的量度，因此，凡是能够影响胶体体系电化学性质的物质（如降黏剂、电解质、絮凝剂等）、体系中的固相含量以及外界条件（如温度、压力）等都可能影响 τ_c 值。高因相含量钻井液的 τ_c 值一般较高，加入降黏剂和清水可以降低 τ_c，加入适量电解质和絮凝剂均可以提高 τ_c 值。实测结果表明 τ_c 一般低于宾汉动切力 τ_0，而与初始静切力较为接近。

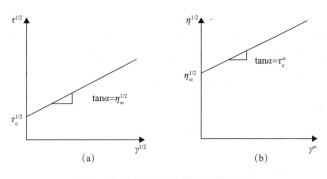

图 3-7 卡森流变曲线的两种形式

(a) $\tan\alpha = \eta^{\infty}$ 形式；(b) $\tan\alpha = \tau_c^{\infty}$ 形式

极限高剪切黏度 η_{∞} 简称为高剪黏度。它表示钻井液体系中内摩擦作用的强度，常用来近似表示钻井液在钻头喷嘴处紊流状态下的流动阻力。因此有的文献中将其称为水眼黏度。从流变曲线来看，η_{∞} 在数值上等于剪切速率为无穷大时的有效黏度。然而，黏度的概念是建立在层流流动基础上的，因此，最好将 η_{∞} 理解为剪切速率为无穷大时的流动阻力。

流体流动时，η_{∞} 值的大小是流体中固相颗粒之间、固相颗粒与液相之间以及液相内部的内摩擦作用强度的综合体现。因此，固相类型及含量、分散度和液相黏度等都将对 η_{∞} 产生影响。从 η_{∞} 的物理意义来看，它类似于宾汉模式中的塑性黏度。但在数值上高剪黏度往往比塑性黏度小得多，这主要是由于在高剪切速率范围内，宾汉模式会出现较大的偏差。试验表明，降低 η_{∞} 有利于降低高剪切速率下的压力降，提高钻头水马力，也有利于从钻头切削面上及时排除岩屑，从而提高机械钻速。具有良好剪切稀释性能的低固相聚合物钻井液的 η_{∞} 值一般较低，约为 $2 \sim 6 \mathrm{mPa \cdot s}$；而密度较高的分散钻井液，通常 $\eta_{\infty} > 15 \mathrm{mPa \cdot s}$。

卡森模式的另一特性参数是剪切稀释指数 I_{m}。该参数可由下式求得：

$$I_{\mathrm{m}} = \left[1 + (100\tau_c/\eta_{\infty})^{1/2} \right]^2 \tag{3-7}$$

该值为无因次量，用于表示钻井液剪切稀释性的相对强弱。实际上它是转速为 1 r/min 时的有效黏度 η_1 与 η_{∞} 的比值。I_{m} 越大，则剪切稀释性越强。分散钻井液的 I_{m} 一般小于 200，而不分散聚合物钻井液和适度絮凝的抑制性钻井液的 I_{m} 值常为 $300 \sim 600$，高者可达 800 以上。但 I_{m} 值过大会使泵压升高，造成开泵困难。

室内和现场试验均表明，卡森模式可适用于各种类型的钻井液。该模式的主要特点在于它能够近似地描述钻井液在高剪切速率下的流动性，从而弥补传统模式的不足。

(2) 赫谢尔-巴尔克莱三参数流变模式。赫谢尔-巴尔克莱（Herschel—Bulkely）三参数流变模式简称赫-巴模式，又称为带有动切力（或屈服值）的幂律模式，或经修正的幂律模式。1977 年该模式首次用于钻井液流变性的研究。其数学表达式为；

$$\tau = \tau_{\mathrm{y}} + K\dot{\gamma}^{\,n} \tag{3-8}$$

式中 τ_{y} 表示该模式的动切力，n 和 K 的意义与幂律模式相同。由于在幂律模式基础上增加了 τ_{y}，因而是一个三参数流变模式。

引入该模式的主要目的，是为了在较宽剪切速牢范围内，能够比传统模式更为准确地描述钻井液的流变特性。从图3-6中可见，实际钻井液的流变曲线一般都不通过原点，即或多或少都存在着一个极限动切力。只有当外力达到或超过这一极限动切力之后，流体才开始流动。宾汉动切力 τ_0 是一外推值，它一般会高于实际钻井液的极限动切力，而幂律模式流变曲线通过原点，极限动切力为0。因此，这两种传统模式均不能反映实际钻井液的这一特性。此外，有相当多的钻井液，特别是聚合物钻井液都具有一定的假塑性，在较低剪切速率范围内，其实际流变曲线与宾汉模式流变曲线的偏差较大，而与幂律模式流变曲线较为接近。因此，采用赫-巴模式应该是一种比较理想的选择。但是，由于该模式比传统模式多了一个参数，不如传统模式应用方便，特别是由此而导出的水力学计算式相当繁琐，因此限制了它在现场的广泛应用。通常该模式仅在对流变参数测量精度要求较高时或室内研究中使用。但是，随着计算机技术在钻井液工艺中的应用越来越广泛，该模式将会得到更多的应用。

该模式的参数 τ_y 是钻井液的实际动切力，表示使流体开始流动所需的最低剪切应力。它并不是一个外推值，因此与宾汉动切力的意义完全不同。τ_y 值的大小主要与聚合物处理剂的类型及浓度有关。此外，固相含量对 τ_y 也有一定影响。

（二）钻井液流变参数及其调控方法

1. 塑性黏度与动切力

1）塑性黏度 μ_0（非加重钻井液 5～12mPa·s）

（1）定义：反映了在层流情况下，钻井液网架结构的破坏与恢复处于动平衡时，悬浮的固体颗粒之间、固体颗粒和液相之间以及连续相内部的内摩擦力作用的强弱。

（2）影响因素：

①钻井液中的固相含量。

②钻井液中黏土的分散度。

③高分子聚合物处理剂。

（3）调控方法：

①降低 μ_p。通过合理使用固控设备、加水稀释或化学絮凝等方法，尽量减少固相含量。

②提高 μ_p。加入低造浆率黏土、重晶石、混入原油或适当提高 pH 值等均可提高 μ_p。另外，增加聚合物处理剂的浓度使钻井液的液相黏度提高，也可起到提高 μ_p 的作用。

2）动切力 τ_0（非加重钻井液 1.4～14.4Pa）

（1）定义：反映了在层流流动时，黏土颗粒之间及高分子聚合物分子之间相互作用力的大小，即形成空间网架结构能力的强弱。

（2）影响因素：

①黏土矿物的类型和浓度；

②电解质；

③降黏剂。

（3）调控方法：

①降低 τ_0。最有效的方法是适量加入降黏剂（也称稀释剂），以拆散钻井液中已形成的网架结构。如果是因 Ca^{2+}、Mg^{2+} 等污染引起的 τ_0 升高，则可用沉淀方法除去这些离子。此外，用清水或稀浆稀释也可起到降低 τ_0 的作用。

②提高 τ_0。可加入预水化膨润土浆，或增大高分子聚合物的加量。对于钙处理钻井液或盐水钻井液，可通过适当增加 Ca^{2+}、Na^+ 浓度来达到提高 τ_0 的目的。

一般来说，非加重钻井液的 μ_p 应控制在 $5 \sim 12mPa \cdot s$，τ_0 应控制在 $1.4 \sim 14.4Pa$。不同密度钻井液的 μ_p、τ_0 的适宜范围将在后面章节中讨论。

2. 流性指数和稠度系数

1）流性指数

（1）定义：表示假塑性流体在一定剪切速率范围内所表现出来的非牛顿性程度，用 n 表示。n 越小非牛顿性越强。

（2）影响因素与 τ_0 相同。

（3）调控方法：降低 n 值：最常用的方法是加入 XC 生物聚合物等流性改进剂，或在盐水钻井液中添加预水化膨润土。适当增加无机盐的含量也可起到降低 n 值的效果，但这样往往会对钻井液的稳定性造成一定的影响。通过增加膨润土含量和矿化度来降低 n 值，一般来讲并不是最好的方法，而应优先考虑选用适合于所用体系的聚合物处理剂来达到降低 n 值的目的。

2）稠度系数

（1）定义：用 K 表示，K 越大，黏度越高。

（2）影响因素与表观黏度相同。

（3）调控方法：降低 K 值：最有效的方法是通过加强固相控制或加水稀释以降低钻井液中的固相含量。若需要适当提高 K 值时，可添加适量聚合物处理剂，或将预水化膨润土加入盐水钻井液或钙处理钻井液中（K 值提高，n 值下降），也可加入重晶石粉等惰性固体物质（K 值提高，n 值基本不变）。

3. 表观黏度和剪切稀释性

1）表观黏度

某一剪切速率下，剪切应力 τ 与剪切速率 γ 的比值，用 μ_a 表示：

$$\mu_a = \tau/\gamma \qquad (3-9)$$

2）剪切稀释性

塑性流体和假塑性流体的表观黏度随着剪切速率的增加而降低的特性。例如，在钻头水眼处，剪切速率高达 $10000 \sim 100000s^{-1}$，钻井液变得很稀；而在环形空间，当剪切速率为 $50 \sim 250s^{-1}$，钻井液又变得比较稠。这种剪切稀释性是优质钻井液必须具备的性能，因为它既能充分发挥钻头的水马力，有利于提高钻速，而在环形空间又能很好的携带钻屑。μ_a 随 r 而降低的幅度越大，则认为剪切稀释性越强。在钻井液工艺中，常用动切力与塑性黏度的比值（简称动塑比）表示剪切稀释性强弱。τ_0/μ_p 越大，剪切稀释性越强。为了能够在高剪率下有效地破岩，以及在低剪率下有效地携带岩屑，要求钻井液具有较高的动塑比，根据现场经验和平板型层流流核直径的有关计算，一般情况下将动塑比控制在 $0.36\sim0.48$ Pa／（mPa·s）范围内。具体控制方法如下：

（1）选用 XC 生物聚合物，HEC、PHP 和 FA367 等高分子聚合物作为主处理剂，并保持其足够的浓度。它们在体系中形成的结构使 τ_0 值增大，钻井液的液相黏度也会相应有所增加（即 μ_p 同时有所增大），但 τ_0 的增幅往往要大很多，故有利于提高动塑比。

（2）通过有效地使用固控设备，除去钻井液中的无用固相，降低固体颗粒浓度，以达到降低 μ_p、提高 τ_0/μ_p 的目的。

（3）在保证钻井液性能稳定的情况下，通过适量加入石灰、石膏、氯化钙和食盐等电解质，来增强体系中固体颗粒形成网架结构的能力。

需要注意，提高动塑比的目的是为了解决岩屑翻转问题，同时可增强钻井液的剪切稀释性能。但如果遇到井下情况比较复杂或出现井塌时，还是需要适当提高钻井液的有效黏度并加大排量，只有这样才能有效地降低岩屑滑落速度，提高钻井液环空返速，从而提高岩屑的上升速度。

4. 切力和触变性

1）切力（静切力）

切力指的是钻井液在静止状态下形成空间网架结构的强度。

2）触变性

触变性指的是搅拌后钻井液变稀（即切力降低），静止后又变稠的性质。对触变性机理可解释为：在触变体系中一般都存在空间网架结构，在剪切作用下，当结构被搅散后，只有颗粒的某些部位相互接触才能彼此重新粘结起来，即结构的恢复要求在颗粒的相互排列上有一定的几何关系。因此，在结构恢复过程中，需要一定时间来完成这种定向作用。恢复结构所需的时间长度和最终凝胶强度（即切力）的大小，可更为真实地反映某种流体触变性的强弱。

在对几种膨润土的触变性进行实验后，可归纳出 4 种典型情况（图 3-8）。图中的曲线 1 代表恢复结构所需的时间长较短，最终切力（基本不再随静置时间的延长而增大）相当高的情况，可以称作较快的强凝胶；曲线 2 代表较慢的强凝胶；曲线 3 代表较快的弱凝胶；曲线 4 代表较慢的弱

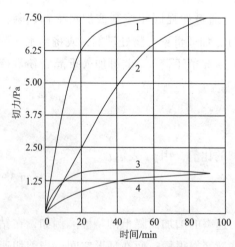

图 3-8 膨润土水基钻井液触变性的 4 种典型情况
1—较快的强凝胶；2—较慢的强凝胶；
3—较快的弱凝胶；4—较慢的弱凝胶

凝胶。

$$触变性 = 终切力 - 初切力$$

其中，终切力为充分搅拌后，静置 10min 的静切力；初切力为充分搅拌后，静置 1min 的静切力。

钻井工艺要求钻井液具有良好的触变性，在停止循环时，切力能迅速地增大到某一数值，既有利于钻屑悬浮，又不至于恢复循环时开泵泵压过高。

（三）流变参数的测量与计算

1. 旋转黏度计的构造及工作原理

旋转黏度计由电动机、恒速装置、变速装置、测量装置和支架箱体 5 部分组成。恒速装置和变速装置合称旋转部分。在旋转部件上固定一个外筒，即外筒旋转。测量装置由测量弹簧、刻度和内筒组成。内筒通过扭簧固定在机体上，扭簧上附有刻度盘（图 3-9）。通常将外筒称为转子，内筒称为悬锤。

测定时，内筒和外筒同时浸没在钻井液中，它们是同心圆筒，环隙约 1mm。当外筒以某一恒速旋转时，它就带动环隙里的钻井液旋转。由于钻井液的黏滞性，使与扭簧连接在一起的内筒转动一个角度。根据牛顿内摩擦定律，转动角度的大小与钻井液的黏度成正比，于是，钻井液黏度的测量就转变为内筒转角的测量。转角的大小可从刻度盘上直接读出，所以这种黏度计又称为直读式旋转黏度计。转子和悬锤的特定几何结构决定了旋转黏度计转子的剪切速率与其转速之间的关系。按照范氏（Fann）仪器公司设计的转子、悬锤组合（两者的间隙为 1.17mm），剪切速率与转子钻速的关系为：

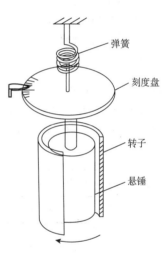

弹簧
刻度盘
转子
悬锤

图 3-9 旋转黏度计测量
装置示意图

$$1r/min = 1.703s^{-1} \tag{3-10}$$

旋转黏度计的刻度盘读数 θ（θ 为圆周上的度数，不考虑单位）与剪切应力 τ（单位为 Pa）成正比。当设计的扭簧系数为 3.87×10^{-5} 时，两者之间的关系可表示为：

$$\tau = 0.511\theta \tag{3-11}$$

目前现场使用的旋转黏度计有两速型和多速型两种。两速型旋转黏度计用 600r/min 和 300r/min 这两种固定的转速测量钻井液的剪切应力，它们分别相当于 $1022s^{-1}$ 和 $511s^{-1}$ 的剪切速率［由式（3-10）计算而得］。但是，仅在以上两个剪切速率下测量剪切应力具有一定的局限性，因为所测得的参数不能反映钻井液在环形空间剪切速率范围内的流变性能。因此，目前国内外已普通使用多速型旋转黏度计。

Fsnn35A 型六速黏度计是目前最常用的多速型黏度计，国内也有类似产品。该黏度计的六种转速和与之相对应的剪切速率如表 3-1 所示。

表 3-1　转速与剪切速率的对应关系

转速/（r/min）	600	300	200	100	6	3
剪切速率/s^{-1}	1022	511	340.7	170.3	10.22	5.11

为了连续测量各种剪切速率下的剪切应力，NL Baroib 公司又研制出从 1r/min 至 600r/min 可连续变速的 286 型黏度计，该黏度计还有一旋钮开关以供选择与 Fann 35A 型黏度计相同的 6 种转速。对于抗高温深井钻井液，还需测定井下高温高压条件下的流变性能。常用的测定仪器有 Fann 50C 型和 ReoChan 7400 型高温高压流变仪等。

2. 表观黏度的测量与计算

某一剪切速率下的表观黏度可用下式表示：

$$\mu_a = \tau/\gamma = (0.511\theta_N/1.703N) \times 1000 = 300\theta_N/N \qquad (3-12)$$

式中　N——转速，r/min；

　　　θ_N——表示转速为 N 时的刻度盘读数；

　　　μ_a——表观黏度，mPa·s。

利用式（3-12），可将任意剪切速率（或转子的转速）下测得的刻度盘读数换算成表观黏度，常用的 6 种转速的换算系数如表 3-2 所示。例如，在 300r/min 时测得刻度盘读数为 36，则该剪切速率下的表观黏度等与 36×1.0 = 36（mPa·s）；若在 6r/min 时测得刻度盘读数为 4.5，则该剪切速率下的表观黏度等于 4.5×50.0 = 225（mPa·s）

表 3-2　刻度读数与表观黏度的换算系数

转速/（r/min）	600	300	200	100	6	3
换算系数	0.5	1.0	1.5	3.0	50.0	100.0

在评价钻井液的性能时，为了便于比较，如果没有特别注明某一剪切速率，一般是指测定 600r/min 时的表观黏度，即

$$\mu_a = 1/2\theta_{600} \qquad (3-13)$$

使用旋转黏度计测定表观黏度和其他流变参数的试验步骤如下：

（1）将预先配好的钻井液进行充分搅拌，然后倒入量杯中，使液面与黏度计外筒的刻度线相齐。

（2）将黏度计转速设置在 600r/min，待刻度盘稳定后读取数据。

（3）再将黏度计转速分别设置在 300r/min、200r/min、100r/min、6r/min 和 3r/min，待刻度盘稳定后读取数据。

（4）计算各流变参数，必要时，通过将刻度盘读数换算成 τ，将转速换算成 γ，绘制出钻井液的流变曲线。

3. 塑性流体流变参数的测量与计算

由测得的 600r/min 和 300r/min 的刻度盘读数，可以利用以下公式求得塑性黏度和动

切力：

$$\mu_p = \theta_{600} - \theta_{300} \tag{3-14}$$

$$\tau_0 = 0.511(\theta_{300} - \mu_p) \tag{3-15}$$

式中，μ_p 的单位为 mPa·s，τ_0 的单位为 Pa。其推导过程如下：

塑性黏度是塑性流体流变曲线中直线段的斜率，600r/min 和 300r/min 所对应的剪切应力应该在直线段上。因此，

$$
\begin{aligned}
\mu_p &= (\tau_{600} - \tau_{300})/(\gamma_{600} - \gamma_{300}) \\
&= [0.511(\theta_{600} - \theta_{300})/(1022 - 511)] \times 1000 \\
&= \theta_{600} - \theta_{300}
\end{aligned}
$$

依据宾汉模式，$\tau_0 = \tau - \mu_p\gamma$，因此，

$$
\begin{aligned}
\tau_0 &= \tau_{600} - \mu_p\gamma_{600} \\
&= 0.511\theta_{600} - [0.511(\theta_{600} - \theta_{300})/(1022 - 511)] \times 1000 \\
&= 0.511(2\theta_{300} - \theta_{600}) \\
&= 0.511(\theta_{300} - \mu_p)
\end{aligned}
$$

此外，塑性流体的静切力用以下方法测得。

将经充分搅拌的钻井液静置1min（或10s），在3r/min的剪切速率下读取刻度盘的最大偏转值；再重新搅拌钻井液，静置10min后重复上述步骤并读取最大偏转值。最后进行以下计算：

$$初切 \ \tau_{初} = 0.511\theta_3(1min \ 或 10s) \tag{3-16}$$

$$终切 \ \tau_{终} = 0.511\theta_3(10min) \tag{3-17}$$

式中，$\tau_{初}$ 和 $\tau_{终}$ 的单位均为 Pa。

4. 假塑性流体流变参数的测量与计算

同样地，由测得的 600r/min 和 300r/min 的刻度盘读数，可分别求得幂律模式的两个流变参数，即流性指数 n 和稠度系数 K：

$$n = 3.322 \lg(\theta_{600}/\theta_{300}) \tag{3-18}$$

$$K = (0.511 \ \theta_{300})/511^n \tag{3-19}$$

式中，n 为无因次量；K 的单位为 Pa·s^n。

以上两式的推导过程如下：

将幂律模式等号两边同时取对数，得到：

$$\lg\tau = \lg K + n\lg\gamma$$

以 $\lg\tau$ 为纵坐标，以 $\lg\gamma$ 为横坐标，得一直线方程，在该直线上任意取两点，解联立方程：

$$\lg\tau_1 = \lg K + n\lg\gamma_1$$

$$\lg\tau_2 = \lg K + n\lg\gamma_2$$

可得：

$$n = (\lg\tau_2 - \lg\tau_1)/(\lg\gamma_2 - \lg\gamma_1) = \lg(\theta_2/\theta_1)/\lg(\gamma_2/\gamma_1)$$

式中，θ_2、θ_1、γ_2、γ_1 是对应于两种不同转速时的黏度计刻度盘读数和剪切速率。若将 600r/min 和 300r/min 的有关数据代入上式，可得：

$$n = \lg(\theta_{600}/\theta_{300})/\lg(1022/511) = 3.322\lg(\theta_{600}/\theta_{300})$$

由幂律公式 $\tau = K\gamma^n$，若取 $N = 300$r/min，则 $\gamma_{300} = 1.703 \times 300 = 511$（$s^{-1}$）；又由 $\tau_{300} = 0.511\theta_{300}$，如果 K 的单位取 mPa·s^n，则：

$$K = \tau/\gamma^n = (0.511\theta_{300})/511^n$$

例 3-1　使用 Fann 35A 型旋转黏度计，测得某种钻井液的 $\theta_{600} = 36$，$\theta_{300} = 26$，试求该钻井液的表观黏度、塑性黏度、动切力、流性指数和稠度系数。

解：将测得的刻度盘读数分别代入有关公式，可求得：

$$\mu_e = (1/2)\theta_{600} = 0.5 \times 36 = 18(\text{mPa·s})$$

$$\mu_p = \theta_{600} - \theta_{300} = 36 - 26 = 10(\text{mPa·s})$$

$$\tau_0 = 0.511(\theta_{300} - \mu_p) = 0.511 \times (26 - 10) = 8.18(\text{Pa})$$

$$n = 3.322\lg(\theta_{600}/\theta_{300}) = 3.322\lg(36/26) = 0.47$$

$$K = (0.511\theta_{300})/511^n = (0.511 \times 26)/511^{0.47} = 0.71(\text{Pa·}s^n)$$

需要指出，以上使用 θ_{600} 和 θ_{300} 计算的 n、K 值，其对应的剪切速率与钻井液在钻杆内的流动情况大致相当，可称为中等剪切速率条件下的 n、K 值。然而，人们更关心的是环形空间的 n、K 值，因为它们直接影响钻井液悬浮和携带钻屑的能力，并且是计算环空压降和判别流型的重要参数。较低剪切速率下的 n、K 值同样可以根据六速黏度计测得的数据进行计算，第 2 组、第 3 组的钻速分别为 200r/min、100r/min 和 6r/min、3r/min，其计算式为：

$$n = 3.322\lg(\theta_{200}/\theta_{100}) \tag{3-20}$$

$$K = (0.511\theta_{100})/170^n \tag{3-21}$$

$$n = 3.322\lg(\theta_6/\theta_3) \tag{3-22}$$

$$K = (0.511\theta_3)/5.11^n \tag{3-23}$$

例 3-2　用 Fann 35A 型旋转黏度计测得某钻井液在 600r/min、300r/min、200r/min、100r/min、6r/min 和 3r/min 的刻度盘读数分别为稳定值 36、28、22、17、5.5 和 4.5，试分成 3 组计算钻井液的流性指数和稠度系数。

解：第 1 组转速为 600r/min、300r/min，在例 3-2 中已求得 $n_1 = 0.47$，$K_1 = 0.71$Pa·s^n。

第 2 组、第 3 组的钻速分别为 200r/min、100r/min 和 6r/min、3r/min，分别代入式（3-18）~式（3-21）可求出对应的 n、K 值。

$$n_2 = 3.322\lg(\theta_{200}/\theta_{100}) = 3.322 \times \lg(22/17) = 0.37$$

$$K_2 = (0.511\theta_{100})/170^n = (0.511 \times 17)/170^n = 1.30(\text{Pa·}s^n)$$

$$n_3 = 3.322\lg(\theta_6/\theta_3) = 3.322 \times \lg(5.5/4.5) = 0.29$$

$$K_3 = (0.511\theta_3)/5.11^n = (0.511 \times 4.5)/5.11^{0.29} = 1.43(\text{Pa·}s^n)$$

从以上计算结果可知，随着剪切速率的减小，钻井液的 n 值趋于减小，K 值趋于增大。为了更准确地测定钻井液在环空的 n、K 值，可首先用 Baroid 286 型无级变速流变仪，在 $1 \sim 1022 \mathrm{s}^{-1}$ 剪切速率范围内测出 10 个以上的点，然后用计算的方法确定环空的 n、K 值。例如，先取剪切速率为 $80 \sim 120 \mathrm{s}^{-1}$ 之间的两个点，或通过计算确定其 n、K 值，再用下式求出钻井液在环空的剪切速率：

$$\gamma_{环} = \left[(2n+1)/3n \right] \left[12v/(D_2 - D_1) \right] \tag{3-24}$$

式中　$\gamma_{环}$——环空的剪切速率，s^{-1}；

　　　　v——环空运速，$\mathrm{cm/s}$；

　　　D_2——钻杆外径，cm；

　　　D_1——并眼直径，cm。

如果求出的 $\gamma_{环}$ 正好在所取的 $80 \sim 120 \mathrm{s}^{-1}$ 剪切速率范围内，则表明所确定的 n、K 值是比较准确的。若 $\gamma_{环}$ 未落在此范围内，则另取一段按同样程序试算，直至 $\gamma_{环}$ 落入所取的剪切速率范围时为止。

5. 卡森流变参数的测量与计算

卡森流变参数 τ_c 和 η_∞ 同样使用旋转黏度计测得，测量时的转速一般选用 $600 \mathrm{r/min}$ 和 $100 \mathrm{r/min}$（分别相当于剪切速率 $1022 \mathrm{s}^{-1}$ 和 $170 \mathrm{s}^{-1}$）。经推导，其计算式如下：

$$\tau_c^{1/2} = 0.493 \left[(6\theta_{100})^{1/2} - \theta_{600}^{1/2} \right] \tag{3-25}$$

$$\eta_\infty^{1/2} = 1.195 (\theta_{600}^{1/2} - \theta_{100}^{1/2}) \tag{3-26}$$

式中，τ_c 的单位为 Pa；η_∞ 的单位为 $\mathrm{mPa \cdot s}$。

例 3-3　密度为 $1.228 \mathrm{g/cm}^3$ 的分散钻井液，用 Fann 35A 型旋转黏度计测得 $\theta_{600} = 76$，$\theta_{100} = 25.5$，试计算该钻井液的卡森模式参数 τ_c 和 η_∞。

解：将已知条件代入式（3-25）和式（3-26），可分别求得：

$$\tau_c^{1/2} = 0.493 \left[(6\theta_{100})^{1/2} - \theta_{600}^{1/2} \right] = 0.439 \times \left[(6 \times 25.5)^{1/2} - 76^{1/2} \right] = 1.800^{1/2} (\mathrm{Pa})$$

$$\tau_c = 3.24 (\mathrm{Pa})$$

$$\eta_\infty^{1/2} = 1.195 (\theta_{600}^{1/2} - \theta_{100}^{1/2}) = 1.195 (76^{1/2} - 25.5^{1/2}) = 4.383^{1/2} (\mathrm{mPa \cdot s})$$

$$\eta_\infty = 19.21 \mathrm{mPa \cdot s}$$

经验表明，在使用低固相聚合物钻井液时，为了满足快速、安全钻井的要求，将卡森流变参数保持在以下范围内是必要的，并且也是可能的，即 $\tau_c = 0.6 \sim 3.0 \mathrm{Pa}$；$\eta_\infty = 2.0 \sim 6.0 \mathrm{mPa \cdot s}$；$\eta_{环} = 20 \sim 30 \mathrm{mPa \cdot s}$；$I_m = 300 \sim 600$。

6. 赫谢尔-巴尔克莱流变参数测定

通常通过旋转黏度计 $3\mathrm{r/min}$ 时测得的刻度盘读数 θ_3，可以近似地确定 τ_y 值。再加上 $600 \mathrm{r/min}$ 和 $300 \mathrm{r/min}$ 的读数（θ_{600} 和 θ_{300}），便可由以下三式分别求得 τ_y、n 和 K：

$$\tau_y = 0.511\theta_3 \tag{3-27}$$

$$n = 3.322 \lg \left[(\theta_{600} - \theta_3)/(\theta_{300} - \theta_3) \right] \tag{3-28}$$

$$K = 0.511 (\theta_{300} - \theta_3)/511^n \tag{3-29}$$

式中，τ_y的单位为 Pa，n 无因次量，K 的单位为 $Pa \cdot s^n$

（四）钻井液流变性与钻井作业的关系

1. 钻井液流变性与井眼净化的关系

钻井液的主要作用之一就是清洗井底并将岩屑携带到地面上来。钻井液清洗井眼的能力除取决于循环系统的水力参数外，还取决于钻井液的性能，特别是其中的流变性能。根据喷射钻井的理论，岩屑的清除分为两个过程，一是岩屑被冲离井底，二是岩屑从环形空间被携带到地面。岩屑被冲离井底的问题涉及钻头选型和井底流场的研究，属于钻井工程的范畴，这里只讨论钻井液携带岩屑的问题。

1）层流携带岩屑的原理

一方面钻井液携带岩屑颗粒向上运动，另一方面岩屑颗粒由于重力作用向下滑落。在环形空间里，钻井液携带岩屑颗粒向上运动的速度取决于流体的上返速度与颗粒自身滑落速度二者之差，即

$$v_p = v_f - v_s \tag{3-30}$$

式中　v_p——岩屑的净上升速度，m/s；

　　　v_f——钻井液的上返速度，m/s；

　　　v_s——岩屑的滑落速度，m/s。

上式两边同除以 v_f，可得

$$v_p/v_f = 1 - v_s/v_f \tag{3-31}$$

通常将 v_p/v_f 称做携带比，并用该比值表示筒的净化效率。显然，提高携带比的途径为：提高钻井液在环空的上返速度 v_f，降低岩屑的滑落速度 v_s。如果综合考虑钻井的成本和效益，上返速度不能大幅度提高。因此，如何尽量降低岩屑的滑落速度对携岩至关重要。研究表明，岩屑的滑落速度除与岩屑尺寸、岩屑密度、钻井液密度和流态等因素有关外，还与钻井液的有效黏度成反比。

为了研究岩屑在井筒内上升的过程，曾用玻璃井筒进行实验观察，实验中用扁平的圆形铝片代替岩屑。结果表明，当钻井液处于不同流态时，岩屑上升的机理是不相同的。从图 3-10 可以看出，层流时钻井液的流速剖面为一抛物线，中心线处流速最大，两侧流速逐渐降低，而靠近井壁或钻杆壁处的速度为 0。这样，片状岩屑在上升过程中各点受力是不均匀的：中心处流速高、作用力大；靠近两侧流速低、作用力小。如图 3-10 所示，力 $F_4 > F_2$、$F_3 > F_1$，致使有一个力矩作用在岩屑上，使岩屑翻转侧立，向环空两侧运移。此时，有的岩屑贴在井壁上形成厚的"假泥饼"，有的向下滑移。由于两侧液面的阻力，岩屑下滑一定距离后又会进入流速较高的中心部位而向上运移。如此周而复始，岩屑经过曲折的路径才被带出井口（图 3-11）。显然，岩屑的这种翻转现象对携岩是不利的。不仅延长了岩屑从井底返至地面的时间，而且容易使一些岩屑返不出地面，造成起钻遇卡、下钻遇阻、下钻下不到井底等复杂情况。实验表明，岩屑翻转现象与岩屑的形状有关，当岩屑厚度与其直径之比小于 0.3 或大于 0.8 时才会出现，此范围之外的岩屑将会比较顺利地被携带出来。

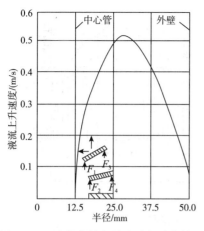

图 3-10 片状岩屑在层流时的受力情况

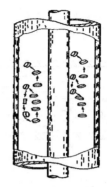

图 3-11 片状岩屑在层流时的上升情况

实验结果还表明，钻柱转动对层流携带岩屑是有利的，因为钻柱旋转改变了层流时液流的速度分布状况，使靠近钻柱表面的液流速度加大，岩屑以螺旋形上升（图 3-12）。此时，岩屑的翻转现象仅出现在靠近井壁的那一侧。

2）紊流携带岩屑的原理

如图 3-13 所示，钻井液在紊流流动时，岩屑不存在翻转和滑落现象，几乎全部都能携带到地面上来，环形空间里的岩屑比较少。但是紊流携岩也有一些缺点，主要表现为：岩屑在紊流时的滑落速度比在层流时大，这就要求钻井液的上返速度高，泵的排量大。但会受到泵压和泵功率的限制，特别是当井眼尺寸较大，井较深以及钻井液黏度、切力较高时，更加难以实现。

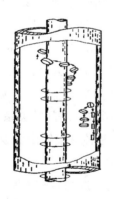

图 3-12 钻柱旋转片状岩屑在层流时的上升情况

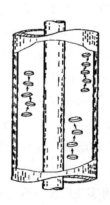

图 3-13 片状岩屑在紊流时的上升情况

显然，提高岩屑携带效率的关键在于如何消除上述的岩屑翻转现象。既然造成岩屑翻转的原因是层流时断面上的尖峰形流速的分布，那么解决问题的途径则是设法改变这种流速分布。研究表明，当塑性流体从紊流向层流逐渐转化时，中间要经过一种平板型层流。在这种流态下，液流周围呈层流流动状态，中央是一个速度剖面较为平齐的等速核，即流核。用平板型层流来代替尖峰型层流即可改善岩屑受力不均的状况（图 3-14）。

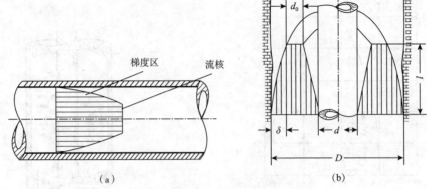

图 3-14 钻井液的平板型层流流动状态

(a) 管柱内；(b) 井眼环形空间

3) 平板形层流的实现

水力学计算结果表明，塑性流体层流动时流核直径可由式（3-32）计算：

$$d_0 = \frac{\dfrac{\tau_0}{\mu_p}(D - d)}{24v_f + 3\dfrac{\tau_0}{\mu_p}(D - d)} \tag{3-32}$$

式中　d_0——流核直径，cm；

　　　　D——井径，cm；

　　　　d——钻杆或钻铤外径，cm。

其他符号的物理意义和单位与前文各式相同。

从上式可以看出，在一定尺寸的环形空间里，流动剖面平板化的程度，也就是流核直径的大小与动塑比 τ_0/μ_p 及上返速度 v_f 有关。其中，τ_0/μ_p 的影响程度更大，该比值越高，则平板化程度越大。按式（3-32）计算流核尺寸的一个实例如图 3-15 所示，它充分说明该比值对钻井液在环形空间流态的影响。由此可见，通过调节钻井液的流变性能，增大 τ_0/μ_p，便可使钻井液的流核尺寸增大，从尖峰型层流转变为平板型层流。如果钻井液按假塑性流型来考虑，还可得到环形空间流态与钻井液流性指数 n 之间的关系（图 3-16）。比较两图不难看出，减小 n 值如同提高 τ_0/μ_p，也可使环空液流逐渐转变平缓。

相对于尖峰型层流和紊流来说，平板型层流具有以下特点：

（1）可实现用环空返速较低的钻井液有效地携带岩屑。现场经验表明，在多数情况下，即便是使用低固相钻井液，将环空返速保持在 0.5～0.6m/s 就可满足携带岩屑的要求。这样既能使泵压保持在合理范围，又能够降低钻井液在钻柱内和环空的压力损失，从而使水力功率得到充分、合理的利用。

（2）解决了低黏度钻井液能有效携岩的问题，为普通推广使用低固相不分散聚合物钻井液提供了流变学上的依据。尽管黏度较低，但只要保证 τ_0/μ_p 较高，使环空液流处于平板型层流状态，再加上具有一定的环空运速，在一般情况下便能做到高效地携岩，保持井眼清洁。

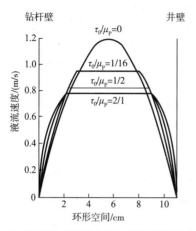
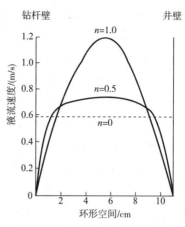

图3-15 动塑比对环形空间中钻井液流态的影响   图3-16 流性指数对环形空间中钻井液流态的影响

（3）避免了钻井液处于紊流状态时对井壁的冲蚀，有利于保持井眼稳定。

一般认为，就有效携带岩屑而言，将钻井液的 τ_0/μ_p 保持在 $0.36 \sim 0.48$ Pa/（mPa·s），若采用英制单位，则为 $0.7 \sim 1$（lb/100ft^2）/（mPa·s）（1lb = 0.4536kg, 1ft = 0.3048m），或 n 值保持在 $0.4 \sim 0.7$ 时是比较适宜的。如果 τ_0/μ_p 过小，会导致尖峰型层流；如果过大，往往会因 τ_0 值的增大引起泵压显著升高。从图 3-14 还可看出，当 τ_0/μ_p 超过 1（lb/100ft^2）/（mPa·s）之后，d_0 的增加则变得十分有限。n 值变化对 d_0 影响情况也是如此。当然，为了减小岩屑的滑落速度，钻井液的有效黏度也不能太低。对于低固相聚合物钻井液，将其 μ_p 保持在 $6 \sim 12$mPa·s 之间是较为适宜的。流状态转变为层流状态，然后再考虑如何通过控制 τ_0/μ_p 使其转变为平板型层流。

2. 钻井液流变性与井壁稳定的关系

前文已提到，紊流对井壁有较强的冲蚀作用，容易引起易塌地层垮塌，不利于井壁稳定。其原因是紊流时液流质点的运动方向是紊乱和无规则的，而且流速高，具有较大的动能。因此，在钻井液循环时，一般应保持在层流状态，而尽量避免出现紊流。要做到这一点，需要比较准确地计算钻井液在环空的临界返速。

对于非牛顿流体，一般采用综合雷诺数来判别流态。将钻井液作为塑性流体考虑，当综合雷诺数 $Re > 2000$ 时为紊流。因此，如按 $Re = 2000$，即可推导出计算临界返速公式：

$$v_c = \frac{100\mu_p + 10\sqrt{100\mu_p^2 + 2.52 \times 10^3 \rho \tau_0 (D - d)^2}}{\rho(D - d)} \qquad (3-33)$$

从式（3-33）可以看出，临界返速在很大程度上受钻井液的密度、塑性黏度和动切力的影响。以3种不同密度的钻井液为例，由该式所求得的临界返速如表3-3所示。计算结果表明，随着钻井液密度、塑性黏度和动切力的减小，临界流速明显降低，即更容易形成紊流。因此，在调整钻井液流变参数和确定环空运速时，既要考虑携岩问题，同时又要考虑到钻井液的流态，使井壁保持稳定。

表3-3　钻井液密度和流变参数对临界返速的影响

D/cm	d/cm	$\rho/(\text{g/cm}^3)$	$\mu_\text{p}/(\text{mPa}\cdot\text{s})$	τ_0/Pa	$v_\text{c}/(\text{m/s})$
21.59	12.7	1.20	23	60	3.76
21.59	12.7	1.09	9.4	26	2.55
21.59	12.7	1.06	6	20	2.25

3. 钻井液流变性与悬浮岩屑、加重剂的关系

钻进过程中，在接单根或设备出现故障时，钻井液会多次停止循环。此时，要求钻井液体系内能迅速形成空间网架结构，将岩屑和加重剂悬浮起来，或以很慢的速度下沉；而开泵时，泵压又不能上升太高，以防憋漏地层。提供悬浮能力的决定因素是钻井液的静切力和触变性。

悬浮岩屑和加重剂所需要的静切力可以用以下方法进行近似计算：假设岩屑和加重剂颗粒为球形，根据它们的重力与钻井液对它们的浮力和竖向切力相平衡的关系，可以得到：

$$(1/6)\,\pi d^3\rho_\text{岩}g = (1/6)\,\pi d^3\rho g + \pi d^2\,\tau_\text{s} \qquad (3-34)$$

式中　d——岩屑或加重剂颗粒的直径，m；

$\rho_\text{岩}$——岩屑或加重剂的密度，kg/m^3；

ρ——钻井液的密度，kg/m^3；

τ_s——钻井液的静切力，Pa；

g——重力加速度，取 $g=10\text{m/s}$。

所需要的静切力为

$$\tau_\text{s} = (1/6)d(\rho_\text{岩} - \rho)g \qquad (3-35)$$

例3-4　设钻井液的密度为 1.2g/cm^3，重晶石的密度为 4.2g/cm^3，重晶石颗粒最大直径为 0.1mm。为了能悬浮重晶石颗粒，该钻井液至少应具有多大的切力值？

解：经单位换算，钻井液密度 $\rho = 1.20\times10^3\text{kg/m}^3$，重晶石密度 $\rho_\text{岩} = 4.2\times10^3\text{kg/m}^3$，颗粒直径为 $d = 1.0\times10^{-4}\text{m}$。

$$\tau_\text{s} = [d(\rho_\text{岩}-\rho)g]/6 = [(1.0\times10^{-4})(4.2\times10^3 - 1.20\times10^3)\times10]/6 = 0.5(\text{Pa})$$

如果重晶石颗粒直径为 0.2mm，那么钻井液至少应具备1Pa的切力，即切力要增大1倍。由此可见，配制的加重钻井液必须具备一定的切力，重晶石的粒度也不应过大。除切力外，钻井液还应具有良好的触变性。当循环停止时，钻井液应很快达到一定的切力值，才会对悬浮岩屑和重晶石有利。

4. 钻井液流变性与井内液柱压力激动的关系

所谓井内液柱压力激动是指在起下钻和钻进过程中，由于钻柱上、下运动，泥浆泵开动等原因，使得井内液柱压力发生突然变化（升高或降低），给井内增加一个附加压力（正值或负值）的现象。

1）起下站时的压力激动

由于钻柱具有一定的体积，当钻柱入井时，井内钻井液要向上流动；起出钻柱时，井内钻井液便向下流动以填补钻柱在井内所占的空间。钻井液向上或向下流动，都要给予一

定的压力以克服沿程阻力损失。这个压力是由于起、下钻所引起的，它作用于井内钻井液，使其能够流动。与此同时，也通过井内液柱作用于井壁和井底，这种突然作用于井内的附加压力就是起、下钻引起的压力激动。下钻时压力激动为正值，起钻时则为负值。起、下钻压力激动值的大小主要取决于起、下钻的速度、井深、井眼尺寸、钻头喷嘴尺寸和钻井液的流变参数（主要是黏度、切力和触变性）。压力激动值在1500m时可能达到2~3MPa，在5000m时可能达到7~8MPa，因而对此是不能忽视的。

2）开泵时的压力激动

由于钻井液具有触变性，停止循环后，井内钻井液处于静止状态。其中黏土颗粒所形成的空间网架结构强度增大，切力升高，开泵泵压将超过正常循环时所需要的压力，造成压力激动。开泵时使用的排量越大，所造成压力激动的值会越高。当钻井液开始流动后，结构逐渐被破坏，泵压逐渐下降。随着排量的增大，结构的破坏与恢复达到平衡，这时泵压力趋于平稳的工作泵压。对于这一过程，以排量—压力为坐标的流变曲线如图3-17所示。图中p_s和p_0分别为克服钻井液静切力和动切力所需要的压力；p_1和p_2分别为钻井液静止若干时间（t_1、t_2）之后，开泵时克服钻井液切力所需的压力。

钻井液的触变性使切力值随静止时间的延长而增大，因此$p_2 > p_1 > p_0$。若以压力p_1开泵，压力将沿虚线升至M_1点与流变曲线相交；若以p_2开泵，则压力沿虚线到达M_2点与流变曲线相交。只有循环一段时间之后，压力才恢复到对应于一定排量的稳定工作压力。这就是开泵时的压力激动。开泵时压力激动的值与井眼和钻具尺寸、井深、钻井液切力和触变性、开泵时的操作等因素有关，有时因井底沉砂也会使压力激动加剧。

压力激动对钻井是有害的，它破坏了井内液柱压力与地层压力之间的平衡，破坏了井壁与井内液柱之间的相对稳定，容易引起井漏、井喷或井塌。影响压力激动的因素是多方面的，其中关系比较密切的有钻井液的黏度、切力等。当其他条件相同时，随着钻井液黏度、切力增大，压力激动会更加严重。因此，特别是钻遇高压地层、容易漏失地层或容易坍塌地层时，一定要控制好钻井液的流变性，在起、下钻和开泵的操作上不宜过猛，开泵之前最好先活动钻具，以防止因压力激动而引起的各种井下复杂情况。

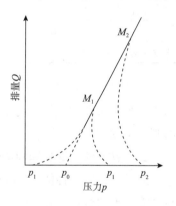

图3-17　开泵时的压力变化示意图

5. 钻井液流变性与提高钻速的关系

钻井液的流变性是影响机械钻速的一个重要因素。研究表明，这种影响主要表现为钻头喷嘴处的紊流流动阻力对钻速的影响。如前文所述，这种流动阻力简称为水眼黏度。由于钻井液具有剪切稀释作用，在钻头喷嘴处的流速极高，一般在150m/s以上，剪切速率可达到10000/s以上。在如此高的剪切速率下，紊流流动阻力变得很小，因而液流对井底击力增强，更加容易渗入钻头冲击井底岩石时所形成的微裂缝中，有利于减小岩屑的压持效应和井底岩石的可钻性，有利于提高钻速。各种钻井液的剪切稀释性存在着很大差别，试验表明，层流时表观黏度相同的钻井液，在喷嘴处的紊流流动阻力可相差 10 倍。

图 3-18 所示为表观黏度相同而动塑比不同的 5 种钻井液，其剪切稀释性所存在的差别。如果钻井液塑性黏度高，动塑比小，一般情况下喷嘴处的紊流流动阻力就会比较大，就必然降低钻速，并减缓钻头对井底的冲击和切削作用。

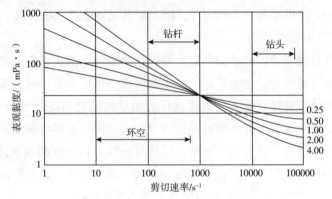

图 3-18 不同钻井液的剪切稀释性

如前文所述，卡森模式参数 η_∞ 可用来近似表示钻井液在喷嘴处的紊流流动阻力。胜利油田在全尺寸钻井试验架上，用同样的砂岩露头进行了 6 组试验。从表 3-4 所列出的试验结果可见，机械钻速随钻井液 η_∞ 增大而明显降低。

表 3-4　卡森极限黏度对机械钻速的影响（钻井试验架室内试验结果）

砂岩序号	1	2	3	4	5	6
η_∞ / MPa	1.0	2.7	4.4	8.6	12.9	13.7
机械钻速/（m/h）	7.62	6.84	5.85	5.25	4.96	4.47

由此可见，通过使用剪切稀释性强的优质钻井液，如低固相不分散聚合物钻井液，尽可能降低钻头喷嘴处的紊流流动阻力，是提高机械钻速的一条有效途径。当钻井液的 η_∞ 接近于清水黏度时，可获得最大的机械钻速

二、钻井液的滤失和润滑性能

钻井液的滤失性能（Filtration Proporties）主要是指钻井液滤失量的大小和所形成泥饼的质量。润滑性能（Lubricity）包括钻井液自身的润滑性能和所形成的泥饼的润滑性能。这两项性能若控制的不好，将对钻井和地质工作产生多方面不利影响。

钻井液的滤失性和润滑性都和泥饼质量有关，本小节将主要论述影响钻井液滤失的主要因素，滤失量的测量与控制方法，钻井液润滑性能影响因素以及钻井液的其他有关性能。

（一）钻井液的滤失性能

1. 钻井液滤失量的影响因素

1）钻井液的滤失与造壁性

钻井液的滤失与造壁性是钻井液的重要性能，它对松散、破碎和遇水失稳地层（如水

化膨胀性地层）的井壁稳定有十分重要的影响。目前，关于钻井液滤失与造壁性的研究，静态下的研究较多，而动态下研究较少。

（1）钻井液滤失和造壁性的概念。

钻井液的滤失作用是指在压力差作用下，钻井液中的自由水向井壁岩石的裂隙或空隙中渗透的过程。通常用滤失量（Filtration Loss）或失水量（Water Loss）来表示滤失性的强弱。钻井液滤失的两个前提条件是：存在压力差和存在裂隙或孔隙性岩石。钻井液的造壁性是指在钻井液滤失过程中，随着钻井液中的自由水进入地层，钻井液中的固相颗粒便附着在井壁上形成泥饼（Mud cake 或 Filter cake）。

泥饼形成初期，细小颗粒也可能渗入岩层至一定深度，随着泥饼在井壁上出现和形成，渗透性减小，阻止或减慢了钻井液继续侵入地层。若钻井液中细黏土颗粒多，而粗颗粒少，则形成的泥饼薄而致密，钻井液滤失量小；反之粗颗粒多而细颗粒少，则形成的泥饼厚而疏松，钻井液的滤失量大。而且，钻井液的滤失量还和压差、井下温度及岩性有关。不同井位和层位，岩层的孔隙度和渗透率是不同的，同一种组成具有相同性能的钻井液在不同岩层中的滤失量是不同的，所形成的泥饼厚度也不一样（图3-19）。在渗透性大的砂岩、砾岩、裂缝发育的灰岩井壁中会形成

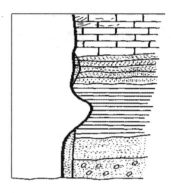

图3-19　泥饼与岩石的关系

较厚的泥饼；而在渗透性小的页岩、泥岩、石灰岩和其他致密岩石的井壁上形成的泥饼较薄，甚至不形成泥饼。

（2）钻井液滤失的过程。

钻井液在井内发生滤失的全过程由3个阶段组成，与此相对应的3种滤失量分别称为瞬时滤失量、动滤失量和静滤失量。

①瞬时滤失（Spurt Loss）。

钻头破碎井底岩石，形成新的井眼，钻井液开始接触新的自由面，钻井液中的自由水便向岩石孔隙中渗透，直到钻井液中的固相颗粒及高聚物在井壁上开始出现泥饼。这段时间的滤失称为瞬时滤失。瞬时滤失的特点是时间很短且井底岩石表面尚无泥饼，滤失速率很高。瞬时滤失亦称初滤失。

②动滤失（Dynamic Filtration）。

紧接着瞬时滤失，在井内钻井液循环的情况下滤失继续进行并开始形成泥饼。随着滤失过程的进行，泥饼不断增厚，循环的钻井液对出现泥饼还有冲刷作用，直至泥饼的增厚速度与泥饼被冲刷的速度相等，即达到动平衡。此后钻井液在循环下继续滤失但泥饼不再增厚。这段时间的滤失量称为动滤失量；其特点是压力差较大，等于静液柱压力加上环空压力降和地层压力之差；泥饼厚度维持在较薄的水平；单位时间的滤失量开始较大，其后逐渐减小，直至稳定在某一值。

③静滤失（Static Filtration）。

在起、下钻或其他原因停止钻进时，钻井液停止循环，液流的冲刷作用消失。此时压力差为静液柱压力和地层压力之差。随着滤失的进行，泥饼逐渐增厚，单位时间的滤失量逐渐减小。此阶段，因压差较小，泥饼较厚，故大多数情况下单位时间内的静滤失量比动滤失量小。

起、下钻结束后，又继续钻进，钻井液重新循环，于是滤失过程由静滤失转为动滤失。但此时的动滤失是在经历一段静滤失后的动滤失，循环的钻井液对静滤失形成的泥饼进行冲蚀，随着滤失又有泥饼形成，再次达到新的动平衡。因为是经历了静滤失后的新的平衡，故这一阶段的动滤失量比前一次要小一些。此后停钻又开始再一次静滤失。这样交替进行动滤失和静滤失阶段，便是井内发生滤失的全过程（图3-20）。

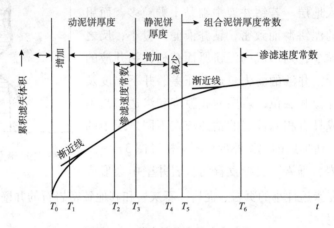

图3-20 井内钻井液的滤失过程

通过对井内钻井液发生滤失的全过程进行分析，可以看出：瞬时滤失时间很短，但滤失速率最大；动滤失时间最长，滤失速率中等；静滤失时间较长，滤失速率最小。滤失速率是指单位时间内滤失液体的体积。

此外，井内钻井液的滤失作用是在不同温度和不同压力差下向岩层渗透的。温度和压力差对钻井液滤失量有很大影响。因此，又可分为低温低压滤失量（或称为API滤失量）和高温高压滤失量（HTHP滤失量）。国内外通常采用API标准评价钻井液的滤失量，即在规定的压差下以通过一定的渗滤断面（通常用滤纸作为渗滤介质）30min内的滤失量来衡量，单位为mL/30min。

2）影响钻井液滤失量的因素

在前文所述滤失的3个过程中，对静滤失研究的比较多，因其与泥饼厚度密切相关，也是研究的重点。

（1）静滤失。

①静滤失方程。钻井液的滤失是一个渗透过程，静滤失的特点是钻井液处于静止状态。在压差作用下，作为渗滤介质泥饼的厚度是随时间的延长而增加的，是一个变量，一

般泥饼的渗透率远小于地层的渗透率。

钻井液的滤失规律与地下流体通过地层的渗透规律相近，因此，也遵循达西渗透定律。为了研究方便，假设泥饼的厚度与井眼直径相比是很小的，泥饼是平面型的，厚度为定值，泥饼是不可压缩的，其渗透率不变。在此假设条件下，通过泥饼滤失的滤液，可按达西定律进行描述。滤失速率可表示为：

$$\frac{\mathrm{d}V_f}{\mathrm{d}t} = \frac{KA\Delta P}{\mu h_{mc}} \qquad (3-36)$$

式中　$\mathrm{d}V_f/\mathrm{d}t$——滤失速率，$\mathrm{cm}^3/\mathrm{s}$；

　　　　K——泥饼渗透率，$\mu\mathrm{m}^2$；

　　　　A——渗滤面积，cm^2；

　　　　ΔP——渗滤压力，$10^5\mathrm{Pa}$；

　　　　μ——滤液黏度，$\mathrm{mPa \cdot s}$；

　　　　h_{mc}——泥饼厚度，cm；

　　　　V_f——滤液体积，即渗滤量，cm^3；

　　　　t——渗滤时间，s。

对上式进行数学运算，可以得到单位面积的滤失量与泥饼的渗透率、固体含量因素、渗滤压差、渗滤时间、滤液黏度的关系：

$$V_f = A\sqrt{2K\Delta P\left(\frac{f_{sc}}{f_{sm}}-1\right)}\frac{\sqrt{t}}{\sqrt{\mu}} \qquad (3-37)$$

式中　f_{sc}——泥饼中的固相含量体积分数；

　　　　f_{sm}——钻井液中的固相含量体积分数。

从式（3-37）可以看出，单位渗滤面积的滤失量（V_f/A）与泥饼的渗透率 K、固体含量因素（$f_{sc}/f_{sm}-1$）、渗滤压差 ΔP、渗滤时间 t 的平方根成正比，与滤液黏度 μ 的平方根成反比。通常将式（3-37）称为钻井液静滤失方程。

钻井液的实际滤失过程与公式推导的前提是有出入的，实际上泥饼是不断增厚的，且大多数泥饼是可压缩的，渗透率也是变化的。因此有必要讨论影响滤失量的各种因素。

②滤失时间对滤失量的影响。

从式（3-37）可以看出，滤失量 V_f 与渗滤时间的平方根成正比。因此，如果不考虑瞬时滤失，绘制出的滤失量与渗滤时间平方根的关系是通过原点的一条直线。因此，7.5min 的滤失量将是 30 min 滤失量的 1/2，通常用 7.5min 滤失量乘以 2 作为 API 的滤失量。但钻井液实验结果表明，绘出的直线并不通过原点，而是相交于纵轴上的某一点，形成一定的截距。从图 3-21 可以看出，在泥饼形成之前，存在一瞬时滤失量 V_{sp}。如果瞬时滤失量大到可以测量的话，就应根据式（3-38）确定 API 标准滤失量。

$$V_{30} = 2(V_{7.5} - V_{sp}) + V_{sp} \qquad (3-38)$$

最好作一如图 3-22 所示的滤失量与滤失时间平方根关系的曲线，用线上的两个点外推出更长时间的滤失量，并确定瞬时滤失量。实际上，测量静滤失的过程是由两个滤失阶段组成的，即从无泥饼到开始形成泥饼的瞬时滤失阶段和泥饼不断增厚的静滤失阶段。这里所得到的滤失量是在时间相对较短的情况下的结果，如果测量时间较长，滤失总量的增长速度就会减慢，直至保持不变且不保持最初的线性关系。对于某些钻井液，7.5min 的滤失量乘以 2 明显大于 30min 的滤失量，所以应对具体钻井液确定相应的测量时间。一般对于滤失量较小的钻井液，测量时间应取 30min，如采用 7.5min 的滤失量乘以 2 则会产生很大的误差。

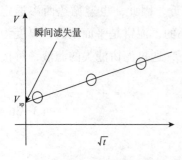

图 3-21　滤失量与时间的关系

③压差对滤失量的影响。由式（3-37）可知，滤失量 V_f 与 ΔP 的平方根成正比，压差愈大，钻井液滤失量愈大。但实际钻井液滤失量不一定与压差平方根成正比关系，因为钻井液组成不同，滤失时所形成泥饼的压缩性也不相同。随着压差增大，渗透率减小的程度也有差异，因而滤失量与压差的关系也不同。通常可表示为 $V_f \propto \Delta P^x$，指数 x 因钻井液不同而不同，但总是小于 0.5。对于不同的造浆钻土及不同的处理剂，滤失量随压差的变化规律如图 3-22 所示。

从图 3-23 中可以看出，在低压差时，不同钻井液所测得的滤失量虽然相近，但高压差下却可能有较大的差别。在深井和对滤失量要求严格的井段钻进前，最好进行高压差滤失实验，这对正确选择配浆黏土和处理剂是有益的。

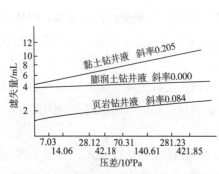

图 3-22　压差对钻井液滤失量的影响　　图 3-23　压差对钻井液（不同处理剂）滤失量的影响

指数 x 在很大程度上取决于组成泥饼颗粒的尺寸与形状。一般接近惰性颗粒所组成的悬浮液，形成的过滤层是近于不压缩的，此时 $x=0.5$；优质膨润土配制的钻井液，当加有较多有机高分子处理剂时形成的泥饼，其可压缩性很大，泥饼的渗透性随压差的增加而降低，此时压差对滤失量影响很小或无影响，即指数 x 接近于 0，滤失量相对于 ΔP 基本上是一个常数。普通钻井液介于两者之间，指数 x 为 0 ~0.5。

油基钻井液滤失液（一般为柴油）的黏度随压力的增加而增加，因此根据滤失方程可知随黏度增加时滤失量是减小的。

④滤液的黏度、温度对滤失量的影响。

由静滤失方程可知，钻井液的滤失量与滤液黏度的平方根成反比。滤液黏度愈小，钻井液的滤失量愈大。滤液的黏度与有机处理剂的加入量有关，有机处理剂（如 CMC、HPAM 等）加入量愈大，滤液的黏度愈大。因此，可以通过提高滤液黏度达到降低滤失量的目的。

温度升高会以几种方式导致滤失量增加。

首先，温度升高能降低滤液的黏度，温度愈高，滤液的黏度愈小，滤失量便愈大。水的黏度与温度的关系如表 3-5 所示。

表 3-5　各种温度下水的黏度

温度/℃	0	12	20	30	40	60	80	100	130	180	230	300
水的黏度/(mPa·s)	1.729	1.308	1.005	0.801	0.656	0.469	0.365	0.284	0.212	0.150	0.116	0.086

当钻井液温度从 20℃ 升至 80℃ 时，若其他因素不变，因温度升高，滤液黏度减小，从而使钻井液滤失量增大 1.68 倍，即：

$$V_{f_{80}} = V_{f_{20}} = \frac{\sqrt{\mu_{20}}}{\sqrt{\mu_{80}}} = V_{f_{20}} \frac{\sqrt{1.005}}{\sqrt{0.358}} = 1.68 V_{f_{20}}$$

此外，温度对钻井液滤失量的影响还可通过改变钻井液中黏土颗粒的分散程度、水化程度、黏土颗粒对处理剂的吸附，以及改变处理剂特性等方面起作用。随着温度上升，水分子热运动加剧，黏土颗粒对水分子和处理剂分子的吸附减弱，解吸附的趋势加强，使黏土颗粒聚结和去水化，从而影响泥饼的渗透性，造成滤失量上升。因此，不能用常温下的滤失量来预测较高温度下的滤失量。随着井深增加和地热资源的开发，井内温度和液柱压力不断增大，有必要进行高温高压下滤失特性的研究。

高温还会引起钻井液中黏土颗粒的去水化和处理剂的脱附，使液相黏度降低，以及处理剂本身特性改变，从而导致滤失量增大。在高温的作用下，钻井液中的某些处理剂会发生不同程度的降解，并且会随着温度升高降解加剧，最后失去维持滤失性能的作用。

⑤固相含量及其类型对滤失量的影响。

根据静滤失方程，钻井液的滤失量和固体含量因素的平方根也成正比关系，即钻井液中的固相含量愈高，泥饼中的固相愈小，钻井液的滤失量愈小。然而钻井液中的固相含量增大，机械钻速会显著降低，泥饼增厚，因而通过增大 f_{sm} 值来降低滤失量是不可取的。通常的办法是减小 f_{sc} 的值。降低泥饼中固相含量的办法是采用优质土造浆和使用有机处理剂。泥饼中固相含量降低的原因是优质土分散性好、固相颗粒细且多、水化好、溶剂化膜厚，以及形成的泥饼渗透滤低。研究结果表明，当钻井液中的固相含量相同时，随着泥饼中固相含量降低，钻井液的滤失量会相应地下降。一般钻井液中固相含量为 4%~6%（质量分数）时，泥饼中的固相含量为 10%~20%（质量分数）。

⑥岩层的渗透性对滤失量的影响。

岩层的孔隙和裂缝是钻井液滤失的天然通道。岩层有一定的孔隙性，钻井液在压差作用下，才能产生滤失，形成泥饼。岩层的孔隙性和渗透性，在瞬时滤失阶段和泥饼开始形成时，对滤失具有重要作用。在形成第二过滤介质即泥饼之后，岩层的孔隙性和渗透性对钻井液的滤失便不再起主要作用，这是由于泥饼的渗透性一般远远小于岩层的渗透性。

在滤失过程中，钻井液中的固体颗粒在井壁岩层中的堆积一般形成 3 个过滤层（图 3-24）。即瞬时滤失渗入层，瞬时滤失时细颗粒渗入深度可达 25～30 mm；架桥层，较粗的颗粒在岩层孔隙内部架桥而减小岩层的孔隙度，亦称为内泥饼（Internal Filter Cake）；井壁表面形成具有一定渗透性的外泥饼（External Filter Cake）。

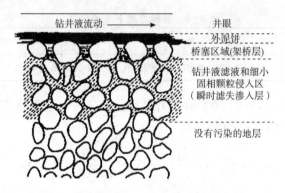

图 3-24　钻井液固相侵入可渗透性地层示意图

试验结果表明，当与所钻岩层孔隙相适宜的架桥粒子的量不够时，API 滤失试验可能会给出错误的结果，即滤纸上做出的滤失试验结果可能与井下渗透性地层差异较大。

⑦泥饼的压实性和渗透性。

滤失量测定的结果，往往是泥饼厚则滤失量大，泥饼薄则滤失量小，这主要是由于厚泥饼的渗透性大，薄泥饼的渗透性小所导致的。因此，影响滤失量的决定因素是泥饼的渗透性。泥饼的渗透性取决于泥饼中固相的种类，固相颗粒的大小、形状和级配，处理剂的种类和含量，以及过滤压差等。

渗滤压差影响着泥饼的压实性，高压差有利于泥饼的压实。部分资料指出，泥饼的压缩系数一般为 0.80～0.87，而加重钻井液泥饼的压缩系数只有 0.32～0.69。

研究表明，泥饼的孔隙度受泥饼中固相颗粒的影响。颗粒尺寸均匀变化时，孔隙度最小，因为较小的颗粒可以充填在较大颗粒的孔隙之间。较大范围颗粒尺寸分布的混合物，其孔隙度比小范围颗粒尺寸分布的混合物要小。小颗粒多时要比大颗粒多时所形成的泥饼孔隙度小。处理剂的种类和加量决定着颗粒是分散还是絮凝，以及颗粒四周可压缩性水化膜的厚度，从而影响泥饼的渗透率。

泥饼渗透率还受胶体种类、数量及颗粒尺寸的影响。例如在淡水里膨润土悬浮液的泥饼具有极低的渗透率，这是因为黏土颗粒是扁平片状的，这些小薄片能在流动的垂直方向上将孔隙封死。

在钻井液中加入沥青，只有当沥青是胶体状态时，才具有控制滤失的效果。如果混入的芳烃含量太高［苯胺点约低于 90 ℉（32℃）］，就没有控制滤失的能力，因为此时沥青变成了真溶液。对于油基钻井液，通过使用乳化剂来形成油包水乳状液，体系中细小且稳定的水滴就像可变形的固相，产生低渗透率泥饼，从而使滤失量得到有效的控制。

⑧絮凝与聚结对泥饼渗透的影响。

钻井液的絮凝使得颗粒间形成网架结构，这种结构可使渗透率有一定的提高。滤失压差越高，这种结构就越难形成，所以孔隙度与渗透率两者都随压力的增加而减小。絮凝的程度越高，颗粒间的引力就越大，其结构就越强，对压力的抵抗能力就越大。若聚结伴随着絮凝，这种结构还会更强一些，从而使得泥饼的渗透率增大。

相反，在钻井液里添加稀释剂，其反絮凝作用就会使泥饼的渗透率降低。此外，大多数的稀释剂是钠盐，钠离子可以交换黏土晶片上的多价阳离子，使聚结状态转变为分散状态，从而可降低泥饼的渗透率。因此，钻井液的电化学性质是决定泥饼渗透率的一个主要因素。

（2）动滤失。

①钻井液流动的影响。

钻井液在循环流动中的滤失过程称为动滤失。影响动滤失的因素与静滤失相似，不同之处是动滤失还受钻井液流动的影响，表现为剪切速率和钻井液流态对动滤失的影响。在动滤失条件下，泥饼厚度的增长受到钻井液冲蚀作用的限制。当岩层的表面最初暴露时，滤失速率较高，此时泥饼增长较快；但随着时间的推移，泥饼的增长速率减小了，直到最终等于冲蚀影响的速率，此后泥饼厚度将不再发生变化。这种情况下，对根据达西定律得到的滤失率表达式（3-36）积分，得到如下动滤失方程：

$$V_f = \frac{KA\Delta pt}{\mu h_{mc}} \tag{3-39}$$

从式中可以看出，动滤失量与泥饼渗透率 K 成正比，与其厚度 h_{mc} 成反比，与滤失时间 t 成正比。而在静止条件下，泥饼厚度是一个可变量，这也是动、静滤失的一个本质区别。正常情况下，动滤失泥饼与静滤失泥饼的不同点在于静泥饼有一软的表面层，而动泥饼却没有，这种表面层的剪切强度很低，在钻井液的冲蚀作用下，表面层就会被冲蚀掉。然而，当钻井液黏度较大，环空返速较低时，一些在井内翻转的钻屑会黏附在泥饼表面层上，使泥饼增厚。

实验研究表明，钻井液动滤失时的泥饼厚度是剪切速率、流态以及泥饼剪切强度的函数。紊流对泥饼有很强的冲蚀作用，与层流时相比，紊流状态下形成的泥饼较薄，滤失量较大。平板型层流靠近井壁处的流速梯度较尖峰型层流大，冲蚀泥饼的力量较尖峰型层流强，因此泥饼也较尖峰型层流薄。尖峰型层流时所形成的泥饼最厚。使用低返速、高黏度的钻井液时，钻柱经常遇到阻卡，这可能是其中的原因之一。

②钻井液处理剂的影响。

钻井液处理剂的加入对静滤失和动滤失的影响是不同的。用某种处理剂使静滤失达到最小值时，动滤失并不一定达到最小；有些物质（如油类）在降低静滤失的同时，却使动滤失增加。图 3-25 所示为部分实验结果。由图可知，有的处理剂降低静滤失量的能力不强（如曲线 4、曲线 5），但能很好地降低动滤失量。相反，有的处理剂降低静滤失量的能力很强（如曲线 1、曲线 2），但降低动滤失量却不大。其中只有淀粉能使静滤失和动滤失都能有效地降低。同时可以看出，动滤失量都有一最小值，因而对某种降滤失剂，其加量必然有一最优值。

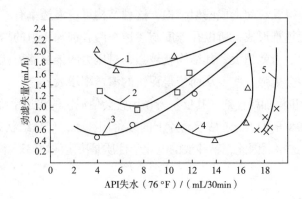

图 3-25　不同处理剂对动滤失和静滤失的影响
1—聚丙烯酸酯；2—CMC；3—淀粉；4—木质素磺酸盐复合物；5—栲胶

可以从各种处理剂对泥饼剪切强度的影响去分析动滤失和静滤失的差别。假如泥饼的剪切强度降低，那么在钻井液液流的冲刷下，泥饼的厚度将会减薄，因而导致动滤失增大。但静滤失则与此无关。又如，在钻井液中加入油类，会降低泥饼中固相颗粒之间的摩擦力，使泥饼等容易被液流冲刷悼，故动滤失随油的加入而增大；静滤失不存在泥饼减薄的问题，油类加入后会使液相黏度增大，故静滤失随油的加入而减小。

迄今为止，在 API 静滤失量和动滤失量之间难以找到对应关系，以 API 实验来推测井下动滤失速率是不可靠的。因此，要了解井内钻井液滤失的真实情况，必须进行接近钻井条件的动滤失实验，API 静滤失实验不能作为考察井内钻井液的滤失和作为评价不同组成钻井液滤失特性的惟一依据。出于以上原因，特别是对应用于深井、复杂井的钻井液，应对其动滤失量进行测定。但是，由于受到仪器的限制，钻井动滤失量的测定目前尚未广泛开展。

③瞬时滤失。

瞬时滤失时间很短，其滤失量一般占总滤失量的比例较小。但对于固相含量低，分散，且水化很好的不分散低固相钻井液，瞬时滤失占的比例则较大。对于相同的钻井液，如果渗滤介质不同，其瞬时滤失量也是不同的。

影响瞬时滤失的因素主要有压差，岩层的渗透性，滤液的黏度，钻井液中固相颗粒的含量、尺寸和分布，水化程度以及钻井液在地层孔隙入口处能否迅速形成"桥点"（即被挡在孔隙入口之外）。因瞬时滤失过程时间很短，因此测定时很难与静滤失量分开。瞬时滤失量的确定可按 $V_f = V_{f_0} + bt^{1/2}$ 计算。在 V_f 与 $t^{1/2}$ 关系图上，分别测定两个时间的滤失量，通过作图或解联立方程可求得 V_{f_0}。比如，在测定滤失量的过程中，可分别读取 1.0 min 和

7.5min 对应的滤失量，从而可以确定 V_{f_0}。

瞬时滤失量的大小对机械钻速有较大的影响。研究表明，瞬时滤失发生时，高的滤失速率可使滤液分子迅速进到钻头破碎岩体形成的薄层岩屑底下，可协助将岩屑薄层从岩体上剥离下来并立即冲走，而不会在液柱压差下压实，造成重复破碎；并且高的滤失速率可使破碎岩石的微裂缝扩大，或者使它们不闭合。因而当瞬时滤失量较大时，将有利于提高机械钻速。不分散低固相钻井液的钻速较高，其原因之一就是其瞬时滤失量明显大于其他钻井液。

此外，在钻遇孔隙大、裂缝发育的砂岩、石灰岩或白云岩储层时，瞬时滤失会使较多的钻井液和滤液进入储层，造成储层渗透率下降。因此，对用于储层的钻井液，要求其滤失量越小越好。

2. 滤失性能的评价方法

滤失性能包括滤失量和泥饼质量。进行静滤失量评价时，国内外通常采用 API 滤失量，测试装置包括低温低压和高温高压滤失仪两种，动滤失量目前尚未建立评价标准，所用的仪器有 Baroid 动滤失仪以及其他动滤失装置。

1）API 滤失量测定仪

API 滤失量测定仪是最常用的低温低压件下评价钻井液滤失量的装置（图3-26）。其渗滤面积为 $45.8cm^2$，实验渗滤压差 ΔP 为 0.689MPa（100psi），测试温度为室温，以 30min 渗滤出的滤液体积作为 API 滤失量标准。为了获得可比性结果，实验过程中必须使用直径为 90mm 的符合标准的滤纸进行测量。滤失量测量结束后，应小心卸开泥浆杯，倒掉钻井液并取下滤纸，尽可能减少对滤纸的损坏，用缓慢水流冲洗滤纸上的滤饼，然后测量并记录滤饼厚度，同时对滤饼的外观进行描述，使用诸如"硬"、"软"、"韧"、"致密"等注释。读取滤液数值后，滤液用作 pH 值测定及其他分析。

2）高温高压滤失量测定仪

对于深井钻井液，必须进行高温高压条件下的滤失量评价。API 给出了测量高温高压条件下 API 滤失量的标准。测量仪器为 Baroid 公司生产的高温高压滤失仪，测量压差为 3.5MPa，测量时间为 30min，由于渗滤面积只有低温低压滤失仪的 1/2，因此，按照 API 标准，应将 30min 的滤失量乘以 2 才是 HTHP 滤失量。当温度低于 204℃时，应使用一种特制的滤纸；当温度高于 204℃时，则使用一种金属过滤介质或相当的穿孔过滤介质盘，目前国内青岛也生产了符合 API 标准的高温高压滤失仪。

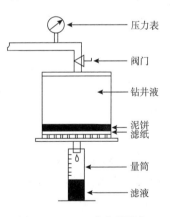

图3-26　API 滤失量测定

例3-5　使用高温高压滤失仪测得 1.0min 的滤失量 6.5mL，7.5min 的滤失量为 14.2mL。试确定这种钻井液在高温高压条件下的瞬时滤失量和 HTHP 滤失量。

解：使用该仪器时的瞬时滤失量可由两点式直线方程求得，即

$$V_{sp} = 6.5 - (14.2 - 6.5)/(7.5^{0.5} - 1.0^{0.5})1^{0.5} = 2.07(\text{mL})$$

由于 V_{sp} 不可忽略，30min 的滤失量可以由下式求得：

$$V_{30} = 2(V_{7.5} - V_{sp}) + V_{sp}$$
$$= 2 \times (14.2 - 2.07) + 2.07$$
$$= 26.33(\text{mL})$$

考虑面积因素之后，可以确定在高温高压条件下测得该钻井液的瞬时滤失量为 4.14mL，HTHP 滤失量为 52.66mL。

3）动滤失量测定仪

被普遍接受并使用的动态滤失仪器有 170 - 50 型动态滤失仪和范 - 90 动态滤失。前者是利用转动的叶片来使钻井液流动，渗滤介质为滤片。后者则使用泵使钻井液循环流动，过滤介质为陶瓷滤芯，可用于测量模拟钻井条件下，当滤饼被冲蚀速度与沉积速度相等时的动态滤失量。目前国内研制和生产了不同型号的动滤失量测定仪，所有动滤失装置同时都具有模拟高温高压的功能。

3. 钻井液滤失性的控制

1）钻井液滤失性能与钻井工作的关系

为了防止地层流体进入井筒，钻井液的静液柱压力必须大于地层孔隙内流体的压力。因此，在此压差作用下钻井液就有侵入渗透性地层的趋势。为了维持井眼的稳定以及减少钻井液固、液相侵入地层并损害油气层，必须对钻井液的滤失性能进行，其有效途径是在井壁上形成薄而致密的泥饼。如果井内钻井液滤失性控制不当，必然要产生两个方面问题，即滤失量过大和泥饼过厚。

钻井液循环时，对于井壁为泥页岩的地层，滤失量过大会引起地层岩石水化膨胀、剥落，使井径扩大或缩小。井径扩大或缩小又会引起卡钻、钻杆折断，降低机械效率，缩短钻头、钻具的使用寿命等问题。对于裂隙发育的破碎性地层，滤液渗入岩层的裂隙面，会减小层面间的接触摩擦力，在钻杆的敲击下，碎岩块落入井内，常引起掉块卡钻等井下事故。而对于储层（特别是低渗和黏土含量高的储层），滤失量过大则会引起储层渗透率的下降。

钻井液循环时，如果在井壁上形成的泥饼过厚，则会减小井的有效直径，钻具与井壁的接触面积增大，从而有可能引起各种钻井问题，如旋转扭矩增大，起、下钻遇阻以及高的抽吸与波动压力、功率消耗增加、甚至引起井壁坍塌或造成井漏、井涌等事故。在液柱压力和地层压力作用下，厚的泥饼易引起压差卡钻事故，而处理卡钻事故的费用是相当昂贵的。此外，泥饼过厚会造成测井工具、打捞工具不能顺利下至井底；同时，泥饼过厚，还会影响测试结果的正确性，甚至会影响低压生产层的发现。

由此可见，钻井液的滤失控制是钻井液工艺中的一个十分重要的问题。因此，首先要控制泥饼的厚度，而泥饼的厚度是随滤失总量的增加而增加的，故应控制钻井液的滤失量。然而，滤失量并不是决定泥饼厚度的唯一因素，对于不同的钻井液，泥饼厚度相同，而滤失量却不一定相同；反之，滤失量相同，泥饼厚度亦可能不同。滤失量过大固然不好，但过小的滤失量也会造成钻井液成本增加，钻速下降。

需要指出，钻井液滤液矿化度不同，对井壁岩层稳定性的影响也是不同的。与淡水滤液、碱性强的滤液相比较，高矿化度、弱碱性的滤液和含聚合物（例如聚丙烯酰胺）的滤液不易引起井壁岩层的膨胀和坍塌。实践证明，即使滤失量大些，使用这类钻井液同样更为安全。因此，对于井壁稳定而言，不仅要注意滤失量的大小，还要考虑滤液的性质及其对井壁稳定性所造成的影响。

综上所述，钻井液形成的泥饼一定要薄、致密、坚韧，而钻井液的滤失量则要控制适当，应根据岩石的特点、井深、井身结构等因素来确定，同时还应考虑钻井液的类型。

2）对钻井液滤失性能的要求

在确定钻井液滤失量指标时，应注意以下原则：井浅时可放宽、井深时应从严；钻裸眼时间短时可放宽，钻裸眼时间长时须从严；使用不分散性处理剂时可适当放宽，使用分散性处理剂时要从严；钻井液矿化度高者可放宽，钻井液矿化度小者应从严。总之，要从钻井实际出发，以井下情况是否正常为依据，适时测定并及时调整钻井液的滤失量。对钻井液滤失性能的一般要求是：

（1）在钻开油气层时，应尽力控制滤失量，以减轻对油气层的损害。一般情况下，此时的 API 滤失量应小于 5mL，模拟井底温度的 HTHP 滤失量应小于 15mL。

（2）钻遇易坍塌地层时，滤失量应严格控制，API 滤失量最好不大于 5mL。

（3）对一般地层，API 滤失量应尽量控制在 10mL 以内，HTHP 滤失量不应超过 20mL。但有时可适当放宽，某些油基钻井液体系正是通过适当放宽滤失量来提高钻速的。

（4）要注意提高滤饼质量，尽可能形成薄、韧、致密及润滑性好的滤饼，以利于固壁和避免压差卡钻。在我国，某些油田要求，钻开储层时 API 滤失实验测得的滤饼厚度不得超过 1mm。

（5）加强对滤失性能的检测。正常钻进时，应每 4h 测一次常规滤失量。对定向井、丛式井、水平井、深井和复杂井，要增测 HTHP 滤失量和泥饼的润滑性，要求也相应高一些。

室内研究表明，瞬时滤失量的适当增加有利于提高机械钻速。瞬时滤失量较大时，钻头下面已被破碎的岩石在各个方向上的压力能迅速达到平衡，从而使岩屑能及时地离开井底，减轻因压差引起的压持效应。由此看来，在控制总滤失量的同时，使钻井液保持一定的瞬时滤失，这对于钻头破岩是有益的。

3）钻井液滤失性能的控制与调整

在影响钻井液滤失的因素中，井温和地层的渗透性是无法改变的，其余的因素则可以人为控制。可以通过改善泥饼的质量（渗透性和抗剪强度），确定适当的钻井液密度以减少液柱压差，提高滤液黏度，缩短钻井液的浸泡时间，控制钻井液返速和流态等方法来减少钻井液的滤失量，并形成薄而韧的泥饼。在钻井液工艺中，控制和调整钻井液滤失性能

的关键在于改善泥饼的质量，这里既包括增加泥饼的致密程度，降低其渗透性，同时又包括增强混饼的抗剪切能力和润滑性。主要调整方法是根据钻井液类型、组成以及所钻地层的情况，选用适合的降滤失剂和封堵剂。

获得致密性与渗透性小的泥饼的一般方法是：

（1）使用膨润土造浆。膨润土颗粒细，呈片状，水化膜厚，能形成致密的渗透性较小的泥饼，而且可在固相较少的情况下满足对钻井液滤失性能和流变性能的要求。一般情况下，加入适量的膨润土可以将钻井液的滤失量控制在钻井和完井工艺要求的范围内。膨润土是常用的配浆材料，同时也是控制滤失量和建立良好造壁性的基本材料。

（2）加入适量纯碱、烧碱或有机分散剂（如煤碱液等），提高黏土颗粒的 ζ 电位、水化程度和分散度。

（3）加入 CMC 或其他聚合物以保护黏土颗粒，阻止其聚结，从而有利于提高分散度。同时，CMC 和其他聚合物沉积在泥饼上亦可起到堵孔作用，使滤失量降低。

（4）加入一些极细的胶体粒子（如腐植酸钙胶状沉淀）堵塞泥饼孔隙，以使泥饼的渗透性降低，抗剪切力提高。

我国在钻井液降滤失剂的使用方面已形成自己的特色。在分散型钻井液中，常用的是低黏 CMC，若降滤失量的同时还希望提高黏度，可选用中黏或高黏度的 CMC。聚合物钻井液中使用的降滤失剂均为由单体合成的聚合度相对较低的聚合物，目前其产品种类繁多，并已形成系列。如常用的聚丙烯腈盐类（有钠、钙及铵盐等）、聚丙烯酸盐类（有钠、钙及钾等），还有近年来推广使用的阳离子和两性离子聚合物等。在深井和超深井下部井段，可选用抗温能力强的磺化褐煤（SMC）、磺化酚醛树脂（SMP）、以及酚醛树脂和腐植酸酸缩合物（SPNH）。注饱和盐水钻井液中可选用 SMP－2。另外还经常使用沥青类产品来改善泥饼质量、降低泥饼的渗透性，增强泥饼的抗剪切强度和润滑性。

（二）钻井液的润滑性

钻井液的润滑性能通常包括泥饼的润滑性能和钻井液本身的润滑性两个方面。钻井液和泥饼的摩阻系数是评价钻井液润滑性能的两个主要技术指标。钻井液的润滑性对钻井工作影响很大，特别是钻超深井、大斜度井、水平井和丛式井时，钻柱的旋转阻力和提拉阻力会大幅度提高。由于影响钻井扭矩和阻力以及钻具磨损的主要可调节因素是钻井液的润滑性能，因此钻井液的润滑性能对减少卡钻等井下复杂情况，保证安全、快速钻进起着至关重要的作用。

1. 钻井液的润滑性能

国内外研究者对钻井液的润滑性能进行评价，得出的结论是：空气与油处于润滑性的两个极端位置，而水基钻井液的润滑性处于其间。用 Baroid 公司生产的钻井液极压润滑仪测定了 3 种基础流体的摩阻系数（钻井液摩阻系数相当于物理学中的摩擦系数），空气为 0.5，清水为 0.35，柴油为 0.07。在配制的 3 类钻井液中，大部分油基钻井液的摩阻系数在 0.08 ~0.09 之间，各种水基钻井液的摩阻系数在 0.20 ~0.35 之间，如加有油品或各类润滑剂，则可降到 0.10 以下。

对于大多数水基钻井液而言，摩阻系数维持在约 0.20 时可认为是合格的。但这个标准并不能满足水平井的要求。对水平井则要求钻井液的摩阻系数应尽可能保持在 0.08 ～ 0.10 范围内，以保持较好的摩阻控制。因此，除油基钻井液外，其他类型钻井液的润滑性能很难满足水平井钻井的需要，但可以选用有效的润滑剂改善其润滑性能，以满足实际需要。近年来研发出的一些新型水基仿油性钻井液，其摩阻系数可小于 0.10，很接近油基钻井液，其润滑性能可满足水平井钻井的需要。

钻井液润滑性好，可以减少钻头、钻具及其他配件的磨损，延长使用寿命，同时可防止黏附卡钻，减少泥包钻头，易于处理井下事故。在钻井过程中，由于动力设备有固定功率，钻柱的抗拉、抗扭能力以及井壁稳定性都有极限。若钻井液的润滑性能不好，会造成钻具回转阻力增大，起、下钻困难，甚至发生黏附卡钻；当钻具回转阻力过大时，会导致钻具振动，从而有可能引起钻具断裂和井壁失稳。

2. 钻井液润滑性的影响因素

1）钻井作业中摩擦现象的特点

随着密封轴承的出现，改善钻井液润滑性能的目的主要是为了降低钻井过程中钻柱的扭矩和阻力。在钻井过程中，按摩擦副表面的润滑情况，摩擦可分为以下 3 种情况（图 3-27）。

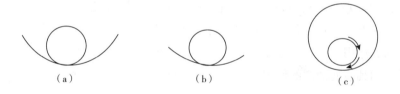

图 3-27 3 种不同润滑模式示意图

（a）边界摩擦，（b）干摩擦（或障碍摩擦）；（c）流体摩擦

（1）边界摩擦。两接触面间有一层极薄的润滑膜，摩擦和磨损不取决润滑剂的黏度，而是与两表面和润滑剂的特性有关，如润滑膜的厚度和强度，粗糙表面的相互作用以及液体中固相颗粒间的相互作用。有钻井液的情况下，钻铤在井眼中的运动等属于边界摩擦。

（2）干摩擦（无润滑摩擦）。又称为障碍摩擦，如空气钻井中钻具与岩石的摩擦，或井壁极不规则情况下，钻具直接与部分井壁岩石接触时的摩擦。

（3）流体摩擦。由两接触面间流体的黏滞性引起的摩擦。

可以认为，钻进过程中的摩擦是混合摩擦，即一部分接触面为边界摩擦，另一部分为流体摩擦。在高负荷边界面上，塑性表面的边界摩擦更为突出。在钻井作业中，摩擦系数是两个滑动或静止表面间的相互作用以及润滑剂所起作用的综合体现。

钻井作业中的摩擦现象较为复杂，摩擦阻力的大小不仅与钻井液的润滑性能有关，其影响因素还涉及钻柱、套管、地层以及井壁泥饼表面的粗糙度，接触表面的塑性，接触表

面所承受的负荷，流体黏度与润滑性，流体内固相颗粒的含量和大小，井壁表面泥饼润滑性、井斜角，钻柱重量，静态与动态滤失效应等。在这些众多的影响因素中，钻井液的润滑性能是主要的可调节因素。

2）钻井液润滑性的主要影响因素

（1）黏度、密度和固相的影响。

随着钻井液固相含量及密度增加，通常其黏度、切力等也会相应增大。这种情况下，钻井液的润滑性能也会相应变差。这时其润滑性能主要取决于固相的类型及含量，例如砂岩和各种加重剂的颗粒便具有特别高的研磨性能。

钻井液中的固相含量对其润滑性影响很大。随着钻井液固相含量增加，除使泥饼黏附性增大外，还会使泥饼增厚，易产生压差黏附卡钻。另外，固相颗粒尺寸的影响也不可忽视。研究结果表明，钻井液在一定时间内通过不断剪切循环，其固相颗粒尺寸随剪切时间增加而减小，其结果是双重性的：钻井液滤失有所减小，从而使得钻柱的摩阻力也有所降低；颗粒分散得更细微，使比表面积增大，从而造成摩阻力增大。可见，严格控制钻井液黏土含量，搞好固相控制和净化，尽量使用低固相钻井液，是改善和提高钻井液润滑性能的措施之一。

（2）滤失性、岩石条件、地下水和滤液 pH 的影响。

致密、表面光滑且薄的泥饼具有良好的润滑性能。降滤失剂和其他改进泥饼质量的处理剂（如磺化沥青）主要通过改善泥饼质量来改善钻井液的防磨损和润滑性能。在钻井液条件相同的情况下，岩石的条件是通过影响所形成泥饼的质量以及井壁与钻柱之间接触表面的粗糙度而起作用的。井底温度、压差、地下水和滤液的 pH 值等因素也会在不同程度上影响润滑剂和其他处理剂的作用效能，从而影响泥饼的质量，对钻井液的润滑性能产生影响。

（3）有机高分子处理剂的影响。

许多高分子处理剂都有良好的降滤失、改善泥饼质量、减少钻柱摩阻力的作用。有机高分子处理剂能提高钻井液的润滑性能，还与其在钻柱和井壁上的吸附能力有关。吸附膜的形成，有利于降低井壁与钻柱之间的摩阻力。某些处理剂，如聚阴离子纤维素、磺化酚醛树脂等，具有提高钻井液润滑性的作用。不少高分子化合物通过复配、共聚等处理，可成为具有良好润滑性能的润滑材料。

（4）润滑剂的影响。

使用清水作钻井液，摩擦阻力较大，往清水中加入千分之一至千分之几的润滑剂（主要是阴离子表面活性剂）后，润滑性能会得到明显改善，使用润滑剂是改善钻井液润滑性能、降低摩擦阻力的主要途径。因此，正确地使用润滑剂可以大幅度提高钻井液的防磨损和润滑性能。钻井液润滑剂品种一般可分为两类，即液体类和固体类。前者如矿物油、植物油、表面活性剂等；后者如石墨、塑料小球、玻璃小球等。近年来钻井液润滑剂品种发展最快的是惰性固体类润滑剂，液体润滑剂中主要发展了高负荷下起作用的极压润滑剂及有利于环境保护的无毒润滑剂。由于环境保护的原因，沥青类润滑剂的用量正逐年减少。

目前，常用的改善钻井液润滑性能的方法主要是通过合理使用润滑剂以降低摩阻系数，以及通过改善泥饼质量来增强泥饼的润滑性。

3. 用于钻井液的润滑剂

1）对钻井液润滑剂的要求

国内外对润滑剂的研究范围较广，其中有各种表面活性剂、高分子脂肪酸及其衍生物等。钻井液润滑剂的选择应满足下列基本要求：

（1）润滑剂必须能润滑金属表面，并在其表面形成边界膜和次生结构。

（2）应与基浆有良好的配伍性，对钻井液的流变性和滤失性不产生不良影响。

（3）不降低岩石破碎的效率。

（4）具有良好的热稳定性和耐寒稳定性。

（5）不腐蚀金属，不损坏密封材料。

（6）不污染环境，易于生物降解，价格合理，且来源充足。

钻井液润滑剂除了主要提高钻具的寿命及其工作指标外，还应不影响对地层资料的分析和评价，即润滑剂应具有低荧光或无荧光性质。因此，润滑剂基础材料的选择应注意尽量不使用含苯环、特别是多芳香烃的有机物质，而原油，尤其是重馏分、釜残物、沥青等因含荧光物质较多，也应尽量少用。基于以上要求，一般植物油类既无荧光和毒性又易于生物降界，且来源较广，较适合作润滑材料。可选用的植物油有蓖麻油、亚麻油、棉子油等。

2）钻井液中常用的润滑剂

（1）惰性固体润滑剂。

该类产品主要有塑料小球、石墨、碳黑、玻璃微殊及坚果圆粒等。近几年发展起来的塑料小球用做润滑剂效果很好，其组成为二乙烯苯与苯乙烯的共聚物。该产品具有较高的抗压强度，是一种无毒、无荧光显示、耐酸、耐碱、抗温、抗压的透明球体，在钻井液中呈惰性，不溶于水和油，密度为 $1.03 \sim 1.05 \text{g/cm}^3$，可耐温205℃以上。塑料小球可与水基和油基的各种类型钻井液匹配，是一种较好的润滑剂，近年来发展很快。塑料小球虽然效果较好，但成本较高，所以后期又使用玻璃小球代替塑料小球，也达到了类似的效果。塑料小球和玻璃小球这类固体润滑剂由于受固体尺寸的限制，在钻井过程中很容易被固控设备清除，而且在钻杆的挤压或拍打下，有破坏、变形的可能，因此使用上受到了一定的限制。

石墨粉作为润滑剂具有抗高温、无荧光、降摩阻效果明显、加量小、对钻井液性能无不良影响等特点。一种新的适用于钻井液和水泥浆的多功能固体润滑剂——弹性石墨——在国外获得了成功的应用。弹性石墨（简称RGC）无毒、无腐蚀性，在高浓度下不会阻塞钻井液马达。即使在高剪切速率下，弹性石磨也不会在钻井液中发生明显的分散。此

外，弹性石磨不会影响钻井液的动切力和静切力，与各种纤维质和矿物混合物具有良好的配伍性。弹性石墨作为固体润滑剂，尤其适用于使用常规液体润滑剂效果不明显的石灰基钻井液。

石墨粉能牢固地吸附（包括物理吸附和化学吸附）在钻具和井壁岩石表面，从而改善摩擦副之间的摩擦状态，起到降低摩阻的作用。同时，石墨粉吸附在井壁上，可以封闭井壁的微孔隙，因此，兼有降低滤失和保护油层的作用。

（2）液体类润滑剂。

该类产品主要有矿物油、植物油和表面活性剂等。液体类润滑剂又可分为油性剂和极压剂。前者主要在低负荷下起作用，通常为酯或羧酸，后者主要在高负荷下起作用，通常含有硫、磷、硼等活性元素。往往这些含活性元素的润滑剂兼有两种作用，既是油性剂，又是极压剂。

性能良好的润滑剂必须具备两个条件：一是分子的烃链要足够长（一般碳链 R 在 $C_{12} \sim C_{18}$ 之间），不带支链，以利于形成致密的油膜；二是吸附基要牢固地吸附在黏土和金属表面上，以防止油膜脱落。许多润滑剂大多属于阴离子型表面活性物质，多含有磺酸基团，如磺化脂肪醇、磺化棉子油、磺化蓖麻油和其他含硫的润滑剂，如硫代烷烃琥珀酸（或酸酐）的唑啉化合物，或含酯的脂肪族琥珀酸（或酸酐），如十八碳烯琥珀酸酐和二硫代烷基醇等化合物。常用的作为润滑剂使用的表面活性剂有：OP－30、聚氧乙烯硬脂酸酯－6、甲基磺酸铅和十二烷基苯磺酸三乙醇胺（ABSN）等。

虽然非离子活性剂同样具有亲水基（如聚氧乙烯链），但它们不能在钻柱表面形成牢固的化学吸附，不能形成牢固的憎水非极性（或油胶）润滑层。润滑效果相对较差。

在硬水中（含高价阳离子）使用单一阴离子表面活性剂时，往往会由于产生高价盐而失效或破乳。因此，一般采用以阴离子为主、非离子为辅的复合型活性剂配方。阴离子表面活性剂需要在碱性介质中才能保持稳定（但 pH 值过高时也合影响润滑效果），阳离子活性剂则相反，而非离子活性剂适用的 pH 值范围较大。

随着环保意识的增强，无毒可生物降解润滑剂的使用日趋广泛。该类产品主要是不含芳香烃和双键的有机物，如以动物油和植物油为原料而制得的脂类有机物或矿物油类。这类润滑剂无毒或低毒，不污染环境、不干扰地质录井。

3）润滑剂的作用机理

（1）惰性固体的润滑机理。

固体润滑剂能够在两接触面之间产生物理分离，其作用是在摩擦表面上形成一种隔离润滑薄膜，从面达到减小摩擦、防止磨损的目的。多数固体类润滑剂类似于细小滚珠，可以存在于钻柱与井壁之间，将滑动摩擦转化为滚动摩擦，从而可大幅度降低扭矩和阻力。固体润滑剂在减少带有加硬层工具接头的磨损方面尤其有效，还特别有利于下尾管、下套管和旋转套管。固体类润滑剂的热稳定性、化学稳定性和防腐蚀能力等良好，适合高温、低转速的条件下使用，不适合在高转速条件下使用。

（2）沥青类处理剂的润滑机理。

沥青类处理剂主要用于改善泥饼质量和提高其润滑性。沥青类物质亲水性弱，亲油性强，可有效地涂敷在井壁上，在井壁上形成一层液膜。这样既可减轻钻具对井壁的摩擦，又可减轻钻具对井壁的冲击作用。由于沥青类处理剂的作用，井壁岩石由亲水转变为憎水，因此可阻止滤液向地层渗透。

（3）液体润滑剂的润滑机理。

矿物油、植物油、表面活性剂等主要是通过在金属、岩石和黏土表面形成吸附膜，使钻拄与井壁岩石接触（或水膜接触）产生的固—固摩擦，改变为活性剂非极性端之间或油膜之间的摩擦，或者通过表面活性剂的非极性端，再吸附一层油膜，从而使钻柱与岩石之间的摩阻力大大降低，减少钻具和其他金属部件的磨损（图3-28、图3-29）。

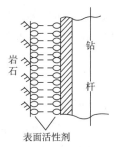

图3-28 表面活性剂水溶液的润滑机理

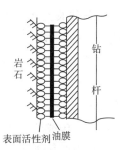

图3-29 油包水乳化钻井液的润滑机理

极压（EP）润滑剂在高温高压条件下可在金属表面形成一层坚固的化学膜，以降低金属接触界面的摩阻，从而起到润滑作用。故极压润滑剂更适应于水平井中高侧压力情况下，降低钻柱与井壁间的摩擦阻力。

4. 钻井液润滑性评价方法

钻井液和泥饼的摩阻系数是常用的两个评价钻井液润滑性能的技术指标。由于摩阻的大小不仅与钻井液的润滑性能有关，还与钻具和地层接触面的粗糙程度、接触面的塑性变形情况、钻柱侧向力的大小和分布情况、钻拄的尺寸和旋转速度等因素有关。因此，要全面、客观地评价和测定钻井过程中钻井液和泥饼摩阻系数，正确地评选钻井液和润滑剂是很困难的。目前，国内外对钻井液润滑性能的检测尚无公认的通用仪器和方法，在目前限定的测试仪器和条件下，只能从某一侧面评价和优选钻井液基液和润滑剂，确定在该条件下的摩阻系数。

一些公司和研究机构研制了一些检测钻井液润滑性能的仪器和模拟装置。投入实际应用的主要有滑板式泥饼摩阻系数测定仪、泥饼黏附系数测定仪、钻井液极压润滑仪、润滑性能评价仪、泥饼针入度计、井眼摩擦模拟装置以及多种卡钻系数测定仪等。多数润滑性能测定仪的基本原理都是通过测定滑动摩擦系数，或通过测定转动面和静止面之间的扭矩，或通过测定旋转静止表面的液层所需动力来表示润滑性能。因此，通常以摩擦系数、扭矩及转动动力作为评价钻井液润滑性能的指标。

1) 滑板式泥饼摩阻系数测定仪

滑板式泥饼摩阻系数测定仪是一种简易的测量泥饼摩阻系数的仪器。在仪器台面倾斜的条件下，放在泥饼上的滑块受到向下的重力作用，当滑块的重力克服泥饼的粘滞力后则开始滑动。测量开始时，将由滤失试验得到的新鲜泥饼放在仪器台面上，沿块压在泥饼中心停放 1 min。然后开动仪器，使台面升起，直至滑块开始滑动时为止。读出台面升起的角度。此升起角度的正切值即为泥饼的粘滞系数。仪器台面的转动速度为 5.5~6.5r/min，该仪器的测量精度为 0.5。

2) 钻井液极压（EP）润滑仪

极压润滑仪具有测量钻井液的润滑性能和评价润滑剂降低扭矩的效果，并且也可预测在该条件下金属部件的磨损速率。该润滑试验仪是用一个钢环模拟钻柱，给其施以一定的载荷，使其紧压在起井壁作用的金属材料上。摩擦过程在钻井液中进行，摩擦环旋转时产生惯性力，从面使钻井液流动。在固定的转速下转动钢环，记录钢环和金属材料间的接触压力、力矩和仪表上的读数，经换算可得到评价液体的摩擦阻力值。钻井液极压润滑仪的明显缺点是不能评价温度和压力对润滑性产生的影响。

3) 泥饼针入度计

泥饼针入度计可测量低压或高压、静态或动态滤失试验中所形成的泥饼的质量和厚度，可以手动或电动操作，用纸带记录数据。除了单纯测定钻井液润滑性能外，目前，研究和试验比较多的是用模拟手段和统计的方法对钻井液的润滑性进行综合评价，从而提出卡钻预测。比如国内研究人员分别提出的摩阻系数法和人工神经网络法，均可进行卡钻预测。摩阻系数法是在所建立的拉力和扭矩模型的基础上，利用现场实时采集的钻压、扭矩和大钩载荷数值，以及井身结构和钻具组合参数，计算出起、下钻和钻进时的摩阻系数。正常情况下，摩阻系数的值为 0.1~0.3。一旦摩阻系数值超过此范围，并有增长的趋势，就表明已存在卡钻的可能性。人工神经网络法所需的参数较多，包括所使用钻井液情况、钻井参数、地层条件、井身结构和钻具组合等。并需要采集试用样本，所建立的模型经过正确试用后，可进行卡钻实时预测。

【任务实施】

任务 1 钻井液密度测定实训

一、钻井液密度的测定和调控方法

（一）钻井液密度的定义

钻井液的密度是指每单位体积钻井液的质量，常用 g/cm^3（或 kg/m^3）表示。在钻井工程上，钻井液密度和泥浆比重是两个等同的术语。其英制单位通常为 lb/gal（或写作 ppg，$1g/cm^3 = 8.3lb/gal$）。

钻井液密度是确保安全、快速钻井和保护油气层的一个十分重要的参数。通过钻井液密度的变化，可调节钻井液在井筒内的静液柱压力，以平衡地层孔隙压力。有时亦用于平衡地层构造应力，以避免井塌的发生。如果密度过高，将引起钻井液过度增稠、易漏失、钻速下降、对油气层损害加剧和钻井液成本增加等一系列问题；而密度过低则容易导致井涌甚至井喷，还会造成井塌、井径缩小和携屑能力下降。因此，在一口井的钻井工程设计中，必须准确、合理地确定不同井段钻井液的密度范围，并在钻进过程中随时进行检测和调整。

（二）钻井液密度测定

钻井液密度是使用一种专门设计的钻井液比重秤测得的，比重秤的外观如图3-30所示。

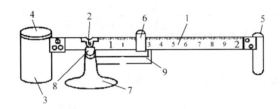

图3-30 钻井液比重秤

1—秤杆；2—主刀口；3—泥浆杯；4—杯盖；5—校正筒；6—游码；7—底座；8—主刀垫；9—挡壁

测定前要先用清水标定；测定时，在泥浆杯内盛满钻井液，盖上杯盖，然后用棉纱擦净从盖上小孔溢出的钻井液，再将比重秤刀口放置在底座的刀垫上，移动游码，直至水平泡位居于两条线的中央，此时游码左侧的刻度即表示所测量钻井液的密度。

（三）钻井液密度调节

加入重晶石等加重材料是提高钻井液密度最常用的方法。在加重前，应调整好钻井液的各种性能，特别要严格控制低密度固相的含量。一般情况下，所需钻井液密度越高，则加重前钻井液的固相含量及黏度、切力应控制得越低。加入可溶性无机盐也是提高密度较常用的方法。如在保护油气层的清洁盐水钻井液中，通过加入 NaCl，可将钻井液密度提高至 $1.20g/cm^3$。

为实现平衡压力钻井或欠平衡压力钻井，有时需要适当降低钻井液的密度。通常降低密度的方法有以下几种：①最主要的方法是用机械和化学絮凝的方法清除无用固相，降低钻井液的固相含量；②加水稀释，但往往会增加处理剂用量和钻井液费用；③混油，但有时会影响地质录井和测井解释；④钻低压油气层时可选用充气钻井液。

二、钻井液密度的测定实训

（一）学习目标

掌握钻井液密度的测定与调控方法。

（二）训练准备

（1）穿戴好劳保用品。

（2）准备好密度计、支架、待测钻井液、铅粒、洁净淡水、搅拌机、干面纱。

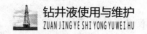

（三）训练内容

1. 实训方案

钻井液密度测定的实训方案如表 3-6 所示。

表 3-6　钻井液密度测定实训方案

序号	项目名称	教学目的及重点
1	钻井液密度计的校正	掌握钻井液密度计的校正方法
2	钻井液密度的测定	掌握钻井液密度测定的常规操作步骤
3	钻井液密度计的正确使用	掌握的钻井液密度计的正确使用方法
4	异常操作	分析原因，掌握钻井液密度的校正和测定方法
5	正常操作	掌握钻井液密度计的正常操作方法

2. 正常操作要领

钻井液密度测定的正常操作要领如表 3-7 所示。

表 3-7　测井液密度测定正常操作要领

序号	操作项目	调节使用方法
1	密度计的校正	准备好密度计、支架、待测、铅粒、洁净淡水、搅拌机、干面纱
2	操作步骤及技术要求	操作步骤： （1）放好仪器，保持近水平 （2）校正仪器将淡水注满洁净的液杯 （3）盖好杯盖，用面纱擦干液杯上附着的水 （4）秤杆刀口慢慢放在支架刀口上，将游码左边线对准刻度线 1.00g/cm³ 处 （5）读数时水平泡应居中，不居中时应加减铅粒进行调节 （6）将充分搅拌的钻井液注入液杯，盖好杯盖，擦干 （7）秤杆刀口放在支架刀口上，移动游码至平衡，读取密度值 （8）测量完毕，清洗并擦干所有仪器、工具，并摆放整齐 技术要求： （1）经常保持仪器清洁干净，特别是钻井液杯，每次用完后应冲洗干净，以免生锈或粘有固体物质，影响数据准确性 （2）要经常用规定的清水校正密度计，尤其在钻进高压油、气、水层等复杂地层时，更应经常校正，保证所提供的数据有足够的准确性 （3）使用后，密度计刀口不能放在支架上，要保护好刀口，不得使其腐蚀磨损，以免影响数据准确性 （4）注意保护水平泡，不能用力碰撞，以免因仪器破坏而影响使用

三、考核建议

为了准确的评价本课程的教学质量和学生的学习效果，体现注重学生职业能力培养的教学目标，建议本课程的各个环节进行考核，以便对学生作出公正、准确的评价。建立过程考评（任务考评）与期末考评（课程考评）相结合的方法，强调过程考评的重要性。过程考评占 60%，期末考评占 40%。考核评价方式如表 3-8 所示。

表3-8 考核评价表

	评价内容	分值	权重
过程评价	钻井液密度计校正技能考核（技能水平、操作规范）	20	60%
	钻井液密度测定技能考核（技能水平、操作规范）	40	
	方法能力考核（制定计划或报告能力）	15	
	职业素质考核（"5S"与出勤执行情况）	15	
	团队精神考核（团队成员平均成绩）	10	
期末考评	期末理论考试（联系生产实际问题、职业技能证书考核中"应知"内容）	100	40%

任务2 钻井液漏斗黏度测定实训

一、钻井液漏斗黏度的测定

在钻井过程中，钻井液的漏斗黏度（Funnel viscosity）是需要经常测定的重要参数。由于测定方法简便，可直观反映钻井液黏度的大小，因此该参数已沿用多年，至今几乎每个井队仍配备有漏斗黏度计。

（一）范氏漏斗黏度计

漏斗黏度与其他流变参数的测定方法不同，其他流变参数一般使用按API标准设计的旋转黏度计，在某一固定的剪切速率下进行测定，而漏斗黏度则使用一种特制的漏斗黏度计来进行测量（图3-31）。

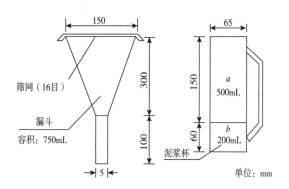

图3-31 范氏漏斗黏度计

测定步骤如下：

（1）用钻井液量杯的上端（500mL）与下端（200mL）准确量取700mL钻井液。将左手食指堵住漏斗口，使钻井液通过筛网后流入漏斗中。

（2）将钻井液量杯500mL的一端置于漏斗口的下方，在松开左手食指的同时右手按动秒表。注意在钻井液流出过程中，始终使漏斗保持直立。

（3）待钻井液量杯500mL的一端流满时，按动秒表记录所需时间。

所记录的时间即漏斗黏度，其单位为s。漏斗黏度计的准确度常用纯水进行校正。在常温下，纯水的漏斗黏度为（15±0.2）s。需注意，由于体积计量单位的不同，国外所用漏斗黏度计的尺寸与国内有所区别。国外使用的漏斗称为马氏（Marsh）漏斗，是将

1quart（美制：1quart＝946mL）钻井液的流出时间称为漏斗钻度。

在钻井液从漏斗口流出的过程中，随着漏斗中液面逐渐降低，流速不断减小，因此不能在某一固定的剪切速率下进行黏度测定。正是因为这一原因，使漏斗黏度不能像从旋转黏度计测得的数据那样作数学处理，也无法与其他流变参数进行换算。漏斗黏度只能用来判别在钻井作业期间各个阶段黏度变化的趋向，它不能说明钻井液黏度变化的原因，也不能作为对钻井液进行处理的依据。即使如此，漏斗黏度至今仍然与其他流变参数结合在一起，共同表征钻井液的流变性。

（二）马氏漏斗黏度计

马氏漏斗黏度计是用于日常测量钻井液黏度的仪器（图3-32），采用美国API标准制造，以定量钻井液从漏斗中漏出的时间来确定钻井液的黏度。马氏漏斗黏度计主要由漏斗、筛网、量杯3个组成部分。其主要技术指标如下：

图3-32　马氏漏斗黏度计

（1）筛网直径：1.6mm（12目）。

（2）漏斗网底以下容量：1500mL。

（3）准确度：当向漏斗中注入1500 mL 纯水时，流出 946 mL 纯水的时间为（26±0.5）s。

二、钻井液的漏斗黏度测定实训

（一）学习目标

能使用马氏计准确测量钻井液的漏斗黏度。

（二）训练准备

（1）穿戴好劳保用品。

（2）准备马氏漏斗黏度计、过滤筛网、秒表。

（3）准备钻井液、946 mL 量杯、1500 mL 量杯。

（三）训练内容

1. 实训方案

钻井液漏斗黏度测定实训的实训方案如表3-9所示。

表3-9　钻井液漏斗黏度测定实训方案

序号	项目名称	教学目的及重点
1	马氏漏斗黏度计的校正	掌握马氏漏斗黏度计的校正方法
2	使用马氏漏斗黏度计测钻井液的漏斗黏度	掌握使用马氏漏斗黏度计测定钻井液漏斗黏度的常规操作步骤
3	马氏漏斗黏度计的正确使用	掌握的马氏漏斗黏度计的正确使用方法
4	异常操作	分析原因，掌握测定钻井液的漏斗黏度的方法
5	正常操作	掌握钻井液马氏漏斗黏度计正常操作的方法

2. 正常操作要领

钻井液漏斗黏度测定的正常操作要领如表3-10所示。

表3-10 钻井液漏斗黏度测定的正常操作要领

序号	操作项目	调节使用方法
1	马氏漏斗黏度计的校正	操作步骤： （1）校正准备：①马氏漏斗黏度计；②1000mL量筒、量杯各1个；③秒表；④洁净淡水 （2）校正过程：①将漏斗黏度计垂直悬挂在支架上；②用左手指堵住导管口，将洁净的淡水1500mL注入漏斗；③右手启动秒表，同时左手松开导流管口，待流满液杯恰好946mL时，用左手堵住导流管口，同时关停秒表读值；④擦干所用仪器并摆放整齐
2	使用马氏漏斗黏度计测定钻井液漏斗黏度的操作步骤及技术要求	操作步骤： （1）将已校正的漏斗黏度计垂直悬挂在支架上 （2）将946mL的量杯放于漏斗下面，用左手指堵住漏斗管口，将用1500mL量杯所盛的钻井液搅拌后注入漏斗 （3）右手启动秒表，同时左手松开漏斗管口，待恰好流满液杯时，用左手堵住漏斗管口，同时关停秒表 （4）读取秒表数值，以s为单位记录下来的数据即为所测钻井液黏度，将漏斗中剩余钻井液收回到液杯 技术要求： （1）测量前必须对仪器进行校正 （2）测量用的钻井液要充分搅拌，且必须通过筛网过滤 （3）注入漏斗的钻井液量必须是1500mL，否则会影响测量结果的准确性

三、考核建议

为了准确的评价本课程的教学质量和学生的学习效果，体现注重学生职业能力培养的教学目标，建议本课程的各个环节进行考核，以便对学生作出公正、准确的评价。建立过程考评（任务考评）与期末考评（课程考评）相结合的方法，强调过程考评的重要性。过程考评占60%，期末考评占40%。考核评价方式如表3-11所示。

表3-11 考核评价表

	评价内容	分值	权重
过程评价	钻井液马氏漏斗黏度计校正技能考核（技能水平、操作规范）	20	60%
	钻井液漏斗黏度的测定技能考核（技能水平、操作规范）	40	
	方法能力考核（制定计划或报告能力）	15	
	职业素质考核（"5S"与出勤执行情况）	15	
	团队精神考核（团队成员平均成绩）	10	
期末考评	期末理论考试（联系生产实际问题、职业技能证书考核中"应知"内容）	100	40%

任务3 钻井液流变参数的测量与计算实训

一、学习目标

掌握各种流变参数的测量与计算方法，了解旋转黏度计的工作原理。

二、训练准备

（1）穿戴好劳保用品。

（2）准备六速仪主体。

（3）准备内筒、外筒、测试液杯。

（4）连接线插头。

（5）准备小螺丝刀、秒表。

（6）准备 1000mL 量杯、钻井液。

三、训练内容

1. 实训方案

钻井液流变参数测量与计算的实训方案如表 3-12 所示。

表 3-12　钻井液流变参数测量与计算实训方案

序号	项目名称	教学目的及重点
1	钻井液 Fsnn35A 型六速旋转黏度计结构、工作原理	掌握 Fsnn35A 型六速旋转黏度计的结构及工作原理
2	使用 Fsnn35A 型六速旋转黏度计测定钻井液流变参数	掌握使用 Fsnn35A 型六速旋转黏度计测定钻井液流变参数的常规操作步骤
3	Fsnn35A 型六速旋转黏度计的正确使用	掌握 Fsnn35A 型六速旋转黏度计的正确使用方法
4	异常操作	分析原因，掌握测定钻井液流变参数的方法
5	正常操作	掌握 Fsnn35A 型六速旋转黏度计的正常操作的方法

2. 正常操作要领

钻井液流变参数测量与计算的正常操作要领如表 3-13 所示。

表 3-13　钻井液流变参数测量与计算的正常操作要领

序号	操作项目	调节使用方法
1	六速旋转黏度计结构	由 5 部分组成：电动机、恒速装置、变速装置、测量装置和支架装置。恒速装置和变速装置合称旋转部分，在旋转部件上固定 1 个外筒——旋转筒。测量装置由测量弹簧部件、刻度盘和内筒组成，内筒通过测量弹簧固定在机体上，在扭簧上附有指针（或刻度盘）
2	使用使用六速旋转黏度计测定钻井液流变参数	

序号	操作项目	调节使用方法
2	使用使用六速旋转黏度计测定钻井液流变参数	操作步骤： （1）将仪器平稳地放在工作台上，使仪器尽可能保持水平 （2）先将内筒装好，再装外筒，将连接线插头分别插在仪器及电源插座上，把变速拉杆放于最低位置 （3）将搅拌好的钻井液注入到测试液杯中刻度线处，注入量为350mL （4）将测试液杯放在托盘上，对正3个点角位置升起托盘，使外筒上的刻度线与钻井液面相平，旋紧托盘手柄 （5）把电源开关拨到开的位置，再将电机启动开关拨到高速挡，读取刻度盘读值为 $\phi 600$ 的读数，然后将启动开关拨到低速挡，读取刻度盘读值为 $\phi 300$ 的读数 （6）把变速杆上提到最高位置，旋转启动开关到高速挡，读取刻度盘读数为 $\phi 200$ 的读数，然后将启动开关拨到低速挡，读取刻度盘读值为 $\phi 100$ 的读数 （7）把变速挡置于中间位置，旋转启动开关至高速挡，读取刻度盘读数为 $\phi 6$ 的读数，然后将启动开关拨到低速挡，读取刻度盘读值为 $\phi 3$ 的读数 （8）将变速拉杆放于最低位置，启动开关至高速，搅拌1min后停止，静止10s，将变速拉杆提到中间位置，启动开关拨到低速挡，读取刻度盘最大读值为 $\phi 3$ 的读数（计算切力时用），搅拌1min后停止，静止10min，再用同样的方法测量，读取刻度盘最大读值为 $\phi 3$ 的读数（计算切力时用） （9）数据处理 技术要求： （1）测定前要检查仪器内、外筒是否清洁，有无损伤，用手轻转悬垂，松手后应自动回0，外筒转动灵活不摆动，若偏偏摆量超过0.5mm，则应将外筒取下重装 （2）各速梯下的测量，应从高速到低速逐渐进行，所取数值要等刻度盘稳定后再读取 （3）用 $\phi 3$ 测定初切与终切时所取数值，且应是刻度盘上最大扭矩值 （4）若刻度盘指针不对零位，应取下护罩，松开螺钉，调整手轮对准零位，再拧紧螺钉 （5）变速拉杆提不起或在高速位上停不住，主要是因卡子太紧或太松，应取下卡子重新调整，若外转筒转动而刻度盘无指示值，原因是测量弹簧没固定紧，此时应重新校对零位，旋紧顶丝

四、考核建议

为了准确的评价本课程的教学质量和学生的学习效果，体现注重学生职业能力培养的教学目标，建议本课程的各个环节进行考核，以便对学生作出公正、准确的评价。建立过程考评（任务考评）与期末考评（课程考评）相结合的方法，强调过程考评的重要性。过程考评占60%，期末考评占40%。考核评价方式如表3-14所示。

表 3-14　考核评价表

	评价内容	分值	权重
过程评价	Fsnn35A 型六速旋转黏度计的结构、工作原理（认知能力）	20	60%
	使用 Fsnn35A 型六速旋转黏度计测定钻井液流变参数（技能水平、操作规范）	40	
	方法能力考核（制定计划或报告能力）	15	
	职业素质考核（"5S"与出勤执行情况）	15	
	团队精神考核（团队成员平均成绩）	10	
期末考评	期末理论考试（联系生产实际问题、职业技能证书考核中"应知"内容）	100	40%

任务 4　钻井液的滤失造壁性测定

一、学习目标

掌握钻井液滤失性能测定方法，了解中压滤失仪结构原理。

二、训练准备

（1）穿戴好劳保用品。

（2）准备中压滤失仪 1 台、液杯高压胶管。

（3）准备空气瓶、气流调节阀、15cm 和 30cm 活动扳手 1 把、15cm 钢板尺 1 把。

（4）准备 1000mL 液杯、钻井液、滤纸、量筒、计时秒表、量筒挂架。

三、训练内容

1. 实训方案

钻井液的滤失造壁性测定实训方案如表 3-15 所示。

表 3-15　钻井液的滤失造壁性测定实训方案

序号	项目名称	教学目的及重点
1	中压滤失仪仪器的结构	了解中压滤失仪结构
2	中压滤失仪测定滤失性能的方法	掌握使用的中压滤失仪测定滤失性能参数的常规操作步骤
3	中压滤失仪使用方法	中压滤失仪的正确使用方法
4	异常操作	分析原因、掌握中压滤失仪测定滤失性能的方法
5	正常操作	掌握中压滤失仪的正常操作方法

2. 正常操作要领

中压滤失仪测定钻井液滤失造壁性的正常操作要领如表 3-16 所示。

表3-16　中压滤失仪测定钻井液滤失造壁性的正常操作要领

序号	操作项目	调节使用方法
1	中压滤失仪测定钻井液滤失性能操作步骤及技术要求	 操作步骤： （1）把支架平稳地放在工作台上，然后把减压阀部分插入并紧固在支架上 （2）将调压手柄旋入阀体上，将手柄调至自由位置，顺时针方向旋紧放气阀杆，关闭外界通道 （3）将气源调节阀连接在气瓶上，调节手柄至自由位置，将高压胶管两端连接在气瓶调节阀及滤失仪高压阀上 （4）取出滤失仪液杯，用食指堵住液杯小孔，将充分搅拌的钻井液注入液杯内至刻度线处（注入量为240mL），装入 O 形密封线圈、滤纸，盖好杯盖，旋紧将液杯输气头装入阀体输出端，并卡紧 （5）将量筒挂架卡在液杯盖上，再把干燥、洁净的量筒卡在量筒挂架上。打开气瓶手柄，调节减压阀，使压力顺达 0.7MPa （6）迅速将放空阀退回 3 圈，调节减压阀，使压力达到并保持 0.7 MPa，待第一滴液滴流出时，启动秒表开始计时 （7）待滤失时间达到 7.5min 时，取下量筒，读取滤失量 （8）将气瓶上的手柄关闭，调压阀手柄逆时针方向旋转至自由位置，同时逆时针旋转滤失仪调压阀，使之呈自由状态 （9）顺时针方向旋转放气阀杆，排出液杯内余气，取下液杯，打开杯盖，取下滤纸，用钢板尺测出滤饼厚度再乘以 2，即为所测滤饼厚度 （10）将气瓶调节阀顺时针方向旋转后，再将滤失仪调节阀顺时针方向旋转，使余气进入高压室，然后逆时针方向旋转放气阀杆，将高压室内余气排出 （11）将两调压阀手柄逆时针旋转至自由状态，拆掉连接部分，清洗钻井液杯内部件并擦干待用 技术要求： （1）钻井液杯内钻井液注入量为为 240mL （2）测定用气多用二氧化碳气体、氮气或空气，禁用氧气和氢气 （3）测定时要严格按照操作程序，测定完毕后关闭气源排掉余气，然后再拆卸仪器 （4）测定时间为 7.5min 时，读取的滤失体积和量取的泥饼厚度都要乘以 2 作为测量结果；若测定时间为 30min，读取的滤失体积和量取的泥饼厚度就是所测钻井液的滤失量和滤饼厚度

四、考核建议

为了准确的评价本课程的教学质量和学生的学习效果，体现注重学生职业能力培养的教学目标，建议本课程的各个环节进行考核，以便对学生作出公正、准确的评价。建立过程考评（任务考评）与期末考评（课程考评）相结合的方法，强调过程考评的重要性。

过程考评占 60%，期末考评占 40%。考核评价方式如表 3-17 所示。

表 3-17　考核评价表

	评价内容	分值	权重
过程评价	API 中压滤失仪结构、工作原理（认知能力）	60	60%
	测定钻井液的滤失性能操作技能考核（技能水平、操作规范）		
	方法能力考核（制定计划或报告能力）	15	
	职业素质考核（"5S"与出勤执行情况）	15	
	团队精神考核（团队成员平均成绩）	10	
期末考评	期末理论考试（联系生产实际问题、职业技能证书考核中"应知"内容）	100	40%

任务 5　钻井液的润滑性能测定实训

一、学习目标

掌握使用滑块测定滤饼黏附系数的方法。

二、训练准备

（1）穿戴好劳保用品。

（2）准备滑块泥饼黏附系数测定仪（型号 NF-3）1 台。

（3）准备中压滤失滤饼。

三、训练内容

（一）实训方案

钻井液的润滑性能测定实训方案如表 3-18 所示。

表 3-18　钻井液的润滑性能测定实训方案

序号	项目名称	教学目的及重点
1	滑块式泥饼黏附系数测定仪的构造	了解滑块式泥饼黏附系数测定仪的构造
2	测定钻井液滤饼黏附系数	掌握测定钻井液滤饼黏附系数的常规操作步骤
3	滑块式泥饼黏附系数测定仪的正确使用	掌握滑块式泥饼黏附系数测定仪的正确使用方法
4	异常操作	分析原因，掌握测定钻井液滤饼黏附系数的方法
5	正常操作	掌握滑块式泥饼黏附系数测定仪的正常操作方法

（二）正常操作要领

使用滑块式泥饼黏附系数测定仪的正常操作要领如表 3-19 所示。

表 3-19　滑块式泥饼黏附系数测定仪的正常操作要领

序号	操作项目	调节使用方法
1	滑块式泥饼黏附系数测定仪的构造和使用	在仪器台面倾斜的条件下，放在泥饼上的滑块会受到向下的重力作用，当滑块的重力克服泥饼的粘滞力后将开始滑动。测量开始时，将由滤失试验得到的新鲜泥饼放在仪器台面上，滑块压在泥饼中心停放 1 min。然后开动仪器，使台面升起，直至滑块开始滑动时为止。读出台面升起的角度。此升起角度的正切值即为泥饼的粘滞系数。仪器台面的转动速度为 5.5~6.5r/min，该仪器的测量精度为 0.5

四、考核建议

为了准确的评价本课程的教学质量和学生的学习效果，体现注重学生职业能力培养的教学目标，建议本课程的各个环节进行考核，以便对学生作出公正、准确的评价。建立过程考评（任务考评）与期末考评（课程考评）相结合的方法，强调过程考评的重要性。过程考评占60%，期末考评占40%。考核评价方式如表3-20所示。

表3-20 考核评价表

	评价内容	分值	权重
过程评价	钻井液滤饼黏附系数测定仪的结构及工作原理（认知能力）	20	60%
	测定钻井液滤饼黏附系数操作技能考核（技能水平、操作规范）	40	
	方法能力考核（制定计划或报告能力）	15	
	职业素质考核（"5S"与出勤执行情况）	15	
	团队精神考核（团队成员平均成绩）	10	
期末考评	期末理论考试（联系生产实际问题、职业技能证书考核中"应知"内容）	100	40%

任务6 钻井液的pH值、碱度、钻井液含砂量测定实训

一、钻井液的pH值和碱度

（一）钻井液的pH值

用钻井液滤液的pH值表示钻井液的酸碱性。通常使用pH试纸测量钻井液的pH值，要求的精度较高时，可使用pH计。

1. pH值的作用

由于酸碱性的强弱直接与钻井液中黏土颗粒的分散程度有关，因此pH值在很大程度上会影响钻井液的黏度、切力和其他性能参数。图3-33所示为经预水化的膨润土基浆（其中膨润土含量为57.1kg/m³）的表观黏度随pH值的变化。

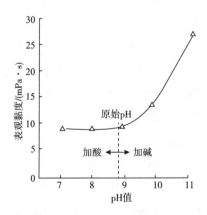

图3-33 pH值对膨润土表观黏度的影响

由图可知，当 pH 值大于 9 时，表观黏度随 pH 值升高而剧增。原因是当 pH 值升高时，会有更多 OH^- 被吸附在黏土晶层的表面，进一步增强表面所带的负电性，从而在剪切作用下使黏土更容易水化分散。在实际应用中，大多数钻井液的 pH 值要求控制在 8～11 之间，即维持一个较弱的碱性环境。这主要是由于有以下几方面的原因：①可减轻对钻具的腐蚀；②可预防因氢脆而引起的钻具和套管的损坏；③可抑制钻井液中钙、镁离子的溶解；④有相当多的处理剂需在碱性介质中才能充分发挥其效能，如单宁类、褐煤类和木质素磺酸盐类处理剂等。对不同类型的钻井液，所要求的 pH 范围也有所不同，例如，一般要求分散钻井液的 pH 值在 10 以上，含有石灰的钙处理钻井液的 pH 值多控制为 11～12，含石膏的钙处理钻井液的 pH 值多控制为 9.5～10.5，而在许多情况下，聚合物钻井液的 pH 值只要求控制为 7.5～8.5。

2. pH 值的调节

烧碱（即工业用 NaOH）是调节钻井液 pH 值的主要添加剂，有时也可使用纯碱（Na_2CO_3）和石灰代替烧碱。常温下，质量浓度分数为 10% 的 NaOH 水溶液，pH = 12.9；质量浓度分数为 10% 的 Na_2CO_3 水溶液，pH = 11.1；饱和的 $Ca(OH)_2$，水溶液 pH = 12.1。

（二）钻井液的碱度

由于除 OH^- 外，使钻井液维持碱性的无机离子还可能有 HCO_3^-、CO_3^{2-} 等离子，而 pH 值并不能完全反映钻井液中这些离子的种类和质量浓度，因此在实际应用中，除使用 pH 值外，还常使用碱度来表示钻井液的酸碱性。引入碱度参数主要有两点好处：一是由碱度测定值可以较方便地测定钻井液滤液中 OH^-、HCO_3^- 和 CO_3^{2-} 3 种离子的含量，从而可以判断钻井液碱性的来源；二是可以确定钻井液体系中悬浮石灰的量（即储备碱度）。

1. API 测定标准

碱度是指溶液或悬浮体对酸的中和能力，为了建立统一的标准，API 选用酚酞和甲基橙 2 种指示剂来评价钻井液及其滤液碱性的强弱。酚酞的变色点为 pH = 8.3。在进行滴定的过程中，当 pH 值降至该值时，酚酞即由红色变为无色。因此，能够使 pH 值降至 8.3 所需的酸量被称作酚酞碱度。钻井液及其滤液的酚酞碱度分别用符号 P_m 和 P_f 表示。甲基橙的变色点为 pH = 4.3。当 pH 值降至该值时，甲基橙由黄色变为橙红色。能使 pH 值降至 4.3 所需的酸量，则被称作甲基橙碱度。钻井液及其滤液的甲基橙碱度分别用符号 M_m 和 M_f 表示。

按 API 推荐的试验方法，要求对 P_m、P_f 和 M_f 分别进行测定。并规定以上 3 种碱度的值，均以滴定 1mL 样品（钻井液或滤液）所需的 0.02mol/L（0.01M）H_2SO_4 的毫升数来表示，毫升单位通常可以省略。由测出的 P_f 和 M_f 可计算出钻井液滤液中 OH^-、HCO_3^- 和 CO_3^{2-} 的浓度。其根据在于，当 pH = 8.3 时，以下反应已基本进行完全：

$$OH^- + H^+ = H_2O$$

$$CO_3^{2-} + H^+ = HCO_3^-$$

而存在于溶液内的 HCO_3^- 不参加反应，当继续用 H_2SO_4 溶液滴定至 pH = 4.3 时，HCO_3^- 与 H^+ 的反应也已经基本进行完全。即：

$$HCO_3^- + H^+ \longrightarrow CO_2 + H_2O$$

若测得的结果为 $M_f = P_f$，表示滤液的碱性完全由 OH^- 所引起；若测得的 $P_f = 0$，表示碱性完全由 HCO_3^- 引起；若 $M_f = 2P_f$，则表示滤液中只含有 CO_3^{2-}。显然，以上情况是比较特殊的。在一般情况下，钻井液滤液中这 3 种离子的质量浓度可按表 3-21 中的有关公式进行计算。但需注意，有时钻井液滤液中存在着某些易与 H^+ 发生反应的其他无机离子（如 SiO_3^{2-}、PO_4^{3-} 等）和有机处理剂，这样会使 M_f 和 P_f 的测定结果产生一定误差。

表 3-21　OH^-、CO_3^{2-}、HCO_3^- 质量浓度估计值

条　件	$[OH^-] / (mg/L)$	$[CO_3^{2-}] / (mg/L)$	$[HCO_3^-] / (mg/L)$
$P_f = 0$	0	0	$1220 M_f$
$2P_f < M_f$	0	$1220 P_f$	$1220 (M_f - 2P_f)$
$2P_f = M_f$	0	$1220 P_f$	0
$2P_f > M_f$	$340 (2P_f - M_f)$	$1220 (M_f - P_f)$	0
$P_f = M_f$	$340 M_f$	0	0

测定碱度的另一目的是根据测得的 P_f 和 P_m 值确定钻井液中悬浮固相的储备碱度。所谓储备碱度，主要是指未溶石灰构成的碱度。当 pH 值降低时，石灰会不断溶解，这样一方面可为钙处理钻井液不断地提供 Ca^{2+}，另一方面有利于使钻井酸的 pH 值保持稳定。钻井液的储备碱度（单位为 kg/m^3）通常用体系中未溶 $Ca(OH)_2$ 的含量表示，其计算式为：

$$储备碱度 = 0.742(P_m - f_w P_f) \qquad (3-40)$$

式中　f_w——钻井液中水的体积分数。

例 3-6　对某种钙处理钻井液的碱度测定结果为：用 $0.01 mol/L\ H_2SO_4$，滴定 $1.0 mL$ 钻井液滤液，需 $1.0 mL\ H_2SO_4$ 达到酚酞终点，$1.1 mL\ H_2SO_4$ 达到甲基橙终点。再取钻井液样品，用蒸馏水稀释至 $50\ mL$，使悬浮的石灰全部溶解。然后用 $0.01 mol/L\ H_2SO_4$ 进行滴定，达到酚酞终点所消耗的 H_2SO_4 为 $7.0 mL$。已知钻井液的总固相含量为 10%，油的含量为 0，试计算钻井液中悬浮 $Ca(OH)_2$ 的量。

解：悬浮 $Ca(OH)_2$ 的量即钻井液的储备碱度。根据碱度测定结果可知，$P_f = 1.0$，$M_f = 1.1$，$P_m = 7.0$，$f_w = 1 - 0.10 = 0.90$。由式（3-40）可求得：

$$悬浮 Ca(OH)_2 的量 = 0.742 \times (7.0 - 0.90 \times 1.0) = 4.526(kg/m^3)$$

根据现场经验，钙处理钻井液中悬浮石灰的量一般保持在 $3 \sim 6 kg/m^3$ 范围内较为适宜，可见该钻井液中所保持的量合乎要求。由于该例中测得的 P_f 和 M_f 值十分接近，表明滤液中 HCO_3^- 和 CO_3^{2-} 几乎不存在，滤液的碱性主要是由于 OH^- 的存在而引起的。

2. 与钻井液应用的关系

在钻井液中 HCO_3^- 和 CO_3^{2-} 均为有害离子，它们会破坏钻井液的流变性和降滤失性能，因此应尽量予以清除。用 M_f 和 P_f 的比值可相对表示它们的污染程度。当 $M_f/P_f = 3$ 时，表明 CO_3^{2-} 浓度较高，即已出现 CO_3^{2-} 污染；如果 $M_f/P_f \geqslant 5$，则为严重的 CO_3^{2-} 污染。根据其污染程度，可采取相应的处理措施。pH 值与这两种离子的关系是：当 pH > 11.3

时，HCO_3^- 几乎不存在；当 pH < 8.3 时，则只存在 HCO_3^-。因此，在 pH = 8.3 ~ 11.3 时，这两种离子可以共存。

在实际应用中，也可用碱度代替 pH 值，表示钻井液的酸碱性。具体要求是：①一般钻井液的 P_f 最好保持为 1.3 ~ 1.5mL；②饱和盐水钻井液的 P_f 保持在 1mL 以上即可，而海水钻井液的 P_f 应控制在 1.3 ~ 1.5mL；深井抗高温钻井液应严格控制 CO_3^{2-} 的含量，一般应将 M_f/P_f 的值控制在 3 以内。

（三）钻井液含砂量

1. 含砂量与钻井的关系

1）钻井液含砂量的定义

钻井液含砂量是指钻井液中不能通过 200 目筛网，即粒径大于 $74\mu m$ 的砂粒占钻井液总体积的百分数。在现场应用中，该数值越小越好，一般要求控制在 0.5% 以下。

2）含砂量过大对钻井过程的危害

（1）使钻井液密度增大，对提高钻速不利。

（2）使形成的泥饼松软，导致滤失量增大，不利于井壁稳定，影响固井质量。

（3）泥饼中粗砂粒含量过高会使泥饼的摩擦系数增大，容易造成压差卡钻。

（4）增加对钻头和钻具的磨损，缩短其使用寿命。

2. 现场控制和测量

降低钻井液含砂量最有效的方法，是充分利用振动筛、除砂器、除泥器等设备，对钻井液的固相含量进行有效的控制。

钻井液含砂量通常是用一种专门设计的含砂量测定仪进行测定的。该仪器由一个带刻度的类似于离心试管的玻璃容器和一个带漏斗的筛网筒组成，所用筛网为 200 目。测量时将一定体积的钻井液注入玻璃容器中，然后注入清水至刻度线。用力振荡后将容器中的流体倒入筛网筒过筛，筛完后将漏斗套在筛网筒上反转，漏斗嘴插入玻璃容器。将不能通过筛网的砂粒用清水冲入玻璃容器中。待砂粒全部沉淀后读出体积刻度，再求出钻井液含砂量 N：

$$N = （V_{砂粒}/V_{钻井液}）\times 100\%$$

二、钻井液的 pH 值和含砂量测定实训

（一）学习目标

掌握比色法测定 pH 值，使用钻井液含砂仪测定钻井液的含砂量。

（二）训练准备

（1）穿戴好劳保用品。

（2）准备 pH 试纸（0 ~ 14）、钻井液滤液。

（3）准备钻井液含砂仪一套。

（三）训练内容

1. 实训方案

钻井液 pH 值及含砂量测定实训方案如表 3-22 所示。

表3-22　钻井液 pH 值及含砂量测定实训方案

序号	项目名称	教学目的及重点
1	pH 试纸测定钻井液的 pH 值	掌握使用 pH 试纸测定钻井液的 pH 值常规操作步骤
2	测定钻井液的含砂量	掌握使用钻井液含砂仪测定钻井液的含砂量常规操作步骤
3	pH 试纸、含砂仪的的正确使用	掌握 pH 试纸和含砂仪的正确使用方法
4	异常操作	分析原因，掌握 pH 试纸和含砂量的测定方法
5	正常操作	掌握 pH 试纸和含砂仪的正常操作方法

2. 正常操作要领

钻井液 pH 值及含砂量测定的正常操作要领如表3-23 所示。

表3-23　钻井液 pH 值及含砂量测定的正常操作要领

序号	操作项目	调节使用方法
1	pH 试纸测定钻井液 pH 值操作步骤及技术要求	操作步骤： （1）取一小条 pH 试纸，将其缓慢侵入滤液中，使其充分侵透变色 （2）将变色的试纸和色标对比，读取相应的数值 技术要求： （1）现场测定多采用比色法，必须使用做完后的滤液，所以在测定滤失量时，用其滤液就能测定 pH 值 （2）必须待试纸颜色稳定后取出对比
2	筛洗法钻井液含砂仪构造	由 1 个带刻度的刻度瓶和 1 个带漏斗的筛网筒组成
3	钻井液含砂仪测定钻井液含砂量的操作步骤及技术要求	 操作步骤： （1）测量时将一定体积的钻井液注入玻璃容器中，然后注入清水至刻度线 （2）用力振荡后将容器中的流体倒入筛网筒过筛 （3）筛完后将漏斗套在筛网筒上反转，漏斗嘴插入玻璃容器 （4）将不能通过筛网的砂粒用清水冲入玻璃容器中，待砂粒全部沉淀后读出体积刻度，再求出钻井液含砂量 N 技术要求： （1）测定之前应用清水把仪器部件清洗干净 （2）取样时要充分搅拌均匀 （3）用筛网过滤冲洗砂粒时不能搅拌，以免损坏筛网或影响结果，所使用的筛网应为 200 目 （4）注意使用含砂仪的刻度瓶 （5）这种含砂仪所取的钻井液是任意的，没有规定，对于黏度大的钻井液，取量少一点，黏度小的钻井液，取量大一些，这样有利于筛洗过滤

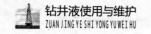

三、考核建议

为了准确的评价本课程的教学质量和学生的学习效果，体现注重学生职业能力培养的教学目标，建议本课程的各个环节进行考核，以便对学生作出公正、准确的评价。建立过程考评（任务考评）与期末考评（课程考评）相结合的方法，强调过程考评的重要性。过程考评占 60%，期末考评占 40%。考核评价方式如表 3-24 所示。

表 3-24　考核评价表

	评价内容	分值	权重
过程评价	钻井液 pH 值的测定，操作技能考核、pH 值调整方法考核（技能水平、操作规范）	20	60%
	钻井液含砂量测定考核（技能水平、操作规范）	40	
	方法能力考核（制定计划或报告能力）	15	
	职业素质考核（"5S"与出勤执行情况）	15	
	团队精神考核（团队成员平均成绩）	10	
期末考评	期末理论考试（联系生产实际问题、职业技能证书考核中"应知"内容）	100	40%

任务7　CO_3^{2-}、HCO_3^- 及 OH^- 含量测定实训

一、学习目标

掌握 CO_3^{2-}、NCO_3^-、OH^- 含量的测定方法和计算，熟悉相应指示剂的相应颜色变化

二、训练准备

（1）水分析仪。

（2）准备三角烧杯（100mL 或 150mL）。

（3）准备移液管（1mL、2mL 或 5mL）。

（4）准备量筒（20mL）。

（5）准备洗瓶（500mL）。

（6）准备玻璃电极酸度计。

（7）准备质量分数为 0.1% 酚酞指示剂。

（8）准备质量分数为 0.1% 甲基橙指示剂。

（9）准备浓度为 0.1mol/L 的标准溶液。

三、训练内容

1. 实训方案

CO_3^{2-}、HCO_3^- 及 OH^- 含量的测定实训方案如表 3-25 所示。

表 3-25　CO_3^{2-}、HCO_3^- 及 OH^- 含量的测定实训方案

序号	项目名称	教学目的及重点
1	CO_3^{2-}、HCO_3^-、OH^- 含量的测定和计算	掌握 CO_3^{2-}、HCO_3^-、OH^- 含量的测定与计算方法
2	测定 CO_3^{2-}、HCO_3^-、OH^- 含量	掌握 CO_3^{2-}、HCO_3^-、OH^- 含量操作步骤
3	实验仪器的使用和指示剂相应颜色变化的观察	掌握实验仪器正确使用方法
4	异常操作	分析原因，掌握 CO_3^{2-}、HCO_3^-、OH^- 含量的测定方法
5	正常操作	掌握测定 CO_3^{2-}、HCO_3^-、OH^- 含量正常操作的方法

2. 正常操作要领

CO_3^{2-}、HCO_3^- 及 OH^- 含量测定的正常操作要领如表 3-26 所示。

表 3-26　CO_3^{2-}、HCO_3^- 及 OH^- 含量测定的正常操作要领

序号	操作项目	调节使用方法
	钻井液碱度的测定	操作步骤： （1）取水样 1~5mL，注入到洁净的三角烧瓶中 （2）加 2~3 滴酚酞指示剂 （3）若颜色呈粉红色，则用 0.1mol/L 盐酸滴定至红色刚好消失，记录盐酸的用量（P_f） （4）再于此溶液中加入 1~2 滴质量分数为 0.1% 的甲基橙溶液，颜色呈黄色 （5）再继续用浓度为 0.1mol/L 的盐酸滴定至由黄色变成橙红色，记录此时盐酸的用量（M） 计算结果：

测定	OH^-	CO_3^{2-}	HCO_3^-
$P_f = 0$	0	0	M_f
$P_f = M_f$	0	$2P_f$	0
$P_f < M_f$	0	$2P_f$	$M_f - P_f$
$P_f > M_f$	$P_f - M_f$	$2M_f$	
$M_f = 0$	P_f	0	0

（1）当 $P_f = 0$ 时，只有 HCO_3^- 存在，
$$p(HCO_3^-) = c(HCl) \times M \times 1000 \times 61.02/V$$
（2）当 $P_f = M_f$ 时，只有 CO_3^{2-} 存在，
$$p(CO_3^{2-}) = c(HCl) \times 2P_f \times 1000 \times 30.01/V$$
（3）当 $P_f > M_f$ 时，只有 OH^- 和 CO_3^{2-} 存在，
$$p(OH^-) = c(HCl) \times (P_f - M_f) \times 1000 \times 17.01/V$$
$$p(CO_3^{2-}) = c(HCl) \times 2M_f \times 1000 \times 30.01/V$$
（4）当 $P_f < M_f$ 时，只有 HCO_3^- 和 CO_3^{2-} 存在，
$$p(CO_3^{2-}) = c(HCl) \times 2P_f \times 1000 \times 30.01/V$$
$$p(HCO_3^-) = c(HCl) \times (M_f - P_f) \times 1000 \times 61.02/V$$
（5）当 $M_f = 0$ 时，只有 OH^- 存在，
$$p(OH^-) = c(HCl) \times P_f \times 1000 \times 17.01/V$$

续表

序号	操作项目	调节使用方法
		式中 c（HCl）——HCl 的标准溶液浓度，mol/L； p（HCO_3^-）——HCO_3^- 的质量浓度，mg/L； p（CO_3^{2-}）——CO_3^{2-} 的质量浓度，mg/L； p（OH^-）——OH^- 的质量浓度，mg/L； P_f——酚酞作指示剂时所消耗的标准 HCl 的体积，mL； M_f——甲基橙作指示剂时所消耗的标准 HCl 的体积，mL； V——所取盐酸的体积，mL 技术要求： （1）测定前仪器要用蒸馏水清洗 （2）操作应以点滴方式进行 （3）同一水样中 HCO_3^- 和 CO_3^{2-} 不可能同时存在，因为 $$OH^- + HCO_3 \Longrightarrow CO_3^{2-} + H_2O$$ （4）酚酞：变色范围 pH = 8.0 ~ 10.0，酸色为无色，碱色为红色，20 mL 溶液用量 1 ~ 3 滴 （5）甲基橙：变化范围 pH = 3.1 ~ 4.4，酸色为红色，碱色为黄色，20 mL 溶液用量 1 ~ 2 滴

四、考核建议

为了准确的评价本课程的教学质量和学生的学习效果，体现注重学生职业能力培养的教学目标，建议本课程的各个环节进行考核，以便对学生作出公正、准确的评价。建立过程考评（任务考评）与期末考评（课程考评）相结合的方法，强调过程考评的重要性。过程考评占 60%，期末考评占 40%。考核评价方式如表 3-27 所示。

表 3-27　考核评价表

	评价内容	分值	权重
过程评价	钻井液碳酸根、碳酸氢根及氢氧根含量测定计算（技能水平、操作规范）	20	60%
	钻井液碳酸根、碳酸氢根及氢氧根含量考核（技能水平、操作规范）	40	
	方法能力考核（制定计划或报告能力）	15	
	职业素质考核（"5S"与出勤执行情况）	15	
	团队精神考核（团队成员平均成绩）	10	
期末考评	期末理论考试（联系生产实际问题、职业技能证书考核中"应知"内容）	100	40%

任务 8　钻井液固相含量测定实训

一、钻井液固相含量的测定

（一）钻井液固相含量

钻井液固相含量通常用钻井液中全部固相的体积占钻井液总体积的百分数来表示，固相含量的高低以及这些固相颗粒的类型、尺寸和性质均对钻井时的井下安全、钻井速度及油气层损害程度等有直接的影响。因此，在钻井过程中必须对钻井液固相含量进行有效的控制。

1. 钻井液中固相的类型

一般情况下，钻井液中存在着各种不同组分、不同性质和不同颗粒尺寸的固相。根据其性质的不同，可将钻井液中的固相分为两种类型，即活性固相和惰性固相。凡是容易发生水化作用或易与液相中某些组分发生反应的称为活性固相，反之则称为惰性固相。前者主要指膨润土，后者包括石英、长石、重晶石以及造浆率极低的黏土等。除重晶石外，其余的惰性固相均被认为是有害固相，是需要尽可能加以清除的物质。

2. 钻井液固相含量与井下安全的关系

在钻井过程中，由于被破碎岩屑的不断积累，特别是其中的泥页岩等易水化分散岩屑的大量存在，在固控条件不具备的情况下，钻井液的固相含量会越来越高。过高的固相含量往往会对井下安全造成很大的危害：

（1）使钻井液流变性能不稳定，黏度、切力偏高，流动性和携岩效果变差。

（2）使井壁上形成厚的泥饼，而且质地疏松，摩擦系数大，从而导致起、下钻遇阻，容易造成黏附卡钻。

（3）泥饼质量不好会使钻井液滤失量增大，常造成井壁泥页岩水化膨胀、井径缩小、井壁剥落或坍塌。

（4）钻井液易发生盐钙侵和黏土侵，抗温性能变差，维护其性能的难度明显增大。

此外，在钻遇油气层时，由于钻井液固相含量高、滤失量大，还将导致钻井液浸入油气层的深度增加，降低近井壁地带油气层的渗透率，使油气层损害程度增大，产能下降。

3. 钻井液固相含量对钻速的影响

大量钻井实践表明，钻井液中固相含量增加是引起钻速下降的一个重要原因。此外，钻井液对钻速的影响还与固相的类型、固相颗粒尺寸和钻井液类型等因素有关。

根据 100 口井统计资料做出的钻井进尺，钻头使用数量及钻井天数与钻井液固相含量的关系曲线如图 3-34 所示。虽然这些曲线不能用来预计某口井的钻速，但是可以表明固相含量对钻速影响的大概趋势。由图 3-34 可见，当固相含量为 0（即清水钻进）时钻速最高；随着固相含量增大，钻速显著下降，特别是在较低固相含量范围内钻速下降更快。在固相含量超过 10%（体积分数）之后，对钻速的影响就相对较小了。

关于固相类型对钻速的影响，一般认为重晶石、砂粒等惰性固相对钻速的影响较小，钻屑、低造浆率劣土的影响居中，高造浆率膨润土对钻速的影响最

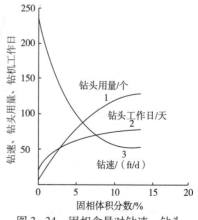

图 3-34　固相含量对钻速、钻头用量和钻机工作日的影响

大。室内模拟实验的结果表明，钻井液中小于 $1\mu m$ 的亚微米颗粒要比大于 $1\mu m$ 的颗粒对钻速的影响大 12 倍。因此，钻井液中小于 $1\mu m$ 的亚微米颗粒越多，所造成钻速下降的幅度越大。从图 3-35 可见，对于两种不同类型的钻井液，固相含量对钻速的影响有很大差别。两种钻井液中膨润土和来自钻屑的劣土的比例均为 1:1。然而在相同的钻井液固相含量条件下，使用不分散聚合物钻井液时的机械钻速比分散钻井液要大得多，因此使用分散性过强的钻井液对提高钻速是十分不利的。

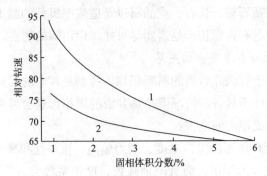

图 3-35　固相分散性对钻速的影响

1—聚合物不分散体系；2—分散体系（膨润土: 劣土 = 1:1）

一般来讲，在钻井过程中，钻井液固相含量的波动是由于钻井液中岩屑含量的变化及其分散程度造成的。显然，固相含量与钻井液密度密切相关。在满足密度要求的情况下，固相含量应降至尽可能低的程度。

4. 钻井液固相含量的测定

使用钻井液固相含量测定仪（图 3-36），可用蒸馏的方法快速测定钻井液中固相及油、水的含量。

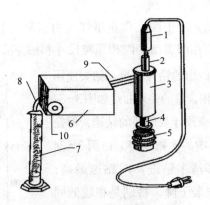

图 3-36　钻井液固相含量测定仪

1—电线接头；2—加热棒插头；3—套筒；4—加热棒；5—钻井液杯；
6—冷凝器；7—量筒；8—引流嘴；9—引流管；10—计量盖

通常用固相所占有的体积分数表示钻井液的固相含量，需要注意的是，对于含盐量 <1% 的淡水钻井液，很容易由实验结果求出钻井液中固相的体积分数；但对于含盐量较高的盐

水钻井液，被蒸干的盐和固相会共存于蒸馏器中。此时，需扣除由于盐析出引起体积增加的部分，才能确定钻井液中的实际固相含量。在这种情况下，钻井液固相含量的计算式如下：

$$f_s = 1 - f_w C_f - f_o \tag{3-41}$$

式中　f_s、f_w、f_o——钻井液中固相、水和油的体积分数；

　　　　C_f——考虑盐析出而引入的体积校正系数，显然它总是大于1的无因次常数。在不同盐度下的 C_f 值可使由表3-28查得。

表3-28　20℃时不同质量浓度 NaCl 水溶液的密度和 C_f 值

密度/ （g/cm³）	质量浓度/ （mg/L）	质量分数/ %	C_f	密度/ （g/cm³）	质量浓度/ （mg/L）	质量分数/ %	C_f
0.9982	0	0	1	1.1009	154100	14	1.054
1.0053	10050	1	1.003	1.1162	178600	16	1.065
1.0125	20250	2	1.006	1.1319	203700	18	1.075
1.0268	41100	4	1.013	1.1478	229600	20	1.087
1.0413	62500	6	1.020	1.1640	256100	22	1.100
1.0559	84500	8	1.028	1.1804	279500	24	1.113
1.0707	107100	10	1.036	1.1972	311300	26	1.127
1.0857	130300	12	1.045				

例3-7　某种密度为 1.44g/cm³ 的盐水钻井液被蒸干后，得到6%的油和74%的蒸馏水。已知钻井液中 Cl^- 含量为 79000mg/L，试确定该钻井液的固相含量。

解：首先求出钻井液中 NaCl 的质量浓度：

$$[NaCl] = [(23.0 + 35.5)/35.5][Cl^-] = 1.65 \times 79000$$
$$= 130350 (mg/L)$$

由表3-27查得，NaCl 的质量分数（即盐度）为12%，该盐水钻井液的固相体积校正系数为1.045。因此，

$$f_s = 1 - f_w C_f - f_o = 1 - 0.74 \times 1.045 - 0.06 = 0.167$$

二、钻井液的固相含量测定实训

（一）学习目标

掌握钻井液固相含量的测定方法和计算，了解仪器的类型、规格。

（二）训练准备

（1）穿戴好劳保用品。

（2）准备蒸馏器、液杯盖、加热棒、电线插头、冷凝器。

（3）准备百分含量刻度量筒。

（4）准备刮刀、环架。

（5）准备天平。

（6）准备消泡剂、破乳剂。

（7）准备钻井液 1000mL，液杯（100mL）。

（三）训练内容

1. 实训方案

钻井液固相含量测定实训方案如表3-29所示。

表3-29 钻井液固相含量测定实训方案

序号	项目名称	教学目的及重点
1	ZNG型钻井液固相含量测定仪的构造	了解ZNG型钻井液固相含量测定仪的构造
2	测定钻井液的固相含量	掌握使用ZNG型钻井液固相含量仪测定钻井液固相含量的常规操作步骤
3	ZNG型钻井液固相含量仪的的正确使用	掌握ZNG型固相含量仪的正确使用方法
4	异常操作	分析原因，掌握钻井液固相含量的测定方法
5	正常操作	掌握ZNG型固相含量仪的正常操作方法

2. 正常操作要领

钻井液固相含量测定的正常操作要领如表3-30所示。

表3-30 钻井液固相含量测定的正常操作要领

序号	操作项目	调节使用方法
1	钻井液固相含量测定仪的构造	钻井液固相含量测定仪是由加热棒、蒸馏器和量筒等部分组成的。加热棒有2只，一只用220V交流电，另一只是12V直流电，功率都是100W。蒸馏器由蒸馏器本体和带有蒸馏器引流管的套筒组成，二者用丝扣连接起来。将蒸馏器的引流管插入冷凝器的孔中，使蒸馏器和冷凝器连接起来。冷凝器为长方体形状的铝锭，有一斜孔穿过整个冷凝器，上端与蒸馏器引流管相连，下端为一弯曲的引流嘴 工作原理：工作时，由蒸馏器将钻井液液体（包括油、水）蒸发成气体，经引流管进入冷凝器，冷凝器散发热量把气态的油和水冷却成液体，经引流管流入量筒。量筒刻度为百分刻度（也可用普通刻度的量筒），可直接读出收取的油和水的体积百分数
2	使用钻井液固相含量测定仪测定钻井液固相含量	操作步骤： （1）在蒸馏器内注入50mL钻井液，将插有加热棒的套筒连接到蒸馏器上 （2）将蒸馏器的引流管插入冷凝器的孔中，然后将量筒放在引流嘴下方，以接收冷凝成液体的油和水

序号	操作项目	调节使用方法
		（3）接通电源，使蒸馏器开始工作，直至冷凝器引流嘴中不再有液体流出时为止。这段时间一般需 60min （4）待蒸馏器和加热棒完全冷却后，将其卸开。用铲刀刮去蒸馏器内和加热棒上被烘干的固体。用天平称取固体的质量，并分别读取量筒中水、油的体积 　技术要求： （1）取样钻井液必须充分搅拌，若有气泡，则需排出气泡后才能取样测定 （2）液杯内注入钻井液后，计量杯盖要慢慢放平，杯盖小孔溢出的钻井液必须擦掉，再慢取杯盖，杯盖上黏附的钻井液应挂回到液杯中，使杯中体积接近 50mL （3）蒸馏器的冷却，平时测时可自然冷却，示范测时可采用水淋冷却。电线插头、加热棒与套筒连接处不能附着水，以免水进入套筒 （4）若通电后蒸馏器不热，可切断电源，检查加热棒与电线母接头是否接触牢固，电源供电是否正常等

三、考核建议

为了准确的评价本课程的教学质量和学生的学习效果，体现注重学生职业能力培养的教学目标，建议本课程的各个环节进行考核，以便对学生作出公正、准确的评价。建立过程考评（任务考评）与期末考评（课程考评）相结合的方法，强调过程考评的重要性。过程考评占 60%，期末考评占 40%。考核评价方式如表 3-31 所示。

表 3-31　考核评价表

	评价内容	分值	权重
过程评价	钻井液固相含量测定仪结构考核（认知能力）	20	60%
	钻井液固相含量测定（技能水平、操作规范）	40	
	方法能力考核（制定计划或报告能力）	15	
	职业素质考核（"5S"与出勤执行情况）	15	
	团队精神考核（团队成员平均成绩）	10	
期末考评	期末理论考试（联系生产实际问题、职业技能证书考核中"应知"内容）	100	40%

任务9　钻井液膨润土含量测定实训

一、钻井液中膨润土的含量测定

膨润土作为钻井液配浆材料，在提黏切、降滤失等方面起着重要作用，但其用量又不宜过大。因此，在钻井液中必须保持适宜的膨润土含量。其测定方法为：首先使用亚甲基蓝法测出钻井液的阳离子交换容量，再通过计算确定钻井液中的膨润土含量。

亚甲基蓝是一种常见染料，在水溶液中电离出有机阳离子和氯离子。其中的有机阳离子很容易与膨润土发生离子交换，其分子式为 $C_{16}H_{18}N_3SCl \cdot 3H_2O$。实验和计算步骤如下：

（1）用不带针头的注射器量取 1mL 钻井液，放入适当大小的锥形瓶中，加入 10mL 水稀释。为消除某些有机处理剂的干扰，加入 15 mL 3% 的 H_2O_2 和 0.5mL 浓度约为 5mol/L

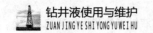

的稀 H_2SO_4，缓缓煮沸 10min，然后用水稀释至 50mL。

（2）用质量浓度为 3.74g/L 的亚甲基蓝标准溶液进行滴定。每滴入 0.5mL 亚甲基蓝溶液后旋摇 30s，然后用搅棒转移 1 滴液体放在普通滤纸上，观察在染色的钻井液固相斑点周围是否出现绿—蓝色圈，若无此种色圈，则继续滴入 0.5mL 亚甲基蓝溶液，并重复上面的操作。一旦发现绿—蓝色圈时，摇荡锥形瓶 2min，再放 1 滴在滤纸上，如色圈仍不消失，表明已达滴定终点。此时，所消耗亚甲基蓝溶液的毫升数即为钻井液的阳离子交换容量，记作 $(CEC)_m$。

（3）按下式计算钻井液中的膨润土含量：

$$f_c = 14.3(CEC)_m \tag{3-42}$$

式中　f_c——钻井液中的膨润土含量，g/L。

钻井液的阳离子交换容量通常又称作亚甲基蓝容量，其含义为：每 100mL 钻井液所能吸附亚甲基蓝的毫摩尔数。由于 1mL 标准溶液中含有 0.01mmol 亚甲基蓝，因此试验中所消耗标准溶液的毫升数在数值上恰好等于钻井液的亚甲基蓝容量。为便于计算，一般情况下假定膨润土的阳离子交换容量等于 70mmol/100g，于是便得出上面的膨润土含量计算式。

国外常用英制单位 lb/bbl 表示钻井液中的膨润土含量。由于 1lb/bbl = 1.853g/L，此时其计算式应改为：$f_c = 5.0(CEC)_m$。

例 3-8　将 1mL 钻井液用蒸馏水稀释至 50mL 后，用 0.01mol/L 亚甲基蓝标准溶液进行滴定。到达滴定终点时，该溶液的用量为 4.8mL，试求钻井液中的膨润土含量。

解：因标准溶液用量在数值上等于钻井液的亚甲基蓝容量，故 $(CEC)_m = 4.8mmol/100g$。

由式（3-42）得：

$$f_c = 14.3(CEC)_m = 14.3 \times 4.8 = 68.64(g/L)$$

二、钻井液的膨润土含量测定实训

（一）学习目标

掌握钻井液膨润土含量的测定方法和相应计算。

（二）训练准备

（1）穿戴好劳保用品。

（2）准备酸式滴定管 1 只。

（3）准备 250mL 锥形瓶 2 个。

（4）准备 2mL 注射器 1 只。

（5）准备量筒 2 个（20mL，50mL）。

（6）准备搅拌棒、滤纸等。

（7）准备 0.01mol/L 的亚甲基蓝水溶液。

（8）准备质量分数为 3% 的双氧水（H_2O_2）。

（9）准备 5mol/L 的稀硫酸 5mL。

（10）准备钻井液若干。

（三）训练内容

1. 实训方案

钻井液膨润土含量测定的实训方案如表 3-32 所示。

表 3-32　钻井液膨润土含量测定实训方案

序号	项目名称	教学目的及重点
1	钻井液膨润土含量测定仪的构造	了解钻井液膨润土含量测定仪的构造
2	测定钻井液的膨润土含量	掌握测定钻井液膨润土含量的常规操作步骤
3	酸式滴定管的的正确使用	掌握酸式滴定管的正确使用方法
4	异常操作	分析原因，掌握测定钻井液膨润土含量的方法
5	正常操作	掌握测定钻井液膨润土含量的正常操作的方法

2. 正常操作要领

钻井液膨润土含量测定的正常操作要领如表 3-33 所示。

表 3-33　钻井液膨润土含量测定的正常操作要领

序号	操作项目	调节使用方法
1	钻井液膨润土含量测定的操作	操作步骤： （1）用不带针头的注射器量取 1mL 钻井液，放入 250mL 的锥形瓶中，加入 40mL 水稀释。为消除某些有机处理剂的干扰，加入 10 mL 质量分数为 3% 的 H_2O_2 和 5mL 浓度约为 5mol/L 的稀 H_2SO_4，缓缓煮沸 10min，取下后冷却至室温，然后用水稀释至 50mL （2）用质量浓度为 3.74g/L（相当于 0.02M）的亚甲基蓝标准溶液进行滴定。每滴入 0.5mL 亚甲基蓝溶液后旋摇 30s，然后用搅棒转移一滴液体放在普通滤纸上，观察在染色的钻井液固相斑点周围是否出现绿—蓝色圈。若无此种色圈，则继续滴入 0.5mL 亚甲基蓝溶液，并重复上面的操作。一旦发现绿—蓝色圈时，摇荡锥形瓶 2min，再放 1 滴在滤纸上，如色圈仍不消失，则表明已达滴定终点。此时，所消耗亚甲基蓝溶液的毫升数即为钻井液的阳离子交换容量，记作（CEC）$_m$ （3）按下式计算钻井液中的膨润土含量： $$f_c = 14.3(CEC)_m$$ 技术要求： （1）煮沸时切勿蒸干 （2）用亚甲基蓝溶液滴定时，每次加量 0.5mL，旋摇锥形瓶 30s，当固体仍悬浮时，用搅拌棒取一滴液体滴在试纸上，当染色固体斑点周围出现绿蓝色圈时即达到滴定终点。若无此色圈，则可重复上述操作 （3）若出现绿蓝色圈，但随即消失，则说明终点快到，应小心滴定，直至振摇 2min 后再取 1 滴液体滴在滤纸上，若出现绿蓝色圈不再消失，则说明达到终点

三、考核建议

为了准确的评价本课程的教学质量和学生的学习效果，体现注重学生职业能力培养的教学目标，建议本课程的各个环节进行考核，以便对学生作出公正、准确的评价。建立过程考评（任务考评）与期末考评（课程考评）相结合的方法，强调过程考评的重要性。过程考评占 60%，期末考评占 40%。考核评价方式如表 3-34 所示。

表 3-34 考核评价表

	评价内容	分值	权重
过程评价	钻井液膨润土含量测定（技能水平、操作规范）	60	60%
	方法能力考核（制定计划或报告能力）	15	
	职业素质考核（"5S"与出勤执行情况）	15	
	团队精神考核（团队成员平均成绩）	10	
期末考评	期末理论考试（联系生产实际问题、职业技能证书考核中"应知"内容）	100	40%

任务 10　钻井液滤液中 Cl^- 含量的测定实训

一、氯离子质量浓度的测定

在钻遇岩盐层或盐水层的过程中，NaCl 等无机盐进入钻井液后会在不同程度上对钻井液造成污染，破坏其性能。因此，需要用硝酸银滴定法对钻井液滤液中 Cl^- 的质量浓度进行检测。

其原理是，钻井液中的 Cl^- 与 Ag^+ 发生反应生成 AgCl 白色沉淀，即

$$Ag^+ + Cl^- = AgCl\downarrow$$

所使用的指示剂为 K_2CrO_4 水溶液。由于 AgCl 的溶度积常数远远小于 Ag_2CrO_4，只有等到上面的反应进行完全后，稍过量的 Ag^+ 才会与指示剂中的 $CrO_4{}^{2-}$ 发生如下反应生成橘红色的 Ag_2CrO_4 沉淀：

$$2Ag^+ + CrO_4{}^{2-} = Ag_2CrO_4\downarrow$$

为计算方便，实验中 $AgNO_3$ 标准溶液的浓度一律选用 0.0282mol/L。滴定完毕后，钻井液滤液中的 Cl^- 质量浓度可由下式求出：

$$[Cl^-] = 1000V_{tf} \qquad (3-43)$$

式中　V_{tf} ——滴定 1mL 钻井液滤液所消耗的 $AgNO_3$ 标准溶液的体积，mL；

　　$[Cl^-]$ ——Cl^- 的质量浓度，mg/L。

如果能断定 Cl^- 完全是由 NaCl 电离产生的，则钻井液滤液中 NaCl 的含量（即盐度）也可由下式方便地求得：

$$[NaCl] = [(23 + 35.46)/35.46][Cl^-] = 1650V_{tf} \qquad (3-44)$$

式中的常数 23 和 35.46 分别为钠和氯的相对原子质量。

例 3-9 取 1mL 钻井液滤液，经适量蒸馏水稀释后，用 0.0282mol/L 的 $AgNO_3$ 标准溶液进行滴定，达到反应终点时标准溶液的用量为 9.0mL，试求出滤液中 Cl^- 的质量浓度。

假定钻井液中只含有 NaCl 一种无机盐，试确定钻井液滤液的盐度。

解：$[Cl^-] = 1000V_{tf} = 1000 \times 9.0 = 9000$（mg/L）

$[NaCl] = 1650V_{tf} = 1650 \times 9.0 = 14850$（mg/L）

二、钻井液滤液中 Cl^- 含量的测定实训

（一）学习目标

掌握 Cl^- 含量的测定方法和计算，连接标准溶液的配制和标定知识。

（二）训练准备

（1）穿戴好劳保用品。

（2）准备锥形瓶（100mL）。

（3）准备移液管（10mL）、滴定管（25mL）、滴定架。

（4）准备 0.05mol/L 的 $AgNO_3$ 标准溶液。

（5）准备质量分数为 5% 的 K_2CrO_4 溶液。

（6）准备质量分数为 0.1% 的酚酞指示剂。

（7）准备 0.02mol/L 的 HNO_3（或 0.02mol/L 的 H_2SO_4）溶液。

（8）准备碳酸钙（化学纯）。

（9）准备钻井液滤液 10 mL。

（10）准备量筒（25mL）、小烧杯（50mL）。

（11）准备蒸馏水、吸球、pH 试纸。

（三）训练内容

1. 实训方案

钻井液滤液中 Cl^- 含量测定的实训方案如表 3-35 所示。

表 3-35　钻井液滤液中 Cl^- 含量测定的实训方案

序号	项目名称	教学目的及重点
1	钻井液滤液 Cl^- 含量的计算	了解钻井液 Cl^- 含量的计算方法
2	钻井液滤液 Cl^- 含量的测定	掌握测定钻井液滤液 Cl^- 含量的常规操作步骤
3	滴定操作过程	掌握滴定操作过程
4	异常操作	分析原因，掌握测定钻井液滤液 Cl^- 含量的方法
5	正常操作	掌握测定钻井液滤液 Cl^- 含量的正常操作方法

2. 正常操作要领

钻井液滤液中 Cl^- 含量测定的正常操作要领如表 3-36 所示。

表 3-36　钻井液滤液中 Cl^- 含量测定的正常操作要领

序号	操作项目	调节使用方法
1	钻井液滤液 Cl^- 含量的测定	操作步骤： （1）用移液管量取 1mL 或更多的滤液注入锥形瓶中 （2）加入 2～3 滴酚酞指示剂 （3）加入 25～50mL 蒸馏水和 5～10 滴铬酸钾指示剂

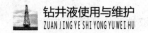
序号	操作项目	调节使用方法
1	钻井液滤液 Cl^- 含量的测定	（4）连续摇动，同时用滴定管逐滴加入 0.05mol/L 的 $AgNO_3$ 标准溶液，直至黄色的溶液刚刚从黄色变为转红色，轻摇荡而不褪色（30s），即为滴定终点 （5）记录到达终点时所消耗的 $AgNO_3$ 溶液的量 （6）清洗仪器并摆放整齐 （7）计算的 Cl^- 含量，其公式为： $$\rho(Cl^-) = C(AgNO_3) \times V(AgNO_3) \times 1000 \times 35.45/V$$ $\rho(Cl^-)$——Cl^- 的质量浓度，g/mL； $C(AgNO_3)$——$AgNO_3$ 标准溶液的摩尔浓度，mol/L； $V(AgNO_3)$——消耗 $AgNO_3$ 的体积，mL； V——样品的体积，mL 技术要求： （1）当加入酚酞指示剂溶液显示粉红色，可用移液管逐滴加入 0.02mol/L 的 HNO_3 溶液，直至颜色消失。如果滤液颜色太深，则边摇边加入 2mL 0.02mol/L 的 H_2SO_4 或 HNO_3 溶液，然后加入 1g 碳酸钙，并摇匀 （2）滴定时要不断摇动锥形瓶 （3）滴定要以点滴方式进行 （4）操作前，需用蒸馏水对所用仪器进行清洗

三、考核建议

为了准确的评价本课程的教学质量和学生的学习效果，体现注重学生职业能力培养的教学目标，建议本课程的各个环节进行考核，以便对学生作出公正、准确的评价。建立过程考评（任务考评）与期末考评（课程考评）相结合的方法，强调过程考评的重要性。过程考评占 60%，期末考评占 40%。考核评价方式如表 3-37 所示。

表 3-37 考核评价表

	评价内容	分值	权重
过程评价	钻井液滤液 Cl^- 含量的测定及计算（技能水平、操作规范）	60	60%
	钻井液滤液 Cl^- 含量的测定方法能力考核（制定计划或报告能力）	15	
	职业素质考核（"5S"与出勤执行情况）	15	
	团队精神考核（团队成员平均成绩）	10	
期末考评	期末理论考试（联系生产实际问题、职业技能证书考核中"应知"内容）	100	40%

任务 11　Ca^{2+}、Mg^{2+} 浓度的测定实训

一、Ca^{2+}、Mg^{2+} 浓度的测定

Ca^{2+} 和 Mg^{2+} 均为二价阳离子。与一价的 Na^+ 相比，在相同浓度下 Ca^{2+}、Mg^{2+} 会对钻井液的性能会造成更大的影响。除钙处理钻井液外，Ca^{2+}、Mg^{2+} 在其他类型钻井液中都是应尽可能清除的污染物。

1. Ca^{2+}、Mg^{2+}的来源

Ca^{2+}、Mg^{2+}的来源有：①某些地区的配浆水中含有较高浓度的Ca^{2+}和Mg^{2+}，通常称这样的水为硬水，并称Ca^{2+}和Mg^{2+}的总质量浓度为水的硬度，如果用海水配浆，就无机阳离子而言，配浆水中除含相当多的Na^+外，还含有一定浓度的Ca^{2+}和Mg^{2+}；②在钻遇石膏或盐膏地层时，Ca^{2+}以及一些$CaSO_4$、$CaSO_4 \cdot 2H_2O$固体不可避免地会进入钻井液中；③钻水泥塞过程中，来自水泥中的钙会对钻井液造成一定的污染。

2. 测定方法

钻井液中Ca^{2+}和Mg^{2+}的含量通常采用EDTA滴定法进行测定。EDTA是乙二胺四乙酸的二钠盐，是用于络合滴定的一种常用试剂。其反应原理为：EDTA遇到Ca^{2+}、Mg^{2+}后，立即生成EDTA螯合物。由于其螯环结构十分稳定，因此相当于从溶液中消除了这2种离子。EDTA与Ca^{2+}的反应可用下式表示：

在滴定中，EDTA标准溶液的浓度为0.02mol/L，所使用的指示剂为一种常见染料——铬黑T。该指示剂与Mg^{2+}反应后会生成一种酒红色的络合物。在溶液中有Ca^{2+}和Mg^{2+}两种离子共存的情况下，EDTA先与Ca^{2+}生成螯合物。待Ca^{2+}反应完全后，才与Mg^{2+}生成螯合物。一直到溶液中的Mg^{2+}耗尽时，铬黑T指示剂将由酒红色变为蓝色，表示已达到反应终点。在铬黑T指示剂中，通常需加入极少量的Mg^{2+}，以便在钻井液滤液中无Mg^{2+}存在的情况下亦能观察到颜色的变化。

钻井液滤液的硬度H_f可近似地由下式求得

$$H_f = 1.361 f_w V_{tf} (kg/m^3) \tag{3-45}$$

式中　V_{tf}——滴定每毫升钻井液滤液所消耗0.02mol/L EDTA溶液的体积，mL；

f_w——钻井液中水的体积分数，%。

对于钙处理钻井液，除需要测定其滤液的Ca^{2+}质量浓度外，往往还需测定悬浮$CaSO_4$的含量。将两者的含量相加，便得到整个钻井液体系的硬度。由于钙处理钻井液中镁的含量一般很少，钻井液的硬度H_m常用$CaSO_4$的摩尔浓度表示，其值由下式确定

$$H_m = 1.361 V_{tm} \quad (kg/m^3) \tag{3-46}$$

式中　V_{tm}——滴定每毫升钻井液所消耗0.02mol/L（0.04M）EDTA溶液的体积，mL。

显然，钻井液中悬浮$CaSO_4$的量，即储备硬度H_r的计算式为

$$H_r = 1.361(V_{tm} - f_w V_{tf})(kg/m^3) \tag{3-47}$$

除以上钻井液的基本性能外，钻井液的其他性能还包括抑制性、润滑性、抗温性、荧

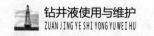

光度以及对生物的毒性等。

二、钻井液滤液中 Ca^{2+}、Mg^{2+} 的测定实训

（一）学习目标

掌握的 Ca^{2+}、Mg^{2+} 测定方法和计算，连接标准溶液的配制和标定知识及指示剂的使用方法。

（二）训练准备

（1）穿戴好劳保用品。

（2）准备锥形瓶（250mL）3 个。

（3）准备移液管（5mL）、滴定管（25mL）、滴定架。

（4）准备 0.02mol/L 的 EDTA 标准溶液。

（5）准备质量分数为 20% 的 NaOH 溶液。

（6）准备钙镁指示剂。

（7）准备 NH_4OH—NH_4Cl 的缓冲溶液溶液。

（8）准备质量分数为 1% 的抗坏血酸溶液。

（9）准备铬黑 T 溶液。

（10）准备去离子水、钻井液滤液若干。

（11）准备量筒（10mL、20mL）。

（三）训练内容

1. 实训方案

Ca^{2+}、Mg^{2+} 浓度测定的实训方案如表 3-38 所示。

表 3-38　Ca^{2+}、Mg^{2+} 浓度测定的实训方案

序号	项目名称	教学目的及重点
1	钻井液滤液 Ca^{2+}、Mg^{2+} 含量的测定与计算	掌握钻井液 Ca^{2+}、Mg^{2+} 含量的计算方法
2	钻井液滤液 Ca^{2+}、Mg^{2+} 含量的测定	掌握测定钻井液滤液 Ca^{2+}、Mg^{2+} 含量的常规操作步骤
3	滴定操作过程	掌握滴定操作过程
4	异常操作	分析原因，掌握 Ca^{2+}、Mg^{2+} 含量的测定方法
5	正常操作	掌握 Ca^{2+}、Mg^{2+} 含量的测定正常操作方法

2. 正常操作要领

Ca^{2+}、Mg^{2+} 浓度测定的正常操作要领如表 3-39 所示。

表 3-39　Ca^{2+}、Mg^{2+} 浓度测定的正常操作要领

序号	操作项目	调节使用方法
1	钻井液滤液 Ca^{2+}、Mg^{2+} 含量的测定	操作步骤： （1）在 250mL 锥形瓶中加入约 50mL 蒸馏水、去离子水和 2mL 缓冲溶液，滴入钙镁指示剂 （2）若溶液为酒红色，则加入 0.02mol/L 的 EDTA 标准溶液，使颜色刚好变为蓝色，记录所用 EDTA 的体积 V_0

续表

序号	操作项目	调节使用方法
		（3）用移液管量取 1mL 或更多的滤液，注入锥形瓶中，同时加入 50mL 去离子水和 10mL 质量分数为 20% 的 NaOH 溶液，再加少许（0.01g）钙指示剂铬黑 T （4）溶液出现酒红色时，用滴定管逐步加入 0.02mol/L 的 EDTA 标准溶液，并不断摇动，直到颜色呈现蓝色 （5）记录 EDTA 的用量 V_1 （6）用移液管量取 1mL 滤液，注入锥形瓶中，同时加入 50mL 去离子水和 10mL NH_4OH—NH_4Cl 的缓冲溶液溶液，再加入 1% 的抗坏血酸 10 滴及铬黑 T 溶液 5～10 滴 （7）用 0.02mol/L 的 EDTA 标准溶液，滴定到溶液由红变紫再变为纯蓝色即为终点 （8）记录 EDTA 的体积 V_2 （9）清洗仪器并摆放整齐 （10）计算 Ca^{2+}、Mg^{2+} 的含量，其公式为： $$\rho(Ca^{2+}) = V_1 \times C_{(EDTA)} \times 1000 \times 40.08/V$$ $$\rho(Mg^{2+}) = (V_2 - V_1) \times C_{(EDTA)} \times 1000 \times 24.30/V$$ 式中　$\rho(Ca^{2+})$——Ca^{2+} 的质量浓度，g/L； 　　　$\rho(Mg^{2+})$—— Mg^{2+} 的质量浓度，g/L； 　　　$C_{(EDTA)}$—— EDTA 标准溶液的摩尔浓度，mol/L； 　　　V_1——第一次滴定消耗的 EDTA 的体积，mL； 　　　V_2——两次滴定消耗的 EDTA 的体积，mL； 　　　V——所取钻井液滤液的体积，mL； 　　　V_0——滴定前消耗的 EDTA 的体积，mL 技术要求： （1）在计算样品的浓度时，应注意扣除滴定前 EDTA 的用量 V_0 （2）用 EDTA 标准溶液滴定时，要逐滴缓慢进行，同时不断摇动锥形瓶，细心观察溶液颜色变化，特别是终点的确定

三、考核建议

为了准确的评价本课程的教学质量和学生的学习效果，体现注重学生职业能力培养的教学目标，建议对本课程的各个环节进行考核，以便对学生作出公正、准确的评价。建立过程考评（任务考评）与期末考评（课程考评）相结合的方法，强调过程考评的重要性。过程考评占 60%，期末考评占 40%。考核评价方式如表 3-40 所示。

表 3-40　考核评价表

评价内容		分值	权重
过程评价	钻井液滤液 Ca^{2+}、Mg^{2+} 含量的测定及计算（技能水平、操作规范）	60	60%
	方法能力考核（制定计划或报告能力）	15	
	职业素质考核（"5S"与出勤执行情况）	15	
	团队精神考核（团队成员平均成绩）	10	
期末考评	期末理论考试（联系生产实际问题、职业技能证书考核中"应知"内容）	100	40%

【拓展提高】

井场钻井液工作安全措施。

一、处理剂使用安全措施

钻井液所用的大部分处理剂对人体都是无毒的，选用无毒、对环境不造成污染的化学处理剂也是健康、安全和环境（HSE）质量管理的要求。然而，若目前经常使用的处理剂中使用不当，也会对人身造成损害。

（一）烧碱

烧碱有很强的碱性，浓溶液会引起皮肤严重烧伤，还能腐蚀皮鞋、手套和羊毛衣服。沾上烧碱的地方应立即用大量清水冲洗干净。如果烧碱溶液进入眼内，可用同样的办法处理，再涂敷硼酸软膏，并应立即进行治疗。往钻井液中加入烧碱时应采取一定的预防措施。如果把烧碱溶于化学药剂桶或罐中，应先加水，然后慢慢地加入烧碱。禁止把水加到烧碱上，因为当烧碱溶于水时，会产生大量的热，很可能引起沸腾并造成强碱溶液的飞溅。

（二）纯碱

虽然纯碱的碱性比烧碱弱得多，但其仍为碱性，其溶液虽不会导致烧伤，但沾上烧碱溶液后也应用水冲洗干净。

（三）石灰粉

石灰粉也是碱性的，但溶解度相当低，不可能配成浓溶液。石灰粉的粉末能刺激肺和皮肤，因此应严防吸入，若沾在皮肤和眼睛上也要用水冲洗干净。

（四）铬酸钠或重铬酸钾

铬酸钠或重铬酸钾是很危险的剧毒药品，且有较强的氧化性和腐蚀性，千万不要吸入口内。处理过这种药品后，要彻底把手洗干净，严防中毒，平时也要进行妥善保管。

（五）杀菌剂

像对细菌一样，仲甲醛和氯化苯酚这些杀菌剂对人体也是有毒的。因此应小心对待，避免吸入口中，处理过后要彻底洗脸、洗手。

（六）石棉

石棉对肺有刺激作用，同时也是一种致癌物质，必须小心地避免将石棉粉吸入肺部。加入钻井液的油品可以是柴油、煤油或原油，它们都是可燃性物质。大多数油也刺激皮肤，沾到身上时应该用水和洗涤剂洗去。必须避免把油品暴露在明火处，以防发生火灾。

二、操作安全措施

（1）工作时要穿戴好工作服和工作鞋，必要时戴上护目镜，在井场要戴安全帽。

（2）往泥浆池（罐）里添加粉末状化学处理剂或通过混合漏斗加入粉末状化学处理剂时，操作人员要站在上风位置，不要站在下风处，并要戴上口罩，避免吸入任何粉尘物质。同时要时刻注意泥浆漏斗是否堵塞，因为堵塞后会使钻井液飞溅到人身上。

（3）严禁无证从事电工修理工作，开关电气设备时，要穿好绝缘胶鞋，下雨天启动开关要防止触电。

（4）作业场所要保持整洁干净，及时清理场地上的钻井液和岩屑，防止人员滑倒跌伤。

【思考题与习题】

一、填空题

1. 符合牛顿内摩擦定律的流体称为（　　）。

2. 高分子化合物溶液的流变特点符合（　　）流型。

3. 一般用终切与初切的差值表示（　　）。

4. 要降低动切力，可加（　　）拆散网架结构。

5. 在钻井液中使用烧碱，可以提供（　　）调节 pH 值。

6. 要有效地提高钻速，低密度钻井液中的固相含量应控制在（　　）以下。

7. 旋转黏度计的旋转部分是由（　　）组成的。

8. 钻井液搅拌后静止 10min 的静切力是（　　）。

二、简答题

1. 流体的 4 种基本流型是什么？分别写出它们的流变模式。

2. 试阐述宾汉模式和幂律模式中各流变参数的物理意义和影响因素。

3. 分别写出卡森流变模式和赫谢尔-巴尔克莱三参数流变模式的数学表达式，将这两个流变模式应用于钻井液的意义是什么？

4. 试简述钻井液滤失性与钻井作业的关系。

5. 按照 API 标准，需检测的钻井液常规性能有哪些？各使用什么仪器进行测试？

6. 旋转黏度计到得 $\theta_{600}=35$，$\theta_{300}=23$，试计算钻井液的下列流变参数：表观黏度、塑性黏度、动切力、流性指数和稠度系数。

7. 写出钻井液的静滤失方程，并注明各符号的意义。

8. 按照钻井液静滤失量方程，滤失量与压差平方根成正比。然而，对于某些钻井液，压差对滤失量基本上没有多大影响，试分析其原因。

9. 一般情况下，钻井液的 API 滤失量和 HTHP 滤失量应控制在什么范围？在储层钻进时又应控制在什么范围？

10. 水基钻井液的润滑系数一般应在什么范围？钻水平井时该系数至少应保持在什么范围？

11. 评价钻井液润滑性的技术指标是什么？通常用哪些仪器测定该性能？有哪些途径可改善钻井液的润滑性？

12. 试计算 pH 值为 11.6 的钻井液溶液中 H^+ 和 OH^- 的浓度（用 mol/L 表示）。

13. 通过钻井液碱度实验测得 $P_m=5.0$，$P_f=0.7$，并已知钻井液中水的体积分数 $f_w=0.8$，试求钻井液中未溶石灰的大致含量。

14. 将密度为 1. 60 g/cm³ 的盐水钻井液被蒸干后，得到 8% 的柴油和 68% 的蒸馏水。已知钻井液中 Cl^- 含量为 92000 mg/mL，试求该钻井液的固相含量。

15. 将 1mL 钻井液用蒸馏水稀释到 50mL，然后用 0. 01mol/L 亚甲基蓝标准溶液进行滴定。到达滴定终点时该溶液的消耗量为 3. 6mL，试求钻井液中膨润土的含量（用 g/L 表示）。

16. 滴定 1mL 钻井液需要 12. 5mL 浓度为 0. 0282mol/L 的 $AgNO_3$ 溶液，则该滤液中 Cl^- 和 NaCl 的质量浓度各是多少（用 mg/L 表示）？

学习情境 4　钻井液配浆原材料及处理剂

【学习目标】

能力目标：

（1）能掌握淡水钻井液的配制计算。

（2）能掌握加重钻井液的配制计算。

（3）能够说出各类处理剂的作用机理。

（4）能根据钻井液配方指出各处理剂的类型和所在配方中发挥的功用。

（5）能配制一定浓度、一定体积的处理剂溶液。

知识目标：

（1）能了解钻井液处理剂的功能和作用机理。

（2）能进行单溶质溶液、多溶质溶液配制用量计算。

（3）能掌握各类处理剂的作用机理。

素质目标：

（1）具有吃苦耐劳、爱岗敬业的职业意识。

（2）能独立使用各种媒介完成学习任务，具有自主学习能力。

（3）具备分析解决问题、接受及应用新技术的能力，以及与生产实践相关的方法能力。

（4）能反思、改进工作过程，能运用专业词汇和同学、老师讨论工作过程中的各种问题。

（5）具有团队合作精神、沟通能力及语言表达能力。

（6）具有自我评价和评价他人的能力。

【任务描述】

各种配浆原材料和化学处理剂是用来配制、调节和维护钻井液性能的。通过学习配制淡水钻井液及加重钻井液的相关计算公式，能掌握淡水钻井液和加重钻井液的有关计算。通过对无机处理剂和有机处理剂作用机理的讲解，学会认识和判断各配方体系中处理剂的功用，并为后续学习的钻井液性能的调控打下基础。本项目所针对的工作内容主要是配浆原材料和处理剂，具体包括常用无机处理剂及作用机理，有机处理剂及作用机理。目的是让学生掌握钻井液配方中处理剂的功用。

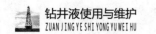
要求学生以小组为单位，根据任务要求，制定出工作计划，完成仿真操作，能够分析和处理操作中遇到的异常情况，撰写工作报告。

【相关知识】

一般来讲，钻井液配浆原材料是指在配浆中用量较大的基本组分，例如膨润土、水、油和重晶石等。处理剂则是指用于改善和稳定钻井液性能，或为满足钻井液某种性能需要而加入的化学添加剂。处理剂是钻井液的核心组分，往往很少的加量就会对钻井液性能产生极大的影响。

钻井液原材料和处理剂的种类品种繁多。为了使用和研究方便，有必要将它们进行分类。目前主要有以下两种分类方法。

（1）按其组成分类。通常分为钻井液原材料、无机处理剂、有机处理剂和表面活性剂4类。其中无机处理剂又可分为氯化物类、硫酸盐类、碱类、碳酸盐类、磷酸盐类、硅酸盐类和重铬酸盐类和混合金属层状氢氧化物（即正电胶）类等；有机处理剂通常可分为天然产品类、天然改性产品类和有机合成化合物类。按其化学组分又可分为下列几类：腐植酸类、纤维素类、木质素类、单宁酸类、沥青类、淀粉类和聚合物类等。

（2）按其在钻井液中所起的作用或功能分类。我国钻井液标准化委员会根据国际上的分类法，并结合我国的具体情况，将钻井液配浆材料和处理剂分为16类，即①降滤失剂，②增黏剂，③乳化剂，④页岩抑制剂，⑤堵漏剂，⑥降黏剂，⑦缓蚀剂，⑧黏土类，⑨润滑剂，⑩加重剂，⑪杀菌剂，⑫消泡剂，⑬泡沫剂，⑭絮凝剂，⑮解卡剂，⑯其他类。这16类处理剂所起的作用各不相同，但在配制和使用钻井液时并不同时使用，仅是根据需要使用其中的几种。有时，一种处理剂在钻井液中同时具有几种作用。例如，有的降失水剂同时兼有增黏或降黏作用，絮凝剂同时兼有增黏剂的作用等。下文中将2种分类方法结合起来，介绍常用的配浆原材料和无机处理剂，并重点介绍几类重要的有机处理剂，即降黏剂、降滤失剂、页岩抑制剂、絮凝剂和堵漏剂等。

一、配浆原材料

（一）黏土类

1. 常用配浆黏土

膨润土是水基钻井液的重要配浆材料。有的文献将膨润土定义为具有蒙脱石的物理化学性质，含蒙脱石不少于85%的黏土矿物。一般要求1t膨润土至少能够配制出黏度为15mPa·s的钻井液16m³。钠膨润土的造浆率一般较高，而钙膨润土则需要通过加入纯碱使之转化为钠膨润土后方可使用。目前我国将配制钻井液所用的膨润土分为3个等级。一级为符合API标准的钠膨润土；二级为改性土，经过改性符合OCMA标准要求；三级为较次的配浆土，仅用于性能要求不高的钻井液。

由于无机盐对膨润土的水化分散具有一定的抑制作用，因此膨润土在淡水和盐水中的造浆率不同，在盐水中造浆率一般要低一些。将膨润土先在淡水中预水化，然后再加入盐水中，可以提高其在盐水中的造浆率。

膨润土在淡水钻井液中具有以下作用：①增加钻井液的黏度和切力，提高井眼净化能力；②形成低渗透率的致密泥饼，降低滤失量；③对于胶结不良的地层，可改善井眼的稳定性；④防止井漏。

海泡石、凹凸棒石和坡缕缟石是较典型的抗盐、耐高温的黏土矿物，主要用于配制盐水钻井液和饱和盐水钻井液。用抗盐黏土配制的钻井液一般形成的泥饼质量不好，滤失量较大。因此，必须配合使用降滤失剂。海泡石有很强的造浆能力，用它配制的钻井液具有较高的热稳定性。此外，海泡石还具有一定的酸溶性（在酸中可溶解约60%），因此，在保护油气层的钻井液中，还可用做酸溶性暂堵剂。在我国，由于目前这几种抗盐黏土的矿源相对较少，因此在钻井液中的应用尚不普遍。

有机土是由膨润土经季铵盐类阳离子表面活性剂处理而制成的亲油膨润土。有机土可以在油中分散，形成结构，其作用与水基钻井液中的膨润土类似。

2. 膨润土及原浆的配制

膨润土逐渐分散在淡水中致使钻井液浆的黏度、切力不断增加的过程称为造浆。在添加主要处理剂之前的预水化膨润土浆常称做原浆或基浆。几乎在所有室内实验中，首先都要进行原浆的配制。由于蒙脱石含量和阳离子交换容量不相同，不同产地的膨润土其造浆效果往往有很大差别。几种典型黏土造浆的曲线如图4-1所示。

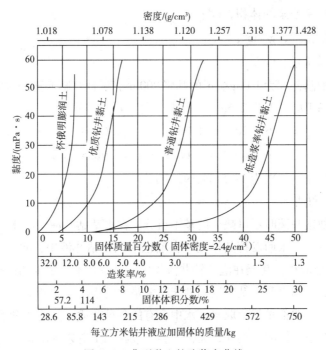

图4-1　典型黏土的造浆率曲线

由图4-1可知，所有各类黏土的造浆曲线都有一个共同点，即表观黏度较低时，其值随黏土含量的增加缓慢增长。当达到约15mPa·s时，其值才随黏土含量的增加而明显上升。因此，常将每吨黏土能配出表观黏度为 15mPa·s 的钻井液体积称做黏土的造浆率。通常配浆土的质量是以造浆率来衡量的。从图 4-1 还可看出，配制 1m³ 的 15mPa·s 的钻井液只需 57kg 怀俄明优质膨润土，如使用低造浆率黏土，则需 570kg。使用优质膨润土配浆，钻井液密度仅为 1.03～1.04g/cm³ 时，表观黏度即可达到 10～15mPa·s。而使用低造浆率黏土配浆，钻井液密度必须增至 1.35～1.40g/cm³ 时，其表观黏度才能达到同样的数值。因此，尽可能选用优质膨润土配浆，对减少体系中的固相含量，提高钻速有着十分重要的意义。

配制原浆时，还需加入适量纯碱，以提高黏土的造浆率。纯碱的加入量因黏土中钙离子的含量而异，可通过小型实验确定，一般约为配浆土质量的 5%。加入纯碱的目的是除去黏土中的部分钙离子，将钙质土转变为钠质土，从而使黏土颗粒的水化作用进一步增强，分散度进一步提高。因此，在原浆中加入适量纯碱后，一般会使表观黏度增大，滤失量减小。如果随着纯碱的加入，滤失量反而增大，则表明纯碱加过量了。配制一定密度原浆所需的膨润土及水量可由下式求得：

$$m_c = [\rho_c V_m (\rho_m - 1)] / (\rho_c - 1) \tag{4-1}$$

$$V_w = V_m \rho_m - m_c \tag{4-2}$$

式中　m_c——所需膨润土的质量，t；

ρ_c——膨润土密度，g/cm³；

V_m——所配制原浆的体积，m³；

ρ_m——原浆密度，g/cm³；

V_w——所需水量，m³。

例 4-1　欲配制密度为 1.06g/cm³ 的基浆 200m³，试计算膨润土和水的用量。

解：已知膨润土的密度为 2.6g/cm³，由公式（4-1）求出：

$$m_c = 2.6 \times 200 \times (1.06 - 1) \div (2.6 - 1) = 19.5(t)$$

$$V_w = 200 \times 1.06 - 19.5 = 192.5(m^3)$$

膨润土和水的用量依次为 19.5t 和 192.5 m³。

（二）配浆水和油

水是配制各种钻井液时不可缺少的基本组分。在水基钻井液中，水是分散介质，大多数处理剂均通过溶解于水而发挥其作用。在油包水乳化钻井液中，水（通常是含 $CaCl_2$ 或 NaCl 的盐水）是分散相。甚至在泡沫钻井流体中，水也是不可缺少的连续相。

室内和现场试验均表明，钻井液的性能与配浆水的水质密切相关。为了节约钻井液成本，配制钻井液时一般都是就地取水。水中含有的各种杂质，如无机盐类、细菌和气体等对钻井液的性能有很大影响。例如，无机盐会导致膨润土造浆率降低，以及钻井液的滤失量增大。细菌可引起钻井液中的淀粉类处理剂发酵，使某些聚合物处理剂容易降解，细菌的大量繁殖还会对油气层造成损害。气体的存在则会加剧钻具的腐蚀。因此，配制钻井液时必须预先了解配浆水的水质。就地取水的另一个原因是使配制的钻井液遇到地下水时仍能保持其应有的性能。

自然界的水按其来源可以分为地面水和地下水。按其酸碱性可分为酸性水、中性水和碱性水。按所含无机盐的类别可分为 NaCl 型水、$CaCl_2$ 型水、$MgCl_2$ 型水、Na_2CO_3 型水和 $NaHCO_3$ 型水等。此外，常将含 Ca^{2+}、Mg^{2+} 较多的水称为硬水。

原油、柴油和低毒矿物油也是配制钻井液时常用的原材料。在油基钻井液中，常选用柴油和矿物油作为连续相。在水基钻井液中，也常混入一定量的原油或柴油，以提高其润滑性能，并起到降低滤失量的作用。在使用过程中，应注意油品的黏度不宜过高，否则钻井液的流变性不易调控。此外，还应考虑油品的价格和对环境可能造成的影响。对于探井，应考虑其荧光度对油气显示的影响。在选用原油时，应考虑其凝固点以及石蜡、沥青质的含量，以免对油气层造成不良的影响。

（三）加重材料

1. 常用的钻井液加重材料

加重材料（Weighting Material）又称加重剂，由不溶于水的惰性物质经研磨加工制备而成。为了应对高压地层并稳定井壁，需将加重材料添加到钻井液中以提高钻井液的密度。加重材料应具备的条件是自身的密度大，磨损性小，易粉碎，具有惰性，且既不溶于钻井液也不与钻井液中的其他组分发生相互作用。

钻井液的常用加重材料有以下几种。

1）重晶石粉

重晶石粉是一种以 $BaSO_4$ 为主要成分的天然矿石，经过机械加工后制成的灰白色粉末状产品。按照 API 标准，其密度应达到 $4.2g/cm^3$，粉末细度要求通过 200 目筛网时的筛余量 $<3.0\%$。重晶石粉一般用于加重密度不超过 $2.3g/cm^3$ 的水基和油基钻井液，它是目前应用最广泛的一种钻井液加重剂。

2）石灰石粉

石灰石粉的主要成分为 $CaCO_3$，密度为 $2.7\sim2.9g/cm^3$。易与盐酸等无机酸类发生反应，生成 CO_2、H_2O 和可溶性盐，因而适于在非酸敏性而又需进行酸化作业的产层中使用，以减轻钻井液对产层的损害。但由于其密度较低，一般只能用于配制密度不超过 $1.68g/cm^3$ 的钻井液和完井液。

3）铁矿粉和钛铁矿粉

前者的主要成分为 Fe_2O_3，密度 $4.9\sim5.3g/cm^3$。后者的主要成分为 $TiO_2 \cdot Fe_2O_3$，密度为 $4.5\sim5.3g/cm^3$，二者均为棕色或黑褐色粉末。因它们的密度均大于重晶石，故可用于配制密度更高的钻井液。此外，由于铁矿粉和钛铁矿粉均具有一定的酸溶性，因此可应用于需要进行酸化的产层。由于这两种加重材料的硬度约为重晶石的 2 倍，因此较耐研磨，在使用过程中颗粒尺寸保持较好，损耗率较低。但另一方面，对钻具、钻头和泵的磨损也较为严重。在我国，铁矿粉是用量仅次于重晶石的钻井液加重材料。

4）方铅矿粉

方铅矿粉是一种主要成分为 PbS 的天然矿石粉末，一般呈黑褐色。由于其密度高达 $7.4 \sim 7.7 g/cm^3$，因而可用于配制超高密度钻井液，以控制地层出现的异常高压。由于该加重剂的成本高、货源少，一般仅限于在地层孔隙压力极高的特殊情况下使用。如我国滇黔桂石油勘探局在官 -3 井使用方铅矿加重剂配制出了密度为 $3.0 g/cm^3$ 的超高密度钻井液。

2. 加重材料用量的计算

1）体积无限制，直接加重

对于某一给定的钻井液体系，加重后的体积关系可用下式表示：

$$V_2 = V_1 + V_B = V_1 + \frac{m_B}{\rho_B} \tag{4-3}$$

式中　V_1——加重前钻井液的体积，m^3；

　　　V_2——加重后钻井液的体积，m^3；

　　　V_B——重晶石的体积，m^3；

　　　m_B——重晶石的质量，kg；

　　　ρ_B——重晶石的密度，g/cm^3。

钻井液加重前、后的质量关系可表示为：

$$\rho_2 \cdot V_2 = \rho_1 \cdot V_1 + m_B \tag{4-4}$$

式中　ρ_2——加重后钻井液的密度，g/cm^3；

　　　ρ_1——加重前钻井液的密度，g/cm^3。由式（4-3）、式（4-4）可得：

$$V_2 = V_1 \frac{(\rho_B - \rho_1)}{(\rho_B - \rho_2)} \tag{4-5}$$

重晶石用量可由下式求得：

$$m_B = (V_2 - V_1) \cdot \rho_B \tag{4-6}$$

例 4-1　使用重晶石将 $200 \ m^3$ 密度为 $1.32 \ g/cm^3$ 的钻井液加重至密度为 $1.38 \ g/cm^3$，如果最终体积无限制，试求重晶石的用量。

解：已知重晶石的密度为 $4.2 \ g/cm^3$，由式（4-5）先求出加重钻井液的体积：

$$V_2 = V_1 \frac{(\rho_B - \rho_1)}{(\rho_B - \rho_2)}$$

$$= 200 \times (4.2 - 1.32) \div (4.2 - 1.38) = 204.255 (m^3)$$

所需重晶石的质量为：

$$m_B = (V_2 - V_1) \cdot \rho_B \tag{4-7}$$

$$= (204.255 - 200) \times 4.2 \times 1000 = 17871 (kg)$$

2）体积有限制，放浆再加重

有时，根据钻井需要，加重前要降低低密度固相的含量，在加重之前要先加水稀释，此时加重剂的用量计算仍按体积关系和质量关系的变化求出。然后仍用式（4-7）求出重晶石的用量。

3）放浆稀释再加重

计算方法如下：

$$V_2 = V_1 + V_B + V_w = V_1 + \frac{m_B}{\rho_B} + V_w$$

$$\rho_2 \cdot V_2 = \rho_1 \cdot V_1 + m_B + V_w$$

$$f_{c_1} \cdot V_1 = f_{c_2} \cdot V_2$$

$$V_1 = V_2 \cdot \frac{f_{c_2}}{f_{c_1}} \qquad (4-8)$$

$$V_w = \frac{\left[V_2(\rho_B - \rho_2) - (\rho_B - \rho_1)V_1 \right]}{(\rho_B - \rho_w)} \qquad (4-9)$$

例4-2 某井在下入技术套管后准备重新开钻，开钻前需将钻井液密度从 $1.14 g/cm^3$ 增加到 $1.68\ g/cm^3$，同时还要求通过加水稀释将低密度固相的体积分数从 0.05 降至 0.03，原有钻井液 159 m^3，而最终体积要求保持在 127 m^3，试求应废弃的旧浆体积，以及处理过程中应添加的稀释水和重晶石的量。

解：加重前应保留的旧浆体积可由公式（4-9）求出。

$$V_1 = 127 \times (0.03 \div 0.05) = 76.2 (m^3)$$

$$V_w = \left[(4.2 - 1.68) \times 127 - (4.2 - 1.14) \times 76.2 \right] \div (4.2 - 1.0) = 27.15 (m^3)$$

$$m_B = (127 - 76.2 - 27.15) \times 4.2 \times 1000 = 99330 (kg)$$

二、无机处理剂

按钻井液标准委员会制订的分类方法，无机处理剂被划分为处理剂中的其他类型。无机处理剂的数量较多，本小节仅介绍较常用的几种。

（一）常用的无机处理剂

1. 纯碱

即碳酸钠，又称苏打粉，分子式为 Na_2CO_3。无水碳酸钠为白色粉末，密度为 $2.5 g/cm^3$，易溶于水，在接近 36℃时溶解度最大，水溶液呈碱性（pH 值为 11.5），在空气中易吸潮结成硬块（晶体），存放时要注意防潮。纯碱在水中容易电离和水解，其中电离和一级水解较强，所以纯碱水溶液中主要存在 Na^+、CO_3^{2-}、HCO_3^-、和 OH^-，其反应式为：

$$Na_2CO_3 === 2Na^+ + CO_3^{2-}$$

$$CO_3^{2-} + H_2O === HCO_3^- + OH^-$$

纯碱能通过离子交换和沉淀作用使钙土变为钠土，即：

$$Ca - 黏土 + Na_2CO_3 \longrightarrow Na - 黏土 + CaCO_3 \downarrow$$

由于上述反应能有效地改善黏土的水化分散性能，因此加入适量纯碱可使新浆的滤失量下降，黏度、切力增大。但过量的纯碱会导致黏土颗粒发生聚结，使钻井液性能受到破坏。因此，纯碱的合适加量需通过造浆实验来确定。

此外，在钻水泥塞或钻井液受到钙侵时，加入适量纯碱可以使 Ca^{2+} 沉淀成 $CaCO_3$，从而使钻井液性能变好，即

$$Na_2CO_3 + Ca^{2+} \stackrel{}{=\!=\!=} CaCO_3 \downarrow + 2Na^+$$

含羧钠基官能团（$-COONa$）的有机处理剂在遇到钙侵（或 Ca^{2+} 浓度过高）而降低其溶解性时，一般可采用加入适量纯碱的办法恢复其效能。

2. 烧碱

烧碱即氢氧化钠，分子式为 NaOH。其外观为乳白色晶体，密度为 $2.0 \sim 2.28\ g/cm^3$，易溶于水，溶解时放出大量的热。溶解度随温度升高而增大，水溶液呈强碱性。烧碱容易吸收空气中的水分和二氧化碳，并与二氧化碳作用生成碳酸钠，存放时应注意防潮加盖。

烧碱主要用于调节钻井液的 pH 值。与单宁、褐煤等酸性处理剂一起配合使用，可使之分别转化为单宁酸钠、腐植酸钠等有效成分。还可用于控制钙处理钻井液中 Ca^{2+} 的浓度。

3. 石灰

生石灰即氧化钙，分子式为 CaO。吸水后变成熟石灰，即氢氧化钙，分子式为 Ca(OH)$_2$。CaO 在水中的溶解度较低，常温下为 0.16%，其水溶液呈碱性。并且随着温度升高，CaO 的溶解度降低。

在钙处理钻井液中，石灰用于提供 Ca^{2+}，以控制黏土的水化分散能力，使之保持在适度絮凝状态。在油包水乳化钻井液中，CaO 用于使烷基苯磺酸钠等乳化剂转化为烷基苯磺酸钙，并调节 pH 值。但需注意，在高温条件下石灰钻井液可能发生固化反应，导致其性能不能满足生产要求，因此在高温深井中应慎用。此外，石灰还可配成石灰乳堵调剂用于封堵漏层。

4. 石膏

石膏的化学名称为硫酸钙，分子式为 CaSO$_4$。有熟石膏（CaSO$_4 \cdot 2H_2O$）和无水石膏（CaSO$_4$）两种。石膏是白色粉末，密度为 $2.31 \sim 2.32 g/cm^3$。常温下溶解度较低（约为 0.2%），但稍大于石灰。40℃以下，溶解度随温度升高而增大，40℃以上，溶解度随温度升高而降低。石膏吸湿后会结成硬块，因此存放时应注意防潮。

在钙处理钻井液中，石膏与石灰的作用大致相同，都用于提供适量的 Ca^{2+}。其差别在于石膏提供的钙离子浓度比石灰高一些。此外，用石膏处理可避免钻井液的 pH 值过高。

5. 氯化钙

氯化钙的分子式为 CaCl$_2$，通常含有 6 个结晶水。其外观为无色斜方晶体，密度为 $1.68 g/cm^3$，易潮解，且易溶于水（常温下约可溶解总量的 75%）。CaCl$_2$ 的溶解度随温度升高而增大。在钻井液中，CaCl$_2$ 主要用于配制防塌性能较好的高钙钻井液。用 CaCl$_2$ 处理钻井液时常常会引起 pH 值降低。

6. 氯化钠

氯化钠俗名食盐，分子式为 NaCl，为白色晶体，常温下密度约为 $2.20 g/cm^3$。纯品不易潮解，但含 $MgCl_2$、$CaCl_2$ 等杂质的工业食盐容易吸潮。常温下在水中的溶解度较大（20℃时为 36.0g/100g 水），且随温度升高，溶解度略有增大（表 4-1）。

表 4-1　不同温度下 NaCl 在水中的溶解度

温度/℃	0	10	20	30	40	50	60	70	80	90	100
溶解度/(g/100g 水)	35.7	35.8	36.0	36.3	36.6	37.0	37.3	37.8	38.4	39.0	39.8

食盐主要用于配制盐水钻井液和饱和盐水钻井液，以防止岩盐井段溶解，并抑制井壁泥页岩水化膨胀。此外，为保护油气层，还可用于配制无固相清洁盐水钻井液，或作为水溶性暂堵剂使用。

7. 氯化钾

氯化钾的分子式为 KCl，外观为白色立方晶体，常温下密度为 $1.98g/cm^3$，熔点为 776℃。KCl 易溶于水，且溶解度随温度的升高而增加。KCl 是一种常用的无机盐类页岩抑制剂，具有较强的抑制页岩渗透水化的能力。若与聚合物配合使用，可配制成具有强抑制性的钾盐聚合物防塌钻井液。关于 KCl 的防塌机理，将在后文中进行阐述。

8. 硅酸钠

硅酸钠俗名水玻璃或泡花碱。分子式为 $Na_2O \cdot nSiO_2$，式中 n 称为水玻璃的模数，即二氧化硅与氧化钠的分子个数之比。n 值越大，碱性越弱。n 值在 3 以上的称为中性水玻璃，n 值在 3 以下的称为碱性水玻璃。

水玻璃通常分为固体水玻璃、水合水玻璃和液体水玻璃 3 种。固体水玻璃与少量水或蒸汽发生水合作用而生成水合水玻璃。水合水玻璃易溶解于水变为液体水玻璃。液体水玻璃一般为黏稠的半透明液体，由于随所含杂质的不同可以呈无色、棕黄色或青绿色等。现场使用的水玻璃的密度为 $1.5 \sim 1.6g/cm^3$，pH 值为 $11.5 \sim 12$，能溶于水和碱性溶液，能与盐水混溶，可用饱和盐水调节水玻璃的黏度。水玻璃在钻井液中可以部分水解生成胶态沉淀，其反应式为：

$$Na_2O \cdot nSiO_2 + (y+1) H_2O \longrightarrow nSiO_2 \cdot yH_2O \downarrow + 2NaOH$$

该胶态沉淀可使部分黏土颗粒（或粉砂等）聚沉，从而使钻井液保持较低的固相含量和密度。水玻璃对泥页岩的水化膨胀有一定的抑制作用，故有较好的防塌性能。

当水玻璃溶液的 pH 值降至 9 以下时，整个溶液会变成半固体状的凝胶。其原因是水玻璃发生缩合作用生成较长的带支链的—Si—O—Si—链，这种长链能形成网状结构而包住溶液中的全部自由水，使体系失去流动性。随着 pH 值的不同，其胶凝速度（即调整 pH 直至胶凝所需时间）有很大差别，可以从几秒到几十小时。利用这一特点，可以将水玻璃与石灰、黏土和烧碱等配成石灰乳堵漏剂，注入已确定的漏失井段进行胶凝堵漏。因此，水玻璃是一种堵漏剂。

此外，水玻璃溶液遇 Ca^{2+}、Mg^{2+} 和 Fe^{3+} 等高价阳离子会产生沉淀，与 Ca^{2+} 的反应可用下式表示：

$$Ca^{2+} + Na_2O \cdot nSiO_2 =\!=\!= CaSiO_3 \downarrow + 2Na^+$$

所以，用水玻璃配制的钻井液一般抗钙能力较差，也不宜在钙处理钻井液中使用。但它可在盐水或饱和盐水中使用。研究表明，利用水玻璃的这个特点，还可使裂缝性地层的一些裂缝发生愈合或提高井壁的破裂压力，从而起到化学固壁的作用。

硅酸盐钻井液是防塌钻井液的类型之一，在国内外应用中均取得了很好的效果。配制硅酸盐钻井液的成本较低，且对环境无污染。

9. 重铬酸钠和重铬酸钾

重铬酸钠又叫红矾钠，分子式为 $Na_2Cr_2O_7 \cdot 2H_2O$。其外观为红色或橘红色针状晶体，常温下密度为 $2.35g/cm^3$，有强氧化性，易溶于水（25℃时溶解度为190g/100g 水）。重铬酸钾又称红矾钾，分子式为 $K_2Cr_2O_7$。其外观为橙红色三斜晶体，常温下密度为 $2.68g/cm^3$，有强氧化性，不潮解，易溶于水（25℃时溶解度为96.9g/100g 水）。这两种重铬酸盐的化学性质相似，其水溶液均可发生水解而呈酸性，其化学反应式为

$$Cr_2O_7{}^{2-} + H_2O \longrightarrow 2CrO_4{}^{2-} + 2H^+$$

加碱时平衡右移，故在碱溶液中主要以 $CrO_4{}^{2-}$ 的形式存在。

在钻井液中 $CrO_4{}^{2-}$ 能与有机处理剂起复杂的氧化还原反应，生成的 Cr^{3+} 极易吸附在黏土颗粒表面，又能与多官能团的有机处理剂生成络合物（如木质素磺酸铬、铬腐植酸等）。在抗高温深井钻井液中，常加入少量重铬酸盐以提高钻井液的热稳定性，有时也用做防腐剂。但铬酸盐有毒，因而限制了它的广泛使用。

10. 酸式焦磷酸钠和六偏磷酸钠

酸式焦磷酸钠的分子式为 $Na_2H_2P_2O_7$，代号 SAPP，无色固体，由磷酸二氢钠加热制得。质量分数为 10% 的 $Na_2H_2P_2O_7$ 水溶液的 pH 值为 4.8。六偏磷酸钠的分子式为 $(NaPO_3)_6$，外观为无色玻璃状固体，有较强的吸湿性，易溶于水，且在温水中溶解较快。$(NaPO_3)_6$ 溶解度随温度升高而增大，质量分数为 10% 的 $(NaPO_3)_6$ 水溶液的 pH 值为 6.8。

在钻井液技术发展的早期，磷酸盐类处理剂曾经是用于钻井液的主要稀释剂之一。不仅对高黏土含量引起的絮凝，而且对 Ca^{2+}、Mg^{2+} 引起的絮凝均有良好的稀释作用。它们遇较少量 Ca^{2+}、Mg^{2+} 时，可生成水溶性络离子。遇大量 Ca^{2+}、Mg^{2+} 时，可生成钙盐沉淀。$Na_2H_2P_2O_7$ 特别对消除水泥和石灰造成的污染有很好的效果，因为用它既能除去 Ca^{2+}，又能使钻井液的 pH 值适度降低。

磷酸盐类稀释剂的主要缺点是抗温性差，超过80℃时稀释性能急剧下降，这是由于它们在高温下会转化为正磷酸盐，成为一种絮凝剂。因此，一般在深部井段，应改用抗温性较强的其他类型的稀释剂。近年来该类稀释剂已较少使用。

11. 混合金属层状氢氧化物

混合金属层状氢氧化物（简称为 MMH）由一种带正电的晶体胶粒所组成的，常称为正电胶。目前，其产品有溶胶、浓胶和胶粉等3种剂型。实验表明、该处理剂对黏土水化有很强的抑制作用，与膨润土和水所形成的复合体具有独特的流变性能。MMH 的化学组

成，晶体结构，抑制页岩水化的机理以及在钻井液中的应用等将在第六章中阐述。

（二）无机处理剂在钻井液中的作用机理

无机处理剂都是水溶性的无机碱类和盐类，其中多数可提供阳离子和阴离子，也有一些与水形成胶体或生成络合物。无机处理剂在钻井液中的作用机理可归纳为以下6个方面。

1. 离子交换吸附

主要是黏土颗粒表面的 Na^+ 与 Ca^{2+} 之间的交换。这一过程对改善黏土造浆性能、配制钙处理钻井液以及防塌等方面都很重要，对钻井液性能的影响也较大。例如，在配制预水化膨润土浆时，常加入适量 Na_2CO_3。其目的是，通过 Na^+ 浓度的增加，使之能够与钙蒙脱土颗粒表面的 Ca^{2+} 发生交换，从而使黏土的水化和造浆性能提高，分散成更小的颗粒，表现为钻井液的黏度、切力升高，滤失量降低。相反，若在分散钻井液中加入适量的 $Ca(OH)_2$ 和 $CaSO_4$ 等处理剂，随滤液中 Ca^{2+} 浓度的提高，一部分 Ca^{2+} 会与吸附在黏土颗粒上的 Na^+ 发生交换，致使钻井液体系转变为适度絮凝的粗分散状态，从而控制黏土的水化与分散。

2. 调控钻井液的值

每种钻井液体系均有其合理的 pH 值范围。然而在钻进过程中，钻井液的 pH 值会因发生盐侵、盐水侵、水泥侵和井壁吸附等各种原因而发生变化，为了保持钻井液性能稳定，应随时对 pH 值进行调整。添加适量的烧碱等无机处理剂是提高 pH 值的最简单的方法，而使用酸式焦磷酸钠（SAPP）、$CaSO_4$ 或 $CaCl$ 等无机处理剂时，则会使钻井液的 pH 值有所下降。

3. 沉淀作用

如果有过多的 Ca^{2+} 或 Mg^{2+} 侵入钻井液，将会削弱黏土的水化和分散能力，破坏钻井液的性能。此时，可先加入适量烧碱除去 Mg^{2+}，然后用适量纯碱除去 Ca^{2+}。这种沉淀作用还可用来恢复某些因受到污染而失效的有机处理剂的作用。例如褐煤碱液和水解聚丙烯腈，如遇钙侵会分别生成难溶于水的腐植酸钙和聚丙烯酸钙。此时，可以加入适量纯碱，所生成的 $CaCO_3$ 溶解度比腐植酸钙和聚丙烯酸钙的溶解度小得多，因而可使处理剂的钙盐重新转变为钠盐。

4. 络合作用

利用某些无机处理剂的络合作用，同样可以有效地除去钻井液中的 Ca^{2+}、Mg^{2+} 等污染离子。例如，在受到钙侵的钻井液中加入足量的六偏磷酸钠，则可通过下面的络合反应除去 Ca^{2+}：

$$Ca^{2+} + (NaPO_3)_6 \Longrightarrow [CaNa_2(PO_3)_6]^{2-} + 4Na^+$$

该反应所生成的络离子 $[CaNa_2(PO_3)_6]^{2-}$ 相当稳定，将 Ca^{2+} 束缚起来，相当于从钻井液的滤液中除掉了 Ca^{2+}。

对于用褐煤碱液或铁铬木质素磺酸盐等处理的钻井液，还可以利用络合反应提高其抗温性能。例如，加入少量重铬酸盐可使上述钻井液的热稳定性明显提高，其中主要作用机理是氧化和络合。通过络合能有效地抑制腐植酸钠和铁铬木质素磺酸盐的热分解。

5. 与有机处理剂生成可溶性盐

由于许多有机处理剂，如单宁、腐植酸等在水中溶解度很小，不易吸附在黏土颗粒上，因此只有通过加入适量烧碱，使之转化为可溶性盐，如单宁酸钠和腐植酸钠，才能充分发挥其效能。这也是钻井液应始终保持碱性环境的一个重要原因。

6. 抑制溶解的作用

在钻遇岩盐和石膏地层时，常使用盐水钻井液和石膏处理的钻井液。对于大段的盐膏层，甚至使用饱和盐水钻井液。其目的一是为了增强钻井液抗污染的能力，二是为了抑制和防止上述可溶性岩层的溶解，使井径保持规则。

以上所阐述的是无机处理剂最基本的作用机理，它们之间往往是互相联系的。关于 K^+ 和正电胶处理剂等抑制页岩水化的机理，以及钙处理钻井液的作用原理等将在后文中详细讨论。

三、有机处理剂

（一）降黏剂

降黏剂又称为解絮凝剂和稀释剂（Thinners）。钻井过程中，常常由于温度升高、盐侵或钙侵、固相含量增加或处理剂失效等原因，使钻井液形成的网状结构增强，钻井液黏度、切力增加。若黏度、切力过大，则会造成开泵困难、钻屑难以除去或钻井过程中激动压力过大等现象，严重时会导致各种井下复杂情况。因此，在钻井液使用和维护过程中，经常需要加入降黏剂，以降低体系的黏度和切力，使其具有适宜的流变性。钻井液降黏剂的种类很多，根据其作用机理可分为两种类型，即分散型稀释剂和聚合物型稀释剂。分散型稀释剂中主要有单宁类和木质素磺酸盐类。聚合物型稀释剂主要包括共聚型聚合物降黏剂和低分子聚合物降黏剂等。

1. 单宁类

1）单宁的性质

单宁酸在水溶液中也可以发生水解，生成双五倍子酸（或称双没食子酸）和葡萄搪。双五倍子酸进一步水解，可生成五倍子酸。

$$5(C_{14}H_9O_9) \cdot C_6H_7O + 5H_2O \longrightarrow 5C_{14}H_{10}O_9 + C_2H_{12}O_6$$

五倍子单宁酸　　　　　　　　　　　双五倍子酸　　葡萄糖

双五倍子酸　　　　　　　　　　　　　　五倍子酸

这些水解的酸性产物在 NaOH 溶液中生成双五倍子酸钠和五倍子酸钠，统称为单宁酸钠或单宁碱液，是单宁在钻井液中的有效成分，简化符号为 NaT。

为了提高单宁酸钠的使用效果，通过单宁与甲醛和亚硫酸钠进行磺甲基化反应可制备磺甲基单宁（SMT）。还可再进一步与 $Na_2Cr_2O_7$ 发生氧化与螯合反应制得磺甲基单宁的铬螯合物。这两种产品的热稳定性和降黏性能比单宁酸钠有明显提高，抗温可达 180 ~ 200℃。磺甲基单宁产品为棕褐色粉末或细颗粒，易溶于水，水溶液呈碱性，在钻井液中一般加 0.5% ~1% 就可获得较好的稀释效果。磺甲基单宁产品的适用的 pH 值范围在 9 ~11 之间，抗 Ca^{2+} 可达 1000 g/L，但抗盐性较差，当含盐量超过 1% 时稀释效果就明显下降。

2）单宁的稀释机理

一般认为，单宁类降黏剂的作用机理是：单宁酸钠苯环上相邻的双酚羟基可通过配位键吸附在黏土颗粒断键边缘的 Al^{3+} 处，而剩余的 −ONa 和 −COONa 均为水化基团：

它们又能给黏土颗粒带来较多的负电荷和水化层，使黏土颗粒端面处的双电层斥力和水化膜厚度增加，从而拆散和削弱了黏土颗粒间通过端—面和端—端连接而形成的网架结构，使黏度和切力下降。

因此，单宁类降黏剂主要是通过拆散结构而起到降黏作用的。也就是说，降低的主要是动切力 τ_0，而对塑性黏度 μ_p 的影响较小。若要降低 μ_p，应主要通过加强钻井液固相控制来实现。单宁酸钠的上述稀释机理是具有代表性的，其他分散型降黏剂的作用机理均与之相似。

由于降黏剂主要在黏土颗粒的端面起作用，因此与降滤失剂相比，其用量一般较少。当加大用量时，单宁碱液也有一定程度的降滤失的作用。这是由于随着结构的拆散和黏土颗粒双电层斥力及水化作用的增强，将更有利于形成更为致密的泥饼。

2. 木质素磺酸盐类

木质素磺酸盐是木材酸法造纸残留下来的一种废液。通常造纸厂供应的纸浆废液是一种已浓缩的黏稠的棕黑色液体，其固体含量约为 35% ~50%，密度为 1.26 ~1.30g/cm³，主要成分为木质素磺酸钠。

1）铁铬盐的制备及化学组成

铁铬木质素磺酸盐俗称铁铬盐，代号为 FCLS。其制备过程为：在纸浆废液经过发酵提取酒精后，将其浓缩至 1.25 ~1.27g/cm³，在 60 ~80 ℃温度下加入预先配制好的硫酸亚铁和重铬酸钠溶液，在充分搅拌下经氧化、络合反应约 2h 后，过滤除去 $CaSO_4$，再经喷雾干燥而制得。

由于木质素的化学组成和结构相当复杂，研究表明，木质素磺酸的主要结构单元可用下式表示：

$$-O-\underset{OCH_3}{\underset{|}{\bigcirc}}-CH_2CHCH_2O-\underset{SO_3H}{\underset{|}{}}\underset{OCH_3}{\underset{|}{\bigcirc}}-CH_2CHCH_2O-\underset{SO_3H}{\underset{|}{}}$$

按照这种结构单元，铁铬盐的主要结构可以表示为：

这种带有螯环结构的内络合物（又称螯合物）有很好的稳定性，其中的中心离子一般不易电离出来，因此不易以单个离子参与钻土颗粒表面的离子交换。

2）铁铬盐的性质

（1）由于铁铬盐分子中有磺酸基，Fe^{3+} 和 Cr^{3+} 与木质素磺酸盐又形成了相当稳定的螯合物，所以铁铬盐是一种抗盐、抗钙的有效降黏剂。能用于淡水、海水和饱和盐水钻井液中，并可用于各种钙处理钻井液中。

（2）因为分子中磺酸基的硫原子直接与碳原子相连，Fe^{3+} 和 Cr^{3+} 与木质素磺酸之间有螯合作用（木质素磺酸分子与金属离子络合时，一个分子同时有两个官能团与同一个离子络合称为螯合），所以铁铬盐的热稳定性很高，可以抗 150℃ 以上的高温。

（3）铁铬盐的水溶性与其磺化度有关。磺化度越高，水溶性则越大。

（4）铁铬盐具有弱酸性，加入钻井液时会引起钻井液的 pH 值降低，因此需配合烧碱使用。一般情况下，应将铁铬盐钻井液的 pH 值控制在 9~11 的范围内。

3）铁铬盐的稀释机理及现场应用

铁铬盐对钻井液的稀释作用包括两个方面：①在黏土颗粒的断键边缘上形成吸附水化层，削弱黏土颗粒之间的端—面和端—端连接，从而削弱或拆散空间网架结构，致使钻井液的黏度和切力显著降低；②铁铬盐分子在泥页岩上的吸附，有抑制其水化分散的作用，这不仅有利于井壁稳定，还可以防止泥页岩造浆所引起的钻井液黏度和切力上升。

在过去相当长的一段时期，以铁铬盐为代表的木质素磺酸盐是国内外使用量最大的一类降黏剂。室内实验和现场使用经验表明，其抗温、抗盐和抗钙性能均比单宁酸类降黏剂要强得多。铁铬盐抗温可达 150~180℃，如果加入少量的 $Na_2Cr_3O_7$ 或 $K_2Cr_2O_7$ 则可用在氯化钙钻井液中。铁铬盐在钻井液中的加量一般为 0.3%~1.0%，加量较大时兼有降滤失作用。

尽管铁铬盐是一种性能优良的降黏剂，但也存在着不足。其主要缺点是使用时要求钻井液的 pH 值较高，这不利于井壁稳定。有时容易引起钻井液发泡，因此常需配合使用硬脂酸铝、甘油聚醚等消泡剂。铁铬盐钻井液的泥饼摩擦系数较高，在深井中使用时往往需要混油或添加一些润滑剂。此外，由于铁铬盐含重金属铬，在制备和使用过程中均会造成一定的环境污染，对人体健康不利。因此，目前国内外都在致力于研制能够替代铁铬盐的无铬降黏剂。

除上述分散型降黏剂外，近年来还研制出多种聚合物型降黏剂。聚合物型降黏剂主要是相对分子质量较低的丙烯酰胺类或丙烯酸类聚合物，主要用于聚合物钻井液。

研制和开发聚合物型降黏剂主要是由于常规的分散型降黏剂只能有效地降低钻井液的动切力（即所谓结构黏度），而不能使塑性黏度降低，因而导致钻井液的动塑比减小，某些分散型降黏剂还会使钻井液抑制钻屑分散的能力削弱。而聚合物型降黏剂能使动切力、塑性黏度同时降低，并且还能增强钻井液抑制地层造浆的能力，聚合物型降黏剂的研发，为聚合物钻井液真正实现低固相和不分散创造了条件。

3. X-40 系列降黏剂

X-40 系列降黏剂产品包括 X-A40 和 X-B40 两种，X-A40 是相对分子质量较低的聚丙烯酸钠，其结构式为：

$$\left[CH_2{-}CH\right]_n$$
$$\quad\quad\quad | $$
$$\quad\quad COONa$$

该处理剂是先在水溶液中经游离基链式聚合制成液态产品，烘干后呈浅蓝色颗粒或白色粉末。其平均相对分子质量约为 5000，在钻井液中加量 0.3% 时，可抗质量分数为 0.2% 的 $CaSO_4$ 和质量分数为 1% 的 NaCl，并可抗 150℃ 高温。

X-B40 是丙烯酸钠与丙烯磺酸钠的相对分子质量较低的共聚物，其结构式为：

$$\left[CH_2{-}CH\right]_x\left[CH_2{-}CH\right]_y$$
$$\quad\quad | \quad\quad\quad\quad\quad | $$
$$\quad CH_2SO_3Na \quad\quad COONa$$

其中丙烯磺酸钠占总摩尔质量的 5%~20%（mol）。X-B40 的平均相对分子质量为 2340。由于在其分子中引入了 -SO_3Na，故 X-B40 的抗温和抗盐、钙能力均优于 X-A40，但其成本比 X-A40 高。

X-40 系列处理剂之所以具有较强的稀释作用，主要是由其线型结构、低相对分子质量及强阴离子基团所决定的。一方面，由于其分子量低，可通过氢键优先吸附在黏土颗粒上，从而顶替掉已吸附在黏土颗粒上的高分子聚合物，拆散了由高聚物与黏土颗粒之间形成的"桥接网架结构"。另一方面，低分子量的降黏剂可与高分子主体聚合物发生分子间的交联作用，阻碍了聚合物与黏土之间网架结构的形成，从而达到降低黏度和切力的目

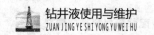
的。但若其聚合度过大，相对分子质量过高，反而会使黏度、切力增加。

4. XY-27

XY-27是相对分子质量约为2000的两性离子聚合物稀释剂。在其分子链中同时含有阳离子基团、阴离子基团和非离子基团，属于乙烯基单体多元共聚物。其主要特点是为：既是降黏剂又是页岩抑制剂，与分散型降黏剂相比，它只需很少的加量（通常质量分数为0.1%~0.3%），就能取得很好的降黏效果，同时还有一定的抑制黏土水化膨胀的能力。XY-27经常与两性离子包被剂FA-367及两性离子降滤失剂JT-888等配合使用，构成目前国内广泛使用的两性离子聚合物钻井液体系。同时，在其他钻井液体系，包括分散钻井液体系中也能有效地降黏。两性离子聚合物稀释剂还兼有一定的降滤失作用，能同其他类型处理剂互相兼容，如可以配合使用磺化沥青或磺化酚醛树脂类等处理剂，则可以改善泥饼质量，提高封堵效果及抗温能力。

研究表明，两性离子聚合物降黏剂的降黏机理为：由于在XY-27的分子链中引入了阳离子基团，能与黏土发生离子型吸附，又由于是线性相对分子质量较低的聚合物，故它比高分子聚合物能更快、更牢固地吸附在黏土颗粒上。而且XY-27的特有结构使它与高聚物之间的交联或络合机会增加，从而使其比阴离子聚合物降黏剂有更好的降黏效果。

两性离子降黏剂还具有一定的抑制页岩水化的作用，这是因为分子链中的有机阳离子基团吸附于黏土表面之后，一方面中和了黏土表面的一部分负电荷，削弱了黏土的水化作用。另一方面这种特殊分子结构使聚合物链之间更容易发生缔合，因此，尽管其相对分子质量较低，仍能对黏土颗粒进行包被，不含减弱体系抑制性。此外，分子链中大量水化基团所形成的水化膜可以阻止自由水分子与黏土表面的接触，并提高黏土颗粒的抗剪切强度。

实验表明，在含有FA-367的膨润土浆中，只需加人少量XY-27，钻井液的黏度、切力就急剧下降，且滤失量降低，泥饼变得致密。并且随着加量的增加，钻井液容纳钻屑的能力明显增强。

5. 磺化苯乙烯—马来酸酐共聚物

磺化苯乙烯—马来酸酐共聚物是由苯乙烯、马来酸酐、磺化试剂、溶剂（甲苯）、引发剂和链转移剂（硫醇）通过共聚、磺化和水解后制得的，其代号为SSMA。其相对分子质量为1000~5000，抗温可达200℃以上。磺化苯乙烯—马来酸酐共聚物是一种性能优良的抗高温稀释剂，国外已在高温深井中广泛使用。这种产品的缺点是成本较高。

（二）降滤失剂

降滤失剂又称为滤失控制剂（Filtration Contril Agent）、降失水剂。在钻井过程中，钻井液的滤液侵入地层会引起泥页岩水化膨胀，严重时导致井壁不稳定及各种井下复杂情况，钻遇产层时还会造成油气层损害。加入降滤失剂的目的，就是要通过在井壁上形成低渗透率、柔韧、薄而致密的滤饼，尽可能降低钻井液的滤失量。降滤失剂是钻井液处理剂的重要剂种，主要分为纤维素类、腐植酸类、丙烯酸类、淀酚类和树脂类等。由于其品种繁多，本书中仅选择每一类中具有代表性的产品展开分析。

1. 纤维素类

纤维素是由许多环式葡萄糖单元构成的长链状高分子化合物，其结构式可表示如下：

式中 n 为纤维素的聚合度。以纤维浆为原料可以制得一系列钻井液降滤失剂，其中使用最多的是钠羧甲基纤维素，简称 CMC。

1) 钠羧甲基纤维素的制备

先将棉花纤维用烧碱处理成碱纤维，然后在一定温度下与氯乙酸钠进行醚化反应，再经老化、干燥即可制得。在反应过程中，由于分子链降解，纤维素的聚合度会明显降低。纤维素的结构式为：

2) 钠羧甲基纤维素的结构特点和性质

钠羧甲基纤维素的结构式为：

在由纤维素制成钠羧甲基纤维素的过程中，除了聚合度明显降低之外，另一变化是将 $-CH_2COONa$（钠羧甲基）通过醚键接到纤维素的葡萄糖单元上去。通常将纤维素分子每一葡萄糖单元上的3个羟基中，羟基上的氢被取代而生成醚的个数称做取代度或醚化度。研究表明，决定钠羧甲基纤维素性质和用途的因素主要有两个：一是聚合度 n，二是取代度 d。

聚合度是指组成每个钠羧甲基纤维素分子的环式葡萄糖的链节数。在同一种 CMC 产品中，各个分子链并不是等长的，所以实际测得的聚合度是平均聚合度。一般棉纤维的平均聚合度约为 1800～2000。制备过程中纤维素分子发生降解，聚合度要降低至原来的 1/10～1/3，致使一般 CMC 产品的聚合度为 200～600，但仍属长链状大分子。

钠羧甲基纤维系的聚合度是决定其相对分子质量和水溶液黏度的主要因素。在相同的浓度、温度等条件下，不同聚合度的 CMC 水溶液的黏度有很大差别。聚合度越高，其水溶液的黏度越大。工业上常根据其水溶液黏度大小，将 CMC 分为3个等级。

（1）高黏 CMC。在25℃时，质量分数为1%的水溶液的黏度为 400～500 mPa·s，一般用做低固相钻井液的悬浮剂、封堵剂及增稠剂。其取代度约为 0.6~0.65，聚合度大于 700。

（2）中黏 CMC。在 25℃时，质量分数为 2% 的水溶液的黏度为 50~270mPa·s，用于一般钻井液，既起降滤失作用，又可提高钻井液的黏度。其取代度约为 0.8~0.85，聚合度约为 600。

（3）低黏 CMC。在 25℃时，质量分数为 2% 的水溶液黏度小于 50 mPa·s，主要用做加重钻井液的降滤失剂，以免导致黏度过大。其取代度约为 0.8~0.9，聚合度约为 500。

取代度是决定钠羧甲基纤维素的水活性、抗盐和抗钙能力的主要因素。从原理上说，葡萄糖环链节上的 3 个羟基都可以醚化，但以第一羟基的反应活性最强。取代度一般用被醚化的羟基数表示，最大值为 3。如果两个链节上只有 1 个羟基被醚化了，则取代度为 0.5。取代度小于 0.3 时钠羧甲基纤维素不溶于水，大于 0.3 且小于 0.5 时难溶于水，在 0.5 以上时水溶性随取代度的增加而增大。通常用做钻井液处理剂的 CMC 的取代度在 0.65~0.85 之间。取代度为 0.80~0.85 的高水溶性 CMC 适用于处理高矿化度钻井液。

钠羧甲基纤维素分子中羧钠基（—COONa）上的 Na^+ 在水溶液中易电离，生成长链状的多价阴离子，故属于阴离子型聚电解质。聚电解质水溶液的许多性质与其分子在溶液中的形态有关，容易受到 pH 值、无机盐和温度等因素的影响。

在 CMC 的浓度较低时，其水溶液的黏度受 pH 值的影响较大。在等电点（pH = 8.25）附近，其水溶液黏度最大。因为此时羧钠基上的 Na^+ 大多处于离解状态，$—COO^-$ 之间的静电斥力使分子链易于伸展，所以表现为黏度较高。当溶液的 pH 值过低时，羧钠基（—COONa）将转化为难电离的羧基（—COOH），不利于链的伸展。当溶液的 pH 值过高时，$—COO^-$ 中的电荷受到溶液中大量 Na^+ 的屏蔽作用，使分子链的伸展也受到抑制。因此，过高和过低的 pH 值都会使 CMC 水溶液的黏度有所降低，在使用中应注意保持合适的 pH 值。

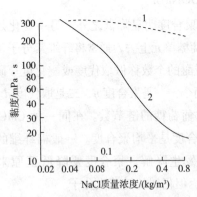

图 4-2　加入顺序对 CMC 溶液黏度的影响
1—先将 CMC 溶于水，再加 NaCl 的黏度曲线；
2—先加 NaCl，后加 CMC 的黏度曲线

由于外加无机盐中的阳离子会阻止—COONa 上的 Na^+ 解离，因此会降低其水溶液的黏度。而且，无机盐与 CMC 的加入顺序对黏度下降的幅度有很大影响。从图 4-2 的实验结果可以看出，若将 CMC 先溶于水，再加 NaCl，则黏度下降的幅度远远小于先加 NaCl，然后再加 CMC 时下降的幅度。其原因是 CMC 在纯水中离解为聚阴离子，$—COO^-$ 互相排斥使分子链呈伸展状态，两者分子中的水化基团已经充分水化，此时即使加入无机盐，去水化的作用也不会十分显著，所以引起黏度下降的幅度会小些。相反，将 CMC 溶于 NaCl 溶液时，不仅会阻止—COONa 上的 Na^+ 解离，电

荷屏蔽作用促使 CMC 分子链发生卷曲，而且在盐溶液中，水化基团的水化受到一定限制，分子链的水化膜斥力会有所削弱，所以随 NaCl 含量的增加，溶液黏度迅速下降。此外，随着温度升高，CMC 水溶液的黏度逐渐降低。这是由于在高温下分子链的溶剂化作用会明显减弱，使分子链容易受到弯曲。

纯净的钠羧甲基纤维素为白色纤维状粉末，具有吸湿性，溶于水后可形成胶状液。它是长期以来国内外广泛使用的一种性能良好的降滤失剂。一般可抗温度为 130~150℃，若加入抗氧剂可使其抗温能力有所提高。

3）钠羧甲基纤维素的降滤失机理

CMC 是在钻井液中电离生成长链的多价阴离子。其分子链上的羟基和醚氧基为吸附基团，而羧钠基为水化基团，羟基和醚氧基通过与黏土颗粒表面上的氧形成氢键或与黏土颗粒断键边缘上的 Al^{3+} 之间形成配位键从而使 CMC 能吸附在黏土上。而多个羧钠基通过水化使黏土颗粒表面水化膜变厚，黏土颗粒表面 ζ 电位的绝对值升高，负电量增加，从而阻止黏土颗粒之间因碰撞而聚结成大颗粒（护胶作用），并且多个黏土细颗粒会同时吸附在 CMC 的一条分子链上，形成布满整个体系的混合网状结构，从而提高了黏土颗粒的聚结稳定性，有利于保持钻井液中细颗粒的含量，形成致密的滤饼，且降低滤失量（图4-3）。此外，具有高黏度和弹性的吸附水化层对泥饼的堵孔作用和 CMC 溶液的高黏度也会在一定程度上起到降滤失的作用。

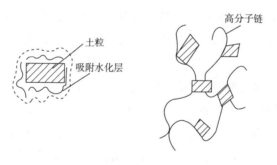

图4-3　CMC 在黏土颗粒上的吸附方式

近年来，在提高 CMC 的抗温、抗盐能力方面作了不少研究工作，在 CMC 的生产或使用过程中掺入了某些抗氧剂。例如常用的有机抗氧剂乙醇胺、苯胺、己二胺等，无机抗氧剂硫化钠、亚硫酸钠、硼砂、水溶性硅酸盐和硫磺等。

除 CMC 外，还有一些其他的纤维素类降滤失剂。如国外产品 Drispac 是一种相对分子质量较高的聚阴离子纤维素，容易分散在所有的水基钻井液中，从淡水直至饱和盐水钻井液均可适用。在低固相聚合物钻井液中，Drispac 能够显著地降低滤失量，减薄泥饼厚度，并对页岩水化具有较强的抑制作用。与传统的 CMC 相比，Drispac 的抗温性能和抗盐、钙性能都有明显的提高。据报导，Drispac 在国外的使用温度已达到204℃。我国近年来也研制和生产了聚阴离子纤维素，其抗盐、抗钙性能和增黏、降滤失能力均比 CMC 有所增强。

2. 腐植酸类

1）腐植酸的基本组成

腐植酸主要来源于褐煤。褐煤是煤的一种，其煤化程度高于泥炭，低于烟煤，其密度为 $0.8 \sim 1.38 g/cm^3$。褐煤中含有质量分数为 20%～80% 的腐植酸。

腐植酸的相对分子质量可从几百到几十万。一般认为黄腐植酸的相对分子质量为 300～400，棕腐植酸的相对分子质量为 $2 \times 10^3 \sim 2 \times 10^4$，黑腐植酸的相对分子质量为 $1 \times 10^4 \sim 1 \times 10^6$，目前尚未厘清腐植酸的结构，但可以确定腐植酸中含有多种含氧官能团，主要的官能团有羧基、酚羟基、醇羟基、醌基、甲氧基和羰基等，它们对腐植酸的性质和应用有很大影响。由于其中有较多可与黏土吸附的官能团，特别是邻位双酚羟基，同时又有水化作用较强的羧钠基等水化基团，使腐植酸钠不但具有很好的降滤失作用，还兼有降黏作用。

2）腐植酸的主要性质

腐植酸虽难溶于水，但由于含有羧基和酚羟基，其水溶液仍呈弱酸性。褐煤与烧碱反应生成的腐植酸钠易溶于水，但腐植酸钠的含量与所使用的烧碱浓度有关。如烧碱不足，则腐植酸不能全部溶解。但若烧碱过量，又会使腐植酸聚结沉淀，反而使腐植酸钠含量降低。因此，当使用褐煤碱液作降滤失剂时，必须将烧碱的浓度控制在合适的范围内。

由于腐植酸分子的基本骨架是碳链和碳环结构，因此其热稳定性很强。据报导，它在 232℃ 的高温下仍能有效地控制淡水钻井液的滤失量。

用褐煤碱液配制的钻井液在遇到大量钙侵时，腐植酸钠会与 Ca^{2+} 生成难溶的腐植酸钙沉淀而失效，此时应配合纯碱除钙，其用 Hm 表示腐植酸根，则反应式为：

$$Ca^{2+} + 2Hm \Longrightarrow Ca(Hm)_2 \downarrow$$

但如果是在用大量褐煤碱液处理的钻井液中加入适量的 Ca^{2+}，所生成的较少量的腐植酸钙胶状沉淀可使泥饼变得薄而韧，滤失量也相应地降低。同时对钻井液中的 Ca^{2+} 浓度有一定的缓冲作用，即当 Ca^{2+} 被黏土吸附时，会使以上反应的化学平衡向左移动，从而使钙处理钻井液中的 Ca^{2+} 保持足够的量。因此，褐煤—石膏钻井液和褐煤—氯化钙钻井液都具有抑制黏土水化膨胀，防止泥页岩井壁坍塌的作用。

3）常用的腐植酸类降滤失剂

（1）褐煤碱液（NaC）。

褐煤碱液又称为煤碱液，由经过加工的褐煤粉加适量烧碱和水配制而成，其中的主要有效成分为腐植酸钠。除了起降滤失作用外，还可兼作降黏剂使用。NaC 用做降失水剂使用时，浓度可配制得高一些；用做降黏剂时，浓度可适当降低。现场常用的配方为：褐煤:烧碱:水 = 15:（1～3）:（50～200）。

煤碱液降滤失量的机理为：含有多种官能团的阴离子型大分子腐植酸钠吸附在钻土颗粒表面形成吸附水化层，同时可提高黏土颗粒的 ζ 电位，从而增大颗粒聚结的机械阻力和静电斥力，提高钻井液的聚结稳定性，使其中的黏土颗粒保持为多级分散状态，并有相对较多的细颗粒。因此有利于形成致密的泥饼。此外，黏土颗粒上的吸附水化膜具有堵孔作用，可使泥饼更加致密。

煤碱液是利用天然原料配制的一种低成本的降滤失剂。

（2）硝基腐植酸钠。

用浓度为 3mol/L 的稀 HNO_3 与褐煤在 40 ~60℃下进行氧化和硝化反应，可制得硝基腐植酸，再用烧碱中和可制得硝基腐植酸钠。制备时，两者的配比为腐植酸∶$HNO_3 = 1∶2$。该反应使腐植酸的平均相对分子质量降低，羧基增多，并将硝基引入分子中。

硝基腐植酸钠具有良好的降滤失和降黏作用。其突出特点为：热稳定性高，抗温可达 200℃以上，抗盐能力比煤碱液明显增强，在含盐 20% ~30% 的情况下仍能有效地控制滤失量和黏度，其抗钙能力也较强，可用于配制不同 pH 值的石灰钻井液。

（3）铬腐植酸。

铬腐植酸是褐煤与 $Na_2Cr_2O_7$（或 $K_2Cr_2O_7$）反应后的生成物，反应时褐煤与 $Na_2Cr_2O_7$ 的质量比为 3∶1 或 4∶1。在 80℃以上的温度下，分别发生氧化和螯合两步反应。氧化作用可使腐植酸的亲水性增强，同时 $Cr_2O_7^{2-}$ 还原成 Cr^{3+}。然后再与氧化腐植酸或腐植酸进行螯合。铬腐植酸在水中有较大的溶解度，其抗盐、抗钙能力也比腐植酸钠强。

铬腐植酸可在井下高温条件下通过在煤碱液处理的钻井液中加重铬酸钠转化而制得。实验表明，铬腐植酸既有降滤失作用，又有降黏作用。特别是它与铁铬盐配合使用时（常用配比为铬褐煤∶铁铬盐 =1∶2），有很好的协同效应。据报导，由铁铬盐、铬腐植酸和表面活性剂（如 P – 30 或 Spsn – 80 等）组成的钻井液具有很高的热稳定性和较好的防塌效果，曾在 6280 m 的高温深井（井底温度为 235℃）和易塌地层中使用，且效果良好。

（4）磺甲基褐煤（SMC）。

褐煤与甲醛、Na_2SO_3（或 $NaHSO_3$）在 pH 为 8 ~11 的条件下进行磺甲基化反应，可制得磺甲基褐煤。所得产品进一步用 KCr_2O_7 进行氧化和螯合，生成的磺甲基腐植酸铬的降滤失效果更好。

由于引入了磺甲基水化基团，与煤碱液相比，磺甲基褐煤的降滤失效果进一步增强。磺甲基褐煤是我国用于深井的"三磺"钻井液处理剂之一。其主要优点是具有很强的热稳定性，在 200~230℃的高温下能有效地控制淡水钻井液的滤失量和黏度。其缺点是抗盐效果较差，在 200℃单独使用时，抗盐不超过 3%。但与磺甲基酚醛树脂配合处理时，磺甲基褐煤的抗盐能力可大大提高。

在腐植酸类处理剂中，还有防塌效果较好的 K21，其中含有质量分数约为 55% 的硝基腐植酸钾，腐植酸钾也可用于防塌钻井液体系。此外，由腐植酸与液氮反应制得的腐植酸酰胺可用做油包水乳化钻井液的辅助乳化剂。

3. 丙烯酸类聚合物

丙烯酸类聚合物是低固相聚合物钻井液的主要处理剂类型之一，制备这类聚合物的主要原料有丙烯腈、丙烯酰胺、丙烯酸和丙烯磺酸等。根据所引入官能团、相对分子质量、水解度和所生成盐类的不同，可合成一系列钻井液处理剂。本小节仅就较为常用的降滤失

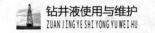
剂水解聚丙烯腈及其盐类、PAC 系列产品和丙烯酸盐 SK 系列产品作出分析。

1）水解聚丙烯腈

聚丙烯腈是制造腈纶（人造羊毛）的合成纤维材料，目前用于钻井液的主要是腈纶废丝经碱水解后的产物，外观为白色粉末，密度为 $1.14 \sim 1.15 g/cm^3$，代号 HPAN。聚丙烯腈是一种由丙烯腈（$CH_2 = CHCN$）合成的高分子聚合物。其结构式为：

$$\left[\begin{array}{c} -CH_2-CH- \\ | \\ CN \end{array} \right]_n$$

式中的 n 为平均聚合度，约为 $235 \sim 3760$，一般产品的平均相对分子质量为 $12.5 \times 10^4 \sim 20 \times 10^4$。聚丙烯腈不溶于水，不能直接用于处理钻井液。只有经过水解生成水溶性的水解聚丙烯腈之后，才能在钻井液中起降滤失作用。由于水解时所用的碱、温度和反应时间不同，最后所得的产物及其性能也会有所差别。

在温度为 $95 \sim 100℃$ 的环境下，聚丙烯腈在 NaOH 溶液中容易发生水解，生成的水解聚丙烯腈常用代号 Na—HPAN 表示。水解反应式可表示如下：

$$\left[\begin{array}{c} -CH_2-CH- \\ | \\ CN \end{array} \right]_n + xNaOH + yH_2O \longrightarrow \left[\begin{array}{c} -CH_2-CH- \\ | \\ COONa \end{array} \right]_x \left[\begin{array}{c} -CH_2-CH- \\ | \\ CONH_2 \end{array} \right]_y$$

聚丙烯酸钠　　　　　　聚丙烯酰胺

$$\left[\begin{array}{c} -CH_2-CH- \\ | \\ CN \end{array} \right]_z xNH_3 \uparrow$$

聚丙烯腈

$$(n = x + y + z)$$

由上式可见，水解聚丙烯腈可看做是聚丙烯酸钠、聚丙烯酰胺和丙烯腈的三元共聚物。水解反应后产物中的丙烯酸钠单元和丙烯酰胺单元的总和与原料的平均聚合度之比 $(x + y)／(x + y + z)$ 称为该水解产物的水解度。其分子链中的腈基（—CN）、和酰胺基（—$CONH_2$）为吸附基团，羧钠基（—COONa）为水化基团。腈基在井底的高温和碱性条件下，通过水解可转变为酰胺基，进一步水解则转变为羧钠基。因此，在配制水解聚丙烯腈钻井液时，可以少加一点烧碱，以便保留一部分酰胺基和腈基，使吸附基团与水化基团保持合适的比例。实际使用经验也证明，水解聚丙烯腈的水解接近完全时，降滤失性能会有所下降。所加入的聚丙烯腈与烧碱之比一般量高时为 2.5:1，最低时为 1:1。

水解聚丙烯腈处理钻井液的性能主要取决于聚合度和分子中的羧钠基与酰胺基之比（即水解程度）。聚合度较高时，降滤失性能比较强，并可增加钻井液的黏度和切力。而聚合度较低时，降滤失和增黏作用均会相应减弱。为了保证水解聚丙烯腈的降滤失效果，羧钠基与酰胺基之比最好控制在（2:1）~（4:1）。

由于 Na – HPAN 分子的主链为 C—C 键，还带有热稳定性很强的腈基，因此可抗 $200℃$ 以上高温。该处理剂的抗盐能力也较强，但抗钙能力较弱。当 Ca^{2+} 浓度过大时，会产生絮状沉淀。

除 Na–HPAN 外，目前常用的同类产品还有水解聚丙烯腈钙盐（Ca–HPAN）和聚丙烯腈铵盐（NH₄–HPAN）。Ca–HPAN 具有较强的抗盐、抗钙能力，在淡水钻井液和海水钻井液中都有良好的降滤失效果。NH₄–HPAN 除了降滤失作用外，还具有抑制黏土水化分散的作用，因此常用作页岩抑制剂。

2）PAC 系列产品

PAC 系列产品是指各种复合离子型的聚丙烯酸盐（PAC）聚合物，实际上是具有不同取代基的乙烯基单体及其盐类的共聚物，并通过在高分子链节上引入不同含量的羧基、羧钠基、羧胺基、酰胺基、腈基、磺酸基和羟基等共聚而成。该系列产品主要用于聚合物钻井液体系。由于各种官能团的协同作用，该类聚合物在各种复杂地层和不同的矿化度、温度条件下均能发挥其作用。只要调整好聚合物分子链节中各官能团的种类、数量、比例、聚合度及分子构型，就可设计和研制出一系列的处理剂，以满足降滤失、增黏和降黏等要求。PAC 系列产品中，应用较广的是 PAC141、PAC142 和 PAC143 共 3 种产品。

PAC 141 是丙烯酸、丙烯酰胺、丙烯酸钠和丙烯酸钙的四元共聚物。它在降滤失的同时，还兼有增黏作用，并且还能调节流型，改进钻井液的剪切稀释性能。该处理剂能抗 180℃的高温，抗盐可达饱和。

PAC 142 是丙烯酸、丙烯酰胺、丙烯腈和丙烯磺酸钠的共聚物。在降滤失的同时，其增黏幅度比 PAC141 小。PAC142 主要在淡水、海水和饱和盐水钻井液中用作降滤失剂。在淡水钻井液中，其推荐加量为 0.2% ~0.4%。在饱和盐水钻井液中，推荐加量为 1.0% ~1.5%。

PAC143 是由多种乙烯基单体及其盐类共聚而成的水溶性高聚物，其相对分子质量为 $150 \times 10^4 \sim 200 \times 10^4$，分子链中含有羧基、羧钠基、羧钙基、酰胺基、腈基和磺酸基等多种官能团。该产品是各种矿化度的水基钻井液的降滤失剂，并且能抑制泥页岩水化分散。PAC143 在淡水钻井液中的推荐加量为 0.2% ~0.5%。在海水和饱和盐水钻井液中，推荐加量为 0.3% ~2%。

3）丙烯酸盐 SK 系列产品

丙烯酸盐 SK 系列产品为丙烯酸盐的多元共聚物。其外观为白色粉末，易溶于水，水溶液虽碱性，主要用作聚合物钻井液的降滤失剂。但不同型号的产品在性能上有所区别。例如，SK–1 可用于无固相完井液和低固相钻井液，在配合用 NaCl、CaCl₂ 等无机盐加重的过程中，主要起降滤失和增黏的作用。SK–2 具有较强的抗盐、抗钙能力，是一种不增黏的降滤失剂。SK–3 主要用于当聚合物钻井液受到无机盐污染后，作为降钻剂，同时可改善钻井液的热稳定性，降低高温高压滤失量。

4. 树脂类

树脂类类产品是以酚醛树脂为主体，经磺化或引入其他官能团而制得的。其中磺甲基酚醛树脂是最常用的产品。

1）磺甲基酚醛树脂

磺甲基酚醛树脂（SMP–1，SMP–2）是一种抗高温降滤失剂。其合成路线为：

先在酸性条件（pH＝3~4）下使甲醛与苯酚反应，生成线型酚醛树脂。再在碱性条件下加入磺甲基化试剂进行分步磺化。通过适当控制反应条件，可得到磺化度较高和相对分子质量较大的产品。

磺甲基酚醛树脂的另一种合成路线为：

将苯酚、甲醛、亚硫酸钠和亚硫酸氢钠一次投料，在碱催化条件下，缩合和磺化反应同时进行，最后生成磺甲基酚醛树脂。其反应式为：

$$\text{OH}\ \bigcirc\ +HCHO+\begin{matrix}NaHSO_3\\Na_2SO_3\end{matrix}$$

$$\xrightarrow[\text{97℃回流}]{OH^-}\ HOCH_2-\left[\begin{matrix}OH\\\bigcirc\\CH_2SO_3Na\end{matrix}CH_2\right]-OH+nH_2O$$

磺甲基酚醛树脂分子的主链由亚甲基桥和苯环组成，又引入了大量磺酸基，故热稳定性强，可抗180~200℃的高温。因引入磺酸基的数量不同，抗无机电解质的能力会有所差别。目前使用量很大的SMP–1型产品可用于矿化度小于$1\times10^5\,mg/L$的钻井液，而SMP–2型产品可抗盐至饱和，抗钙也可达$2000\,mg/L$，是主要用于饱和盐水钻井液的降滤失剂。此外，磺甲基酚醛树脂还能改善滤饼的润滑性，对井壁也有一定的稳定作用。其加量通常在3%~5%之间。

2）磺化木质素磺甲基酚醛树脂缩合物（SLSP）

该产品是磺化木质素与磺甲基酚醛树脂的缩合物，代号为SLSP。合成SLSP的反应一般分两步进行。首先合成磺甲基酚醛树脂，其原料和反应步骤与前文所述相一致，第二步再与磺化木质素缩合得到SLSP。

SLSP与磺甲基酚醛树脂有相似的优良性能，但在原来树脂的基础上引入了一部分磺化木质素。所以SLSP在降低钻井液滤失量的同时，还有优良的稀释特性。该产品的投产有助于解决造纸废液引起的环境污染问题，生产成本也有所下降。缺点是该产品在钻井液中比较容易起泡，必要时需配合加入消泡剂。

3）磺化褐煤树脂

磺化褐煤树脂是褐煤中的某些官能团与酚醛树脂通过缩合反应所制得的产品。在缩合反应过程中，为了提高钻井液的抗盐、抗钙和抗温能力，还使用了一些聚合物单体或无机盐进行接枝和交联。该类降滤失剂中比较典型的产品有国外常用的Resinex和国内常用的SPNH。

Resinex是自20世纪70年代后期以来国外常用的一种抗高温降滤失剂，由50%的磺化褐煤和50%的特种树脂组成。产品外观为黑色粉末，易溶于水，与其他处理剂有很好的相容性。据报导，Resinex 在盐水钻井液中的抗温可达 230℃，抗盐可达 1.1×10^5 mg/L。在含钙量为 2000mg/L 的情况下，Resinex 仍能保持钻井液性能稳定，并且在降滤失的同时，基本上不会增大钻井液的黏度，在高温下不会发生胶凝。因此，Resinex 特别适于在高密度深井钻井液中使用。

SPNH 是以褐煤和腈纶废丝为主要原料，通过采用接枝共聚和磺化的方法制得的一种含有羟基、羰基、亚甲基、磺酸基、羧基和腈基等多种官能团的共聚物。SPNH 主要起降滤失作用，但同时还具有一定的降黏作用。其抗温和抗盐、抗钙能力均与 Resinex 相似。总的来看，SPNH 的性能优于同类的其他磺化处理剂。

5. 淀粉类

淀粉的结构与纤维素相似，也属于碳水化合物．是最早使用的钻井液降滤失剂之一。淀粉从谷物或玉米中分离出来，在 50℃ 以下不溶于水，温度超过 55℃ 以上开始溶胀，直至形成半透明凝胶或胶体溶液。加碱也能使其迅速而有效地溶胀。淀粉的其他化学性质与纤维素相似，同样可以进行磺化、醚化、羧甲基化、接枝和交联反应，从而制得一系列改性产品。

在某些钻井液中，加入淀粉不仅可以降低滤失量，而且还有助于提高钻井液中钻土颗粒的聚结稳定性。淀粉在淡水、海水和饱和盐水钻井液中均可使用。经过预先胶化的淀粉，在加热时会导致外部的支链壳破裂，于是释放出内部的直链淀粉。直链淀粉更易吸水膨胀，形成类似于海绵的囊状物。因此，淀粉的降滤失机理一方面是其通过吸收水分减少钻井液中的自由水；另一方面是形成的囊状物可进入泥饼的细缝中，从而堵塞水的通路，进一步降低了泥饼的渗透性。

淀粉在使用过程中，钻井液的矿化度最好大一些，并且 pH 值最好大于 11.5，否则淀粉容易发酵变质。若这两个条件均不具备时，可在钻井液中加入适量的防腐剂。在高温下，淀粉容易降解，降滤失效果变差。如果温度超过 120℃，淀粉则会完全降解、失效，故其不能用于深井或超深井中。由于高矿化度体系对细菌侵蚀有抑制作用，因此国内外在温度较低、矿化度较高的环境下，已广泛使用淀粉作为降滤失剂。在饱和盐水钻井液中，淀粉也是经常使用的一种降滤失剂。

羧甲基淀粉是淀粉的改性产品，代号为 CMS。在碱性条件下，淀粉与氯乙酸发生醚化反应即制得羧甲基淀粉。从现场试验情况看，CMS 降滤失效果好，而且作用速度快，在提黏方面对塑性黏度影响小，对动切力影响大，因而有利于携带钻屑。并且由于淀粉价格便宜，因此选用它作降滤失剂可降低钻井液成本。在钻盐膏层时，CMS 可使钻井液性能稳定，滤失量低，并具有防塌作用。改性淀粉更适于在盐水钻井液中应用，尤其在饱和盐水钻井液中效果最好。

羟丙基淀粉的代号为 HPS。在碱性条件下，淀粉与环氧乙烷或环氧丙烷发生醚化反应，便可制得羟乙基淀粉或羟丙基淀粉。由于这种改性淀粉的分子链节上引入了羟基，其水溶性、增黏能力和抗微生物作用的能力都得到了显著的改善。羧丙基淀粉为非离子型高分子，对高价阳离子不敏感，抗盐、抗钙污染能力很强，在处理 Ca^{2+} 污染的钻井液时，比 CMC 效果更好。HPS 可与酸溶性暂堵剂 QS－2 等配制成无黏土相暂堵型钻井液，有利于保护油气层。在阳离子型或两性离子型聚合物钻井液中，HPS 可有效地降低钻井液的滤失量。此外，HPS 在固井、修井作业中可用来配制前置隔离液和修井液等。

抗温淀粉 DFD－140 是一种白色或淡黄色的颗粒，分子链节上同时含有阳离子基团和非离子基团，而不含阴离子基团。DFD－140 抗温性能较好，在4% 盐水钻井液中140 ℃环境下仍可保持稳定，在饱和盐水钻井液中130 ℃环境下可保持稳定。并且 DFD－140 可与几乎所有水基钻井液体系和处理剂相配伍。

降滤失剂的种类和品种很多，性能和生产成本也各不相同，在进行钻井液配方设计时，必须根据地层情况和钻井的要求，合理选用降滤失剂。还有一些近年来研制的较新产品，如阳离子聚合物降滤失剂和两性离子聚合物降滤失剂等，将在后文中进行具体分析。

【任务实施】

任务1　配制烧碱溶液操作

一、训练目标

掌握烧碱的物理、化学性质及烧碱溶液的配制，熟悉其在钻井液中的作用。

二、训练准备

（1）穿戴好劳保用品。

（2）检查配药罐容积、标记是否完好，搅拌机、阀门是否符合要求。

（3）准备充足的烧碱和水。

（4）理解配制原理，熟记配制步骤。

三、训练内容

（一）实训方案

配制烧碱溶液的实训方案如表4-2所示。

表4-2　配制烧碱溶液的实训方案

序号	项目名称	教学目的及重点
1	计算欲配制一定质量浓度与体积的烧碱溶液所需要的纯烧碱的量和水的体积	掌握配制一定质量浓度与体积的烧碱溶液所需要的纯烧碱的量和水的体积计算公式
2	配制烧碱步骤及技术要求	掌握配制烧碱溶液的常规操作步骤
3	配制烧碱溶液设备的正确使用	掌握配制烧碱溶液设备的使用
4	异常操作	分析原因，掌握配制烧碱溶液的方法
5	正常操作	掌握配制烧碱溶液的正常操作方法

（二）正常操作要领

配制烧碱溶液的正常操作要领如表4-3所示。

表4-3　配制烧碱溶液的正常操作要领

序号	操作项目	调节方法
1	搅拌机的使用	（1）启动搅拌机时，搅拌速度由慢到快 （2）关闭搅拌机时，搅拌机速度由快到慢
2	配浆步骤及技术要求	操作步骤： （1）计算欲配制质量浓度与体积的烧碱溶液所需要的纯烧碱的量和水的体积 （2）加入已计算好的纯固体烧碱量，再加入适量的水使固体烧碱溶解 （3）开动搅拌机进行搅拌 （4）补充水至计算所需水量，待搅拌好后切断电源 技术要求： （1）敲砸烧碱时必须穿戴好劳保用品，以防灼伤，有原包装的可直接砸碎，无包装的要盖上草袋等物品再砸，但是砸时不能用力过猛，以防碎块飞溅伤人 （2）开动搅拌机时，要等搅拌机运转正常后方能离开

四、考核建议

为了准确的评价本课程的教学质量和学生的学习效果，体现注重学生职业能力培养的教学目标，建议本课程的各个环节进行考核，以便对学生作出公正、准确的评价。建立过程考评（任务考评）与期末考评（课程考评）相结合的方法，强调过程考评的重要性。过程考评占60%，期末考评占40%。考核评价方式如表4-4所示。

表4-4　考核评价表

	评价内容	分值	权重
过程评价	处理剂作用机理知识考核（理解和掌握）	20	60%
	加配制烧碱溶液实训操作考核（技能水平、操作规范）	40	
	方法能力考核（制定计划或报告能力）	15	
	职业素质考核（"5S"与出勤执行情况）	15	
	团队精神考核（团队成员平均成绩）	10	
期末考评	期末理论考试（联系生产实际问题、职业技能证书考核中"应知"内容）	100	40%

任务2　配制大分子PHP胶液

一、训练目标

掌握PHP性质及其胶液配制，熟悉其在钻井液中作用。

二、训练准备

（1）准备一套配药罐，备足固体PHP。

（2）检查搅拌机运转是否正常。

（3）配药罐上接加水管线。

三、训练内容

（一）实训方案

配制大分子PHP胶液的实训方案如表4-5所示。

表4-5　配制大分子 PHP 胶液的实训方案

序号	项目名称	教学目的及重点
1	计算据欲配制 PHP 胶液的质量浓度和配液量，计算 PHP 干粉用量	掌握配一定质量浓度与体积的 PHP 胶液所需要的 PHP 干粉用量和水的体积计算公式
2	配制 PHP 胶液步骤及技术要求	掌握配制 PHP 胶液的常规操作步骤
3	配制 PHP 胶液设备的正确使用	掌握配制 PHP 胶液设备的使用方法
4	异常操作	分析原因，掌握配制 PHP 胶液的方法
5	正常操作	掌握配制 PHP 胶液的正常操作方法

（二）正常操作要领

配制大分子 PHP 胶液的正常操作要领如表4-6所示。

表4-6　配制大分子 PHP 胶液的正常操作要领

序号	操作项目	调节方法
1	搅拌机的使用	（1）启动搅拌机时，搅拌速度由慢到快 （2）关闭搅拌机时，搅拌机速度由快到慢
2	配浆步骤及技术要求	操作步骤： （1）根据欲配 PHP 胶液的质量浓度和配液量，计算 PHP 干粉用量 （2）注入配药罐所需的水量 （3）开动搅拌机，使之运转正常，并缓慢加入所需 PHP 干粉 （4）充分搅拌使 PHP 完全溶解后，停止使用搅拌机 技术要求： （1）加 PHP 干粉时必须均匀缓慢加入，防止因 PHP 结块而不溶解 （2）配药罐应具有容积刻度

四、考核建议

为了准确的评价本课程的教学质量和学生的学习效果，体现注重学生职业能力培养的教学目标，建议本课程的各个环节进行考核，以便对学生作出公正、准确的评价。建立过程考评（任务考评）与期末考评（课程考评）相结合的方法，强调过程考评的重要性。过程考评占60%，期末考评占40%。考核评价方式如表4-7所示。

表4-7　考核评价表

	评价内容	分值	权重
过程评价	处理剂作用机理知识考核（理解和掌握）	20	60%
	加配制 PHP 胶液实训操作考核（技能水平、操作规范）	40	
	方法能力考核（制定计划或报告能力）	15	
	职业素质考核（"5S"与出勤执行情况）	15	
	团队精神考核（团队成员平均成绩）	10	
期末考评	期末理论考试（联系生产实际问题、职业技能证书考核中"应知"内容）	100	40%

任务3　处理剂操作实训

一、训练内容

表4-8所示为分散型三磺钻井液的推荐配方及性能，试说明配方中各组分的功用。

表4-8　分散型三磺钻井液的推荐配方及性能

基本配方		可达到的性能	
材料名称	加量/（kg/m³）	项目	指标
膨润土	80~150	密度/（g/m³）	1.15~2.00
纯碱	5~8	漏斗黏度/s	30~60
磺化褐煤	30~50	API滤失量/mL	≤5
磺化栲胶	5~15	HTHP滤失量/mL	≈15
磺化酚醛树脂	30~50	泥饼/mm	0.5~1
SLSP	40~60	塑性黏度/（mPa·s）	10~15
红矾钾（或钠）	2~4	动切力/Pa	3~8
CMC低黏	10~15	静切力（初/终）/Pa	0~5或2~15
Span-80	3~5	pH值	≥10
润滑剂	5~15	含砂量/%	0.5~1
烧碱	≈3		
重晶石	视需要而定		
各类无机盐	视需要而定		

二、考核建议

为了准确的评价本课程的教学质量和学生的学习效果，体现注重学生职业能力培养的教学目标，建议本课程的各个环节进行考核，以便对学生作出公正、准确的评价。建立过程考评（任务考评）与期末考评（课程考评）相结合的方法，强调过程考评的重要性。过程考评占60%，期末考评占40%。考核评价方式如表4-9所示。

表4-9　考核评价表

	评价内容	分值	权重
过程评价	处理剂作用机理知识考核（理解和掌握）	60	60%
	处理剂功用掌握程度考核（制定计划或报告能力）	15	
	职业素质考核（"5S"与出勤执行情况）	15	
	团队精神考核（团队成员平均成绩）	10	
期末考评	期末理论考试（联系生产实际问题、职业技能证书考核中"应知"内容）	100	40%

【拓展提高】

一、页岩抑制剂

处理剂在钻井液中所起的作用主要有两个方面：一是维持钻井液性能稳定；二是保

持井壁稳定。凡是有效抑制页岩水化膨胀和分散，主要起稳定井壁作用的处理剂均可称做页岩抑制剂，又称防塌剂。本节简要介绍几种重要的有机防塌剂。

1. 沥青类

沥青是原油精炼后的残留物。将沥青进行一定的加工处理后，可制成钻井液用的沥青类页岩抑制剂，其主要产品有以下几种。

1）氧化沥青

氧化沥青是将沥青加热并通入空气进行氧化后制得的产品。沥青经氧化后，沥青质含量增加，胶质含量降低。在物理性质上表现为软化点上升。氧化沥青为黑色均匀分散的粉末，难溶于水，多数产品的软化点为 150 ~160℃，细度为通过 60 目筛的部分占总量的85%。氧化沥青主要在水基钻井液中用作页岩抑制剂，并兼有润滑作用，一般加量为总质量的1%~2%。此外，氧化沥青还可分散在油基钻井液中起增黏和降滤失作用。

氧化沥青的防塌作用主要是一种物理作用。它能够在一定的温度和压力下软化变形，从而封堵裂隙，并在井壁上形成一层致密的保护膜。在软化点以内，随着温度升高，氧化沥青的降滤失能力和封堵裂隙能力会随之增强，稳定井壁的效果也会增强。但超过软化点后，在正压差作用下，会使软化后的沥青流入岩石裂隙深处，因而不能再起封堵作用，稳定井壁的效果变差。因此，在选用氧化沥青时，软化点是一个重要的指标。应使其软化点与所处理井段的井温相近，软化点过低或过高都会使处理效果大为降低。

2）磺化沥青

目前使用的磺化沥青实际上是磺化沥青的钠盐，代号为 SAS。它是常规沥青用发烟 H_2SO_4 或 SO_3，进行磺化后制得的产品。沥青经过磺化，引入了水化性能很强的磺酸基，使之从不溶于水变为可溶于水。磺化时应控制产品中含有的水溶性物质约占70%，既溶于水又溶于油的部分约占40%。磺化沥青为黑褐色膏状胶体或粉剂，软化点高于80 ℃，密度约为 $1g/cm^3$。

磺化沥青的防塌机理为：磺化沥青中由于含有磺酸基，水化作用很强，当其吸附在页岩晶层断面上时，可阻止页岩颗粒的水化分散。同时，不溶于水的部分又能起到填充孔喉和裂缝的封堵作用，并可覆盖在页岩表面，改善泥饼质量。但随着温度的升高，磺化沥青的封堵能力会有所下降。磺化沥青还在钻井液中起润滑和降低高温高压滤失量的作用，是一种多功能的有机处理剂。

3）天然沥青和改性沥青

国内外将天然沥青和各种化学改性沥青产品用于稳定井壁已有多年的历史。不同沥青类产品稳定井壁的机理不同。沥青粉的主要作用机理为：在钻遇页岩之前，向钻井液中加入该物质，当钻遇页岩地层时，若沥青的软化点与地层温度相匹配，则在井筒内正压差作用下，沥青产品会发生塑性流动，并挤入页岩孔隙、裂缝和层面，封堵地层层理与裂隙，提高对裂缝的粘结力，在井壁处形成具有护壁作用的内、外泥饼。其中，外泥饼与地层之间有一层致密的保护膜，使外泥饼难以被冲刷掉，从而可阻止水进入地层，起到稳定井壁的作用。

此外，为了提高封堵与抑制能力，可将沥青类产品与其他有机物进行缩合，如磺化沥青与腐植酸钾的缩合物 KAHM，俗称高改性沥青粉，在各类水基钻井液中均有很好的防塌效果。

2. 钾盐腐植酸类

腐植酸的钾盐、高价盐及有机硅化物等均可用作页岩抑制剂，其产品有腐植酸钾、硝基腐植酸钾、磺化腐植酸钾、有机硅腐植酸钾、腐植酸钾铝、腐植酸铝和腐植酸硅铝等。其中，腐植酸钾盐的应用更为广泛。

1）腐植酸钾

腐植酸钾（KHm）是以褐煤为原料，用 KOH 进行提取而制得的产品。腐植酸钾外观为黑褐色粉末，易溶于水，水溶液的 pH 值为 9~10。主要用作淡水钻井液的页岩抑制剂，并兼有降黏和降滤失作用。抗温能力为 180℃，一般加量为 1%~3%。

2）硝基腐植酸钾

硝基腐植酸钾是用 HNO_3 对褐煤进行处理后，再用 KOH 中和提取而制得的产品。外观为黑褐色粉末，易溶于水，水溶液的 pH 值为 8~10。硝基腐植酸钾的性能与腐植酸钾相似。其与磺化酚醛树脂的缩合物是一种无荧光防塌剂，代号为 MHP，适于在探井中使用。

3）K2l

防塌剂 K21 是硝基腐植酸钾、特种树脂、三羟乙基酚和磺化石蜡等的复配产品。为黑色粉末，易溶于水，水溶液呈碱性。是一种常用的页岩抑制剂，具有较强的抑制页岩水化的作用，并能降黏和降低滤失量，抗温可达 180℃。

页岩抑制剂类产品还有许多。例如，各种聚合物类和聚合醇类有机处理剂，硅酸盐类、钾盐类、铵盐类和正电胶等无机处理剂都是性能优良的页岩抑制剂。

二、增黏剂

增黏剂均为高分子聚合物，由于其分子链很长，在分子链之间容易形成网状结构，因此能显著提高钻井液的黏度。增黏剂可兼作页岩抑制剂（包被剂）、降滤失剂及流型改进剂，还有利于井壁稳定。

1. XC 生物聚合物

XC 生物聚合物适用于淡水、盐水和饱和盐水钻井液的高效增黏剂。XC 生物聚合物可产生较高黏度，并兼有降滤失作用。XC 特点是具有优良的剪切稀释性能，能够有效地改进流型（即增大动塑比，降低 n 值），其抗温可达 120℃。

2. 羟乙基纤维素

羟乙基纤维素（代号 HEC）是一种水溶性的纤维素衍生物。外观为白色或浅黄色固体粉末。它无嗅、无味、无毒，溶于水后可形成黏稠的胶状液。羟乙基纤维素的特点为增黏的同时不会增加切力，因此在钻井液切力过高致使开泵困难时常被选用。其抗温可达 107~121℃。

三、堵漏剂

为了处理井漏，在现场还需使用各种类型的堵漏剂，通常将其分为以下3种类型。

1. 纤维状堵漏剂

常用的纤维状堵漏剂有棉纤维、木质纤维、甘蔗渣和锯末等。由于这些材料的刚度较小，因而容易被挤入发生漏失的地层孔洞中。如果有足够多的此类材料进入孔洞，就会产生很大的摩擦阻力，从而起到封堵作用。但如果裂缝太小，纤维状堵漏剂无法进入，则只能在井壁上形成假泥饼，一旦重新循环钻井液，假泥饼就会被冲掉，起不到堵漏作用。因此，必须根据裂缝大小选择合适的纤维状堵漏剂的尺寸。

2. 薄片状堵漏剂

薄片状堵漏剂有塑料碎片、赛璐路粉、云母片和木片等。这些材料可以干铺在地层表面，从而堵塞裂缝。若薄片状堵漏剂强度足以承受钻井液的压力，则能形成致密的泥饼。若强度不足，则会被挤入裂缝。在这种情况下，其封堵作用则与纤维状材料相似。

3. 颗粒状堵漏剂

颗粒状堵漏剂主要指坚果壳（即核桃壳）和具有较高强度的碳酸盐岩石颗粒。这类材料大多是通过挤入孔隙而起到堵漏作用的。

堵漏剂种类繁多。与其他类型处理剂不同的是，大多数堵漏剂不是专门生产的规范产品，而是根据就地取材的原则选用的。堵漏剂的堵漏能力一般取决于它的种类、尺寸和加量。根据试验结果，不同堵漏剂的堵漏能力如表4-10所示。

表4-10　各种堵漏剂的堵漏能力

堵漏剂名称	形状	尺　寸	质量浓度/（kg/m³）	最大堵塞缝隙/mm
坚果壳	颗粒状	5mm~10 号筛目占50%	57	5.20
坚果壳	颗粒状	10~16 号筛目占50%	57	3.18
塑料碎片	颗粒状	30~100 号筛目占50%	57	5.20
石灰石粉	颗粒状	10~100 号筛目占50%	114	3.18
硫矿粉	颗粒状	10~100 号筛目占50%	980	3.18
多孔珍珠岩	颗粒状	5mm~16 号筛目占50%	172	2.69
赛璐路粉	薄片状	19mm	23	2.69
锯末	纤维状	6mm	29	2.69
树皮	纤维状	13mm	29	2.69
干草	纤维状	12.5mm	29	2.69
棉子皮	颗粒状	粉末	29	1.53
赛璐路粉	薄片状	13mm	23	1.42
木屑	纤维状	6mm	23	0.91
锯末	纤维状	1.6mm	57	0.43

一般来讲，地层缝隙越大、漏速越大时，堵漏剂的加量亦应越大。纤维状和薄片状堵

漏剂的加量一般不应超过 5% 。为了提高堵塞能力，往往将各种类型和尺寸的堵漏剂混合加入，但各种材料的比例要掌握适当。

【思考题与习题】

一、填空题

1. 使用（　　　）可提高钻井液的黏度和切力。

2. 某钻井液呈酸性，此钻井液的 pH 值范围是（　　　）。

3. 水解聚丙烯晴的降滤失作用与其聚合度和水解度有关，聚合度较高、水解度在（　　　）时降滤失效果较好。

4. 在空气中 NaOH 变成 Na_2CO_3 的原因是（　　　）。

二、简答题

1. 膨润土在钻井液中起何作用？

2. 抗盐黏土矿物有哪些类型？它们主要用于何种钻井液？

3. 什么是有机土？它是如何制备的？

4. 欲配制密度为 $1.04g/cm^3$ 的基浆 $100m^3$，试计算膨润土和水的用量。

5. 使用 API 重晶石粉将 $180m^3$ 密度为 $1.08g/cm^3$ 的钻井液加重至密度为 $1.25g/cm^3$。若加重后钻井液总体积仍限制在 $180\ m^3$，试计算：

（1）加重前应废弃多少立方米钻井液？

（2）需加入多少千克重晶石粉？

6. 我国的钻井液处理剂按其功能是如何分类的？试写出常见的降滤失剂、增黏剂和降黏剂各 3 种。

7. 磺甲基酚醛树脂是以那些物质为原料生产的，写出制备该产品时的化学反应式。

8. 分别以单宁酸钠和 CMC 为例，阐述降黏剂和降滤失剂的一般作用原理。

9. 试写出聚丙烯酰胺发生部分水解时的水解反应式，并注明水解产物中的吸附基团和水化基团。

学习情景5　水基和油基钻井液体系

【学习目标】

能力目标：

（1）能熟练配制分散钻井液和加重钻井液，并能处理和维护分散钻井液和加重钻井液性能，能进行分散钻井液受侵后的调控和处理。

（2）能熟练配制钙处理钻井液，并能使用和维护钙处理钻井液。

（3）能熟练配制盐水钻井液，并能使用和维护维护盐水钻井液。

（4）能熟练配制聚合物钻井液，并能使用和维护聚合物钻井液。

（5）能熟练配制高温深井钻井液，并能使用和维护高温深井钻井液。

（6）能熟练配制正电胶钻井液，并能使用和维护正电胶钻井液。

（7）能配制、使用、处理维护超深井钻井液。

（8）能熟练配制油基钻井液，并能使用和维护油基钻井液。

（9）能配制使用与维护定向井钻井液。

知识目标：

（1）掌握分散钻井液的配制计算、性能维护和受侵处理方法。

（2）掌握钙处理钻井液的特点，钙处理钻井液的配制、使用和性能维护方法。

（3）掌握盐水钻井液的特点，盐水钻井液的配制、使用和性能维护方法。

（4）掌握聚合物钻井液的特点，聚合物钻井液的配制、使用和性能维护方法。

（5）掌握正电胶钻井液的特点，正电胶钻井液的配制、使用和性能维护方法。

（6）掌握高温深井钻井液的特点，高温深井钻井液的配制、使用和性能维护方法。

（7）掌握油基钻井液的特点，油基钻井液的配制、使用和性能维护方法。

素质目标：

（1）具有吃苦耐劳、爱岗敬业的职业意识。

（2）能独立使用各种媒介完成学习任务，具有自主学习能力。

（3）具备分析解决问题、接受及应用新技术的能力，以及与生产实践相关的方法能力。

（4）能反思、改进工作过程，能运用专业词汇和同学、老师讨论工作过程中的各种问题。

（5）具有团队合作精神、沟通能力及语言表达能力。

（6）具有自我评价和评价他人的能力。

【任务描述】

钻井液的配制是钻井过程必须掌握的操作，利用分散钻井液浆配制计算公式，加重钻井液配制计算公式及处理剂加量的计算公式进行用料计算，让学生学会配制分散钻井液，加重钻井液及各类钻井液体系的配制。本项目所针对的工作内容主要是配制分散钻井液，加重钻井液和其他类型钻井液体系的计算和操作，具体包括：分散钻井液，加重钻井液及其他钻井液体系的配制原理、配制操作流程、主要设备的结构特点及其操作管理，培养学生分析和解决配制过程中常见实际问题的能力。本项目所针对的工作内容主要是钻井液分散体系，具体包括：分散钻井液，钙处理钻井液，盐水钻井液，聚合物钻井液，高温深井钻井液，正电胶钻井液，油基钻井液等。教学目的是让学生掌握各类钻井液体系的配制、使用和和维护方法。

要求学生以小组为单位，根据任务要求，制定出工作计划，能够分析和处理操作中遇到的异常情况，撰写工作报告。

【相关知识】

一、水基钻井液

（一）细分散钻井液

由淡水、配浆膨润土和各种对黏土、钻屑起分散作用的处理剂（简称为分散剂）配制而成的水基钻井液称为细分散钻井液（为了与钙处理、盐水和饱和盐水钻井液相区别）。细分散钻井液是油气钻井中最早使用并且使用时间相当长的一类水基钻井液。随着钻井液技术的不断发展，虽然分散钻井液的使用范围已不如过去广泛，但由于它配制方法简便，处理剂用量较少，成本较低，适于配制密度较大的钻井液，某些体系还具有抗温性较强等优点，因此仍在许多地区的一些井段上使用，特别是在钻开表层时普遍使用。

1. 细分散钻井液的组成

国内外用于细分散钻井液的分散剂种类很多，例如多聚磷酸盐、丹宁碱液、铁铬木质素磺酸盐、褐煤及改性褐煤、CMC 和聚阴离子纤维素等。此外，用于调节 pH 值的 NaOH 也具有较强的分散作用。细分散钻井液体系中常用组分的名称、作用及加量如表5-1、表5-2所示。

表5-1　密度为 1.06~1.44g/cm³ 细分散钻井液的典型组成

组　分	作　用	加量/（kg/m³）
膨润土	提黏及滤失量控制	42.8~71.3
铁铬木质素磺酸盐	降低动、静切力及控制滤失	2.8~11.4
褐煤或煤碱液	控制滤失及降低动、静切力	2.8~11.4
烧碱	调节 pH 值	0.7~5.7
多聚磷酸盐	降低动切力及静切力	0.3~1.4
CMC	控制滤失，提黏	0.7~5.7
聚阴离子纤维素	控制滤失，提黏	0.7~5.7
重晶石	增加密度	0~499

表5-2　密度大于 1.44g/cm³的细分散钻井液的典型组成

组　分	作　用	加量/（kg/m³）
膨润土	提黏及滤失量控制	42.8~71.3
铁铬木质素磺酸盐	降低动、静切力及控制滤失	11.4~34.2
褐煤或煤碱液	控制滤失及降低动、静切力	11.4~34.2
烧碱	调节 pH 值	0.7~8.6
磺化褐煤或树脂类	控制 HTHP 滤失量，稳定剂	5.7~17.1
重晶石	增加密度	354~1427

我国常用于钻深井和超深井的三磺钻井液的典型配方及其性能如表5-3所示。在这种钻井液中，3种磺化类产品用作主处理剂，其中磺化拷胶（SMT）是抗高温降黏剂，磺化褐煤（SMC）与磺化酚醛树脂（SMP-1）配合使用，具有很强的降滤失作用，添加适量的红矾钾和 Span-80，是为了增强体系的抗温能力。

表5-3　三磺钻井液的推荐配方及性能

基本配方		可达到的性能	
材料名称	加量/（kg/m³）	项　目	指　标
膨润土	80~150	密度/（g/cm³）	1.15~2.00
纯碱	5~8	漏斗黏度/s	30~50
磺化褐煤	30~50	API 滤失量/mL	≤5
磺化拷胶	5~15	HTHP 滤失量/mL	≈15
磺化酚醛树脂	30~50	泥饼/mm	0.5~1
SLSP	40~60	塑性黏度/（mPa·s）	10~15
红矾钾（或钠）	2~4	动切力/Pa	3~8
CMC（低黏）	10~15	静切力（初/终）/Pa	0~5 或 2~15
Span-80	3~5	pH 值	≥10
润滑剂	5~15	含砂量	0.5~1
烧碱	≈3		
重晶石	视需要而定		
各类无机盐	视需要而定		

2. 细分散钻井液的特点

细分散钻井液的主要特点是黏土在水中高度分散，正是通过高度分散的黏土颗粒使钻井液具有所需的流变和降滤失性能。其优点除配制方法简便、成本较低之外，还体现在以下方面：①可形成较致密的泥饼，而且其韧性好，具有较好的护壁性，API 滤失量和 HTHP 滤失量均相应较低。②可容纳较多的固相，因此较适于配制高密度钻井液，密度可高达 2.00g/cm³ 以上。③抗温能力较强，比如三磺钻井液是我国常用于钻深井的分散钻井液体系，抗温可达 160~200℃。1977 年，我国陆上最深的一口井——关基井就是使用这种体系钻至7175m的。

但是，与后来发展起来的各类钻井液相比，分散钻井液在使用、维护过程中往往又存在着一些难以克服的缺点和局限性，主要表现为：①性能不稳定，容易受到钻井过程中进入钻井液的黏上和可溶性盐类的污染。钻遇盐膏层时，少量石膏、岩盐就会使钻井液性能发生较大的变化。②因滤液的矿化度低，容易引起井壁附近的泥页岩水化、膨胀、垮塌，使井壁的岩盐溶解，即钻井液抑制性能差，不利于防塌。③由于体系中固相含量高，特别是粒径小于1μm的亚微米颗粒所占的比例相当高，因此使用时对机械钻进有明显的影响，尤其不宜在强造浆地层中使用。④滤液侵入易引起黏土膨胀，因而不能有效地保护油气层，钻遇油气层时必须加以改造后才能达到要求。

在实际应用中，为了将分散性钻井液中亚微米颗粒所占比例减至最小程度，一方面应控制膨润土的加量，另一方面应通过固控设备的使用，尽可能降低体系的总固相含量。膨润土的含量应随钻井液密度和井温的高低加以调整。密度和井温越高，膨润土含量应该越低。分散剂和NaOH的加量亦不宜过高，pH值一般应控制在9.5~11.0范围内。此外，由于大多数分散剂的抗盐性不够强，故分散性钻井液中应保持较低的无机盐含量。

3. 钻井液的受侵及其处理

钻井过程中，常有来自地层的各种污染物进入钻井液中，使其性能发生不符合施工要求的变化，这种现象常称为钻井液受侵。有的污染物严重影响到了钻井液的流变和滤失性能，有的会加剧对钻具的损坏和腐蚀。当污染严重时，只有及时地对配方进行有效调整，或者采用化学方法进行清除，才能保证钻井的正常进行。其中，最常见的是钙侵、盐侵和盐水侵，此外还有Mg^{2+}、CO_2、H_2S和O_2等造成的污染。

1）钙侵

Ca^{2+}可通过以下途径进入钻井液：①钻遇石膏层。②钻遇盐水层，因地层盐水中一般含有Ca^{2+}。③钻水泥塞，因水泥凝固后会产生氢氧化钙。④使用的配浆水是硬水。⑤石灰用作钻井液添加剂等。除在钙处理钻井液和油包水乳化钻井液的水相中需要一定浓度的Ca^{2+}外，在其他类型钻井液中Ca^{2+}均以污染离子的形式存在。虽然$CaSO_4$和$Ca(OH)_2$在水中的溶解度都不高，但都能提供一定数量的Ca^{2+}，即

$$CaSO_4 \rightleftharpoons Ca^{2+} + SO_4^{2-}$$

$$Ca(OH)_2 \rightleftharpoons Ca^{2+} + 2OH^-$$

试验表明，几万分之一的Ca^{2+}就足以使钻井液失去悬浮稳定性。其原因主要是由于Ca^{2+}易与钠蒙脱石中的Na^+发生离子交换，使其转化为钙蒙脱石，而Ca^{2+}的水化能力比Na^+要弱得多。因此，Ca^{2+}的引入会使蒙脱石的絮凝程度增加，致使钻井液的黏度、切力和滤失量增大。

当钻井液遇钙侵后，有两种有效的处理方法：①在钻达含石膏地层前转化为钙处理钻井液；②使用化学剂将Ca^{2+}清除。通常是根据滤液中Ca^{2+}浓度，加入适量纯碱除去钻井液中的Ca^{2+}，其反应式为：

$$Ca^{2+} + Na_2CO_3 \Longrightarrow CaCO_3 \downarrow + 2Na^+$$

这种处理方法的好处是，既能够沉淀掉 Ca^{2+}，多出的 Na^+ 又可将钙蒙脱石转变为钠蒙脱石。但纯碱不要加量过多，以免造成 CO_3^{2-} 污染。

如果是水泥引起的污染，由于 Ca^{2+} 和 OH^- 同时进入钻井液，因此会导致钻井液的 pH 值偏高。这种情况下，最好用碳酸氢钠（$NaHCO_3$）或 SAPP（即酸式焦磷酸钠 $Na_2H_2P_2O_7$）清除 Ca^{2+}。

当加入 $NaHCO_3$ 时，

$$Ca^{2+} + OH^- + NaHCO_3 \Longrightarrow CaCO_3 \downarrow + Na^+ + H_2O$$

当加入 SAPP 时，

$$2Ca^{2+} + 2OH^- + Na_2H_2P_2O_7 \Longrightarrow Ca_2P_2O_7 \downarrow + 2Na^+ + 2H_2O$$

在以上两个反应均可以既清除 Ca^{2+}，又适当地降低了 pH 值。

2）盐侵和盐水侵

当钻遇岩盐层时，由于井壁附近岩盐的溶解使钻井液中 NaCl 浓度迅速增大，从而发生盐侵。钻达盐水层时，若钻井液的静液压力不足以压住高压盐水流，盐水便会进入钻井液发生盐水侵。由于细分散钻井液的矿化度一般很低，不可能有足够的抗盐能力，因此在其受到盐侵或盐水侵之后，钻井液的流变性能和滤失性能将发生如图 5-1 所示的规律性变化。

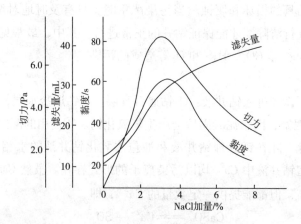

图 5-1　加入 NaCl 后分散钻井液的性能变化

钻井液中的黏土矿物由于晶格取代其颗粒表面带有的负电荷，吸附阳离子形成扩散双电层。随着进入钻井液的 Na^+ 浓度不断增大，必然会增加黏土颗粒扩散双电层中阳离子的数目，从而压缩双电层，使扩散层厚度减小，颗粒表面的 ζ 电位下降。在这种情况下，黏土颗粒间的静电斥力减小，水化膜变薄，颗粒的分散度降低，颗粒之间端—面和端—端连接的趋势增强。由于絮凝结构的产生，导致钻井液的黏度、切力和滤失量均逐渐上升。当 Na^+ 浓度增大到一定程度之后，压缩双电层的现象更为严重，黏土颗粒的水化膜变得更薄，致使黏土颗粒发生面—面聚结，分散度明显降低，因而钻井液的黏度和切力在分别达到其最大值后又转为下降，滤失量则继续上升。此时如不及时处理，钻井液的稳定性将完全丧失。由图5-1可知，当NaCl浓度在3%左右时，分散钻井液的黏度和切力分别达到最大值。但该分数值以及最大值的大小都不是固定不变的，而是根据所选用配浆土的性质和用量而有所差异。

盐侵的另一表现是随含盐量增加，钻井液的pH值逐渐降低，其原因是由于Na^+将黏土中的H^+及其他酸性离子不断交换出去所致。

当钻井液受到盐侵或盐水侵之后，欲采取化学方法除去钻井液中的Na^+是十分困难的，因此，目前常用的处理方法是及时补充抗盐性强的各种处理剂，将分散钻井液转化为盐水钻井液。例如，降滤失剂CMC的分子链中含有许多羧钠基（-COONa），这是一种强水化基团，并且电离后生成的羧基（-COO$^-$）带有负电荷，因而可以使被Na^+压缩双电层所降低的ζ电位得到补偿。因此，CMC的加入可有效地阻止黏土颗粒间相互聚结的趋势，有助于保持钻井液的聚结稳定性，使其在盐侵后仍然具有较小的滤失量。除CMC外，聚阴离子纤维素、磺化酚醛树脂和改性淀粉等也是常用的抗盐降滤失剂，铁铬盐（FCLS）等是常用的抗盐稀释剂。海泡石和凹凸棒石等抗盐黏土是用于配制盐水钻井液以及对付盐侵、盐水侵的优质材料，但由于我国受矿源供应不足的限制，至今尚未广泛使用。

3）二氧化碳污染

在许多钻遇的地层中含有CO_2，当其混入钻井液后会生成HCO_3^-和CO_3^{2-}，即

$$CO_2 + H_2O \Longrightarrow H^+ + HCO_3^- \Longrightarrow 2H^+ + CO_3^{2-}$$

室内和现场试验均表明，钻井液的流变参数，特别是动切力受HCO_3^-和CO_3^{2-}的影响很大，尤其高温下的影响更为突出。一般随着HCO_3^-浓度增加，τ_0呈上升趋势；而随着CO_3^{2-}浓度增加，τ_0则先减后增。由于经这两种离子污染后的钻井液性能很难用加入处理剂的方法加以调整，因此只能用化学方法将它们清除。通常加入适量$Ca(OH)_2$即可清除这两种离子，加入$Ca(OH)_2$后pH值升高，体系中的HCO_3^-先转变为CO_3^{2-}：

$$2HCO_3^- + Ca(OH)_2 \Longrightarrow 2CO_3^{2-} + 2H_2O + Ca^{2+}$$

然后CO_3^{2-}与$Ca(OH)_2$继续作用，通过生成$CaCO_3$沉淀而将CO_3^{2-}除去：

$$CO_3^{2-} + Ca(OH)_2 \Longrightarrow CaCO_3\downarrow + 2OH^-$$

在处理钙污染时，选用CO_3^{2-}除去Ca^{2+}；同时，又可用从$Ca(OH)_2$电离出来的Ca^{2+}除去CO_3^{2-}。在容易引起CO_2污染的井段，HCO_3^-和CO_3^{2-}对钻井液性能的危害性明显大于Ca^{2+}，经验证明，此时在钻井液中将Ca^{2+}始终保持为50~75mg/L是适宜的。

4）硫化氢污染

H_2S主要来自含硫地层，此外某些磺化有机处理剂以及木质素磺酸盐在井底高温下也会分解产生H_2S，H_2S对人有很强的毒性，在其质量浓度为800mg/L以上的环境中停留就可能因窒息而导致死亡。同时，H_2S对钻具和套管有极强的腐蚀作用。总的腐蚀过程可用下式表示：

$$Fe + 2H_2S \Longrightarrow FeS_2 + 2H_2$$

腐蚀的机理是由于氢脆的发生。H_2S 在其水溶液中电离，电离出的 H^+ 会迅速地吸附在金属表面，并进而渗入金属晶格内，转变为原子氢。当金属内有夹杂物、晶格错位现象或其他缺陷时，原子氢便在这些易损部位聚结，结合成 H_2。由于该过程在瞬间完成，氢的体积会骤然增加，于是在金属内部产生很大应力，致使强度高或硬度大的钢材突然产生晶格变形，进而变脆产生微裂缝，通常将这一过程称做"氢脆"。在拉应力和钢材残余应力的作用下，钢材上因氢脆而引起的微裂缝很容易迅速扩大，最终使钢材发生脆断破坏。

因此，要求在钻开含硫地层前 50m 内将钻井液 pH 值保持在 9.5 以上，直至完井。一旦发现钻井液受到 H_2S 污染，应立即进行处理，并将其清除。目前一般采取的清除方法是加入适量烧碱，使钻井液的 pH 值保持在 9.5~11，再加入碱式碳酸锌〔$Zn_2(OH)_2CO_3$〕等硫化氢清除剂，以避免将硫化氢从钻井液中释放出来。反应过程可用下式表示：

$$[Zn_2(OH)_2CO_3] + 2H_2S == 2ZnS\downarrow + 3H_2O + CO_2$$

5）氧的污染

钻井液中氧的存在会加速对钻具的腐蚀，其腐蚀形式主要为坑点腐蚀和局部腐蚀。即使是极低浓度的氧也会使钻具的疲劳寿命显著降低。大气中的氧，通过循环过程被混入钻井液，其中一部分氧溶解在钻井液中，直至饱和状态。试验表明，氧的含量越高，腐蚀速度则越快。如果钻井液中有 H_2S 或 CO_2 气体存在，氧的腐蚀速度会进一步加剧。

清除钻井液中的氧首先应考虑采取物理脱氧的方法，即充分利用除气器等设备，并在搅拌过程中尽量控制氧的侵入量。将钻井液的 pH 值维持在 10 以上也可在一定程度上抑制氧的腐蚀，这是由于在较强的碱性介质中，氧会对铁产生钝化作用，在钢材表面生成一种致密的钝化膜，因而会使腐蚀速率降低。然而解决钻具氧腐蚀的最有效方法还是化学清除法，即选用某种除氧剂与氧发生反应，从而降低钻井液中氧的含量。常用的除氧剂有亚硫酸钠（Na_2SO_3）、亚硫酸铵〔$(NH_4)_2SO_3$〕、二氧化硫（SO_2）和肼（N_2H_4）等，其中以使用亚硫酸钠最为普遍。它们与氧之间的反应可分别表示为：

$$2Na_2SO_3 + O_2 == 2Na_2SO_4$$
$$2(NH_4)_2SO_3 + O_2 == 2(NH_4)_2SO_4$$
$$2SO_2 + O_2 + H_2O == 2H_2SO_4$$
$$N_2H_4 + O_2 == N_2 + 2H_2O$$

6）清除污染物所需处理剂用量的确定

在判断出进入钻井液的是何种污染物，并已决定选用何种处理剂将其清除后，剩下的问题就是如何确定处理剂的用量。由于采取的是化学清除方法，因此确定处理剂的基本原则是，所用处理剂与污染物在钻井液滤液中的物质的量浓度应保持相等，即

$$[A]V_a = [C]V_c$$

式中　　$[A]$——处理剂浓度，mol/L；

　　　　$[C]$——污染物浓度，mol/L；

　　　　V_a——处理剂中参加反应离子的化合价；

V_c——污染物中参加反应离子的化合价。

例5-1 根据滤液分析结果，某钻井液中 Ca^{2+} 的质量浓度为 $100mg/L$，钻井液的总体积为 $240m^3$，如果用加入纯碱的方法将 Ca^{2+} 的质量浓度降至 $50mg/L$，试计算每降低 $1mg/L$ 的 Ca^{2+}，需往 $1m^3$ 钻井液中加入 Na_2CO_3 的质量，并计算该项处理所需添加的 Na_2CO_3 的质量。

解：污染物与处理剂之间的反应式为 $Ca^{2+} + CO_3^{2-} = CaCO_3 \downarrow$

由公式得 $\Delta[CO_3^{2-}]2 = \Delta[Ca^{2+}]2$，则 $\Delta[CO_3^{2-}] = \Delta[Ca^{2+}]$

$$\Delta C[Ca^{2+}] = 1.0/1000 \times 40 = 2.5 \times 10^{-5}(mol/L)$$

所以，$\Delta[CO_3^{2-}] = 2.5 \times 10^{-5}(mol/L)$

欲将钻井液中的 Ca^{2+} 浓度降低 $1mg/L$，所需 Na_2CO_3 的加量为：

$$\Delta Na_2CO_3 = 2.5 \times 10^{-5} \times 106 = 2.65 \times 10^{-3}(kg/m^3)$$

欲使 $240m^3$ 钻井液中的 Ca^{2+} 从 $100mg/L$ 减少到 $50mg/L$，需加入 Na_2CO_3 的总量为：

$$2.65 \times 10^{-3} \times 240 \times (100 - 50) = 31.8(kg)$$

用类似的方法，可以确定清除 $1.0mg/L$ 各种污染物时，$1m^3$ 钻井液中所需的常用处理剂的用量（表5-4）。

表5-4 清除各种污染物所需处理剂的用量

污染物	污染离子	处理措施	处理剂用量/(kg/m^3)
石膏或硬石膏	Ca^{2+}	若 pH 值合适则加 Na_2CO_3	0.00265
		若 pH 值过高则加 SAPP	0.00277
		若 pH 值过高则加 $NaHCO_3$	0.00419
水泥或石灰	Ca^{2+} 和 OH^-	加 SAPP	0.00277
		加 $NaHCO_3$	0.00419
硬水	Ca^{2+} 和 Mg^{2+}	加入 NaOH（将 pH 值提至 10.5）	0.00331
		再加 Na_2CO_3	0.00265
硫化氢	H^+，HS^- 和 S^{2-}	调节 pH 值至 pH>10，然后加 $Zn_2(OH)_2CO_3$	0.00351
二氧化碳	CO_3^{2-}	若 pH 值合适则加 $CaSO_4$	0.00285
		若 pH 值过低则加 $Ca(OH)_2$	0.00123
	HCO_3^-	$Ca(OH)_2$	0.00121

（二）钙处理钻井液

钙处理钻井液是在使用细分散钻井液的基础上，于20世纪60年代发展起来的具有较好抗盐、钙污染能力和对泥页岩水化具有较强抑制作用的一类钻井液。该类钻井液体系主要由含 Ca^{2+} 的无机絮凝剂、降黏剂和降滤失剂组成。由于体系中的黏土颗粒处于适度絮凝的粗分散状态，因此又称之为粗分散钻井液。

用于钙处理钻井液的无机絮凝剂有3种：石灰，石膏和氯化钙。为了进一步增强其抑制性能，可采用石灰和 KOH 联合处理，从而又发展了一种新型的钾石灰钻井液。这 4 种钙处理钻井液都是以 Ca^{2+} 提供抑制性化学环境，使钻井液中的钠土转变为钙土，从而使黏土颗粒由高度分散转变为适度絮凝。钙处理钻井液可在很大程度上克服细分散钻井液的缺点，具有防塌、抗污染和在含有较多 Ca^{2+} 时使性能保持稳定的特点。

1. 钙处理钻井液的配制原理及特点

1）钙处理钻井液的配制原理

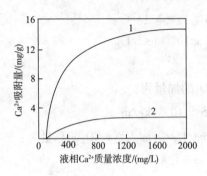

图 5-2　黏土类型和 Ca^{2+} 浓度对吸附量的影响

Ca^{2+} 改变黏土分散度的作用机理可以从以下两个方面来理解。一方面，Ca^{2+} 通过 Na^+/Ca^{2+} 交换，将钠土转变为钙土。钙土水化能力弱，分散度低，故转化后体系分散度明显下降。转化的程度取决于黏土的阳离子交换容量和滤液中 Ca^{2+} 的浓度。图 5-2 所示为滤液中钙离子的浓度对其在不同类型黏土上吸附量的影响。由图可见，黏土的阳离子交换容量越高，所吸附 Ca^{2+} 的量就越大。同时，通过控制溶液中 Ca^{2+} 的浓度，可以控制钠土转变为钙土的数量，从而控制钻井液中黏土的分散度。另一方面，Ca^{2+} 本身是一种无机絮凝剂，会压缩黏土颗粒表面的扩散双电层，使水化膜变薄，ζ 电位下降，从而引起黏土晶片面—面和端—面聚结，造成黏土颗粒分散度下降。

但是，如果只加入 Ca^{2+}，就相当于细分散钻井液受到钙侵，使其流变和滤失性能均受到破坏。因此，钙处理钻井液在加入 Ca^{2+} 的同时，还必须加入 NaT、FCLS 和 CMC 等分散剂。由于这类分散剂的分子中含有大量的水化基团，当吸附在黏土颗粒表面后，会引起水化膜增厚，ζ_f 电位增大，从而阻止黏土晶片之间的聚结和分散度降低。

钙处理钻井液的配制原理，就是通过调节 Ca^{2+} 和分散剂的相对含量，使钻井液处于适度絮凝的粗分散状态，从而使其性能能够保持相对稳定，并达到满足钻井工艺要求的目的。图 5-3 所示为细分散钻井液、受到钙侵的分散钻井液和钙处理钻井液在分散状态方面的区别及其内在联系。图 5-3（a）表示一般分散钻井液的细分散状态，图 5-3（b）表示受钙侵后的絮凝状态。图 5-3（c）和图 5-3（d）均表示钙处理钻井液适度絮凝的粗分散状态。

使钻井液处于适度絮凝的粗分散状态有两条途径：一是在分散钻井液中同时加入适量的钙盐（或石灰）和分散剂，即由图 5-3（a）状态变为图 5-3（d）状态；二是在受钙侵后处于絮凝状态的钻井液中及时加入分散剂，即由图 5-3（b）状态变为图 5-3（c）状态。在适度絮凝的粗分散状态中，其絮凝和分散程度也有所区别，正如图 5-3（c）状态和图 5-3（d）状态之间的相互转化，加入分散剂可使颗粒变细，絮凝程度降低，反之加钙盐则使颗粒变粗，聚凝程度提高。

在钙处理钻井液之前，广泛使用的细分散钻井液，一旦受到钙污染，钻井液便立即失去其良好的流动性，并且滤失量剧增，泥饼厚度增加，且结构变松散。在处理钙污染的过程中人们发现，与原来的分散钻井液相比，经过处理的钙污染钻井液表现出有许多优越性，如抑制性及抗盐类污染的能力增强等，于是就开始有意识地配制和使用钙处理钻井液。最初使用石灰低钙含量钻井液（Ca^{2+}含量为120~200mg/L），后来又相继出现了石膏中钙含量钻井液（Ca^{2+}含量为300~500 mg/L）和氯化钙高钙含量钻井液（Ca^{2+}含量为500 mg/L以上）。

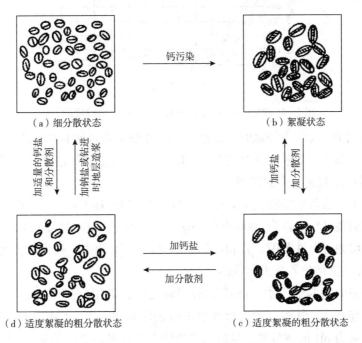

图5-3　钻井液不同分散状态示意图

2）钙处理钻井液的特点

与细分散钻井液相比，钙处理钻井液的优点主要为：

（1）性能较稳定，具有较强的抗钙、盐污染和黏土污染的能力。

（2）固相含量相对较少，容易在高密度条件下维持较低的黏度和切力，钻速较高。

（3）能在一定程度上抑制泥页岩水化膨胀。滤失量较小，泥饼薄且韧，有利于井壁稳定。

（4）由于钻井液中黏土细颗粒含量较少，对油气层的损害程度相对较小。

2. 石灰钻井液

以石灰作为钙源的钻井液被称为石灰钻井液，影响其性能的关键因素是Ca^{2+}浓度，而Ca^{2+}浓度主要受到石灰溶解度的影响。

1）石灰溶解度的影响因素

石灰是一种难溶的强电解质，其在水中的溶解度主要受温度和溶液 pH 值的影响。石灰在水中溶解时会放热，因此随温度升高，石灰的溶解度减小，溶液中Ca^{2+}浓度也相应减小，溶解时发生以下反应：

$$Ca(OH)_2 \Longleftrightarrow Ca^{2+} + 2OH^-$$

随 pH 值增大，石灰在钻井液中 Ca^{2+} 浓度降低。图 5-4 所示为在 3 种不同温度下，实测的 Ca（OH）$_2$ 溶液中 Ca^{2+} 浓度随 NaOH 加量的变化曲线。

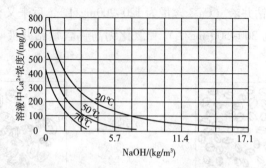

图 5-4　温度和 NaOH 含量对 Ca（OH）$_2$ 溶解度的影响

由图 5-4 可知，如不加 NaOH，常温下 Ca^{2+} 质量浓度可达 800 mg/L，而加入 5.7 g/L 的 NaOH 之后，Ca^{2+} 质量浓度降至约 130 g/L。因此，对于石灰钻井液，pH 值对控制钻井液的 Ca^{2+} 浓度可以起到很大的作用。

一般情况下，石灰钻井液的 pH 值应控制为 11~12，使 Ca^{2+} 含量保持在 120~200 g/L 的范围内。其储备碱度保持为 3000~6000 mg/L 较为合适。若 pH 值过低，Ca^{2+} 含量增大，则黏度与切力将超过允许范围。若 pH 值过高，Ca^{2+} 含量很少，则将失去钙处理的意义。

2）石灰钻井液的推荐配方与性能

石灰钻井液的基本组成中，除适量的膨润土外，常用处理剂有铁铬盐、单宁酸钠、CMC、石灰和烧碱等。其中，铁铬盐和单宁酸钠用作稀释剂，CMC 用作降滤失剂，石灰为絮凝剂，烧碱为 pH 值调节剂。目前单宁酸钠常用抗温性更强的磺化栲胶所代替。有时也使用褐煤碱液、聚丙烯腈或淀粉作为降滤失剂。石灰石钻井液的推荐配方和主要性能指标如表 5-5 所示。

表 5-5　石灰钻井液的推荐配方及性能

配　　　方		性　　　能	
材料名称	加量/（kg/m³）	项　目	指　标
膨润土	80~150	密度/（g/cm³）	1.15~1.20
纯碱	4~7.5	漏斗黏度/s	25~30
磺化栲胶	4~12	静切力/Pa	0~1.0 或 1.0~4.0
铁铬盐	6~9	API 滤失量/mL	5~10
石灰	5~15	HTHP 滤失量/mL	<20
CMC 或淀粉	5~9	泥饼厚度/mm	0.5~1.0
NaOH	3~8	pH 值	11~12
过量石灰	10~15	含砂量/%	<1.0

按照石灰用量及 pH 值的不同，常将石灰钻井液分为高石灰钻井液和低石灰钻井液。当遇到有盐、钙污染或在造浆地层钻进时，经常使用高石灰钻井液。然而，由于高石灰钻井液在高温下会发生固化，导致钻井液急剧变稠，失去流动性，因此在深井的深部井段钻

进时，宜使用低石灰钻井液。国外曾使用这种钻井液钻至 4850 m 井深，我国大庆油田也顺利钻达 4723m。

3）石灰钻井液的使用要点

石灰钻井液经常是在原有细分散钻井液基础上经转化而形成，转化程序为：先加入一定量的水以降低固相含量，然后同时加入石灰、烧碱和稀释剂。以上各组分的加量均要通过室内实验确定，整个处理过程大约在一个循环周期内完成。若有需要，可再补充适量降滤失剂。在维护工艺上，要特别注意掌握好几个关键指标，包括滤液中的 Ca^{2+} 浓度、pH 值和储备碱度（即钻井液中未溶解的石灰含量，可由 P_m 和 P_f 求得）。此外，还应注意高温固化问题。当钻达井底温度超过 135℃ 时，钻井液中的各种黏土会与石灰、烧碱发生反应，生成水合硅酸钙等类似于水泥凝固后状态的物质，导致钻井液急剧增稠。这种情况下，必须将石灰含量、钻井液碱度及固相含量降低，从而转化为低石灰低固相钻井液。有效地使用固控设备，保持尽可能低的固相含量是将该类钻井液用于高温深井的前提条件。

石灰钻井液可承受的盐侵约为 50000mg/L。随着盐的侵入，钻井液 pH 值的降低，石灰溶解度的提高，此时应适当加大烧碱的用量，以限制体系中 Ca^{2+} 的浓度，并使用铁铬盐控制流变性能。

石膏侵对石灰钻井液的性能一般不会有大的影响。但在钻入大段石膏地层时，钻井液的钻度、切力及滤失量都会有所增加。正确的处理方法是，在钻遇石膏层之前可先加适量烧碱进行预处理以维持所需的 P_f（溶液的酚酞碱度）值。当钻遇石膏层后，先不急于加石灰，待 P_m（钻井液的酚酞碱度）值开始出现下降时再行加入。此时若流变性和滤失量出现较大变化，可通过加入铁铬盐和 CMC 等处理剂进行控制。

3．石膏钻井液

1）石膏钻井液的特点

选用石膏作为絮凝剂，分别用铁铬盐和 CMC 作为稀释剂和降滤失剂，维持 pH 值在 9.5~10.5 的范围内，滤液中 Ca^{2+} 含量约为 600~1200 mg/L，即可配制成石膏钻井液。与石灰钻井液相比较，石膏钻井液具有以下特点：

（1）由于石膏的溶解度比石灰大得多，因而石膏钻井液具有比石灰钻井液更高的 Ca^{2+} 含量。这种情况下，钻井液的絮凝程度必然增大，相应地所需稀释剂和降滤失剂的加量也应有所增加，才能使性能达到设计要求。显然，与石灰钻井液相比，石膏钻井液具有更强的抗盐污染和抗石膏污染的能力。

（2）与石灰相比，石膏的溶解度受 pH 值的影响较小。这样，石膏钻井液的 pH 值和碱度可维持为较低值，又由于 Ca^{2+} 含量较高，因而更有利于抑制黏土的水化膨胀和分散，即防塌效果明显优于石灰钻井液。因此，该类钻井液多用于钻厚的石膏层和容易坍塌的泥页岩地层。

（3）石膏钻井液具有比石灰钻井液更高的抗温能力，其发生固化的临界温度约为 175℃，明显高于石灰钻井液。据资料报导，石膏钻井液可以在某些深度大于 5000m 的井段中使用。

2）石膏钻井液的推荐配方与性能

在石膏钻井液中，石膏粉可用作絮凝剂。分散剂的类型与石灰钻井液基本相似，然而在加量上与石灰钻井液有所区别。例如，作为分散剂的铁铬盐的加量明显增加，而烧碱的加量却明显减少。石膏钻井液的推荐配方及性能指标如表5-6所示。

表5-6 石膏钻井液的推荐配方与性能

配 方		性 能	
材料名称	加量/（kg/m³）	项 目	指 标
膨润土	80~130	密度/（g/cm³）	1.15~1.20
纯碱	4~6.5	漏斗黏度/s	25~30
磺化栲胶	视需要而定	静切力/Pa	0~1.0 或 1.0~5.0
铁铬盐	12~18	API滤失量/mL	5~8
石膏	12~20	HTHP滤失量/mL	<20
CMC	3~4	泥饼厚度/mm	0.5~1.0
NaOH	2~4.5	pH值	9~10.5
重晶石	视需要而定	含砂量/%	0.5~1.0

除上述以铁铬盐为主要分散剂的石膏钻井液外，我国还成功地研制出一种由褐煤、烧碱、单宁、纯碱和水组成的混合剂作为分散剂的石膏钻井液。这种钻井液的性能稳定，在四川地区推广应用后，取得了较好的防塌效果。

3）石膏钻井液的使用要点

与石灰钻井液相似，石膏钻井液也常由细分散钻井液转化而成。转化时，首先加入适量淡水，以防止钻井液过稠，所需水量可根据实验确定。然后，在1~2个循环周期内加入约4kg/m³的烧碱，10~15kg/m³的铁铬盐和12~18kg/m³的石膏。在添加以上处理剂之后，再在1~2个循环周期内加入3~4.5kg/m³的降滤失剂CMC。有时若要将高pH值钻井液或石灰钻井液转化为石膏钻井液，则需加更多的淡水进行稀释，并将石膏和稀释剂的加量适当提高，但此时不必再加入烧碱。

对石膏钻井液进行维护时，除应经常检测滤液中Ca^{2+}含量和pH值外，还应注意将钻井液中游离的石膏含量控制在5~9kg/m³的范围内，并根据流变参数和滤失量变化进行随时调整。

4. 氯化钙钻井液

1）氯化钙钻井液的特点

在氯化钙钻井液中，使用$CaCl_2$作为絮凝剂，选用铁铬盐和CMC等作稀释剂和降滤失剂，并用石灰调节pH值，使pH值保持在9~10之间。美国和俄罗斯都使用过这种高钙钻井液，多用于易卡钻、易坍塌的泥页岩地层，其滤液中的Ca^{2+}浓度一般在1000~3500mg/L范围内。我国成功地将褐煤碱液应用于该类钻井液中，形成了具有特色的褐煤-$CaCl_2$钻井液体系。

氯化钙钻井液的特点主要表现为：

（1）由于体系中的Ca^{2+}含量很高，因此与前两类钙处理钻井液相比，它具有更强的稳定井壁和抑制泥页岩坍塌及造浆的能力。

（2）由于钻井液中固相颗粒絮凝程度较大，分散度较低，因而流动性好，固控过程中钻屑比较容易清除，有利于维持较低的密度，可为提高机械钻速及保护油气层提供良好的条件。

（3）正是由于 Ca^{2+} 含量高，严重影响了黏土悬浮体的稳定性，黏度和切力容易上升，滤失量也容易增大，从而增加了钻井液维护处理的难度。

褐煤-$CaCl_2$钻井液体系在组成上有一个突出的特点，即褐煤粉的加量很大。褐煤中含有的腐植酸与体系中的 Ca^{2+} 发生反应，生成非水溶性的腐植酸钙（可用符号 CaHm 表示）胶状沉淀。这种胶状沉淀一方面使泥饼变得薄而致密，滤失量降低，提高钻井液的动塑比，其作用与膨润土相似。另一方面，也起着 Ca^{2+} 储备库的作用，使滤液中浓度不至于过大，即

$$Ca(Hm)_2 \rightleftharpoons Ca^{2+} + 2Hm^-$$

在钻进过程中，在滤液中的 Ca^{2+} 消耗以后，电离平衡会自动向右移动，使 Ca^{2+} 得到及时补充，从而确保钻井液的抑制能力和流变性能保持稳定。

2）褐煤—氯化钙钻井液的典型配方、性能及维护

我国四川地区常用的褐煤—氯化钙钻井液典型配方及性能指标如表5-7所示。该体系中褐煤碱剂的加量很大，其中褐煤粉占有相当大的比例，相对而言，$CaCl_2$ 的加量较小。该类钻井液的维护要点主要是掌握好钻井液中 $CaCl_2$ 和煤碱剂的比例，经验表明，一般维持在 （1~1.1）∶100 为最佳。只要这种比例维持较好，并且固控措施得当，就可以达到如表5-7所示的性能指标。

表5-7　褐煤—$CaCl_2$钻井液的典型配方及性能

配　　方		性　　能	
材料名称	加量/（kg/m³）	项　目	指　标
膨润土	80~130	密度/（g/cm³）	1.15~1.20
纯碱	3~5	漏斗黏度/s	18~24
褐煤碱液	≈500	静切力/Pa	0~1.0 或 1.0~4.0
$CaCl_2$	5~10	API 滤失量/mL	5~8
CMC	3~6	泥饼厚度/mm	0.5~1.0
重晶石	视需要而定	pH 值	9~10.5

5. 钾石灰钻井液简介

钾石灰钻井液是在石灰钻井液基础上发展起来的一种更有利于防塌的钙处理钻井液。由于石灰钻井液存在着一些缺点，如高温下容易发生固化，pH 值较高以及强分散剂的使用不利于提高钻井液的抑制性等，因此后来将钾离子引入石灰钻井液中，并将配方进行改进，形成了这种新的石灰防塌钻井液体系。该类钻井液在组成上的改进包括以下两个方面：

（1）用改性淀粉取代了原石灰钻井液中使用的强分散剂铁铬盐，从而使钻井液中黏土

和钻屑的分散程度减弱，改性淀粉在井壁上的吸附有利于增强防塌效果。由于 pH 值和石灰含量均有所降低，因而克服了石灰钻井液的高温固化问题。

（2）用 KOH 控制钻井液的碱度，而不再使用 NaOH。其优点是通过引入 K^+，同时相应地减少了体系中 Na^+ 的含量，提高了钻井液的抑制性。

美国和俄罗斯在一些地区推广使用了钾石灰钻井液，1986 年，我国在辽河油田首先使用此类钻井液，后来在大港油田、玉门油田也普遍推广使用，均有效降低了井径扩大率，解决了井下的各种复杂问题。

（三）盐水钻井液

1. 盐水钻井液的定义和分类

凡 NaCl 含量超过 1%（质量分数，Cl^- 含量约为 5000 mg/L）的钻井液统称为盐水钻井液。一般将盐水钻井液分为以下 3 种类型。

1）一般盐水钻井液

含盐量自 1% 直至饱和之前的盐水钻井液均属于此种类型。

2）饱和盐水钻井液

指含盐量达到饱和，即常温下浓度约为 3.15×10^5 mg／L（Cl^- 含量为 1.89×10^5 mg／L）的钻井液。

3）海水钻井液

指用海水配制而成的含盐钻井液。体系中不仅含有约 3×10^4 mg／L 的 NaCl，还含有一定量的 Ca^{2+} 和 Mg^{2+}。

国外学者还根据含盐量的多少将盐水钻井液分为以下几种类型：含盐质量分数为 1%~2% 时为微咸水钻井液，2%~4% 时为海水钻井液，4% 到近饱和之间时为非饱和盐水钻井液，当含盐质量分量达到最大值 31.5% 时则被称为饱和盐水钻井液。

2. 盐水钻井液的配制原理及特点

1）配制原理

在钻井过程中，经常钻遇大段岩盐层、盐膏层或盐膏与泥页岩互层的地层。若使用细分散钻井液，则会有大量的 NaCl 和其他无机盐溶解于钻井液中，使钻井液的黏度、切力升高，滤失量剧增。同时，盐的溶解还会造成井径扩大，给继续钻进带来困难，并且会严重影响固井质量。有时钻遇高压盐水层时，盐水的侵入对钻井液性能也有很大影响。为了对付上述复杂地层，人们采取了在钻井液中同时加入工业食盐和分散剂的方法，使水基钻井液具有更强的抗盐能力和抑制性。通过大量室内研究和现场试验，盐水钻井液和饱和盐水钻井液已得到不断地发展和完善，成为独具特色的钻井液类型。

与钙处理钻井液的配制原理相同，盐水钻井液也是通过人为添加无机阳离子来抑制黏土颗粒的水化膨胀和分散，并在分散剂的协同作用下，形成抑制性粗分散钻井液。在使用过程中要特别注意含盐量的大小，应根据含盐的多少来决定所选用分散剂的类型和用量。盐水钻井液的 pH 值一般随含盐量的增加而下降，这一方面是由于滤液中的 Na^+ 与黏土矿

物晶层间的 H^+ 发生了离子交换；另一方面则是由于工业食盐中含有的 $MgCl_2$ 杂质与滤液中的 OH^- 反应，生成了 $Mg(OH)_2$ 沉淀，从而消耗了 OH^- 所导致的。因此，在使用盐水钻井液时应注意及时补充烧碱，以便维持一定的 pH 值。一般情况下，盐水钻井液的 pH 值应保持在 9.5~11.0 之间。

2）盐水钻井液的主要特点

盐水钻井液的主要特点表现为：

（1）由于矿化度高，盐水钻井液体系具有较强的抑制性，能有效地抑制泥页岩水化，确保井壁稳定。

（2）不仅抗盐侵的能力很强，而且能够有效地抗钙侵和抗高温，适于钻含岩盐地层或含盐膏地层，以及在深井和超深井中使用。

（3）由于其滤液性质与地层原生水比较接近，故对油气层的损害较轻。

（4）由于钻出的岩屑不易在盐水中水化分散，在地面容易被清除，因而有利于保持较低的固相含量。

（5）盐水钻井液还能有效地抑制地层造浆，且流动性好，性能较稳定。

该类钻井液的维护工艺比较复杂，对钻柱和设备的腐蚀性较大，钻井液配制成本也相对较高。

3. 一般盐水钻井液

一般盐水钻井液主要应用于以下情况：配浆水本身含盐量较高；钻遇盐水层时，淡水钻井液体系不可能继续维持；钻遇含盐地层或厚度不大的岩盐层以及为了抑制强水敏泥页岩地层的水化等。

在选择盐水钻井液时所遇到的情况可能只涉及以上某些因素，但也可能包含所有因素。多数情况下，盐水钻井液只用于某一特定的井段。比如，当预先已知在某一深度有一较薄的岩盐层时，可在进入之前有准备地将盐和处理剂一并加入钻井液中，使之转化为盐水体系。当钻过盐层，下入套管之后，又可通过稀释及化学处理，逐步恢复至淡水体系。盐水钻井液中含盐量的多少一般根据地层情况来决定。显然，含盐越多，钻井液的抑制性越强，对岩盐层的溶解量越小，即越有利于井壁稳定；但护胶的难度亦同时增大，配制成本也会相应增加。因此，合理确定含盐量是十分重要的。

在配制盐水钻井液时，最好选用抗盐黏土（海泡石、凹凸棒石等）作为配浆土，这类黏土在盐水中可以很好地分散而获得较高的黏度和切力，因而配制方法比较简单。若用膨润土配浆，则必须先在淡水中经过预水化，再加入各种处理剂，最后加盐至所需浓度。研究表明，57.06 kg/m³（20lb/bbl）干的怀俄明膨润土所配成原浆的表观黏度随含盐量的变化情况。可以看出，一开始随盐度增加，表观黏度不断降低，但当盐度增至 37000 mg/L 左右时，表观黏度不再随盐度增大而明显降低，最后基本上保持恒定，这表明膨润土在较高盐度的盐水中已不再发生水化，而是类似于一种惰性固体，无法再起到造浆和降滤失的作用。但实验表明，如果先将膨润土在淡水中经过预水化，并在加盐之前用适量分散剂进

行处理，则情况就完全不同了。此时膨润土仍表现出具有一定的水化性能，从而能有效地起到提高黏度、切力和降滤失的作用。

盐水钻井液中常用的分散剂有铁铬盐、CMC、褐煤碱液和聚阴离子纤维素等。由于各地使用的配方及对性能的要求不尽相同，因此难以总结出其典型的配方及性能参数。国内使用的最简单的体系为铁铬盐盐水钻井液，其基本成分为质量分数为 1.5%~3.3% 的膨润土、5% 的固体食盐、5% 的铁铬盐、1.5% 的 NaOH 及一定量的重晶石。按以上配方可达到下列性能指标：密度为 1.20 g/cm³，漏斗黏度为 20 ~ 50 s，滤失量为 3~6mL。另一种体系为 CMC—铁铬盐—表面活性剂盐水钻井液，主要用于井底温度达 150℃ 左右的深井中。

一般盐水钻井液中常用的降黏剂有铁铬盐、单宁酸钠和磺化栲胶等，需要护胶时则选用高黏 CMC、聚阴离子纤维素及其他抗盐聚合物降滤失剂和包被剂。

4. 饱和盐水钻井液

饱和盐水钻井液是指 NaCl 含量达到饱和时的盐水钻井液体系，主要用于钻大段岩盐层和复杂的盐膏层，也可在钻开储层时配制成清洁盐水钻井液使用。由于饱和盐水钻井液的矿化度极高，因此抗污染能力强，对地层中黏土的水化膨胀和分散具有很强的抑制作用。钻遇岩盐层时，可将盐的溶解减至最小程度，避免大肚子井段的形成，从而确保井径规则。该类钻井液的配制方法为，在地面配好饱和盐水钻井液，钻达岩盐层前将其替入井内，然后钻穿整个岩盐层。但也可采用另一种方法，即在上部地层使用淡水或一般盐水钻井液，然后提前在循环过程中进行加盐处理，使含盐量和钻井液性能逐渐达到要求，在进入岩盐层前转化为饱和盐水钻井液。

使用饱和盐水钻井液时，需注意以下几点：

（1）如果岩盐层较厚，埋藏较深，则在地层压力作用下岩盐层容易发生蠕变，造成缩径。

（2）最好使用海泡石、凹凸棒石等抗盐黏土配制饱和盐水钻井液。如选用膨润土，则体系中总固相和膨润土含量均不宜过高，以防止在配制过程中出现黏度、切力过高的情况。膨润土一般应控制为约 50kg/m³。若该体系由井浆转化而成，应在加盐前应先降低其固相含量、黏度及切力。

（3）因盐的溶解度随温度上升而有所增加，故在地面配制的饱和盐水当循环到井底时就变得不饱和了。为了解决因温差而可能引起的岩盐层井径扩大的问题，一种比较有效的方法是在钻井液中加入适量的重结晶抑制剂，这样在岩盐层井段的井温下使盐水达到饱和，当钻井液返至地面时，就可抑制住盐的重结晶。

饱和盐水钻井液有多种不同的配方。国外一般使用抗盐黏土（如凹凸棒石）造浆并调整黏度和切力，并用淀粉控制滤失量。但目前又倾向于用各种抗盐的聚合物降滤失剂（如聚阴离子纤维素）代替淀粉，从而有利于低固相的实现。

对饱和盐水钻井液的维护应以护胶为主，降黏为辅。由于在该类钻井液中，黏土颗粒不易形成端—端或端—面连接的网架结构，而是特别容易发生面—面聚结，变成大颗粒而聚沉，因此，需要大量的护胶剂维护其性能，不然在使用中常会出现黏度、切力下降和滤失量上升的现象。保持性能稳定对饱和盐水钻井液而言非常关键，因此，一旦出现以上异常情况，应及时补充护胶剂。添加预水化膨润土也能起到提黏和降滤失作用，但加量不宜过大。

我国各油田已在钻井实践中形成了多种适合于当地特点的饱和盐水钻井液配方，其中一种较为典型的配方及其性能指标如表5-8所示。

表5-8　饱和盐水钻井液的配方及性能

配　　方		性　　能	
材料名称	加量/（kg/m³）	项　目	指　标
基浆	稀释至1.10~1.15	密度/（g/cm³）	1.15~1.20
增黏剂 （CPA、或PAC141、SK、K-PAN）	3~6	漏斗黏度/s	30~55
		API滤失量/mL	3~6
降滤失剂 （CMC或SMP-1、Na-PAN）	10~50	HTHP滤失量/mL	<20
		泥饼厚度/mm	0.5~1.0
降黏剂（FCLS等）	30~50	静切力/Pa	0.2~2 或 0.5~10
NaCl	饱和	塑性黏度/（mPa·s）	8~50
NaOH	2~5	动切力/Pa	2.5~15
红矾	1~3	表观黏度/（mPa·s）	9.5~59
表面活性剂	视需要而定	含砂量/%	<0.5
重结晶抑制剂	视需要而定	pH值	7~10

从表5-8可知，所选用的各种处理剂都具有较强的抗盐性，加入红矾和表面活性剂是为了提高体系的抗温性能。从性能来看，该体系之所以需保持1.20 g/cm³以上的密度，是为了克服由于盐层蠕变面引起的塑性变形和缩径。

5. 海水钻井液

海水钻井液与一般盐水钻井液的不同之处在于其使用海水进行配浆。海水中除含有较高浓度的NaCl外，还含有一定浓度的钙盐和镁盐，其总矿化度一般为3.3%~3.7%，pH值在7.5~8.4之间，密度为1.03g/cm³。海水中各种盐分含量如表5-9所示。

表5-9　海水的主要盐分及其含量

名　称	NaCl	MgCl₂	MgSO₄	CaSO₄	KCl	其他盐类
质量分数/%	78.32	9.44	6.40	3.94	1.69	0.21

海水钻井液应用技术得以发展的主要原因是为了满足海洋钻井的需要。在海上供给足够的淡水不仅难度大，而且成本很高，因此最实际的办法是使用海水配浆。既然海水的主要成分是NaCl，其矿化度处于不饱和范围，因此海水钻井液的作用原理和配制、维护方法与一般盐水钻井液基本相同。不同之处仅在于体系中 Mg^{2+} 的含量较高，因而会对钻井液性能产生较大影响。此外，一般盐水钻井液的含盐量可随时调整，比如钻穿盐层后可转化

为淡水钻井液，而海水钻井液由于受到施工条件的限制，其矿化度一般不作调整。

海水钻井液的配方有两种类型。一种是先用适量烧碱和石灰将海水中的 Ca^{2+}、Mg^{2+} 清除，然后再用于配浆。其中烧碱主要用于清除 Mg^{2+}，而石灰主要用于清除 Ca^{2+}。这种体系的 pH 值应保持在 11 以上，其特点是分散性相对较强，流变和滤失性能较稳定且容易控制，但抑制性较差。另一种是在体系中保留 Ca^{2+}、Mg^{2+}，显然这种海水钻井液的 pH 值较低，由于含有多种阳离子，护胶的难度较大，所选用的护胶剂既要抗盐，又要抗钙、镁，但这种体系的抑制性和抗污染能力较强。

过去，国外多使用凹凸棒石、石棉、淀粉配制和维护海水钻井液，而目前更倾向于使用黄原胶和聚阴离子纤维素等聚合物。由于聚合物的包被作用，可使井壁更为稳定。通过合理地使用固控设备，机械钻速也可明显提高。我国使用的海水钻井液配方与一般盐水钻井液相似，比如，较常用的铁铬盐—CMC 海水钻井液的 pH 值在 9~11 范围内即可维持其稳定的性能。当井较深时，可加入适量重铬酸钾以提高钻井液的抗温性能。必要时可混入一定量的油品以改善泥饼的润滑性，并可在一定程度上降低滤失量。

（四）聚合物钻井液

聚合物钻井液是自 20 世纪 70 年代初发展起来的一种新型钻井液体系。广义地讲，凡是使用线型水溶性聚合物作为处理剂的钻井液体系都可称为聚合物钻井液。但通常是将聚合物作为主处理剂或主要用聚合物调控性能的钻井液体系称为聚合物钻井液。

1. 聚合物钻井液的发展概况

聚合物钻井液最初是为提高钻井效率而开发的。早在 1950 年就有研究资料指出，钻井液的固相含量是影响钻井速度的一个主要因素，且以低密度固体的含量为主要影响因素。依此推知，清水的钻井速度应为最高。但当时并没有能够有效清除钻井液中固相含量的手段。直到 1958 年，首次应用了聚合物絮凝剂聚丙烯酰胺（简称 PAM）后，才实现了真正的清水钻井。PAM 可同时絮凝钻屑和蒙脱土，称为完全絮凝剂。在钻井液中加入极少量的 PAM 即可使钻屑絮凝且全部除去。清水钻井大大提高了钻速，但因其具有携带钻屑能力差，滤失量大，影响井壁稳定等缺点，因而无法广泛使用，只能用于地层特别稳定的浅层井段。因此，人们试图配制低固相钻井液。但随着钻井的进行，钻屑不断混入，时间一长低固相钻井液就变成了高固相钻井液。

1960 年，研究人员发现了两类具有选择性絮凝作用的高聚物，即部分水解聚丙烯酰胺（简称 PHPA 或 PHP）和醋酸乙烯酯—马来酸酐共聚物（简称 VAMA）。它们可絮凝除掉劣质土和岩屑，而不絮凝优质造浆黏土。同时，它们对钻屑的分散具有良好的抑制能力，经它们处理过的钻井液体系中亚微米颗粒含量明显低于其他类型的水基钻井液，这对于提高钻井速度是十分有益的。这类新型的聚合物钻井液体系称为"不分散低固相聚合物钻井液"。在经受了不同地层、不同井深和不同密度等方面的考验后，证明不分散低固相聚合物钻井液在提高钻井速度和降低钻井成本等方面效果显著，是一种技术先进的钻井液体系。不分散低固相聚合物钻井液的成功开发被列为 20 世纪 70 年代初钻井工艺最有影响的新进展之一，表明其对于钻井技术发展的促进作用是十分显著的。

为进一步提高聚合物钻井液的防塌能力，20世纪70年代后期发展了聚合物与无机盐（主要是氯化钾）配合的钻井液体系，发现该体系对水敏性地层的防塌作用效果显著。近20年来，聚合物处理剂的发展很快，除带阴离子基团的处理剂如PHPA、VAMA、水解聚丙烯腈铵盐（简称NPAN）、聚丙烯酸盐等以外，又开发出带阳离子基团的阳离子聚合物和分子链中同时带阴离子基团、阳离子基团和非离子基团的两性离子集合物处理剂，从而使聚合物钻井液技术得到了不断发展。目前，根据聚合物处理剂的离子特性，可将聚合物钻井液分为阴离子聚合物钻井液、阳离子聚合物钻井液和两性离子聚合物钻井液。

自20世纪70年代以来，聚合物钻井液技术已在我国得到了普遍地推广及应用。同时，还对聚合物处理剂的抑制性、降滤失和降黏等作用机理进行了系统研究。目前，我国在各种聚合物钻井液体系的基础研究、新产品开发和推广应用方面已接近或达到世界先进水平。

2. 聚合物钻井液的特点

室内实验和现场应用表明，与其他水基钻井液相比，聚合物钻井液具有以下特点：

（1）固相含量低，且亚微米粒子所占比例低。这是聚合物处理剂选择性絮凝和抑制岩屑分散的结果，对提高钻井速度是非常有利的。研究表明，纯蒙脱土钻井液中亚微米粒子含量约为13%，用分散剂木质素磺酸盐处理后，亚微米粒子含量约上升为80%，而用聚合物处理后的体系亚微米粒子的含量约降为6%。

（2）具有良好的流变性，主要表现为较强的剪切稀释性和适宜的流型。聚合物钻井液体系中形成的结构是在颗粒之间的相互作用、聚合物分子与颗粒之间的桥联作用以及聚合物分子之间的相互作用下所构成的。其结构强度以聚合物分子与颗粒之间桥联作用的贡献为主。在高剪切作用下，桥联作用被破坏，因而黏度和切力降低，所以聚合物钻井液具有较高的剪切稀释作用。由于这种桥联作用赋予聚合物钻井液具有比其他类型钻井液高的结构强度，因而聚合物钻井液具有较高的动切力。同时，与其他类型钻井液相比，聚合物钻井液具有较低的固相含量，粒子之间的相互摩擦作用相对较弱，因而聚合物钻井液具有较低的塑性黏度。由于聚合物水溶液为典型的非牛顿流体，所以聚合物钻井液一般具有较低的 n 值。当然，在实际钻井过程中，各流变参数需控制在适宜的范围内，过高和过低都对钻井工程不利。

为获取平板型层流，一般应控制动塑比为 $0.36 \sim 0.48 Pa/mPa \cdot s$。动塑比太小会导致尖峰型层流，太大则导致泵压升高，动力消耗增大。

另外，聚合物钻井液具有较强的触变性。触变性对环形空间内钻屑和加重材料在钻井液停止循环后的悬浮非常重要，适当的触变性对钻井有利。钻井液流动时，部分结构被破坏，停止循环时能迅速形成适当的结构，使固相颗粒均匀悬浮，从而不易卡钻，下钻也可一次到底。如果触变性太大，形成的结构强度太高，则开泵困难，易导致压力激动，易漏地层可能因此憋漏。聚合物钻井液的固相含量较低，结构主要是在聚合物与颗粒间的桥联作用下形成的，既具有一定结构强度，又不会使强度过高。一般情况下，若触变性适宜，则不会造成开泵困难。但遇到固相含量过高时，则应注意开泵要慢，泵的阀门要由少到多逐渐加压，从而避免造成压力激动。

（3）聚合物钻井液固相含量低，亚微米粒子比例小，剪切稀释性好，卡森极限黏度低，悬浮携带钻屑能力强，洗井效果好，这些优良性能都有利于提高机械钻速。

（4）稳定井壁的能力较强，井径比较规则。只要钻井过程中始终加足聚合物处理剂，使滤液中保持一定的聚合物含量，则聚合物可有效地抑制岩石的吸水分散作用。合理地控制钻井液的流型，可减少对井壁的冲刷。这些操作都有稳定井壁的作用。在易坍塌地层，通过适当提高钻井液的密度和固相含量，可取得良好的防塌效果。

（5）对油气层的损害小，有利于发现和保护产层。聚合物钻井液的密度低，可实现近平衡压力钻井。固相含量少，可减轻固相的侵入，因而减小了损害程度。

（6）可防止井漏的发生。对于不十分严重的渗透性损失地层，采用聚合物钻井液可使漏失程度减轻甚至完全停止。这是由于聚合物钻井液比其他类型钻井液的固相含量低，在不使用加重材料的情况下，钻井液的液柱压力就低得多，从而降低了产生漏失的压力。

当遇到较大的裂缝时，可向钻井液中加入水解度较高（50% ~ 70%）的 PHPA 来提高钻井液的黏度，并适当提高钻井液的 pH 值，使漏失停止。这种堵漏措施不影响钻进，因而常被形象地称为"边钻边堵"。当遇到严重漏层时，可同时将泥、沙混杂的粗钻井液与聚合物强絮凝剂溶液混合挤入漏层，利用聚合物的强絮凝作用使粗钻井液完全絮凝，被分离出的清水很快漏走，絮凝物则可留下来堵塞漏层。这种方法称为聚合物絮凝堵漏。絮凝堵漏的缺点是絮凝物强度较低，有时堵漏效果不理想。这时可配合加入一些无机物或有机物交联剂，与聚合物产生交联形成不溶物，再与黏土结合可产生强度很高的堵塞物质，提高堵漏效果。这种方法称为聚合物交联堵漏。

（7）钻井成本低。由于聚合物钻井液的处理剂用量较少，钻井速度高，缩短了完井周期，因此可大幅度降低钻井总成本。

以上所阐述的聚合物钻井液的特点，仅是相对于其他常规钻井液而言的。聚合物钻井液的性能也不是尽善尽美的，在现场应用中也遇到一些问题，还需要进一步研究解决。例如，当钻速太快时，无用固相不能及时清除，难以维持低固相，在强造浆井段尤其如此。对一些强分散地层，有时抑制能力也显得不足，这时钻井液的流变性变得难以控制，比如切力太高，导致钻屑更不容易清除，产生恶性循环，不得不加入分散剂以降低钻井液的结构强度，从而改善流动性。这种操作是以部分损害聚合物钻井液的优良性能作为代价的。近几年发展的两性复合离子聚合物钻井液和阳离子聚合物钻井液在抑制性和流型调节方面得到了进一步改善。

3. 不分散低固相聚合物钻井液的性能指标

所谓"不分散"具有两个含义：其一是指组成钻井液的黏土颗粒尽量维持在 1 ~ 30μm 范围内，不要向小于 1μm 的方向发展；其二是指混入这种钻井液体系的钻屑不容易分散变细。所谓"低固相"是指低密度固相（主要指黏土矿物类）的体积分数要在钻井工程允许的范围内维持到最低。通过大量现场实践和深入研究，目前国内外对不分散低固相聚合物钻井液的性能指标已有了明确的要求。只有遵循这些指标要求，才能充分显示出这种钻井液体系的优越性。这些性能指标也基本上反映出这种钻井液的重要特性。

（1）固相含量（主要指低密度的黏土和钻屑，不包括重晶石）应维持为4%（体积分数）或更小，约相当于密度小于 $1.06g/cm^3$。固相含量是核心指标，是提高钻速的关键。

（2）钻屑与膨润土的比例不超过2:1，实践证明，虽然钻井液中的固相越少越好，但如果完全没有膨润土，则不能建立钻井液所必需的各项性能，特别是不能保证净化井眼所必需的流变性能以及保护井壁和减轻储层污染所必需的造壁性能。所以，钻井液中应含有一定量的澎润土，其加量在保证满足钻井液各项必需性能的前提下越低越好。一般认为不能少于1%，1.3% ~ 1.5%比较合适。

（3）动切力（单位为Pa）与塑性钻度（单位为mPa·s）之比控制为约0.48。这是为了满足低返速（如 0.6m/s）携砂的要求，并保证钻井液在环形空间实现平扳型层流而规定的。

（4）非加重钻井液的动切力应维持为 1.5 ~ 3Pa。动切力是钻井液携带钻屑的关键参数，为保证良好的携带能力，首先必须满足动切力的要求。对加重钻井液应保证重晶石的悬浮状态。

（5）滤失量控制应视具体情况而定。在稳定井壁的前提下，可适当放宽滤失量的范围，以利于提高钻速；在易坍塌地层，则应当从严控制。进入储层后，为减轻污染也应将滤失量控制得低些。

（6）优化流变参效，若采用卡森模式，要求 $\eta_\infty = 3 \sim 6mPa\cdot s$，$\tau_c = 0.5 \sim 3Pa$，$I_m$（剪切稀释指数）$= 300 \sim 600$。

（7）在整个钻井过程中应尽量不使用分散剂。

比较理想的不分散低固相聚合物钻井液的性能如表5-10所示。

表5-10　不分散低固相聚合物钻井液的典型性能参数

密度/ （g/cm³）	固相含量/ （g/L）	膨润土含量/ （g/L）	岩屑: 膨润土	动切力/ Pa	塑性黏度/ （mPa·s）	动塑比/ ［Pa/（mPa·s）］
1.03	57.0	28.5	1:1	1.5	3	0.5
1.04	77.0	34.2	1.3:1	2.0	4	0.5
1.05	96.9	39.5	1.4:1	2.0	6	0.4
1.07	116.9	42.8	1.7:1	2.5	8	0.4
1.08	136.8	45.8	2:1	3.0	10	0.3

4. 聚合物处理剂作用机理

1）桥联作用与包被作用

聚合物在钻井液中固相颗粒上的吸附是其发挥作用的前提。当一个高分子同时吸附在几个颗粒上，而一个颗粒又可同时吸附几个高分子时，就会形成网架结构，聚合物的这种

作用称为桥联作用。当高分子链吸附在一个颗粒上，并将其覆盖包裹时，称为包被作用。桥联和包被是聚合物在钻井液中的两种不同的吸附状态。实际体系中，这两种吸附状态不可能严格分开，一般会同时存在，但以其中一种状态为主。吸附状态不同，产生的作用也不同，如桥联作用易导致絮凝和增黏等，而包被作用则有利于抑制钻屑的分散。

2）絮凝作用

当聚合物在钻井液中主要发生桥联吸附时，会将一些细颗粒聚结在一起形成粒子团，这种作用称为絮凝作用，相应的聚合物称为絮凝剂。形成的絮凝块易于靠重力沉降作用或固控设备清除，有利于维持钻井液的低固相状态。所以，絮凝作用是钻井液实现低固相和不分散的关键。

根据絮凝效果和对钻井液性能的影响，絮凝剂又可分为两类：一是全絮凝剂，能同时絮凝钻屑、劣质土和蒙脱土，如非离子型聚合物 PAM 就属于此类；二是选择性絮凝剂，只絮凝钻屑和劣质土，不絮凝蒙脱土，如离子型聚合物 PHPA、VAMA 就属于此类。当絮凝剂能提高钻井液黏度时，称为增效型选择性絮凝剂，而对黏度影响不大时则称为非增效型选择性絮凝剂。

选择性絮凝的机理为：钻屑和劣质土颗粒的负电性较弱，蒙脱土的负电性较强。选择性絮凝剂也带负电，由于静电作用，使其易在负电性弱的钻屑和劣质土上吸附，通过桥联作用可将颗粒絮凝成团块从而易于清除。而在负电性较强的蒙脱土颗粒上的吸附量则较少，同时由于蒙脱土颗粒间的静电排斥作用较大，因此不能形成密实团块。桥联作用所形成的空间网架结构还能提高蒙脱土的稳定性。完全絮凝与选择性絮凝示意如图 5-5 所示。

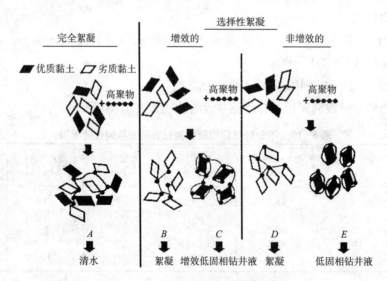

图 5-5　完全絮凝与选择絮凝示意图

目前常用的絮凝剂是 PHPA，其相对分子质量和水解度是影响絮凝效果的主要因素。图 5-6 所示为 PHPA 相对分子质量和水解度对絮凝能力的影响，其中，絮凝能力用沉降实验中 1/2 沉降高度所对应的时间 $t_{1/2}$ 表征。$t_{1/2}$ 值越小，絮凝能力越强。相对分子质量越大，分子链的有效链长度越长，絮凝能力越强。PHPA 的水解度约为 30% 时絮凝能力最强，这时吸附基团 [—CO（NH)$_2$] 和水化基团（—COO$^-$）的比例适当，分子链最伸展。

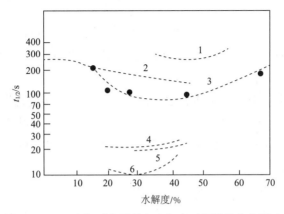

图 5-6　PHPA 相对分子量和水解度对絮凝能力的影响

3）增黏作用

增黏剂多用于低固相和无固相水基钻井液，以提高钻井液的悬浮力和携带力。增黏作用的机理，一是游离（未被吸附）聚合物分子能增加水相的黏度，二是聚合物的桥联作用形成的网架结构能增强钻井液的结构黏度。常用的增黏剂有相对分子质量较高的 PHPA 和高黏度型羧甲基纤维素（CMC）等。

4）降滤失作用

钻井液滤失量的大小主要决定于泥饼的质量（渗透率）和滤液的黏度。降滤失作用主要是通过降低泥饼的渗透率来实现的。聚合物降滤失剂的作用机理主要有以下几个方面：

（1）保持钻井液中的粒子具有合理的粒度分布，使泥饼致密。聚合物降滤失剂通过桥联作用与黏土颗粒形成稳定的空间网架结构，对体系中所存在的一定数量的细颗粒起保护作用，在井壁上可形成致密的泥饼，从而降低滤失量。有时为了使体系中固体颗粒具有合理的粒度分布，可加入超细的惰性物质（如 CaCO$_3$）来改善泥饼质量。另外，网架结构可包裹大量自由水，使其不能自由流动，从而有利于降低滤失量。

（2）提高黏土颗粒的水化程度。降滤失剂分子中都带有水化能力很强的离子基团，可增厚黏土颗粒表面的水化膜，在泥饼中这些极化水的黏度很高，能有效阻止水的渗透。

（3）聚合物降滤失剂的分子，其颗粒的大小属于胶体颗粒的范围，分子本身可对泥饼起堵孔作用，使泥饼致密。

（4）降滤失剂可以提高滤液黏度，从而降低滤失量。

5）抑制与防塌作用

聚合物在钻屑表面的包被吸附是阻止钻屑分散的主要原因。包被能力越强，对钻屑分散的抑制作用也越强。

聚合物具有良好的防塌作用，其原因有以下两个方面：一是长链聚合物在泥页岩井壁表面发生多点吸附，封堵了微型缝，可阻止泥页岩剥落；二是聚合物浓度较高时，在泥页

岩井壁上形成较为致密的吸附膜，可阻止或减缓水进入泥页岩，对泥页岩的水化膨胀有一定的抑制作用。

6）降黏作用

聚合物钻井液的结构主要是在黏土颗粒与黏土颗粒、黏土颗粒与聚合物以及聚合物与聚合物之间的相互作用下组成的，降黏剂就是拆散这些结构中的部分结构从而起降黏作用的。降黏作用的机理主要有以下几个方面：

（1）降黏剂可吸附在黏土颗粒带正电荷的边缘上，使其转变为带负电荷，同时形成厚的水化层，从而拆散黏土颗粒间以端—面、端—端连接而形成的结构，放出包裹着的自由水，降低体系的黏度。同时，降黏剂的吸附还可提高黏土颗粒 ζ 的电位，增强颗粒间的静电排斥作用，从而削弱其相互作用。

（2）研究还发现，当相对分子质量较低的聚合物降黏剂（如 SSMA、VAMA 等）与钻井液的主体聚合物（如 PHPA）形成氢键络合物时，因络合物会与黏土争夺吸附基团，可有效地拆散黏土与聚合物间的结构，同时能使聚合物形态收缩，减弱聚合物分子间的相互作用，从而具有明显的降黏作用。

聚合物处理剂的作用机理与其他相对分子质量较低的处理剂的作用机理有其共同之处，但也有很大的区别。通过对作用机理的深入研究，一方面可以为今后新型处理剂的研制提供理论依据，另一方面可对聚合物处理剂在现场的合理使用起到重要的指导作用。

5. 阴离子聚合物钻井液

1）主要处理剂

阴离子聚合物钻井液处理剂的种类很多，本小节将主要就低固相不分散聚合物钻井液中较常用的处理剂展开分析。

（1）聚丙烯酰胺及其衍生物。

聚丙烯酰胺及其衍生物是使用最广泛且效果比较理想的一类处理剂。目前除最常使用的 PHPA 外，还发展了其他各种类型的处理剂。

①聚丙烯酰胺。

聚丙烯酰胺（简称 PAM）的结构式为：

$$\begin{array}{c} \left[\!\!\begin{array}{c} CH_2\!-\!CH \\ | \\ CONH_2 \end{array}\!\!\right]_n \end{array}$$

相对分子质量是影响聚合物性能的重要参数。随聚丙烯酰胺相对分子质量的增大，其絮凝能力、提黏效应、堵漏和防漏效果都会提高。钻井液中使用的主要有 3 种相对分子质量：一种是 $100 \times 10^4 \sim 500 \times 10^4$，主要作为絮凝剂；另一种是 $10 \times 10^4 \sim 90 \times 10^4$，为降滤失剂；第三种是小于 10×10^4，主要是在缺少优质黏土时用作稳定剂，或与相对分子质量较高的聚丙烯酰胺配合使用，作为选择性絮凝和降滤失剂。由于缺少水化基团，目前已很少使用聚丙烯酰胺，而是主要使用它的衍生物。

②部分水解聚丙烯酰胺。

部分水解聚丙烯酰胺（简称 PHPA 或 PHP）是由聚丙烯酰胺水溶液加碱水解制得的，其分子结构式为：

$$\require{enclose}\left[\!\!\begin{array}{c}CH_2{-}CH\\ |\\ CONH_2\end{array}\!\!\right]_x\left[\!\!\begin{array}{c}CH_2{-}CH\\ |\\ COONa\end{array}\!\!\right]_y$$

水解后的聚丙烯酰胺，其性质会发生一系列变化。由于羧酸根基团的亲水性比酰胺基强，因此水解后分子链的亲水性增强。由于羧酸根基团之间的静电排斥作用，分子链在水溶液中的伸展程度会增大。

水解度是影响 PHPA 性能的重要参数。水解度增大，分子链伸展，在钻井液中的桥联作用增强，因而对劣质土的絮凝作用增强。但水解度过大时，由于在黏土颗粒上的吸附作用减弱，加上羧酸根基团间的静电排斥作用增强，对劣质土的絮凝作用反而降低。实验证明，水解度 30% 左右时 PHPA 的絮凝能力最高。随着水解度增加，水溶液的黏度增大，加入钻井液后同样会提高钻井液的黏度。因此，高水解度的 PHPA 用于提高钻井液黏度，防止钻井液漏失，堵漏以及控制滤失量的效果均优于低水解度的 PHPA。现场控制滤失量和提黏堵漏时就用水解度为 60% ~ 70% 的 PHPA，而絮凝时则用 30% ~ 40% 的 PHPA。

③水解聚丙烯腈钠盐。

水解聚丙烯腈钠盐是由腈纶（实际使用的是腈纶废料）在碱水溶液中水解后的产物，水解温度一般为 95 ~ 100℃。腈纶的主要成分是聚丙烯腈，其结构式为：

$$\left[\!\!\begin{array}{c}CH_2{-}CH\\ |\\ CN\end{array}\!\!\right]_n$$

一般产品的平均相对分子质量为 $12.5 \times 10^4 ~ 20 \times 10^4$，平均聚合度 n 为 2350 ~ 3760。聚丙烯腈不溶于水，不能直接用于处理钻井液。钻井液用的水解聚丙烯腈钠盐是水溶性的，结构式为：

$$\left[\!\!\begin{array}{c}CH_2{-}CH\\ |\\ CN\end{array}\!\!\right]_x\left[\!\!\begin{array}{c}H_2{-}CH\\ |\\ CONH_2\end{array}\!\!\right]_y\left[\!\!\begin{array}{c}CH_2{-}CH\\ |\\ COONa\end{array}\!\!\right]_z \qquad (x+y+z=n)$$

丙烯酸钠链节数和丙烯酰胺链节数的和与总聚合度之比，即 $(y+x)/(x+y+z)$，称为水解度。实际上水解聚丙烯腈钠盐是丙烯酸钠、丙烯酰胺和丙烯腈的共聚物，因而也可由丙烯酸钠、丙烯酰胺和丙烯腈 3 种单体共聚制得。

水解聚丙烯腈钠盐主要用作降滤失剂，水解度和聚合度是影响降滤失效果的主要因素。实验证明，羧基含量在 70%~80% 时降滤失效果最好。若水解度过大，则会影响水解聚丙烯腈在黏土上的吸附；而若水解度过小，则水化能力不够强。因此，生产时控制适当的水解条件是十分重要的。

聚合度较高的水解聚丙烯腈钠盐的降滤失能力比较强，但增加钻井液黏度的作用也比较强；聚合度较低的水解聚丙烯腈钠盐的降滤失能力比较弱，增加钻井液黏度的作用也相应

较弱。由于测定聚合度的操作比较复杂，故一般选用质量分数为1%的水解聚丙烯腈钠盐溶液的黏度作为判断标准。实验证明，质量分数为1%的水解聚丙烯腈钠盐溶液的黏度为7~16mPa·s时，适用于控制低含盐量和中等含盐量的钻井液的滤失量；若黏度高于这一范围时，则适用于控制高含盐量钻井液的滤失量。

水解聚丙烯腈钠盐除具有降滤失作用外，还对钻井液的黏度有一定影响。一般对淡水钻井液有增黏作用，而对盐水钻井液（NaCl含量约从15000 mg/L至溶液近于饱和）有降黏作用。水解聚丙烯腈钠盐的抗钠盐能力较强，而抗钙能力较弱。

④水解聚丙烯腈铵盐。

水解聚丙烯腈铵盐（简称NPAN或NH_4 – HPAN）是由腈纶废料在高温高压下水解而制得的产品，故也称为高压水解聚丙烯腈。水解时使用的温度为180~200℃，压力为15~20 MPa。水解度约为50%，相对分子质量约为1×10^4。

NPAN的结构式为：

$$\begin{array}{c}
\text{CH}_2 \\
\left[\text{CH}_2\text{—CH} \right]_x \left[\text{CH}_2\text{—CH} \diamond \text{CH} \right]_y \left[\text{CH}_2\text{—CH} \right]_2 \left[\text{CH}_2\text{—CH} \right]_n \\
| \qquad\qquad\quad | \qquad\qquad\qquad | \qquad\qquad | \\
\text{NH} \qquad\qquad \text{NH} \qquad\qquad \text{COONH}_2 \qquad \text{CONH}_2
\end{array}$$

NPAN是一种抗高温降滤失剂。由于可提供NH_4^+，抑制黏土分散的能力很强，因此也是一种较好的防塌剂。其使用浓度一般为0.3%~0.4%。

⑤聚丙烯酸钙。

钻井液处理剂聚丙烯酸钙的结构式为：

$$\left[\text{CH}_2\text{—CH} \right]_x \quad \left[\text{CH}_2\text{—CH} \right]_y$$
$$\qquad | \qquad\qquad\qquad | $$
$$\text{CONH}_2 \qquad\qquad \text{COOCa}_{1/2}$$

聚丙烯酸钙不溶于水，使用时必须加Na_2CO_3或NaOH，使分子中的羧酸钙部分转化为羧酸钠，因此实际应用时分子中亦存在—COONa基。相对分子质量和各基团的比例是影响聚丙烯酸钙性能的重要因素。现场常用的一种产品是以相对分子质量为150×10^4~350×10^4的聚丙烯酰胺为原料，在碱性环境中水解，当水解度达60%以上后，加$CaCl_2$溶液交联聚沉而制得的。聚丙烯酸钙是一种抗高Ca^{2+}、Mg^{2+}的降滤失剂，且具有改善钻井液流变性的性能。

⑥磺甲基化聚丙烯酰胺。

磺甲基化聚丙烯酰胺（SPAM）是由聚丙烯酰胺在一定条件下，与甲醛、亚硫酸氢钠反应制得的。其分子结构式为：

$$\left[\text{CH}_2\text{—CH} \right]_x \quad \left[\text{CH}_2\text{—CH} \right]_y \quad \left[\text{CH}_2\text{—CH} \right]_z$$
$$\qquad | \qquad\qquad\qquad | \qquad\qquad\qquad | $$
$$\text{CONH}_2 \qquad \text{CONHCH}_2\text{OH} \qquad \text{CONHCH}_2\text{SO}_3\text{Na}$$

一般磺化度为70%左右。引入磺酸基后，耐盐能力和抗温能力可明显提高。因此，SPAM是一种性能良好的高温降滤失剂，同时具有一定的防塌和改善钻井液流变性的能力。如在密度为1.06g/cm^3的膨润土原浆中加入质量分数为3%的SPAM，可使动塑比由0.6提高到 3.64。

我国的聚合物处理剂发展很快，如今已相继研发了 80A 系列、SK 系列和 PAC 系列处理剂，并在现场得到了广泛应用，取得了良好生产效果。80A 系列是由丙烯酸和丙烯酰胺共聚制得的一系列特征黏度不同的高聚物，具有代表性的有 80A44、80A46 和 80A51，具有降滤失和流变性调节等功能。SK 系列是丙烯酰胺、丙烯酸、丙烯磺酸钠、羟甲基丙烯酸的共聚物，粉剂商品名为 SK－Ⅰ、SK－Ⅱ和 SK－Ⅲ，抗高盐和抗钙、镁能力较强，是性能良好的降滤失剂和流型调节剂。PAC 系列是具有不同取代基的乙烯基共聚物，分子中带有数量不等的羧基（—COOH）、羧钠基（—COONa）、羧钾基（—COOK）、羧铵基（—COONH$_4$）、羧钙基（—COOCa$_{1/2}$）、酰胺基〔—CO（NH）$_2$〕、腈基（—CN）、磺酸基（—SO$_3$）和羟基基（—OH）等多种基团，因而也称为复合离子聚合物。通过调整官能团的种类、数量、比例、聚合度和分子构型等，可分别制备出具有增黏、改善流型和降滤失等作用的处理剂。目前应用较广的有 PAC141、PAC142 和 PAC143 等。

（2）醋酸乙烯酯—顺丁烯二酸酐共聚物。

醋酸乙烯酯—顺丁烯二酸酐共聚物（VAMA）的分子结构式为：

$$\begin{array}{ccc} +CH_2-CH_x & +CH-CH_y \\ & \\ CH_3COO & O=CC=O \\ & O \end{array}$$

这是一种选择性絮凝剂，对膨润土不产生絮凝作用，有的还可以起到增效作用，对钻屑或劣质土则可迅速絮凝，故常称为双功能聚合物。其相对分子质量在 7×10^4 以下时，是很好的降黏剂，并具有较好的降滤失能力。

（3）磺化苯乙烯—顺丁烯二酸酐共聚物。

磺化苯乙烯—顺丁烯二酸酐共聚物（SSMA）的分子结构式为：

$$+CH-CH_2-CH-CH_n$$

其相对分子质量一般为 1000~5000。SSMA 是一种优良的降黏剂，具有很强的抗温、抗盐能力、抗盐溶液浓度可达饱和盐水，抗温可达 260℃以上。

2）聚合物淡水钻井液

（1）无固相聚合物钻井液。

实验表明，使用无固相聚合物钻井液（又称清水钻井液）可达到最高的钻速，但要实现无固相的清水钻进，必须注意解决以下 3 个方面的问题：一是必须使用高效絮凝剂使钻屑始终保持为不分散状态，在地面循环系统中发生絮凝而全部清除；二是要有一定的提黏措施，并能够按工程上的要求，实现平板型层流，并能顺利地携带岩屑；三是有一定的防

塌措施，以保证井壁的稳定。生物聚合物和聚丙烯酰胺及其衍生物是配制无固相钻井液较理想的处理剂。

使用聚丙烯酰胺及其衍生物作无固相钻井液处理剂，要求其相对分子质量应大于 100×10^4，最好超过 300×10^4，水解度应小于 40%。非水解聚丙烯酰胺的优点是一旦絮凝就不容易再度分散；其缺点是用量较大，提黏与防塌效果均较差。水解度约为 30% 的 PHPA 则相反，其用量较少，提黏与防塌效果均比非水解聚丙烯酰胺好；其缺点是絮凝物的结构比较疏松，对浓度敏感，浓度过大时絮凝效果变差。尤其是遇到含蒙脱土较多的水敏性地层时，絮凝效果则更差。为了克服水解产物的缺点，常在钻井液中加入适量无机离子，如可控性钙盐、钾盐、铵盐和铝盐等。这些无机盐有助于絮凝分散好的黏土，同时可提高防塌能力。

无固相聚合物钻井液的现场配制与维护的要点如下：

①配聚合物溶液。先用纯碱将水中的 Ca^{2+} 除去（每除掉 1mg/L 的 Ca^{2+} 需纯碱 $4.29g/m^3$）以增加聚合物的溶解度，然后加入聚合物絮凝剂，一般加量为 $6kg/m^3$。

②处理清水钻井液。将配好的聚合物溶液喷入清水钻井液中，喷入位置可以在流管顶部或振动筛底部，喷入速度取决于井眼大小和钻速。

③促进絮凝。加适量石灰或 $CaCl_2$，通过储备池循环，避免搅拌，让钻屑尽量沉淀。

④适当清扫。在接单根或起、下钻时，用增黏剂与清水配几立方米黏稠的清扫液打入循环，从而将环空中堆积的岩屑清扫出来。只要保证上水池内的清水清洁，即可获得最大钻速。

（2）不分散低固相聚合物钻井液。

由于无固相聚合物钻井液对固控要求高，工艺较复杂，故通常使用不分散低固相聚合物钻井液进行代替。在该类钻井液中，如果使用的聚合物不同，则钻井液的性能不同，在配制和维护措施上也有所差异。本小节就一种常规的配制和维护方法展开介绍。

不分散低固相钻井液的配制：

①清洗钻井液罐，配新浆时应彻底清除罐底沉砂。

②用纯碱除去配浆水中的 Ca^{2+}。

③按以下配方配制基浆：$17{\sim}23\ kg/m^3$ 的优质膨润土或用量相当的预水化膨润土浆，加 $0.02\ kg/m^3$ 的双功能聚合物。

④必要时，加入 $0.3{\sim}1.5kg/m^3$ 的纯碱，使膨润土充分水化。

⑤测定新配制的基浆性能，并调整参数范围：漏斗钻度：$30{\sim}40s$，塑性黏度：$4{\sim}7$ mPa·s，动切力：$4Pa$，静切力($10''/10'$)：$[(1{\sim}2)Pa/(1{\sim}3\ Pa)]$，API 滤失量：$15{\sim}30\ mL$。

不分散低固相钻井液的维护：

①为了维持钻井液体积和降低钻井液黏度以便于分离固相，要有控制地往体系中加水。

②每 5 根立柱掏 1 次振动筛下面的沉砂池，经常掏洗钻井液罐以清除沉砂，掏洗的次数根据钻速而定。

③pH 值维持为 $7{\sim}9$。

④钻进过程中要不断补充聚合物，以补充沉除钻屑时消耗的聚合物。

⑤为了维持低固相，在化学絮凝的同时，应连续使用除砂器、除泥器，适当使用离心机。

⑥如果要求提高黏度，可使用膨润土和双功能聚合物，并通过小型实验确定其加量。

⑦为了降低动、静切力和滤失量，可使用聚丙烯酸钠，应通过小型实验确定其加量，或按 $0.3g/m^3$ 的增量逐次加入聚丙烯酸钠，必要时加水稀释，直至性能达到要求。

⑧如果要用不分散聚合物钻井液钻水泥塞，在开钻前应先用 $1.4kg/m^3$ 的碳酸氢钠进行预处理。如果钻遇石膏层，则应加入碳酸钠以沉除 Ca^{2+}，但应注意防止处理过头。

⑨如果钻遇高膨润土地层（MBT 高），使用选择性絮凝剂比使用双功能聚合物的效果好。选择性絮凝剂不会使膨润土或高 MBT 地层黏土增效，因而不致于使黏度过高。

⑩如果有少量盐水侵入，或者当钻遇膏盐层时，只要盐浓度不超过 10000 mg/L，则不分散聚合物钻井液可以继续使用。若超过此浓度，为了维持所要求的钻井液性能，可能需要加入预水化膨润土。在极端条件下，应采用盐水钻井液。

（3）普通聚合物钻井液。

普通聚合物钻井液是指不符合不分散低固相钻井液标准的聚合物钻井液。当缺少膨润土时，为尽量维持钻井液的不分散性，也可采用相对分子质量较高的 PHPA 和相对分子质量较低的 PHPA 混合处理的方法，利用它们的协同作用保持钻井液的低密度和低滤失量。混合液的配制方法为：

将相对分子质量较高的 PHPA（相对分子质量大于 100×10^4，水解度约为 30%）配成 1% 的溶液；再将相对分子质量较低的 PHPA（相对分子质量 $5 \times 10^4 \sim 7 \times 10^4$，水解度 30% 左右）配成 10% 的溶液；数终将 7 份相对分子质量较高的 PHPA 溶液和 3 份相对分子质量较低的 PHPA 溶液混合即成。其中，相对分子质量较高的 PHPA 主要起絮凝钻屑的作用，以维持低固相；而相对分子质量较低的 PHPA 则主要可稳定质量较好的黏土颗粒，以提供钻井液的必需性能。

3）聚合物盐水钻井液

不分散低固相聚合物盐水钻井液主要应用于在含盐膏的地层中钻进以及海上钻井。这类钻井液最主要的问题是滤失量较大，通常采取以下措施控制其滤失量：

（1）膨润土预水化。黏土在盐水中不易分散，因此钻井前将膨润土粉预先用淡水充分分散，并同时加入足够的纯碱，以除去高价离子并使钙质土转化成钠土。然后加入聚合物处理剂（如水解聚丙烯腈、聚丙烯酸盐及 CMC 钠盐等）使钻井液性能保持稳定。这样的钻井液在冲入盐水时，滤失量的上升幅度就会得到适当控制。在钻穿石膏层或其他盐层时，预先向钻井液中加入小苏打（$NaHCO_3$）或纯碱来抵抗阳离子的聚沉作用。对滤失量要求高的井，也可以考虑加入适当的有机分散剂协助降低滤失量。

（2）采用耐盐的配浆材料，如海泡石、凹凸棒石等。

（3）采用耐盐的降滤失剂。目前耐盐较好的降滤失剂有聚丙烯酸钙、磺化酚醛树脂、醋酸乙烯和丙烯酸酯的共聚物及 CMC 钠盐等。

（4）预处理水。所用药剂的种类及用量都要根据水型及含盐量而定。一般含 Mg^{2+} 多的水用 NaOH 处理，含 Ca^{2+} 多的水用 Na_2CO_3 处理。

以配制聚合物海水钻井液为例展开具体分析。

用 1/3 质量分数唐山紫红色黏土和 2/3（质量分数）地层造浆黏土（主要成分为高岭土）配制成海水基浆。其主要参数：密度为 1.20 g/cm^3，黏度为 18.9s，API 滤失量为 48.4mL，pH 值为 7。

用聚合物对海水基浆进行处理，配方为：质量分数为 2.5% 相对分子质量较高的 PHPA（$100 \times 10^4 \sim 500 \times 10^4$，水解度约为 30%，体积分数为 1%），质量分数为 2% 相对分子质量较低的 PHPA（$5 \times 10^4 \sim 7 \times 10^4$，水解度约为 30%，体积分数为 10%），再加 0.5% 的 CMC 钠盐，API 滤失量可降为 6.4mL。

这是一个高相对分子质量 PHPA 与低相对分子质量 PHPA 复配使用的例子。若单独用高相对分子质量 PHPA，钻井液的滤失量不容易控制，这主要是因为盐水钻井液中分散性的细颗粒太少，且黏土颗粒表面水化膜也太薄的缘故。加入低相对分子质量 PHPA，能迅速吸附在黏土细颗粒表面，使这些细颗粒稳定在钻井液中。CMC 钠盐本身具有分散作用和降滤失作用，它能稳定住更细的颗粒，填补泥饼的微小孔隙，使泥饼的渗透率进一步降低。3 种处理剂协同作用，既使钻井液降低了滤失量，又保持了不分散低固相的特性。

4）不分散聚合物加重钻井液

在用重晶石加重的不分散聚合物钻井液中，聚合物的作用主要有 3 种：①絮凝和包被钻屑；②增效膨润土；③包被重晶石，减少粒子间的联接。由于重晶石对聚合物的吸附作用，在处理加重钻井液时聚合物的加量应高于非加重钻井液，加入重晶石时一般也相应加入适量聚合物。加入的量应通过实验来确定。下文就不分散聚合物加重钻井液的配制和维护措施展开分析。

（1）不分散聚合物加重钻井液的配制。

①井浆的转化。

一般要求待加重钻井液的钻屑含量不超过 4%（体积分数），劣质土与膨润土之比接近 1∶1。若待加重钻井液的性能不符合要求，又不能经济地将其处理到满足要求，那么应放掉旧钻井液，另配新的加重钻井液。

如果井浆性能符合要求，即没有受到钻屑严重污染时，转化成一定密度的不分散加重钻井液的步骤为按每 1816 kg 重晶石配 0.91 kg 双功能聚合物或选择性聚合物的比例向井浆中加入重晶石，直到密度符合要求。再以 0.29 kg/m^3 为单位，逐渐加入聚丙烯酸钠，调节动切力、静切力和滤失量，直到性能符合要求。

②配制新浆。

如果井浆的钻屑含量和劣膨比不符合要求，则须重新配制不分散加重钻井液，其一般步骤为：在彻底清洗钻井液罐之后，按计算的初始体积加水；用纯碱或烧碱处理配浆水以除去其中的钙、镁离子；按每 227kg 膨润土配合加入 0.91kg 双功能聚合物的比例，加入膨润土和聚合物，直到膨润土加量达到要求，再按每 1 816 kg 重晶石配合加入 0.91 kg 双功能聚合物或选择性聚合物的比例，加入重晶石和聚合物，直到达到所要求的密度。钻井液密度达到要求后，应加入 0.29~0.57kg/m³ 聚丙烯酸钠，直至将钻井液性能调节到适宜范围。

（2）不分散聚合物加重钻井液的维护。

维护不分散加重聚合物钻井液的技术关键是通过加强固控以尽可能地清除钻屑。要实现这一点，须选择合适的机械固控设备，并有效地使用；此外，还要重视化学处理，使用选择性絮凝剂包被钻屑，抑制它们分散，以便机械装置在地面上更容易地清除钻屑。

维护不分散聚合物加重钻井液应自遵循下述原则。

①为了保持钻井液体积，应适当稀释钻井液以便清除钻屑，可在钻进时适量加水，切忌加水过量，以免造成重晶石悬浮困难。

②根据钻速快慢，按需要补充选择性絮凝剂。最好在钻井液槽中加入，且调节加量使钻井液覆盖振动筛的 1/2~3/4。

③尽量利用固控设备消除钻屑。

④维持劣膨比在 3:1 以下。

6. 阳离子聚合物钻井液

阳离子聚合物钻井液是 20 世纪 80 年代后发展起来的一种新型聚合物钻井液体系。这种体系是以高相对分子质量阳离子聚合物（简称大阳离子）作包被絮凝剂，以小相对分子质量有机阳离子（简称小阳离子）作泥页岩抑制剂，并配合降滤失剂、增黏剂、降黏剂、封堵剂和润滑剂等处理剂配制而成。由于阳离子聚合物分子带有大量正电荷，在黏土或岩石上的吸附除依靠氢键外，更主要的是依靠静电作用，从而比阴离子聚合物的吸附力更强。同时，阳离子聚合物能中和黏土或岩石表面的负电荷，因此其絮凝能力和抑制岩石分散的能力也比阴离子聚合物强，从而可以更好地实现低固相和保持井壁稳定。现场试验已证明，阳离子聚合物钻井液具有优良的流变性，抑制性，稳定井壁能力，携带钻屑能力和防卡、防泥包等性能，在保证井下安全、提高钻速和保护油气层等方面都显示出一定的优越性。

1）主要的阳离子聚合物处理剂

（1）泥页岩抑制剂（俗称小阳离子）。

①结构。

目前现场应用的泥页岩抑制剂（亦称黏土稳定剂）是环氧丙基三甲基氯化铵，其结构式为：

$$\text{CH}_2\!\!-\!\!\text{CH}\!\!-\!\!\text{CH}_2\!\!-\!\!\overset{\displaystyle\overset{\text{CH}_3}{|}}{\underset{\displaystyle\underset{\text{CH}_3}{|}}{\text{N}^+}}\!\!-\!\!\text{CH}_3 \cdot \text{Cl}^-$$
$$\underset{\text{O}}{\diagdown\diagup}$$

国内商品名为 NW-1，俗称小阳离子，有液体和干粉两个剂型，相对分子质量为 152。

②抑制作用。

分别采用岩屑回收率、*CST*、粒度分布等指标评价了小阳离子的抑制性能。实验结果表明，在 NW-1 溶液中的一次岩屑回收率和二次岩屑回收率均明显高于 KCl 溶液。由此可知 NW-1 抑制岩屑分散的效果优于 KCl。

小阳离子抑制岩屑分散的机理主要有以下几个方面。首先，小阳离子是阳离子型表面活性剂，靠静电作用可吸附在岩屑表面，且与岩屑层间可交换阳离子发生离子交换作用也可进入岩屑晶层间。吸附在表面的小阳离子的疏水基可形成疏水层，阻止水分子进入岩屑粒子内部，层间吸附的小阳离子靠静电作用拉紧层片，这些作用可有效地抑制岩屑水化膨胀和分散。其次，小阳离子所带的正电荷可中和岩屑带的负电荷，削弱岩屑粒子间的静电排斥作用，从而降低岩屑的分散趋势。

用小阳离子作抑制剂比用 KCl 还有一些优越之处。首先，吸附了小阳离子的钻屑表面具有一定的疏水性，不易黏附在亲水性的钻头、钻铤和钻杆表面，具有明显的防泥包作用。其次，小阳离子具有一定的杀菌作用，可有效防止某些处理剂（如淀粉类）的生物降解。第三，小阳离子不会明显影响钻井液的矿化度，具有不影响测井解释和减弱钻具在井下的电化学腐蚀等优点。

（2）絮凝剂（大阳离子）。

①结构。

目前使用的阳离子絮凝剂主要是季铵盐，稳定性好，不受 pH 值的影响。我国研发应用的一种阳离子絮凝剂为阳离子聚丙烯酰胺（CPAM，简称大阳离子），相对分子质量约为 100×10^4，结构式为：

$$\underset{CONH_2}{+CH_2-CH}\underset{x}{]}\underset{CONH-CH_2CH_2CH_2-\underset{CH_3}{\overset{CH_3}{N^+}}-CH_3 \cdot Cl^-}{+CH_2-CH}\underset{y}{]}$$

②絮凝作用与抑制能力。

大阳离子的主要作用是絮凝钻屑，清除无用固相，保持聚合物钻井液的低固相特性。大阳离子带有阳离子基团，靠静电作用吸附在钻屑上，吸附力较强，它的相对分子质量较大，分子链足够长，因而桥联作用较好。大阳离子可降低钻屑的负电性，减小粒子间的静电排斥作用，容易形成密实的絮凝体，所以其絮凝效果优于阴离子聚合物。除絮凝作用外，大阳离子也具有较强的抑制岩屑分散的能力。一般絮凝能力强时，其抑制能力也较强。大阳离子对岩屑的包被吸附作用和负电性降低作用是其具有良好抑制性的主要原因。

（3）阳离子抑制剂和絮凝剂的协同作用。

小阳离子的主要作用是抑制钻屑分散，大阳离子的主要作用是絮凝钻屑。受相对分子质量差异的影响，小阳离子在钻屑上的吸附速度一般比大阳离子快。在钻进过程中，小阳离子首先吸附在新产生的钻屑上抑制其分散，随后大阳离子再吸附在钻屑上靠桥联作用形成絮凝体，利用固控设备可有效地清除钻屑絮凝体。负电性很强的有用固相膨润土颗粒吸附的小阳离子比较多，削弱了大阳离子的吸附，因而大阳离子对膨润土的絮凝作用相对较弱，从而使钻井液中保持适量的有用固相。大、小阳离子的协同配合产生了一定的"选择性"絮凝作用。这种选择性絮凝作用与大、小阳离子的浓度及其比例有关。可以推测,当大阳离子的浓度较高或相对比例较大时,将产生完全絮凝,即对膨润土和钻屑都具有较强的絮凝作用,这时将形成无固相钻井液。

大、小阳离子复配可明显提高抑制效果,表5-11所示为部分实验结果。目前阳离子聚合物钻井液中,现场使用的大阳离子加量一般为0.2%~0.4%,小阳离子一般为0.2%~0.5%,滤液中阳离子含量约为20 mmol/L。

表5-11 阳离子配合物含量与钻屑回收率的关系

基浆中阳离子聚合物加量	pH	FL/mL	离心液中阳离子含量/(mmol/L)	页岩一次回收率/%
自来水	8	—	—	12.5
基浆	8	—	0	32.3
0.2%小阳离子+0.3%大阳离子	8	11.0	1.80	71.4
0.4%小阳离子+0.2%大阳离子	8	12.4	11.49	74.3
0.4%小阳离子+0.3%大阳离子	8	11.0	14.62	76.6
0.4%小阳离子+0.4%大阳离子	8	9.0	17.74	78.6
0.4%小阳离子+0.5%大阳离子	8	9.0	19.31	82.4

(4) 阳离子与阴离子聚合物处理剂的相容性。

一般情况下,在溶液中阴、阳离子聚合物之间因相互作用而发生沉淀,在钻井液中如果阴、阳离子聚合物处理剂发生沉淀则会导致各自的效能丧失。但室内实验证明,在一定条件下,一些阴、阳离子聚合物可稳定共存于一个体系中,表5-12所示为部分实验结果。其中"+"表示相容,"-"表示不相容。现场试验也证明,只要配方合适,阴、阳离子聚合物处理剂可同时使用,并能各自发挥其功能。但在配方选择和现场应用时,须特别关注不同处理剂的相容性问题。

表5-12 阴、阳离子相容性实验结果

	阴离子	HEC	CMC	CMS	FCLS	SMP	PAN	XA-40	KHm	氧化淀粉	木质素磺酸钙	磺化沥青
阳离子	CPAM	+	-	-	-	-	-	-	-	+	-	-
	小阳离子	+	+	+	+	+	+	+	+	+	+	+

阴离子聚合物处理剂易与钙、镁、铁等高价金属离子作用生成沉淀而导致其效能降低,甚至失效,具体表现为阴离子聚合物处理剂对高价金属离子污染很敏感,而阳离子聚合物处理剂则表现出对高价金属离子具有特殊的稳定性,这也是阳离子聚合物处理剂在使用中的一个突出优点。

2) 阳离子聚合物钻井液的特点及现场应用

(1) 阳离子聚合物钻井液的特点。

阳离子聚合物钻井液的主要特点为:

①阳离子聚合物钻井液是以高分子阳离子聚合物作为絮凝剂,以小分子阳离子聚合物作为黏土稳定剂的一种新型水基钻井液体系,具有良好的抑制钻屑分散和稳定井壁的能力。

②流变性能比较稳定，维护间隔时间较长。

③在防止起、下钻遇阻、遇卡及防泥包等方面具有较好效果。

④具有较好的抗高温，抗盐和抗钙、镁等高价金属阳离子污染的能力。

⑤具有较好的抗膨润土和钻屑污染的能力。

⑥与氯化钾—聚合物钻井液相比，阳离子聚合物钻井液不会影响电测资料的解释。

（2）现场应用。

①配方与性能。以阳离子聚合物海水钻井液的现场应用以例，介绍阳离子聚合物钻井液的配方、配制与维护措施。

表 5-13　阳离子聚合物海水钻井液配方

材　料	加量/kg	材　料	加量/kg	材　料	加量/kg
优质膨润土	30~50	FCLS	1.5~2	大阳离子	2
烧　碱	3~4.5	CMC（高黏）	2~4	小阳离子	2
纯　碱	1~2	腐植酸树脂	4~10	润滑剂	4~5
石　灰	0.5~1	改性沥青	4~10	柴　油	视情况而定

注：1. 加量为每立方米海水中的用量；2. 在定向井中才加柴油。

在南海北部湾地区曾进行了阳离子聚合物海水钻井液的钻井试验。针对该地区流二段页岩具有水敏性、硬脆易裂的特点，在设计阳离子聚合物海水钻井液方案时，除确保大、小阳离子聚合物浓度，使其具有足够的抑制页岩分散效果外，还可通过加入沥青类防塌剂、抗高温降滤失剂等措施，改善泥饼质量，将滤失量控制得尽量低，从而防止井塌。此外，还应从防卡角度出发，添加改善润滑性的处理剂。

鉴于海上钻井主要采用海水配浆，处理剂的选择应具有较强的抗盐、抗钙能力。经过室内的配方实验，选定了如表 5-13 所示的阳离子聚合物海水钻井液配方，该钻井液的性能如表 5-14 所示。

表 5-14　阳离子聚合物海水钻井液性能指标

钻井液性能	最优指标	低密度钻井液	高密度钻井液
密度/（g/cm³）	1.06~1.30	1.05~1.10	1.20~1.40
马氏漏斗黏度/s	40~60	45~55	≥50
塑性黏度/mPa·s	10~25	10~20	≥15
动切力/Pa	7.2~14.3	4.8~9.6	≥7.2
初切力/Pa	1.4~2.9	1.4~2.9	≥2.4
终切力/Pa	2.4~7.2	2.4~7.2	≥3.8
pH 值	8.5~10	8.5~9.5	8.5~10
API 滤失量/mL	3~8	6~10	<5
低密度固相含量/%	5~6	<6	<7
MBT/（kg/cm³）	30~50	30~45	40~55
含油量/%	0~8	0~8	6~8
Cl^-（浓度）/（mg/L）	18000~30000	20000~30000	20000~30000
Ca^{2+}（浓度）/（mg/L）	<400	<400	<400

②配制与转化。阳离子聚合物钻井液新浆的一般配制方法如下：

a. 首先将膨润土预水化。在每立方米配浆淡水中，加入烧碱 1.5kg，纯碱 1.5kg，优质膨润土 75~85kg，经搅拌（不少于 6h）使膨润土充分水化分散。若配浆黏度过高，要加适量 FCLS（质量分数一般为 1.5%~3%），从而改善其流变性能。

b. 在钻井液池中注入配浆用海水，并按每立方米海水中加入烧碱 1.5kg、纯碱 1.5kg 预处理，按膨润土浆与经预处理的海水等体积充分混合均匀。

c. 将所需的石灰、FCLS、CMC（高黏）、小阳离子及大阳离子按先后顺序依次加入，并搅拌均匀，即可用做开钻钻井液。

d. 如用于钻坍塌地层或深井，则应在上述钻井液中在补加 SPNH 及 FT-1。

e. 如用于钻定向井，还需补加润滑剂及适量柴油。

f. 必要时可加重晶石以提高钻井液的密度。

如果需将井浆（聚合物海水钻井液）直接转化成阳离子聚合物海水钻井液，可先将所需添加的阳离子聚合物海水钻井液一次配成所需量储于罐内。再在井浆正常循环时将新配的阳离子聚合物海水钻井液缓慢均匀的加入，以防止因混合时发生局部絮凝而影响流变性能。

③维护与处理。在使用阳离子聚合物钻井液时，应注意以下维护与处理的要点：

a. 保持钻井液中大、小阳离子处理剂的足够浓度。为了有效地抑制页岩水化分散，防止地层垮塌，钻井液中应保持大、小阳离子处理剂的质量分数不能低于 0.2%，并随钻井过程中的消耗作相应补充。当钻井液中固相含量偏高时，加入小阳离子会引起黏度增加，应先加少量 FCLS，以改善钻井液的流变性能。当同时需添加大、小阳离子处理剂时，应在第一循环周加入一种阳离子处理剂进行处理，下一循环周加入另一种阳离子处理剂进行处理，以避免发生絮凝结块现象。粉状处理剂最好预先配成溶液后再使用。

b. 正常钻井时的维护。为了保证钻井液的均匀稳定，应预先配好一池处理剂溶液和预水化膨润土浆。当钻井液因地层造浆而影响黏度时，可添加处理剂溶液，以补充钻井液中处理剂的消耗，同时又起到降低固相含量的作用。当地层不造浆，钻井液中膨润土含量不足时，应同时补充预水化膨润土浆，以保证钻井液中有足够浓度的胶体粒子，从而改善泥饼质量和提高洗井能力。

c. 改善钻井液的润滑性。大斜度定向井钻进时，钻井液应具有良好的润滑性。为此应维持阳离子聚合物海水钻井液中含有质量分数为 6%~10% 的柴油和质量分数为 0.3%~0.5% 的润滑剂，以保证施工作业顺利进行。

d. 应充分重视固控设备的配备和使用。现场应配备良好的固控设备，振动筛应尽可能使用细目筛布，除砂器和除泥器应正常工作，加重钻井液应配备清洁器。良好的固相控制是使用阳离子聚合物海水钻井液的必要条件，也是减少钻井液材料消耗，降低钻井液成本的最好力祛。

7. 两性离子聚合物钻井液

1）概述

两性离子聚合物是指分子链中同时含有阴离子基团和阳离子基团，同时还含有一定数量的非离子基团的聚合物。这类聚合物是 20 世纪 80 年代以来我国研发成功的一类新型钻井液处理剂。以两性离子聚合物为主处理剂配制的钻井液称为两性离子聚合物钻井液。由于引入了阳离子基团，聚合物分子在钻屑上的吸附能力增强，同时可中和部分钻屑的负电荷，因而具有较强的抑制钻屑分散的能力。因此，在现场上使用过程中，特别是对地层造浆比较严重的井段，可更好地实现聚合物钻井液不分散、低固相的效果。

目前现场应用的两性复合离子聚合物处理剂主要有两种：一是降黏剂，商品名为 XY 系列；二是絮凝剂，也称强包被剂，商品名为 FA 系列。包被剂的含义是指在钻屑表面能发生包被吸附，从而有效地抑制钻屑的水化分散，以利于清除无用围相，维持低固相。20 世纪 80 年代以来，强调用包被吸附作用机理解释聚合物的抑制能力，其与絮凝机理有所不同。絮凝主要是桥联吸附起作用。当聚合物的包被作用增强时，其絮凝作用不一定增强。太强的絮凝作用，特别是完全絮凝作用，会影响钻井液性能的稳定。两性复合离子聚合物靠强包被作用提高抑制性，而不影响钻井液的其他性能，甚至会改善其他性能。这也符合研制该类处理剂的基本设想。然而，虽然室内实验和现场应用均已证明两性复合离子聚合物处理剂具有这种优良性能，但目前对其机理的研究还较少。

2）主要的两性离子聚合物处理剂

（1）降黏剂（XY 系列）。

传统的降黏剂在降低钻井液黏度的同时，往往对钻屑也有一定的分散作用，难以维持低固相。理想的降黏剂应同时满足以下 3 点要求：①能有效地降低钻井液的结构黏度。②能增强钻井液的抑制能力。③能使非结构黏度，特别是 η_∞ 也有所下降。

研究表明，以 XY-27 为代表的 XY 系列两性离子聚合物降黏剂可同时满足以上要求。XY 系列降黏剂的分子结构具有以下特点：①相对分子质量较小（<10000）。②分子链中同时具有阳离子基团（10%~40%）和非离子基团（0~40%）。③是线性聚合物。

下面简单介绍这类处理剂的降黏效果和对其抑制能力的评价结果。

①降黏效果。表 5-15 所示是不同类型降黏剂降黏效果的对比。从表中数据可见，XY-27 的降黏效果明显优于典型的分散型降黏剂 FCLS，而与阴离子型的聚合物降黏剂（XA40 和 XA20）相近，但在阳离子浓度较低时 XY-27 的降黏效果相对聚合物降黏剂较优。另外，XY-27 兼有降滤失作用。

表 5-16 是将 XY-27 与典型的分散型降黏剂 FCLS 进行全面对比的结果。可见 FCLS 具有明显的分散作用，使 η_∞ 增高。而 XY-27 在起到良好的降黏作用的同时，可明显降低 η_∞，是一种比较理想的不分散聚合物钻井液的降黏剂。

表5-15　不同种类降黏剂的降黏效果

降黏剂种类　　加量/（mg/L）	τ_c/Pa						FL/mL
	100	200	300	400	500	700	
XA40	450	415	410	215	75	10	11~12
XA20	405	345	290	140	65	10	11~12
FCLS（FCLS：NaOH = 3：4）	445	325	300	155	140	105	11~12
XY-27（阳离子含量25%）	370	225	160	90	30	15	9~11
XY-27（阳离子含量15%）	370	205	120	40	10	10	9~11

表5-16　XY-27与FCLS降黏效果对比

性能	ρ/（g/cm³）	FV/s	FL/mL	$\theta_{初/终}$/Pa	AV/（mPa·s）	μ_p/（mPa·s）	η_∞/（mPa·s）	τ_0/Pa	pH
基浆	1.16	112	6	6/23	37	28	16.6	9	8
A浆	1.14	21	7	0.5/0.5	12	11	8.6	1	8
B浆	1.16	55	6	3/20	37	28	20.7	9	9

注：1. 基浆组成：4%膨润土 + 0.5% GDF + 0.1% PAC141 + 25%岩粉（100目）；
　　2. A浆组成：基浆 + 0.1% XY-27；
　　3. B浆组成：基浆 + 0.3% FCLS + 0.5% NaOH。

②抑制能力。实验表明，XY系列降黏剂都能降低体系的CST值，降黏剂加量越多，下降越明显，表明其增强了体系的抑制性。如果将XY系列降黏剂与两性离子聚合物包被剂复配，抑制性会更强。从页岩回收率实验看，XY-27可明显提高回收率，加量越大，提高幅度越大，从而表明XY-27降黏剂可提高体系的抑制性。通过比较XY-27和XA40对膨润土浆粒径中值和比表面积的影响，可以看出，XY-27基本不影响黏土粒子的粒径中值和比表面积，表明其没有分散作用。

以上降黏效果和抑制能力的评价结果证明，XY-27两性离子聚合物降黏剂在降黏的同时，具有良好的抑制效果，是聚合物钻井液理想的降黏剂。

（2）强包被剂（FA系列）。

两性离子聚合物强包被剂FA系列是相对分子质量较大（100×10^4~250×10^4）的线性聚合物处理剂，主要作用是抑制钻屑分散，增加钻井液黏度和降低滤失量，通常称为两性离子聚合物钻井液的主处理剂。其中FA367是目前常用的产品。

①抑制能力。抗岩粉污染实验表明，使用FA367处理的钻井液，其抗岩粉污染的容载能力比PAC141强，说明FA367的包被抑制能力比PAC141强。FA367和XY-27复配，能提高抗岩粉污染能力。随XY-27加量增大，降黏效果和抗岩粉污染容载能力均相应增强。岩粉污染量超过20%时，钻井液性能明显变坏，因此钻进过程中必须高度重视净化工作。

②增黏性能。FA367具有良好的增黏作用。图5-7和图5-8所示为几种聚合物在4%膨润土淡水钻井液和盐水钻井液中的增黏结果，其中盐水钻井液的组成为：1000g质量分

数为 15% 的预水化膨润土浆+ 45gNaCl+ 13gMgCl$_2$+ 5gCaCl$_2$。在淡水钻井液中，FA367 的增黏效果与 PACl41、A1comerl773 相近，优于 Drispac。盐水钻井液中，FA367 的增黏效果与 PACl41、A1comerl773 相近，但比 Drispac 差。

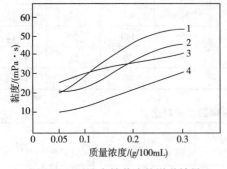

图 5-7　对淡水钻井液的增黏效果
1—PACl41；2—FA367；3—A1comerl773；4—Drispac

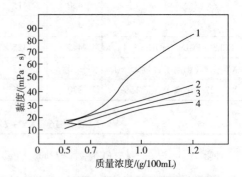

图 5-8　对盐水钻井液的增黏效果
1—Drispac；2—PACl41；3—A1comerl773；4—FA367

③降滤失作用。FA367 具有良好的降滤失作用。实验表明，在未经高温老化的淡水、盐水和饱和盐水钻井液中，FA367 与 PACl41、A1comer507、A1comerl773 和 Drispac 的降滤失效果相近，而在 160℃ 温度下老化 12h 后，FA357 和 PACl41 的降滤失能力优于后 3 种聚合物处理剂。在石膏钻井液中，FA367 的降滤失效果与 PACl41、Drispac 相近，而明显优于 A1comer507、和 A1comerl773。表 5－17 和表 5－18 分别是淡水钻井液和石膏钻井液中几种聚合物的降滤失实验结果。

表 5-17　在淡水钻井液中的降滤失结果

降滤失剂	加量/%	流变性				滤失量/mL	
		AV/(mPa·s)	μ_p/(mPa·s)	τ_0/Pa	τ_0/μ_p	老化前	老化后
基浆	—	6.0	3.0	3.0	1.00	28.7	39.0
A1comer507	0.1	11.0	7.5	3.5	0.47	21.8	23.0
A1comerl773	0.1	25.0	14.5	10.5	0.72	13.2	24.0
Drispac	0.1	13.5	9.5	4.0	0.42	19.5	28.0
PACl41	0.1	28.0	13.5	14.5	1.07	10.8	23.0
FA367	0.1	23.0	11.5	11.5	1.00	11.0	22.0

表 5-18　在石膏钻井液中的降滤失结果

降滤失剂	加量/%	流变性				滤失量/mL
		AV/(mPa·s)	μ_p/(mPa·s)	τ_0/Pa	τ_0/μ_p	老化后
基浆	—	4.5	20	2.5	1.25	148
A1comer507	0.1	7.5	5.5	2.0	0.36	107
A1comerl773	0.1	7.5	5.5	2.0	0.36	114
Drispac	0.1	12.5	5.5	7.5	1.50	31
PACl41	0.1	15.0	7.5	7.5	1.00	32
FA367	0.1	11.0	4.5	6.5	1.44	28

除以上两类主要处理剂外，JT 系列为两性离子聚合物降滤失剂，如 JT888 已在各油田

得到了广泛应用。

3）两性离子聚合物钻井液的特点

（1）抑制性强，剪切稀释特性好，并能防止地层造浆，抗岩屑污染能力较强，为实现不分散低固相创造了条件。

（2）用这种体系钻出的岩屑棱角分明，内部是干的，易于清除，有利于充分发挥固控设备的效率。

（3）FA367 和 XY - 27 与现有其他处理剂的相容性好，可以配制成低、中、高不同密度的钻井液，用于浅、中、深不同井段，且在高密度盐水钻井液中应用时效果独特。

（4）XY - 27 加量少，降黏效果好，见效快，钻井液性能稳定的周期长，基本上解决了在造浆地层大冲大放的问题，减轻了工人的劳动强度，并可节约钻井成本，提高经济效益。

但是，这种体系在使用中还存在着以下有待解决的问题。

（1）钻屑容量限尚不够大。当钻屑含量超过 20% 时，钻井液性能就会显著变坏，因此对固控的要求很高。

（2）抗盐能力有限。由于受聚合物特性的限制，若矿化度超过 100000 mg/L，钻井液性能就开始恶化。虽然现场已有用于饱和盐水钻井液的实例，但从性能和成本角度考虑，效果并不十分理想。

4）现场应用

近年来，两性复合离子聚合物处理剂已应用于无固相盐水体系、低固相不分散体系、低密度混油体系、暂堵型完井液和高密度（高达 2.32 g/cm³）盐水钻井液等体系中，均取得了良好的技术效果。下文就两性复合离子聚合物在低固相不分散体系中的应用作简要分析。

低固相不分散体系主要由 FA367、XY - 27 和 JT41 组成。该体系具有密度低、防塌能力强、性能参数稳定以及适合于流变参数优选、优控等特点。具体配方为：6%（质量分数）预水化膨润土浆 + 0.3%（质量分数）FA367 + 0.4%（质量分数）XY - 270 + 0.3% JT41。其性能如表 5-19 所示。

表 5-19　FA367 和 XY - 27 低固相不分散钻井液的性能

密度/ (g/cm³)	pH 值	滤失量/mL		流变性					
		API	HTHP	FV/s	AV/(mPa·s)	μ_p/(mPa·s)	τ_0/Pa	τ_0/μ_p	η_∞/(mPa·s)
1.04	9	10	20	47	23	16	7	0.44	9.9

这种两性离子聚合物钻井液在使用和维护方面应特别注意以下两点：一是 FA367 的质量分数应达到 0.3% 以上，以防井塌；二是应控制滤失量小于 8 mL，泥饼质量要坚韧致密，并在此前提下调节其他性能。此外，以下经验也值得借鉴：①应以维护为主，处理为辅，坚持用胶液等浓度维护，避免大规模处理。②以性能正常为原则调节 FA 367 和 XY - 27 的比例，加重钻井液可以不加 FA367。③非加重钻井液的胶液比例为：H_2O：FA367：XY - 27 = 100：1：0.5。遇强造

浆地层，XY－27 的量应加倍。④加重钻井液的胶液比例为：H_2O：XY－27：SK－1（或 PAC141）＝100：2.5：2.5。密度超过 2.0g/cm³时，处理剂用量应加倍。⑤最大限度地用好固控设备是本体系优化钻井的关键环节。⑥pH 值应控制为 8~8.5。当 pH＞9 时，XY－27 的降黏效果会下降。

（五）正电胶钻井液

1. MMH 正电胶

在 20 世纪 80 年代后期，技术人员研发成功了一种新型钻井液处理剂——混合金属层状氢氧化物（简称 MMH）。该处理剂现有 3 个剂型，即溶胶、浓胶和胶粉。其中浓胶和胶粉在水中可迅速分散形成溶胶。因胶体颗粒带永久正电荷，所以统称为 MMH 正电胶。以 MMH 正电胶为主处理剂的钻井液称为 MMH 正电胶钻井液。

低固相钻井液的稳定性通常靠体系中存在适量具有一定分散度的黏土颗粒来维持，增加钻井液的稳定性通常靠提高黏土的分散度来实现。当传统的阴离子型聚合物和其他有机处理剂具有良好的稳定钻井液能力时，因其较强的分散作用会导致钻井液抑制钻屑分散和稳定井壁的能力降低；而当其具有较强的抑制钻屑分散和稳定井壁能力时，往往又具有较强的絮凝能力，对钻井液的稳定有一定的破坏作用。因此，长期以来，钻井液的稳定措施与抑制钻屑分散，保护井壁稳定措施往往相互矛盾。正电胶钻井液的出现可解决这一矛盾。由于 MMH 正电胶粒与黏土负电胶粒靠静电作用形成空间连续结构，因而可稳定钻井液，同时可吸附在钻屑和井壁上，具有抑制钻屑分散和稳定井壁的作用，实现了钻井液稳定措施与抑制钻屑分散、保护井壁稳定措施的统一。此外，MMH 正电胶钻井液具有极强的剪切稀释性，这对抑制钻屑分散和稳定井壁也是有利的。

1）化学组成和晶体结构

MMH 主要是由二价金属离子和三价金属离子组成的具有类水滑石层状结构的氢氧化物，其化学组成的通式为：

$$\left[M_{1-x}^{2+} M_x^{3+} (OH)_2 \right]^{x+} A_{x/n}^{n-} \cdot mH_2O$$

式中，M^{2+} 是指二价金属阳离子，如 Mg^{2+}、Mn^{2+}、Fe^{2+}、CO_2^{+}、Ni^{2+}、Cu^{2+}、Zn^{2+}、Ca^{2+} 等。M^{3+} 是指三价金属阳离子，如 Al^{3+}、Cr^{3+}、Mn^{3+}、Fe^{3+}、Co^{3+}、Ni^{3+}、Li^{3+} 等。A 是指价数为 n 的阴离子，如 Cl^-、OH^-、NO_3^- 等，x 是 M^{3+} 的数目，m 是水合水数。这类化合物也叫层状二元氢氯化物，简称 LDHs。

我国油田现场大量应用的 MMH 正电胶主要是铝镁氢氧化物（Al－Mg　MMH），一个实际产品的化学组成式为：

$$Mg_{0.43}Al(OH)_{3.72}Cl_{0.14}0.5H_2O$$

使用透射电镜观察发现，MMH 胶体粒子分别呈现有规则的六角片状、四方片状和不规则片状。新制备的 MMH 正电溶胶粒径小于100nm，其形状和大小与制备条件有关。非稳态共沉淀法合成的胶体颗粒是多分散的，新合成的溶胶平均粒径约为 30 nm，3 个月后其粒度分布测定结果为：粒径小于 60 nm 的粒子占粒子总数的 87.6%，60~390 nm 的粒子占 12.1% , 390~710nm 的粒子占 0.3% 。胶粒随放置时间的增长有聚结长大的趋势。

MMH 具有类水滑石层状结构,其层片具有水镁石结构。MMH 的晶体结构的简化表示如图 5-9 所示。两相邻结构层或单元晶层的距离称为层间距 d_{100},两层间隙的高度称为通道高度。通道中存在阴离子,这些阴离子可以被其他阴离子交换,即是有可交换性的。通常的黏土也具有层状结构,结构层片带永久负电荷,层间存在可交换的阳离子。为了区别可交换离子的类型,人们通常把黏土称为阳离子黏土,类水滑石称为阴离子黏土。

X-射线衍射研究证明,MMH 的层间距约为 0.77nm,类水镁石片的厚度为 0.477nm。从层间距中扣除类水镁石片厚度后可得通道厚度,一般约为 0.29nm。层间距和通道高度与插于通道的阴离子大小有关。阴离子越大,层间距和通道越大。

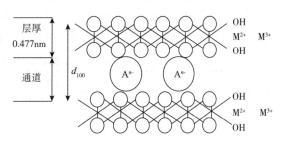

图 5-9 类水滑石的晶体结构简图

2)正电胶的电性

(1) MMH 的电荷来源。

MMH 胶粒的电荷主要来自同晶置换和离子吸附作用,MMH 具有类水滑石层状结构,由类水镁石片相互重叠而成。水镁石 [Mg(OH)$_2$] 片由镁(氢)氧八面体靠共用边相互连接而成,镁在八面体的中心。当八面体中心的部分 Mg^{2+} 被 Al^{3+} 取代后,八面体结构不变,称为类水镁石片。这种晶体结构不变,部分元素发生变化的现象称为同晶置换。由于 Al^{3+} 所带的正电荷数比 Mg^{2+} 多,每取代 1 个 Mg^{2+} 就增加 1 个正电荷,所以类水镁石片有过剩的正电荷。在类水镁石片之间的通道中存在反离子以维持电中性。MMH 中的同晶置换作用与黏土粒子是相同的,只是黏土粒子中是低价阳离子取代高价阳离子而使层片带负电荷,MMH 中是高价阳离子取代低价阳离子而使层片带正电荷。

同晶置换所产生的电荷是由物质晶体结构本身决定的,与外界条件如 pH 值、电解质种类及浓度等无关,因而称为永久电荷。MMH 带永久正电荷,黏土带永久负电荷。

MMH 胶粒带电荷的另一个原因就是离子吸附作用,如 pH 值高时吸附 OH^- 而带负电荷,pH 值低时吸附 H^+ 而带正电荷。当 MMH 胶粒吸附高价阴离子如 SO_4^{2-}、CO_3^{2-}、PO_4^{3-} 等时,表面负电荷会增加。这种离子吸附作用产生的电荷与外界条件如 pH 值、电解质种类和浓度等有关,随外界条件的改变而改变,所以称为可变电荷。

胶粒的净电荷是永久电荷和可变电荷之和。MMH 带永久正电荷的特性对其应用是非常重要的,在某种条件如高 pH 值或某些高价阴离子存在的情况下,MMH 的净电荷可能是负的,但与黏土形成复合悬浮体时,黏土颗粒可顶替 MMH 胶粒表面吸附的阴离子,带正电荷的 MMH "核" 与黏土颗粒发生静电吸引作用,仍可发挥 MMH 胶体的功效。

(2) MMH 胶粒的零电荷点和永久电荷密度。

MMH 胶粒所带的电荷分为永久正电荷和可变电荷两部分,因此可分为永久正电荷密度 (σ_p)、可变电荷密度 (σ_v) 和净电荷密度 (σ_T)。可变电荷与环境条件有关,如改变

pH 值或电解质浓度等可改变可变电荷，从而影响净电荷。当电荷密度为 0 时的 pH 值或电解质浓度称为零电荷点（简称 ZPC）。一般如不特别说明，ZPC 就是指电荷密度为 0 时的 pH 值，用 pH_{ZPC} 表示。ZPC 又可分为是零可变电荷点（ZPVC）和零净电荷点（ZPNC）。若 pH 值高于 pH_{ZPNC}，则 MMH 胶粒的净电荷为负；pH 值低于 pH_{ZPNC} 时，则 MMH 胶粒的净电荷为正。MMH 的永久正电荷密度比蒙脱土和高岭土的永久负电荷密度高得多。

（3）等电点。

MMH 胶粒的电动电位（ζ 电位）为 0 时所对应的 pH 值称为等电点（简称 pH_{iep}）。pH 值高于 pH_{iep} 时，MMH 胶粒的 ζ 电位为正值；pH 值低于 pH_{iep} 时，MMH 胶粒的 ζ 电位为负值。

表 5-20　电解质对 MMH 等电点的影响

电解质	浓度/（mol/L）	pH_{iep}
无	-	10.5
KNO_3	0.1	10.6
NH_4NO_3	0.005	10.6
$AlCl_3$	0.005	10.9
Na_2CO_3	0.005	8.9
K_2SO_4	0.01	4.6
$Na_2C_2O_4$	0.005	3.6
Na_3PO_4	0.005	5.8

当 MMH 正电溶胶体系中存在高价离子时，其特性吸附作用也会对 pH_{iep} 产生影响，表 5-20 所示为体系中存在不同电解质时的 pH_{iep}。一般存在高价阴离子特性吸附时，会导致 pH_{iep} 降低；存在高价阳离子特性吸附时，则会导致 pH_{iep} 升高，但对惰性电解质的影响不大。从表 5-20 可看出，KNO_3、NH_4NO_3 对 pH_{iep} 没有影响，表明其不发生特性吸附。Na_2CO_3、K_2SO_4、$Na_2C_2O_4$ 和 Na_3PO_4 可明显导致 pH_{iep} 降低，表明这些电解质的阴离子在 MMH 胶粒上都发生了特性吸附。$AlCl_3$ 使 pH_{iep} 略有升高，说明铝离子也发生了特性吸附，但因铝离子易发生水解，多以低价的羟基络合离子形式存在，所以对 pH_{iep} 影响不大。

3）MMH 正电胶的系列产品及技术指标

目前，MMH 已发展成为系列化产品，包括溶胶、浓胶和胶粉 3 个剂型，统称为 MMH 正电胶，可满足不同现场条件的生产需要。表 5-21 所示为不同剂型的 MMH 正电胶产品的主要技术指标。

表 5-21　MMH 正电胶产品主要技术指标

剂　型	溶胶	浓胶	胶粉
外观	流体	糊状	粉末
固体含量/%	7~9	25~30	≥85 *
酸溶率/%	≥95	≥95	≥95
胶体率/%	≥95	≥95	≥95
ζ 电位/mV	≥35	≥35	≥35
提 τ_0 率/%	≥150	≥150	≥300
抑制黏土膨胀能力	质量分数为 1% 的溶胶优于或相当于质量分数为 5% 的 KCl		

注：＊指烘失率≤15%。

2. MMH 正电胶钻井液的性能

1）电性的调节

通常的水基钻井液是由黏土分散在水中形成的，所用的处理剂也是带负电荷的，这样整个钻井液体系是强负电性的。这种强负电性易导致钻屑分散和井壁不稳定。带正电荷的 MMH 胶粒加入钻井液体系后，会降低体系的负电性，甚至会将其转化为正电性，这对抑制钻屑分散和稳定井壁是有益的。通过改变 MMH 正电胶的加量，可实现对 MMH 正电胶钻井液电性的调节，这是该体系的一个特点（图5-10）。

2）稳定性

在负电性的钻井液中加入带正电荷的 MMH 胶粒是否会破坏钻井液的稳定性，是该体系能否保证钻井工程安全的关键问题。实验证明，在通常的含有蒙脱土的钻井液体系中，MMH 正电胶不仅不会破坏体系的稳定性，而且能提高体系的结构强度，是体系的稳定剂。目前公认的稳定机理是"MMH—水—黏土复合体"的形成。MMH 正电胶粒带有高密度的正电荷，对极性水分子产生极化作用，使其在胶粒周围形成一层稳固的水化膜，这层水化膜的外沿显正电性。而黏土胶粒带负电荷，也

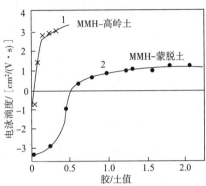

图 5-10　电泳淌度值随 MMH/黏土值的变化曲线（pH =9.5）

会对水分子产生类似作用，只是水化膜外沿显负电性。当两个带有强水化膜的粒子靠近时，首先接触的是水化膜外沿，由于电性相反而形成贯通的极化水链，可使两个粒子保持一定的距离而不再靠近。这样，在整个空间就会形成由极化水链连接的网架结构，这种由带正、负电荷的颗粒与极化水分子所形成的稳定体系称为"MMH—水—黏土复合体"。MMH—水—黏土复合体的示意图（图5-11）。这种特殊结构使 MMH 正电胶钻井液具有特殊的稳定性。

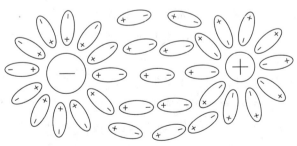

图 5-11　是 MMH—水—黏土复合体示意图

3）流变性

MMH 正电胶钻井液的流变性可通过 MMH 正电胶的加量进行调控。图 5-12 所示为 MMH 正电胶对膨润土悬浮体动切力的影响。随 MMH 正电胶加量增大，表观黏度和动切力先升高，然后下降，因而出现一个峰值。峰值的位置与黏土含量有关，随着黏土含量的增

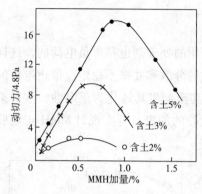

图 5-12　正电胶对钻井液动切力的影响

加，出现峰值所需要的正电胶量也增大。实验表明，MMH 正电胶钻井液具有一种特殊的流变学现象，即静止时呈现假固体状，具有一定弹性。搅拌时迅速稀化，变为流动性很好的流体，这种现象称为"固—液双重性"，实际为极强的剪切稀释性。固—液双重性主要是 MMH—水—黏土复合体结构引起的。

静止时体系的水全部被极化后可形成网架结构，因而结构强度大，τ_0 较高，但这种极化水链很容易被破坏，所以搅拌时很容易稀化。极化水链结构的破坏和形成均十分迅速，因而从假固态向流体的转化或相反的转化都可在很短时间内完成。这对钻井工程是一种很理想的特性。当钻井过程中由于外界因素造成突然停钻时，钻井液在静止的瞬间立即形成结构，使钻屑悬浮不动。而当需要开泵时，钻具的轻微扰动便可使结构立即破坏，不会产生开泵困难或过大的压力激动，从而避免地层压漏。实际钻井时钻井液的结构强度不宜太强，须控制在合理的范围内。

4）抑制性

MMH 正电胶具有极强的抑制黏土或岩屑分散的能力。图 5-13 所示为采用目前常用的 NP-01 型页岩膨胀测试仪测定的蒙脱土在 MMH 正电胶中的膨胀曲线。为便于对比，图 5-13 中同时绘制了在 KCl 溶液中的膨胀曲线。

从图 5-13 可知，MMH 正电胶的浓度越高，相对膨胀度越低，表明其抑制黏土分散的能力越强。相同实验条件下，KCl 水溶液的抑制性随其浓度的增大而增强，但当浓度高于 7% 后，其抑制能力不再增大，基本达到最高限。质量分数为 1% 的 MMH 正溶胶对钙膨润土的抑制性超过质量分数为 10% 的 KCl 溶液的效果。该实验结果表明，MMH 正电胶对黏土水化分散和膨胀的抑制性很强。通过页岩回收率和 CST 实验可得到同样的结果。

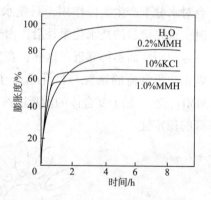

图 5-13　钙蒙脱石在 MMH 正电胶和 KCl 溶液中的膨胀曲线

当地层中的黏土侵入钻井液时，如果很快就吸水膨胀和分散，会使体系内细小水化颗粒增多，导致体系黏度上升，切力增大。这种作用越强，提高黏切的幅度就越大。实验表明，在 MMH 正电胶钻井液中加入劣质土（即地层造浆土，从钻屑中取得）时，对钻井液的流变性能影响不大。MMH 正电胶钻井液对于钠蒙脱土的侵入也有非常好的抗污染能力。

5）抑制钻屑分散和稳定井壁的机理

室内实验和现场应用均证明，MMH 正电胶钻井液具有很强的抑制钻屑分散和稳定井壁的能力，本小节从下述几个方面就其作用机理展开分析。

（1）"滞流层"机理。

由于正电胶钻井液具有固—液双重性，近井壁处于相对静止状态，因此容易形成保护井壁的"滞流层"，可以减轻钻井液对井壁的冲蚀。一般认为，"滞流层"对解决胶结性差的地层的防塌问题更尤重要。此外，在钻屑表面也可形成"滞流层"，从而阻止钻屑的分散。

（2）"胶粒吸附膜稳定地层活度"机理。

实验发现，MMH 在与黏土形成复合体时，能将黏土表面的阳离子排挤出去，使黏土矿物表面离子活度降低，从而削弱渗透水化作用。此外，MMH 的胶粒在黏土矿物表面可形成吸附膜，产生一个正电势垒，阻止阳离子在液相和黏土相之间的交换。即使钻井液中离子活度不断改变，也难以改变黏土中的离子活度，从而使地层活度保持稳定，减弱了由于阳离子交换所引起的渗透水化膨胀。同时，胶粒吸附膜相当于在黏土表面形成一层固态水膜，也可减缓水分子的渗透。

（3）"束缚自由水"机理。

在 MMH 正电胶钻井液中，水分于是形成复合体结构的组分之一，因而在复合体中可束缚大量自由水，从而减弱了水向钻屑和地层中渗透的趋势，有利于阻止钻屑分散并保持井壁稳定。

6）与常规处理剂的作用规律

MMH 正电胶钻井液是由带正电荷的 MMH 胶粒和带负电荷的黏土颗粒组成的复合体系。就稳定性而言，MMH 正电胶钻井液可与各种离子型（即阴离子型、阳离子型和非离子型）的处理剂相配伍。而从电性方面考虑，最好使用阳离子型和非离子型处理剂。

（1）配合使用的降滤失剂。

传统的降滤失剂就其电性而言，大致可以分为3类：非离子型，如预胶化淀粉酚、聚乙烯醇和聚乙二醇等；弱阴离子型，如羧甲基淀粉（CMS）和低取代度的羧甲基纤维素钠盐（CMC）等；强阴离子型，如高取代度的 CMC、磺化酚醛树脂和水解聚丙烯腈等。这些降滤失剂在 MMH 正电胶钻井液中都有良好的降滤失作用，图 5-14、图 5-15 所示为3种常用降滤失剂的实验结果。

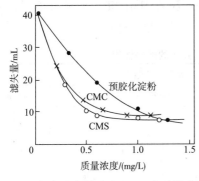

图 5-14　降滤失剂对 MMH 正电胶钻井液滤失性能的影响

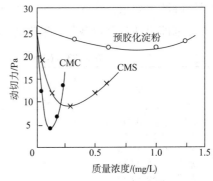

图 5-15　降滤失剂对 MMH 正电胶钻井液动切力的影响

这些降滤失剂对钻井液的电性和流变性会产生一些影响，其中用离子型处理剂会增强钻井液的负电性。图5-15所示为它们对正电胶钻井液动切力的影响。可以看出，在低加量阶段，动切力趋于下降，但随加量的继续增大，动切力又逐渐恢复。非离子型的预胶化淀粉对钻井液流变性的影响相对最小，低取代度的 CMS 影响居中，而高取代度的 CMC 影响最大。由此可见，降滤失剂的负电性越强，影响越大，但恢复起来也越快。在钻井现场由于加量较大，并没有明显看出降滤失剂对钻井液的流变性产生特殊的影响，而是与处理其他类型钻井液的情况基本相同。

从现场资料获悉，目前在正电胶钻井液中使用过的降滤失剂已有 14 种，如预胶化淀粉、DFD-2（改性预胶化淀粉）、CMS、各种黏度的 CMC、SMP、水解聚丙烯腈（包括其钠盐、钙盐、钾盐和铵盐）、SPNH 和 JT888（两性离子聚合物）等。表5-22 所示是几种常用降滤失剂的降滤失效果及其对流变性的影响。

表5-22　几种降滤失剂对 MMH 正电胶钻井液性能的影响

钻井液组成	钻井液性能					
	FV/s	AV/(mPa·s)	μ_p/(mPa·s)	τ_0/Pa	θ_{10s}/Pa	FL/mL
基浆（4%膨润土，0.8%正电胶）	104	24.5	2.0	22.5	16.0	90
基浆 + 1% DFD-2	29	15.0	8.0	7.0	4.5	14.0
基浆 + 1% 低黏 CMC	28	13.5	11.0	2.5	0	15.5
基浆 + 1% CMS	26	13.0	8.0	5.0	1.3	16.5
基浆 + 1% PAC142	28	13.5	9.0	4.5	0.4	15.0

注：百分比表示质量分数。

（2）配合使用的降黏剂。

MMH 正电胶钻井液的结构强度主要是由 MMH 正电胶粒和黏土负电颗粒靠极化水形成的极化水链网架结构提供的。因此，凡是能降低 MMH 胶粒正电性的处理剂都能产生降黏作用，即负电性的处理剂都具有一定的降黏效果。强负电性的处理剂如 FCLS、水解聚丙烯腈的钠盐（NPAN）、磺化酚醛树脂（SMP）、磺化单宁（SMT）等降黏作用明显。在用强负电性降黏剂处理低固相 MMH 正电胶钻井液时不要过分处理，否则难以再次恢复结构。

室内实验和现场应用均证明，NPAN 是比较理想的降黏剂，其效果显著且价格低廉，同时具有降滤失效果，表5-23 所示为部分实验结果。注意 MMH 正电胶钻井液只需很少量的降黏剂即可达到降黏效果，有时加过量反而会有缓慢的提黏作用。

表5-23　NPAN 对 MMH 正电胶钻井液的降黏作用

配方	钻井液性能				
	AV/(mPa·s)	μ_p/(mPa·s)	τ_0/Pa	θ_{10s}/Pa	FL/mL
基浆（4%膨润土浆 + 0.24%正电胶）	10.5	3.2	7.7	6.2	34
基浆 + 0.1% NPAN	3.8	3.6	0.3	0	17.4
基浆 + 0.2% NPAN	4.3	4.1	0.3	0	14.6
基浆 + 0.3% NPAN	5.2	5.3	0	0	14.5
基浆 + 0.5% NPAN	6.3	6.1	0.2	0	13.5
基浆 + 1.0% NPAN	8.8	8.4	0.4	0	12.5

注：百分比表示质量分数。

7）对渗透率恢复值的评价

岩心渗透率评价试验结果表明，与其他钻井液体系相比，MMH 正电胶钻井液具有较高的渗透率恢复值，有时甚至与油基钻井液相近，因此具有良好的保护油气层的效果。如某油田测定了使用的聚合物铁铬盐钻井液、聚合物铵盐钻井液和 MMH 正电胶钻井液 3 种体系的岩心渗透率恢复值，结果分别为 52.4%、54.396% 和 75.2%，表明 MMH 正电胶钻井液体系岩心渗透率的恢复值明显高于前两个体系。各油田的使用情况均充分证明，在各类水基钻井液中，正电胶钻井液是保护油气层比较理想的体系。

3. MMH 正电胶钻井液在现场的应用

自 1991 年以来，MMH 正电胶钻井液已应用于我国大部分油气田的浅井、深井、超深井、直井、斜井、水平井等各种类型共几千口井的钻井过程中。所使用的钻井液类型包括淡水钻井液、盐水钻井液和饱和盐水钻井液等。所钻进的地层包括未胶结或胶结差的流砂层与砾石层，软的砂泥岩互层，易坍塌的泥岩层，含盐膏地层，强地应力作用下裂缝发育的地层（包括砂岩、岩浆岩与灰岩）和煤系地层等，并在使用中取好了很好的效果，积累了丰富的现场经验。

1）MMH 正电胶钻井液的配方

对用于钻进一般地层的正电胶钻井液，多数情况下是在预水化膨润土浆中加入 MMH 正电胶、降滤失剂和降黏剂等配制而成的。如果在易坍塌地层钻进，还应加入防塌剂；用于钻定向井或水平井时应加入润滑剂；用于钻深井时应加入抗高温处理剂；用于钻盐膏层时应使用抗盐膏处理剂。各油田所钻进的地层特点、井深、地层压力、井的类别等因素各不相同，因而钻井液配方也有所区别。例如，在浅层或中深井段软的砂泥岩互层中钻进时，浅井段可用正电胶胶液，中深井段可转变为正电胶钻井液。正电胶胶液使用清水加质量分数为 0.1%~0.3% 的正电胶配制而成。一般直井正电胶钻井液的典型配方为：质量分数为 3%~5% 的预水化膨润土浆 + 质量分数为 0.1%~0.5% 的正电胶 + 质量分数为 0.3%~1.5% 的降滤失剂 + 质量分数为 0~0.3% 的降黏剂。

2）正电胶钻井液的处理与维护

正电胶钻井液是由正电胶、水及黏土构成的，这就要求黏土带足够多的负电荷，并有较厚的水化膜，因此要求使用优质的钠膨润土，并经过充分预水化后才能按要求加入正电胶，配制顺序不能颠倒。基浆中必须保持一定含量的膨润土，才能形成正电胶—水—黏土复合体，获得所需的流变性能。但膨润土含量亦不能太高，否则会导致钻井液流动困难，性能难以维持，一般 MBT 值应控制在 30~60 g/L 之间为宜。

各油田对正电胶钻井液的处理力法有所不同。一种是将正电胶作为主处理剂，再用其他处理剂来调整钻井液性能，以满足钻井工程的需要。具体处理方法是在预水化膨润土浆中加入正电胶，然后再依据所钻地层特点、井的类别、井深、井温、地层孔隙压力等情况，加入所需量的降滤失剂、降黏剂、防塌剂、润滑剂、加重剂等处理剂。钻井过程按等浓度处理原则，将所需处理剂配成胶液缓慢加入，加入量依据钻井速度与地层特点而定。

如果地层造浆性强，钻井液中固相含量高，黏度难以控制，则应充分利用固控设备清除无用固相或加水稀释，并可适量加入降黏利。另一种方法是将正电胶作为一般处理剂，用来调整钻井液的流变性能，提高钻井液动切力与动塑比。该处理方法主要在钻井过程中发生井塌、井漏、井眼净化不好、水平井或定向井存在钻屑床等情况下使用。

3）正电胶钻井液现场应用的特点

（1）独特的流变性。正电胶钻井液具有的独特流变性主要表现为：①较低的塑性黏度，较高的动切力，动塑比高。②旋转黏度计 3r/min 和 6r/min 的读数高，相应地静切力、卡森切力较高，终切力随时间变化小。③很强的剪切稀释性，特别表现为卡森极限黏度低。④具有固液双重特性，静止瞬间即成固体，加很小的力立即可以流动。⑤较强的松弛能力。

（2）较强的抑制性。正电胶钻井液能有效地抑制黏土与钻屑的水化膨胀与分散，主要表现为：①钻屑回收率高，CST 值低，膨胀率低。②钻井液黏土容量高。③各种膨润土在正电胶胶液中不易膨胀，膨胀率低。

（3）较低的负电性。正电溶胶的粒子带有较高的正电荷，因而正电胶钻井液具有较低的负电性。

4）正电胶钻井液在现场应用中应注意的问题

（1）对于造浆性极强的地层，尽管正电胶能有效控制黏土的分散，钻井液中亚微米粒子很少，但正电胶不能控制泥岩进入钻井液后变成 2~10 μm 的颗粒，因而仅靠正电胶的抑制作用难以控制 MBT 值的上升，需加入其他处理剂来共同抑制地层造浆。例如可加入适量 NaCl、KCl、$CaCl_2$ 等盐类或加入各类高分子聚合物等。

（2）正电胶钻井液在井壁附近形成的"滞流层"对防止井塌效果显著，但此层如厚度过大，则易黏附钻屑，特别是在上部软地层中钻进时，易发生黏附卡钻，故应控制"滞流层"厚度不宜过大，并在钻井过程中坚持短起、下钻。"滞流层"的厚度与多种因素有关，如钻井液中固相含量、膨润土含量、钻井液流变性能、环空返速、井径变化情况、井眼尺寸以及钻具结构等。通常采取将控制钻井液的动切力为 4~15Pa 来控制"滞流层"的厚度。

（3）"滞流层"会影响水泥浆的顶替效率，从而影响水泥、井壁和套管的胶结，造成固井质量不理想。为了提高固井质量，必须在固井前清除"滞流层"。可在接近钻至下套管深度之前 50~100m 时减少或停止加入正电胶，同时加入降黏剂，从而降低钻井液的动切力，改善钻井液的流变性能。下套管通井时，应尽可能加大环空返速以破坏井壁附近的"滞流层"和假泥饼。下完套管，固井前洗井时，应调整钻井液流变性，降低钻井液的黏度与切力，提高环空返速并循环钻井液 2~3 个循环周，继续破坏井壁附近的"滞流层"和假泥饼，并尽量加大水泥浆与钻井液之间黏度与切力的差别（特别是切力），以提高水泥浆的顶替效率。

（4）钻井液的 pH 值一般应控制在 8~10 之间，因为若正电胶钻井液 pH 值过高，会引起钻井液黏度与切力增高，造成流动困难。

（5）使用好固控设备，搞好净化是保持正电胶钻井液良好性能的关键。由于正电胶钻井液动切力较高，岩屑不易在地面循环系统中自然沉降，因而必须使用好固控设备。钻进造浆性强的地层时，必须使用离心机，清除细小的钻屑。此外，由于正电胶钻井液在地面的流动性不好，因而钻井过程必须保持循环罐中的搅拌设备正常运转，促进钻井液的流动。

（6）使用阴离于型降黏剂时，应特别注意控制加量，若加量过大，则会将正电胶钻井液的动切力及动塑比降得过低，继续加入正电胶亦难以恢复正电胶钻井液特有的流变特性。

（七）抗高温深井水基钻井液

按国际上钻井行业比较一致的划分标准，井深在 4750m（15000ft）以上的井称为深井，6100m（20000ft）以上的井称为超深井。我国于 1966 年钻成第一口深井——大庆松基 6 井（4718m），在 20 世纪 70 年代又钻成了几口 5000 m 以上的深井，如东风 2 井（5006m）、新港 57 井（5127m）、王深 2 井（5163m）等，1976 年钻成 6011m 的深井——女基井，1977 年使用三磺钻井液成功地钻成我国陆上最深的超深井——关基井（7175m）。

显然，井越深，技术难度越大。因此，国际上通常将钻探深度及深井钻速作为衡量钻井技术水平的重要标志。钻井实践表明、钻井液的性能对于确保深井和超深井的安全、快速钻进起着十分关键的作用。常用的深井钻井液有水基钻井液和油基钻井液两类，目前国内主要使用水基钻井液钻深井和超深井。

1. 深井水基钻井液应具备的特点

由于井深增加，井底处于高温和高压条件下，钻进井段长，有大段裸眼，且还要钻穿许多复杂地层，因此其作业条件比一般井要苛刻得多，于是深井作业对钻井液的性能也提出了更高的要求。在高温条件下，钻井液中的各种组分均会发生降解、发酵、增稠及失效等变化，从而使钻井液的性能发生剧变，并且不易进行调整和控制，严重时将导致钻井作业无法正常进行。而随着地层压力的增大，钻井液必须具有很高的密度（通常大于 2.08g/cm³），从而导致钻井液中固相含量很高。这种情况下，发生压差卡钻及井漏、井喷等井下复杂情况的可能性会大大增加，欲保持钻井液良好的流变性和较低的滤失量亦会更加困难。此时使用常规钻井液已无法满足钻井工程的要求，必须使用具有以下特点的深井钻井液。

（1）具有抗高温的能力。这便要求在进行配方设计时，必须优选出各种能够抗高温的处理剂。例如，褐煤类产品（抗温 204℃）就比木质素类产品（抗温 170℃）有更高的抗温能力。

（2）在高温条件下对黏土的水化分散具有较强的抑制能力。在有机聚合物处理剂中，阳离子聚合物就比带有羧钠基的阴离子聚合物具有更强的抑制性。

（3）具有良好的高温流变性。在高温下保证钻井液具有很好的流动性和携带、悬浮岩屑的能力是非常重要的。对于深井加重钻井液，尤其应加强固控，并控制膨润土含量以避免高温增稠。当钻井液密度在 2.08g/cm³ 以上时，膨润土含量更应严格控制。必要时可通

过加入生物聚合物等改进流型，提高携屑能力，并加入抗高温的稀释剂以控制静切力。

（4）具有良好的润滑性。当固相含量很高时，防止卡钻尤为重要。此时可通过加入抗高温的液体或固体润滑剂及混油等措施来降低摩阻。

2. 高温对深井水基钻井液性能的影响

7000 m 以上的深井，井温可高达 200℃ 以上，压力可达 150~200 MPa。由于水的可压缩性相对较小，故压力对水基钻井液的密度及其他性能（如流变性、滤失造壁性等）均无明显的影响。但是，温度对水基钻井液的影响却十分显著，因此深井水基钻井液的主要要求是能够抗高温。

1）高温对钻井液中黏土的影响

（1）高温分散。在高温作用下，钻井液中的黏土颗粒，特别是膨润土颗粒的分散度进一步增加，从而使颗粒浓度增多、比表面增大的现象常称为高温分散。实验发现，黏土颗粒的高温分散作用与其水化分散的能力相对应。如钠蒙脱土水化分散能力最强，其高温分散作用亦最为明显。因此高温分散的实质仍然是水化分散，只不过高温进一步促进了水化分散而已。

产生高温分散作用主要是由于高温使黏土矿物片状微粒的热运动加剧所导致的。这一方面增强了水分子渗入黏土晶层内部的能力，另一方面使黏土表面的阳离子扩散能力增强，导致扩散双电层增厚，ζ 电位提高，从而更有利于分散。

影响高温分散的因素主要有：①黏土的种类。在常温下越容易水化的黏土，高温分散作用也越强。②温度及作用时间。显然，温度越高，作用时间越长，高温分散也就越显著。③pH 值。由于 OH^- 的存在有利于黏土的水化，因此高温分散作用随 pH 值升高而增强。④一些高价无机阳离子，如 Ca^{2+}、Mg^{2+}、Al^{3+}、Cr^{3+}、Fe^{3+} 等的存在不利于黏土水化，因此它们对黏土高温分散具有抑制作用。

高温分散作用使钻井液中黏土颗粒浓度增加，因此对钻井液的流变性有很大的影响，而且这种影响是不可逆且不可恢复的。高温分散对钻井液表观黏度的影响如图 5-16 所示。钻井液滤液的黏度是随温度升高而降低的，如果假设黏土颗粒的分散度不受温度的影响，那么按正常规律，其悬浮体（可称为理想悬浮体）的表观黏度应随温度升高而下降（图 5-16 曲线 1）。但实际情况是，高温分散作用使钻井液中黏土颗粒浓度增加，从而造成钻井液的黏度和切力均比相同温度下理想悬浮体的对应值要高（图 5-16 曲线 2、曲线 3）。若由此引起的表观黏度增加值大于升温所引起的理想悬浮体的表观黏度下降值，则可能出现高温下钻井液的黏度高于常温黏度的现象。如果升温后再逐渐降低温度，则可发现降温时的黏温曲线总比升温时要高（图 5-16 曲线 2、曲线 4）。这表明黏土颗粒的高温分散是一种不可逆的变化。黏土含量越高，高温分散作用越强，则 2 条曲线偏离越远。

（2）高温胶凝。室内实验和现场经验均表明，由于高温分散引起的钻井液高温增稠与钻井液中的黏土含量密切相关。当黏土含量达到某一数值时，钻井液在高温下会因丧失流动性而形成凝胶，这种现象被称为高温胶凝。凡是发生了高温胶凝的钻井液，必然丧失其热稳定性，性能受到破坏。在使用中常表现为钻井液在井口的性能不稳定，黏度和切力上升很快，须频繁处理，且处理剂用量大。因此，防止钻井液高温胶凝是深井钻井液的一项关键技术。目前有两项措施可有效地预防高温胶凝的发生：①使用抗高温处理剂抑制高温分散；②将钻井液中的黏土（特别是膨润土）含量控制在其容量限以下。实验表明，只有当黏土含量超过了容量限，才有发生高温胶凝的可能。而低于此容量限时，钻井液只发生高温增稠，不会发生胶凝。对于某一给定的钻井液体系，其黏土的容量限可通过室内实验确定。因此，对于高温深井水基钻井液，在使用中必须将黏土的实际含量严格控制在其容量限以内。

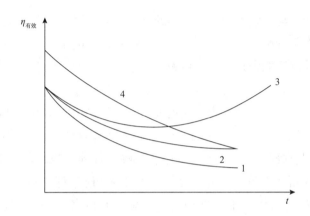

图5-16 高温分散对钻井液表观黏度与温度关系曲线的影响

2）高温对钻井液处理剂的影响

井下高温除对钻井液中的黏土造成影响外，还会对某些处理剂造成一系列影响。

（1）高温降解。高分子有机化合物受高温作用而导致分子链发生断裂的现象称为高温降解。对于钻井液处理剂，高温降解包括高分子化合物的主链断裂和亲水基团与主链连接键断裂这两种情况。前一种情况会降低处理剂的相对分子质量，使其失去高分子化合物的特性；后一种情况则会降低处理剂的亲水性，使其抗污染能力和效能减弱。

任何高分子化合物在高温下均会发生降解，但由于其分子结构和外界条件不同，发生明显降解的温度也有所不同。影响高温降解的首要因素是处理剂的分子结构。研究表明，如果处理剂分子中含有在溶液中易被氧化的键，那么这类处理剂一般都容易发生高温降解，例如，在高温下含醚键的化合物就比以 C—C、C—S 和 C—N 连接的化合物更容易降解。此外，高温降解还与钻井液的 pH 值及剪切作用等因素有关。高 pH 值往往会促进降解的发生，强烈的剪切作用也会加剧分子链的断裂。

由于高温降解是导致处理剂失效的一个主要原因，因此一般以处理剂在水溶液中发生明显降解时的温度来表示其抗温能力。一些常用处理剂的抗温能力如表 5-24 所示。需要注意的是，由于降解温度与 pH 值、矿化度、剪切作用、含氧量以及细菌的种类与含量等多种外界条件有关，因此表中数据是相对的、有条件的，各文献、资料中所列数据也不尽相同。

表 5- 24　常用钻井液处理剂的抗温能力

处理剂名称	抗温能力/℃
单宁酸钠	130
栲胶碱液	80~100
铁铬盐	130~180
CMC	140~180
腐植酸衍生物	180~200
磺甲基单宁	180~200
磺甲基褐煤	200~220
磺甲基酚醛树脂	200
水解聚丙烯腈	200~230
淀粉及其衍生物	115~130

处理剂的抗温能力与由它处理的钻井液的抗温能力是紧密相关而又互不相同的两个概念。处理剂抗温能力是就单剂而言的，而钻井液通常是由配浆土、多种处理剂、钻屑和水组成的完整体系，其抗温能力是指该体系失去热稳定性时的最低温度，显然它除了与各种处理剂的抗温能力有关外，还取决于各种组分之间的相互作用。

高温降解的发生将给钻井液性能造成很大影响。如果用于调节钻井液某种性能的处理剂被降解，那么该性能即被破坏。因此，处理剂热降解对钻井液性能的影响涉及所有方面，既可能影响增稠、胶凝甚至固化（稀释剂降解）性能，也可能影响减稠（高分于增稠剂降解）性能，还可能导致滤失量增大（降滤失剂降解）等。

②高温交联。在高温作用下，处理剂分子中存在的各种不饱和键和活性基团会促使分子之间发生各种反应，彼此相互连接，从而使相对分子质量增大。这种现象常称为高温交联。由于反应的结果使相对分子质量增大，因此可将其看做是与高温降解相反的一种作用。例如，铁铬盐、腐植酸及其衍生物、栲胶类和合成树脂类等处理剂的分子中都含有大量的可供发生交联反应的官能团和活性基团，在这些改性和合成产品中还往往残存着一些交联剂（如甲醛等），这样便为分子之间的交联提供了充分的条件。

室内研究和现场试验均表明，高温交联对钻井液性能的影响有好和坏两种可能。如果交联适当，适度增大处理剂的相对分子质量，则可能抵消高温降解的破坏作用，甚至可能使处理剂进一步改性增效。比如，在高温下磺化褐煤与磺化酚醛树脂复配使用时的降滤失效果要比其单独使用时的效果好得多，表明交联作用有利于改善钻井液的性能。在实验中有时发现，钻井液在经受高温老化后的性能要好于老化前的性能，表现为高温后黏度、切力稳定，滤失量下降，这是十分理想的一种情况。但是，一旦交联过度，形成体型网状结构，则会导致处理剂水溶性变差，甚至因失去水溶性而使处理剂完全失效。这种情况下，必然破坏钻井液的性能，严重时整个体系都会变成凝胶，丧失流动性。

3）高温对处理剂与黏土相互作用的影响

（1）高温解吸附作用。实验表明，在高温条件下，处理剂在黏土表面的吸附作用会明显减弱，这主要是分子热运动加剧所造成的。高温解吸附会直接影响处理剂的护胶能力，从而使黏土颗粒更加分散，严重影响钻井液的热稳定性和其他各种性能，通常表现为高温滤失量剧增，流变性失去控制。

处理剂在黏土表面的吸附与解吸附是一个可逆的动平衡过程。一旦温度降低，平衡又会朝着有利于吸附的方向进行，因此处理剂又将较多地被黏土颗粒吸附，钻井液性能也会相应地得以恢复。

（2）高温去水化作用。在高温条件下，黏土颗粒表面和处理剂分子中亲水基团的水化能力会有所降低，使水化膜变薄，从而导致处理剂的护胶能力减弱，这种作用常称为高温去水化。其强弱程度除与温度有关外，还取决于亲水基团的类型。凡通过极性键或氢键水化的基团，其高温去水化作用一般较强；而由离子基水化形成的水化膜，高温去水化作用相对较弱。

由于高温去水化作用会使处理剂的护胶能力减弱，因而常导致滤失量增大，严重时还会导致高温胶凝和高温固化等现象的发生。

4）高温引起的钻井液性能变化

高温所引起的钻井液性能变化可归纳为不可逆变化和可逆变化两个方面。

（1）不可逆的性能变化。由于钻井液中黏土颗粒高温分散和处理剂高温降解、交联而引起的高温增稠、高温胶凝、高温固化、高温减稠以及滤失量上升、泥饼增厚等均属于不可逆的性能变化。

在高温条件下钻井液黏度、切力和动切力上升的现象称为高温增稠。通常情况下，高温增稠是高温分散所导致的结果，其增稠程度与黏土性质和含量有密切的关系。当黏土含量继续增大到一定数值后，高温分散作用使钻井液中黏土颗粒的浓度达到一个临界值，此时在高温去水化作用下，相距很近的片状黏土颗粒会彼此连接起来，形成布满整个容积的连续网架结构，即形成凝胶。在发生高温胶凝的同时，如果在黏土颗粒相结合的部位生成了水化硅酸钙，则会进一步固结成型，这种现象称为高温固化。例如，高 pH 值的石灰钻井液发生固化的最低温度为130℃。

实验还发现，除上述现象外，当钻井液中黏土的土质较差而含量又较低时，会出现高温减稠的现象。此时，尽管黏土高温分散等导致的钻井液增稠现象仍然存在，但高温所引起的钻井液滤液黏度降低以及固相颗粒热运动加剧导致的颗粒间内摩擦作用减弱有可能起主导作用，从而造成钻井液表观黏度降低，即出现了高温减稠。

在高温下某种钻井液的性能究竟会出现什么变化，主要取决于黏土类型、黏土含量、高价金属离子存在与否及其浓度、pH 值、处理剂抗温能力，以及温度的高低与作用时间等因素。显然，如果黏土的水化分散能力强，黏土含量高，则很可能出现高温增稠。反之，则很可能出现高温减稠。当黏土含量增至某一临界值时，便会发生高温胶凝。通常将钻井液在某一温度下发生胶凝时所对应的最低土量称为这种黏土在该温度下的黏土容量限。当黏土含量低于其容量限时，钻井液只发生增稠，而不发生胶凝，高于其容量阻时则发生胶凝。通常情况下，若黏土水化分散能力弱、温度低、pH 值低、处理剂抑制高温分散的作用强，则黏土容量限较高，反之则较低。高温固化作用只有当黏土含量超过其容量限，有较多 Ca^{2+} 存在且 pH 值较高，并且又缺乏有效的抗高温处理剂保护时才会发生。由此可见，做好固相控制，尽可能降低固相含量，并防止膨润土超量使用，对于维持深井水基钻井液的良好性能是十分重要的。

（2）可逆的性能变化。因高温解吸附、高温去水化以及按正常规律的高温降黏作用所引起的钻井液滤失增大、黏度降低等均属于可逆的性能变化。

通常情况下，不可逆的性能变化与钻井液的热稳定性有关。可逆的性能变化则反映了钻井液从井口到井底，然后再返回到井口这个循环过程中的性能变化。对于抗高温水基钻井液，必须同时考虑这两个方面的问题。为了研究钻井液不可逆的性能变化，需要模拟井下温度，用滚子加热炉对钻井液进行滚动老化，然后冷却至室温，评价其经受高温之后的性能。为了研究可逆的性能变化，则需要使用专门仪器测定钻井液在高温高压条件下的流变性和滤失量，从而评价其高温下的性能。

3. 抗高温钻井液处理剂的作用原理

1）对抗高温钻井液处理剂的一般要求

根据高温对钻井液处理剂性能的影响，可归纳出对抗高温钻井液处理剂的一般要求是：①高温稳定性好，在高温条件下不易降解。②对黏土颗粒有较强的吸附能力，受温度影响小。③有较强的水化基团，处理剂在高温下有良好的亲水特性。④能有效地抑制黏土的高温分散作用。⑤在有效加量范围内，抗高温降滤失剂不得使钻井液严重增稠。⑥在pH 值较低时（7~10）也能充分发挥其效力，有利于控制高温分散，防止高温胶凝和高温固化现象的发生。

2）抗高温处理剂的分子结构特征

为了能够满足上述一般要求，抗高温处理剂的分子结构应具备以下特征。

（1）为了提高热稳定性，处理剂分子主链的连接键，以及主链与亲水基团的连接键应为 C—C、C—N、C—S 等链，且应尽量避免分子中有易氧化的醚键和易水解的酯键。

（2）为了使处理剂在高温下对黏土表面有较强的吸附能力，常在处理剂分子中引入 Cr^{3+}、Fe^{3+} 等高价金属阳离子，使之与有机处理剂形成络合物，如铬-腐植酸钠和铁铬盐等。这样做的目的是用这些高价金属阳离子作为吸附基，它们在带负电荷的黏土表面可发生牢固而受温度影响较小的静电吸附。与此同时，高价金属阳离子的引入对抑制黏土颗粒的高温分散也会起到相当大的作用。

（3）为了尽量减轻高温去水化作用，处理剂分子中的主要水化基团应选用亲水性强的离子基，如磺酸基（—SO_3^-）、磺甲基（—$CH_2SO_3^-$）和羧基（—COO^-）等，以保证处理剂吸附在黏土颗粒表面后能形成较厚的水化膜，使钻井液具有较强的热稳定性。这就是要在单宁、褐煤和酚醛树脂分子上引入磺甲基的原因。并且，处理剂的取代度、磺化度应与温度和钻井液的矿化度相适应。

（4）为了使处理剂在较低 pH 值环境下也能充分发挥其效力，要求其亲水基团的亲水性尽量不受 pH 值的影响。相比之下，带有磺酸基的处理剂可以较好地满足这一要求。

3）常用的抗高温处理剂

（1）抗高温降黏剂。抗高温降黏剂与一般降黏剂的不同之处主要表现为：不仅能有效地拆散钻井液中黏土晶片以端—面和端—端连接而形成的网架结构，而且能通过高价阳离子的络合作用，有效地抑制黏土的高温分散。国内生产的抗高温降黏剂除铁铬木质素磺酸盐（FCLS）外，主要还有下述几种类型。

①磺甲基单宁（SMT）。简称磺化单宁，是磺甲基单宁酸钠与铬离子的络合物。外观为棕褐色粉末，吸水性强，其水溶液呈碱性。适于在各种水基钻井液中作降黏剂，在盐水和饱和盐水钻井液中仍能保持一定的降黏能力，抗钙可达 1000 mg/L，抗温可达 180~200℃。其加量一般在 1% 以下，适用的 pH 值范围为 9~11。

②磺甲基栲胶（SMK）。简称磺化栲胶，为棕褐色粉末或细颗粒，易溶于水，水溶液呈碱性。不含重金属离子，无毒，无污染，抗温可达 180℃。其降黏性能与 SMT 相似，可在二者中任选一种使用。

（2）抗高温降滤失剂。抗高温降滤失剂主要包括下述几种类型。

①磺甲基褐煤（SMC）。简称磺化褐煤，又称为磺甲基腐植酸，是磺甲基腐植酸与铬酸盐交联后生成的络合物。SMC 为黑褐色粉末或颗粒，易溶于水，水溶液的 pH 值约为 10。干剂产品中铬含量（以 $Na_2Cr_3O_7 \cdot 2H_2O$ 计）应为 5%~8%。它既是抗高温降黏剂，同时又是抗高温降滤失剂。具有一定的抗盐、抗钙能力，抗温可达 200~220℃，一般用量为 3%~5%。

②磺甲基酚醛树脂。简称磺化酚醛树脂，分 1 型产品（SMP – 1）和 2 型产品（SMP – 2）。由于其分子结构主要由苯环、亚甲基和 C—S 键等组成，因此热稳定性很强。又由于磺甲基酚醛树脂中含有强亲水基——磺甲基（$—CH_3SO_3{}^-$），且磺化度高，故其亲水性很强，且受高温的影响较小。实验表明，在 200~220 ℃ 甚至更高温度下，磺甲基酚醛树脂中不会发生明显降解，并且抗盐析能力强。SMP – 1 可溶于 Cl^- 含量为 10×10^4~12×10^4 mg/L 或 Ca^{2+}、Mg^{2+} 总含量为 2000 mg/L 的盐水中。SMP – 2 可溶于饱和盐水，在饱和盐水钻井液中抗温可达 200℃。

SMP – 1 必须与 SMC、FCLS 或褐煤碱液配合使用，才能有效地降低钻井液的滤失量，其中与 SMC 复配使用的效果尤为明显。研究表明，这一效果是由两方面原则导致的：一方面是 SMP – 1 与 SMC 复配后，SMP – 1 在黏土表面的吸附量可增加 5~6 倍，从而使黏土颗粒表面的 ζ 电位明显增大，水化膜明显增厚，最终导致处理剂护胶能力增强，泥饼质量得以改善，泥饼渗透率和滤失量下降（表 5 – 25）；另一方面，在高温和碱性条件下，SMP – 1 和 SMC 易发生交联反应，若交联适度，则会增强降滤失的效果。室内实验和现场试验均证实，两种处理剂的配比以 1∶1 较为合适，一般加量均为 3%~5%（质量分数）。

表 5-25　SMP-1 和 SMC 复配对钻井液滤失量和泥饼渗透率的影响

钻 井 液 配 方	API 滤失量/mL	$K/10^{-6}\mu m^2$
$\rho = 1.06 g/cm^3$ 的基浆 +3% SMP-1	11.6	1.39
$\rho = 1.06 g/cm^3$ 的基浆 +3% SMP-1 +3% SMC	5.6	0.99
$\rho = 1.06 g/cm^3$ 的基浆 +3% SMP-1 +15% NaCl	22.6	3.42
$\rho = 1.06 g/cm^3$ 的基浆 +3% SMP-1 +3% SMC +15% NaCl	6.8	1.24

注：百分比表示质量分数。

与 SMP-2 相比，SMP-1 的应用更为广泛。SMP-1 几乎可与所有处理剂相配伍，并几乎适用于目前国内任何一种钻井液体系。通过 SMP-1 和 SMC 复配，可将各种分散钻井液、钙处理钻井液、盐水钻井液和聚合物钻井液等十分方便地转变为抗温、抗盐的深井钻井液体系。SMP-2 主要用于抗 180~200℃ 的饱和盐水钻井液和 Cl^- 含量大于 11×10^4 mg/L 的高矿化度盐水钻井液。

国内常用的抗温降滤失剂还有磺化木质素磺甲基酚醛树脂（SLSP）、水解聚丙烯腈（HPAN）、酚醛树脂与腐植酸的缩合物（SPNH）以及丙烯酸与丙烯酰胺共聚物（PAC 系列）等。

为了适应深井钻井技术的发展，国外也十分重视抗高温钻井液处理剂的研制工作。如美国早期研制的 SSMA（磺化苯乙烯马来酸酐共聚物）是一种相对分子质量为 1000~5000，抗温可达 230℃ 的稀释剂。Resinex 是一种磺化褐煤树脂，是可抗温达 220℃ 的降滤失剂。近年来，德国研制的 COP-1 和 COF-2（乙烯基磺酸盐共聚物）不仅抗温可达 260℃，而且抗盐、钙能力极强，因此受到了广泛关注。这些处理剂在分子组成上有一个共同点，即在碳链上都含有磺酸根（—SO_3^-），这是抗高温聚合物处理剂所必需的一个官能团。

4. 常用抗高温钻井液体系及其应用

我国抗高温深井钻井液技术的发展大致可分为钙处理钻井液、磺化（三磺）钻井液和聚磺钻井液 3 个阶段。钙处理钻井液是 20 世纪 60 年代至 70 年代初使用的基本钻井液类型。本小节中将着重就近 20 年发展起来的磺化（三磺）钻井液及聚磺钻井液体系展开分析。

1）磺化钻井液

磺化钻井液是以 SMC、SMP-1、SMT 和 SMK 等处理剂中的一种或多种为基础配制而成的钻井液。由于以上磺化处理剂均为分散剂，因此磺化钻井液是典型的分散钻井液体系。20 世纪 70 年代后期，四川女基井和关基井分别使用此类钻井液达 6011m 和 7175m。其主要特点是热稳定性好，在高温高压下可保持良好的流变性和较低的滤失量，抗盐、抗温能力强，泥饼致密且可压缩性好，并具有良好的防塌、防卡性能，因而很快在全国各油田深井中得到推广应用。常用的磺化钻井液有以下几种类型。

（1）SMC 钻井液。这种体系主要利用 SMC 既是抗温稀释剂，又是抗温降滤失剂的特点，在通过室内实验确定其适宜加量之后，用膨润土直接配置或用井浆转化为抗高温深井钻井液。一般需加入适量的表面活性剂以进一步提高其热稳定性。该类体系可抗 180~

220℃的高温，但抗盐、钙的能力较弱，仅适用于深井淡水钻井液。

SMC 钻井液的典型配方为：质量分数为 4%~7% 的膨润土 + 质量分数为 3%~7% 的 SMC + 质量分数为 0.3%~1% 的表面活性剂，并加入烧碱将 pH 值控制在 9~10 之间。必要时混入质量分数为 5%~10% 的原油或柴油以增强其润滑性。

在用膨润土配浆时，必须充分预水化，否则所配出钻井液的黏度、切力过低，性能无法满足生产需要。但膨润土不可过量使用，一旦出现膨润土过度分散或含量过高时，可加入适量 CaO 降低其分散度，然后再加入 SMC 调整钻井液性能。在现场维护方面，可以使用与井浆浓度相同的 SMC 胶液（质量分数一般为 5%~7%）控制井浆的黏度上升，并保持膨润土含量为 100~130g/L。若因膨润土含量过低造成黏度达不到要求，则可补充预水化膨润土浆，并相应加入适量 SMC。四川女基井曾使用该类钻井液顺利钻至 6011m。

（2）SMC - FCLS 混油钻井液。为了提高磺化钻井液抗盐、钙污染的能力，可将 SMC 与 FCLS 复配使用。试验表明，利用它们之间的相互增效作用，可有效地控制盐水钻井液的流变性和滤失造壁性。并常使用红矾（$Na_2Cr_2O_7$）提高 FCLS 的抗温能力，使加重后的盐水钻井液在高温下具有良好的性能。该类体系抗温可达 180℃，最高矿化度可达 15×10^4 mg/L，并能将钻井液密度提高至约 2.08g/cm³。

这种钻井液通常用井浆转化。经试验，膨润土的适宜含量为 80~100g/L，SMC 和 FCLS 的加量随体系中含盐量增加而增大。其典型配方为：质量分数为 3%~4% 的膨润土 + 质量分数为 2%~7% 的 SMC + 质量分数为 1%~5% FCLS。与此同时，可加入质量分数为 0.1%~0.3% 的 NaOH 调节 pH 值至 9~10，加入质量分数为 0.1%~0.2% 的红矾以提高抗温性。通常需混入质量分数为 5%~10% 的原油或柴油以降低泥饼的摩擦系数。由于盐水钻井液的 pH 值在钻进过程中呈下降趋势，试验发现，加入 0.2% Span - 80 或 0.3% AS 有利于稳定 pH 值，并消除因使用 FCLS 而经常产生的泡沫。华北油田宁 l 井和四川油田鱼 1 井均使用该类钻井液，分别顺利钻达 5300 m 和 5585m。

（3）三磺钻井液。这种体系使用的主处理剂为 SMP - 1（或 SMP - 2）、SMC 和 SMT（或 SMK，也可用 FCLS 代替）。其中 SMP - 1 与 SMC 复配，可使钻井液的 HTHP 滤失量得到有效的控制。SMT 或 SMK 可用于调整高温下的流变性能，从而大大地提高了钻井液的防塌、防卡、抗温以及抗盐、钙侵的能力。试验表明，抗盐可至盐溶液饱和，抗钙可达 4000 mg/L。钻井液密度可提至 2.25g/cm³。若加入适量 $Na_2Cr_2O_7$，则抗温可达 200~220℃。该体系中膨润土的允许含量视钻井液密度而定（表 5-26），所选用处理剂的品种和加量则与钻井液的含盐量有关。

表 5-26 三磺钻井液的密度与膨润土允许含量的关系

钻井液密度/（g/cm³）	<1.4	1.6	1.8	2.0	2.2
膨润土允许含量/（g/L）	45~80	47~70	40~60	35~50	30~40

配制三磺钻井液时，可先配成顶水化膨润土浆，再加入各种处理剂，亦可直接用井浆转化。维护时，通常加入按所需浓度比配成的处理剂混合液。若黏度、切力过高，则可加

入低浓度混合液或 SMT（SMK 和 FCIS 亦可）。若滤失量过高，则可同时补充 SMC 和 SMP - 1。这类钻井液已在全国各油田广泛应用于深井中。例如，胜利油田桩古 6 井使用三磺盐水钻井液（含盐量为 $3 \times 10^4 \sim 6 \times 10^4$ mg/L）顺利钻达 5456m，井浆在 200℃ 高温下可保持良好的流动性能，HTHP 滤失量始终小于 20 mL，且井壁稳定，未发生过粘卡事故。四川关基井使用此类钻井液钻达 7175m，创下我国钻井深度的新记录，该井当密度增至 $2.16 \sim 2.25$g/cm³ 时，钻井液在高温下性能稳定，HTHP 滤失量为 12.8~13.6mL，泥饼摩擦系数为 0.16~0.19。

三磺钻井液的研制成功，是我国在深井钻井液技术上的一大进步，其主要标志是，这 3 种磺化处理剂均能有效地降低 HTHP 滤失量，特别是磺化酚醛树脂效果更为明显，这一特性是使用钙处理钻井液所无法达到的。三磺钻井液的使用显著改善了泥饼质量，减少了深井常出现的坍塌、卡钻等井下复杂情况，很大程度上提高了深井钻探的成功率。

2）聚磺钻井液

聚磺钻井液是在钻井实践中将聚合物钻井液和磺化钻井液结合在一起而形成的一类抗高温钻井液体系。尽管聚合物钻井液在提高钻速，抑制地层造浆和提高井壁稳定性等方面具有十分突出的性能优势，但总体而言其热稳定性和所形成泥饼的质量还不适合于在井温较高的深井中使用，特别是对硬脆性页岩地层，常常需加入一些磺化类处理剂来改善泥饼质量，以降低钻井液的 HTHP 滤失量。因此，现已将两种体系结合在一起使用。聚磺钻井液既保留了聚合物钻井液的优点，又对其在高温高压下的泥饼质量和流变性进行了改进，从而有利于深井钻速的提高和井壁的稳定。该类钻井液的抗温能力可达 200~250℃，抗盐可至溶液饱和。从 20 世纪 80 年代起，这种体系已广泛应用于各油田深井钻井作业中。

聚磺钻井液的配方和性能应根据井温，所要求的矿化度和所钻地层的特点，在室内实验的基础上加以确定。一般情况下膨润土含量为 40~80g/L，随井温升高和含盐量、钻井液密度的增加，其含量应有所降低。

高相对分子质量的聚丙烯酸盐，如 80A51、FA367、PACl41 和 KPAM 等，通常在体系中用作包被剂，其加量应随钻井液含盐量的增加而增大，并随升温升高而减少，一般加量范围为 0.1%~1.0%（质量分数）。某些中等相对分子质量的聚合物处理剂，如水解聚丙烯腈的盐类，常在体系中起降滤失和适当增黏的作用，其加量为 0.3%~1.0%（质量分数）。某些低相对分子质量的聚合物，如 XY - 27 等，在体系中主要起降黏、降切的作用，其一般加量为 0.1%~0.5%（质量分数）。

磺化酚醛树脂类产品，如 SMP - 1、SPNH 和 SLSP 等，常与 SMC 复配用于改善泥饼质量和降低钻井液的 HTHP 滤失量。前者加量一般为 1%~3%（质量分数），后者为 0~2%（质量分数）。此外，常用质量分数为 1%~3% 的磺化沥青封堵泥页岩的层理裂隙，从而增强井壁稳定性并进一步改善泥饼质量。必要时还需加入质量分数为 0.1%~0.3% 的 $Na_2Cr_2O_7$ 或 $K_2Cr_2O_7$，以提高钻井液的热稳定性。

聚磺钻井液大多由上部地层所使用的聚合物钻井液在井内转化而成。转化最好在技术套管中进行，可以先将聚合物和磺化类处理剂分别配制成溶液，然后按配方要求与一定数量的井浆混合；或者先用清水将井浆进行稀释，使其中膨润土含量达到适宜范围，然后再加入适量的磺化类处理剂和聚合物。如果在裸眼中进行转化，则最好按配方将各种处理剂配成混合液，在钻进过程中逐渐加入井浆内，直至性能达到要求。

适宜的膨润土含量是聚磺钻井液保持良好性能的关键，因此须严加控制膨润土含量。如果泥饼质量变差，HTHP 滤失量增大，则应及时增大 SMP-1、SMC 和磺化沥青的加量。若流变性能不符合要求，可改变不同相对分子质量聚合物所占的比例及膨润土的含量以对流变性能进行调整。若抑制性较差，可适当增大高分子聚合物包被剂的加量或加入适量 KCl。

聚磺钻井液所使用的主要处理剂可大致地分成两类：一类是抑制剂类，包括各种聚合物处理剂及 KCl 等无机盐，其作用主要是抑制地层造浆，从而有利于地层的稳定；另一类是分散剂，包括各种磺化类、褐煤类处理剂以及纤维素、淀粉类处理剂等，其作用主要是降滤失和改善流变性，从而有利于钻井液性能的稳定。在深井的不同井段，由于井温和地层特点有所差异，因此对两类处理剂的使用情况应有所区别。上部地层应以增强抑制性和提高钻速为主，而下部地层则应以抗高温、降滤失为主。目前，我国钻井液科研人员在聚磺钻井液的现场应用方面已积累了丰富的经验。他们通常将以上两类处理剂分别简称为"聚"类和"磺"类，提出了深井上部地层"多聚少磺"或"只聚不磺"，而下部地层"少聚多磺"或"只磺不聚"的实施原则，其分界点大致在井深 2500~3000m 处。依据这一原则，聚磺钻井液已在我国许多油田得了普通的推广应用。

二、油基钻井液

油基钻井液是指以油作为连续相的钻井液。早在 20 世纪 20 年代，人们就曾使用原油作为钻井液以避免和减少钻井中各种复杂情况的发生。但在实践中发现使用原油具有以下缺点：切力小，难以悬浮重晶石，滤失量大，以及原油中的易挥发组分容易引起火灾等。于是后来逐渐发展成为以柴油为连续相的两种油基钻井液——全油基钻井液和油包水乳化钻井液。在全油基钻井液中，水是无用的组分，其含水量不应超过 7%；而在油包水钻井液中，水作为必要组分均匀地分散在柴油中，含水量一般为 10%~60%。

与水基钻井液相比较，油基钻井液具有能抗高温，抗盐、钙侵，有利于井壁稳定，润滑性好和对油气层损害程度较小等多种优点，目前已成为钻高难度的高温深井、大斜度定向井、水平井和各种复杂地层的重要手段，并且还可广泛地用作解卡液、射孔完井液、修井液和取心液等。但是，油基钻井液的配制成本比水基钻井液高很多，使用时往往会对井场附近的生态环境造成严重影响，而且机械钻速通常低于使用水基钻井液的情况。上述缺点限制了油基钻井液的推广应用。为了提高钻速，从 20 世纪 70 年代中期开始，较广泛池使用了低胶质油包水乳化钻井液。为保护生态环境，适应海洋钻探的需要，从 20 世纪 80 年代初开始，又逐步推广使用了以矿物油作为基油的低毒油包水乳化钻井液。油基钻井液的发展阶段如表 5-27 所示。

表 5-27　油基钻井液的发展阶段

类型	组 分	时间	特 点
原油	原油	1920 年前后	有利于防塌、防卡和油气层保护，但流变性不易控制，易着火，应在低于 100℃ 时使用
全油基钻井液	柴油、沥青、乳化剂以及少量的水（质量分数 <17%）	1939 年	具有油基钻井液的优点，抗温可达 200～250℃，成本高，易着火，钻速低
油包水乳化钻井液	柴油、乳化剂、润湿剂、乳化水（质量分数为 10%～60%）	1950 年前后	有利于井壁稳定，不易着火，成本有所降低，抗温可达 200～230℃
低胶质油包水乳化钻井液	柴油、乳化剂、润湿剂、亲油胶体、乳化水（质量分数约为 15%）	1975 年	可明显提高钻速，降低钻井总成本，但对滤失量放宽，不适用于松散易坍塌地层，对储层损害大
低毒油包水乳化钻井液	矿物油、乳化剂、润湿剂、亲油胶体、乳化水（质量分数 10%～60%）	1980 年	具有油基钻井液的优点，可有效防止对环境的污染，特别适用于海洋钻井

由于目前全油基钻井液已较少使用，因此通常所说的油基钻井液主要指以柴油或低毒矿物油（白油）作为连续相的油包水乳化钻井液。

（一）油基钻井液的组成与性能

1. 油基钻井液的组成及配制方法

油包水乳化钻井液是以水滴为分散相，油为连续相，并添加适量的乳化剂、润湿剂、亲油胶体和加重剂等所形成的稳定的乳状液体系。

1）基油

在油包水乳化钻井液中用作连续相的油称为基油。目前普遍使用的基油为柴油（我国常使用零号柴油）和各种低毒矿物油。柴油用做基油时应具备以下条件：

（1）为确保安全，其闪点和燃点应分别在 82℃ 和 93℃ 以上。

（2）由于柴油中所含的芳烃对钻井设备的橡胶部件有较强的腐蚀作用，因此芳烃含量不宜过高，一般要求柴油的苯胺点在 60℃ 以上。苯胺点是指等体积的油和苯胺相互溶解时的最低温度。苯胺点越高，表明油中烷烃含量越高，芳烃含量越低。

（3）为了有利于对流变性的控制和调整，其黏度不宜过高。温度和压力对 2 号柴油黏度的影响如图 5-17 所示。

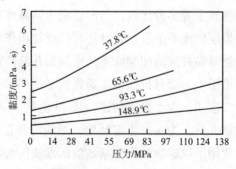

图 5-17　温度和压力对柴油黏度的影响

常用的低毒矿物油有以下品种：Mentor26、Mentor28、LVT、Escaid110 和 BP8313 等，它们的物理性质及与柴油的对比如表 5-28 所示。

表 5-28　各种基油的物理性质

性　质	Mentor26	Mentor28	Escaid110	LVT	BP8313	2 号柴油
外观	无色液体	无色液体	无色液体	无色液体	无色液体	棕黄色液体
密度/（kg/m³）	838	845	790	800	785	840
闪点/℃	93	120	79	71	72	82
苯胺点/℃	71	79	76	66	78	59
倾点/℃	26	15	54	73	40	45
终沸点/℃	306	321	242	262	255	329
芳香烃含量/质量/%	16.4	19.0	0.9	10~13	2.0	30~50
黏度/（mPa·s）（40℃）	2.7	4.2	1.6	1.8	1.7	2.7
LC50/（mg/L）（WSF）	>1000000	>1000000	>1000000	>1000000	>1000000	80000

2）水相

淡水、盐水或海水均可用作油基钻井液的水相。但通常使用含一定量 $CaCl_2$ 或 NaCl 的盐水，其主要目的在于控制水相的活度，以防止或减溺泥页岩地层的水化膨胀，保证井壁稳定。油包水乳化钻井液的水相含量通常用油水比来表示。由钻井液蒸馏实验测得的 f_o（油相体积分数）和 f_w（水相体积分数），可以很方便地求出油水比。例如，当测得 $f_o = 0.45$，$f_w = 0.30$，$f_固$（固相体积分效）= 0.25 时，则油水比为 3/2（常表示为 60/40）。一般情况下，水相含量为 15%~40%（体积分数），最高可达 60%，且不低于 10%。在一定的含水量范围内，随着水所占比例的增加，油基钻井液的黏度、切力逐渐增大。因此，人们常用它作为调控油基钻井液流变参数的一种方法，同时，增大含水量可减少基油用量，降低配制成本。但另一方面，随着含水量增大，维持油基钻井液乳化稳定性的难度也随之增加，必须添加更多的乳化剂才能使其保持稳定。对于高密度油基钻井液，水相含量应尽可能小。由于钻井液体系的多样性和复杂性，目前还没有确定油水比最优值的统一标准。调整油水比的一般原则是，以尽可能低的成本配制成具有良好乳化稳定性和其他性能的油包水乳化钻井液。

在实际钻井过程中，一部分地层水会不可避免地进入钻井液，即油水比呈自然下降趋势，因此，为了保持钻井液性能稳定，必要时应适当补充基油的量。对于全油基钻井液，水是应加以清除的污染物，但一般 3%~5% 的水是可以容纳的，不必一定清除，因为靠增加基油来减少水量会使钻井液成本显著增加。

3）乳化剂

为了形成稳定的油包水乳化钻井液，必须正确地选择和使用乳化剂。一般认为乳化剂的作用机理是：①在油水界面形成具有一定强度的吸附膜；②降低油水界面张力；③增加外相黏度。以上 3 方面均可阻止分散相液滴聚并变大，从而使乳状液保持稳定，其中又以形成一定强度的吸附膜最为重要，这被认为是乳状液能否保持稳定的决定性因素。

在油包水乳化钻井液中，常用的乳化剂有高级脂肪酸的二价金属皂（硬脂酸钙）、烷基磺酸钙、烷基苯磺酸钙、斯盘-80（或 Span-80，主要成分为山梨糖醇酐单油酯）、环烷酸钙、石油磺酸铁、油酸、环烷酸酰胺和腐植酸酰胺等。在以上乳化剂中，属于阴离子表面活性剂的都是有机酸的多价金属盐（钙盐、镁盐和铁盐等，以钙盐居多），而没有单价的钠盐或钾盐。现以硬脂酸的皂类为例对这一问题展开分析。

硬脂酸皂是指硬脂酸与碱反应生成的盐，例如

$$C_{17}H_{35}-\overset{\displaystyle O}{\underset{\displaystyle OH}{C}} + NaOH \longrightarrow C_{17}H_{15}-\overset{\displaystyle O}{\underset{\displaystyle ONa}{C}} + H_2O$$

由于皂分子具有两亲结构，即烃链是亲油的，而离子基团—COO$^-$是亲水的，因此，当皂类存在于油、水混合物中时，其分子会在油水界面自动浓集并定向排列，将其亲水端伸入水中，亲油端伸入油中，从而导致界面张力显著降低，有利于乳状液的形成。

由图5-18可知，一元金属皂的分子中只有一个烃链，这类分子在油水界面上的定向排列趋向于形成一个凹形油面，因而有利于形成O/W型乳状液。而二元金属皂的分子中含有两个烃链，它们在界面上的排列趋向于形成一个凸形油面，有利于形成W/O型乳状液。这种由乳化剂分子的空间构型决定乳状液类型的原理在胶体化学中被称做定向楔型理论。

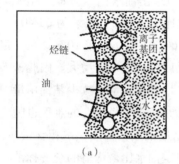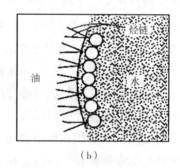

图5-18　皂类稳定乳状液示意图
(a) 一元金属皂对水包油型乳状液的稳定作用；(b) 二元金属皂对油包水型乳状液的稳定作用

绝大多数用于油包水乳化钻井液的乳化剂是油溶性的表面活性剂，它们的HLB值一般应为3.5~6。但为了形成密堆复合膜，增强乳化效果，有时也使用HLB值大于7的表面活性剂作为辅助乳化剂。乳化剂的有效性常常与基油的化学组成以及水相的pH值和含有的电解质等因素有关，某些乳化剂在高温下还容易发生降解。因此，对于某种油包水钻井液体系，究竟选择何种乳化剂最为合适，需通过室内实验来确定。

4）润湿剂

大多数天然矿物是亲水的。当重晶石粉和钻屑等亲水的固体颗粒进入W/O型钻井液时，它们趋向于与水结合并发生聚结，引起高黏度和沉降，从而破坏乳状液的稳定性。与水基钻井液相比，油包水钻井液一般切力较低，如果重晶石和钻屑维持其亲水性，则它们在钻井液中的悬浮难度会更大。为了避免上述状况的发生，须在油相中添加润湿控制剂，简称润湿剂。润湿剂也是具有两亲结构的表面活性剂，分子中亲水的一端与固体表面有很

强的亲合力。当这些分子聚集在油和固体的界面并将亲油端指向油相时，原来亲水的固体表面便转变为亲油，这一过程被称作润湿反转。

润湿剂的加入使刚进入钻井液的重晶石和钻屑颗粒表面迅速转变为油湿，从而保证它们能较好地悬浮在油相中。虽然用做乳化剂的表面活性剂也能够在一定程度上起到润湿剂的作用，但其效果不甚显著。

5）亲油胶体

习惯上将有机土、氧化沥青以及亲油的褐煤粉、二氧化锰等分散在油包水乳化钻井液油相中的固体处理剂统称为亲油胶体，其主要作用是用作增黏剂和降滤失剂。其中使用最普遍的是有机土，其次是氧化沥青。有了这两种处理剂，可以使油基钻井液的性能像水基钻井液那样很方便地随时进行必要的调整。

有机土是由亲水的膨润土与季胺盐类阳离子表面活性剂发生相互作用后制成的亲油黏土。所选择的季胺盐必须有很强的润湿反转作用。有机土很容易分散在油中起到提黏和悬浮重晶石的作用，通常在 100 mL 油包水乳化钻井液中加入 3g 有机土便可悬浮约 200 g 的重晶石粉。有机土还可在一定程度上增强油包水乳状液的稳定性，从而起到固体乳化剂的作用。

氧化沥青是一种将普通石油沥青经加热吹气氧化处理后与一定比例的石灰混合而成的粉剂产品，常用作油包水乳化钻井液的悬浮剂、增黏剂和降滤失剂，亦能抗高温和提高体系的稳定性。它主要由沥青质和胶质组成，是最早使用的油基钻井液处理剂之一。在早期使用的油基钻井液中，氧化沥青的用量较大，用此法可将油基钻井液的 API 滤失量降低为 0，高温高压滤失量也可控制在 5mL 以下。但是，氧化沥青最大的缺点是不利于提高机械钻速，因此在目前常用的油基钻井液配方中，已对其限制使用。

6）石灰

石灰是油基钻井液中的必要组分，其主要作用有以下方面。

（1）提供的 Ca^{2+} 有利于二元金属皂的生成，从而保证所添加的乳化剂可充分发挥其效能。

（2）维持油基钻井液的 pH 值在 8.5~10 范围内以利于防止钻具腐蚀。

（3）可有效地防止地层中 CO_2 和 H_2S 等酸性气体对钻井液的污染，其反应式为

$$Ca(OH)_2 + H_2S \Longrightarrow CaS\downarrow + H_2O$$
$$Ca(OH)_2 + CO_2 \Longrightarrow CaCO_3\downarrow + H_2O$$

在油基钻井液中，未溶 $Ca(OH)_2$ 的量一般应保持为 0.43~0.73kg/m^3。或者将钻井液的甲基橙碱度控制为 0.5~1.0 cm^3，当遇到 CO_2 或 H_2S 污染时则应提至 2.0 cm^3。

7）加重材料

重晶石粉在水基和油基钻井液中都是最重要的加重材料。对于油基钻井液，加重前应注意调整好各项性能，如油水比不宜过低，并适当地多加入一些润湿剂和乳化剂，使重晶石加入后，能及时地将其颗粒从亲水转变为亲油，从而能够较好地分散和悬浮在钻井液中。

对于密度小于 1.68g/cm³ 的油基钻井液，也可用碳酸钙作为加重材料。虽然其密度只有 2.7g/cm³，比重晶石低得多，但它的优点是比重晶石更容易被油所润湿，而且具有酸溶性，可兼作保护油气层的暂堵剂。

8）推荐配方及其性能参数

国内外各钻井液公司都根据本地区的具体情况及存在的实际问题，在大量试验基础上研制出各种配方的油基钻井液。我国在华北、中原、大庆等油田使用的该类钻井液主要是为了解决深井复杂地层（如高温地层、厚的盐膏及泥盐混合层段）的钻进而研制的。

一种优质的油基钻井液的配方是在对各种组分进行优化组合的基础上形成的。配方优化设计的基本原则如下所述。

（1）要有极强的针对性。例如，用于钻高温深井时，油水比必须相应较高，并选用耐高温的乳化剂和润湿剂。用于钻泥页岩严重井塌层时，应选用活度平衡的配方。而对环保要求严格的地区和海上环境，则必须选用以矿物油作为基油的油基钻井液配方。

（2）应能满足地质、钻井工程和保护油气层对钻井液各项性能指标的要求。例如，随着高温条件下黏度、切力的降低，在配方中必须有足量的抗温性强的亲油胶体，以保证钻井液有较强的携岩能力。为提高钻速，可使用不含沥青类产品的低胶质油基钻井液配方，使滤失量适当放宽。而在钻遇油气层时，则应严格控制滤失量，并且不宜使用亲油性很强的表面活性剂。

（3）原料来源比较容易，且成本较低。

油包水乳化钻井液的基本配方及性能参数如表 5-29 所示。此外，表 5-30 和表 5-31 还分别列出了华北和大庆油田所使用的油基钻井液配方。

表 5-29　油包水乳化钻井液推荐配方及性能参数

配　　方		性　　能	
材料名称	加量/（kg/m³）	项　目	指　标
有机土	20~30	密度/（g/cm³）	0.9~2.0
主乳化剂：环烷酸钙	≈20	漏斗黏度/s	30~100
主乳化剂：油酸	≈20	表观黏度/（mPa·s）	20~120
主乳化剂：石油磺酸铁	≈100	塑性黏度/（mPa·s）	15~100
主乳化剂：环烷酸酰胺	≈40	动切力/Pa	2~24
辅助乳化剂：Span-80	20~70	静切力（初/终）/Pa	0.5~2/0.8~5
辅助乳化剂：ABS	≈20	破乳电压/V	500~1000
辅助乳化剂：烷基苯磺酸钙	≈70	API 滤失量/mL	0~5
石灰	50~100	HTHP 滤失量/mL	4~10
CaCl₂	70~150	pH 值	10~11.5
油水比	85~70 或 15~30	含砂量/%	<0.5
氧化沥青	视需要而定	泥饼摩阻系数	<0.15
加重剂	视需要而定	水滴细度（35μm 占比/%）	>95

表 5-30 华北油田油基钻井液配方及性能

配 方		性 能	
材料名称	加量/（kg/m³）	项 目	指 标
有机土	30	密度/（g/cm³）	0.9~2.18
氧化沥青	0~30	漏斗黏度/s	80~100
石油磺酸铁	100	表观黏度/（mPa·s）	90~120
Span-80	70	塑性黏度/（mPa·s）	80~100
腐植酸酰胺	30	动切力/Pa	2.5~24
石灰	90	静切力（除/终）/Pa	2~3.5/3~5
NaCl	160	API滤失量/mL	0~2
CaCl₂	150	HTHP滤失量/mL	0.2~0.5
KCl	150	泥饼厚度	4~6
零号柴油/水	70/30	pH值	11.2~11.5
重晶石	视需要而定	破乳电压/V	470~550

表 5-31 大庆油田油基钻井液配方及性能参数

配 方		性 能	
材料名称	加量/（kg/m³）	项 目	指 标
Span-80	3	密度/（g/cm³）	0.94~0.97
环烷酸酰胺	2	漏斗黏度/s	45~72
油酸	2	塑性黏度/（mPa·s）	22~31
有机土	4	动切力/Pa	6.5~10
磺化沥青	2.5	静切力（除/终）/Pa	2~4/5~9
氧化沥青	2.5	API滤失量/mL	0
石灰	8	HTHP滤失量/mL	≤2
NaCl溶液（质量分数为50%）	1	破乳电压/V	20000
CaCl₂溶液（质量分数为50%）	10	pH值	9~9.5

9）油基钻井液的配制

大多数情况下，油基钻井液是在生产现场配制而成的。为了能够形成稳定的油包水乳状液，在配制时必须按照一定的步骤和顺序将各种组分混合在一起。试验表明，采取的配制方法是否正确直接影响钻井液的性能和质量。美国 M-I 钻井液公司推荐的配浆程序如下所述。

（1）洗净井准备好两个混合罐。

（2）用泵将配浆用基油打入 1 号罐内，按预先计算的量加入所需的主乳化剂、辅助乳化剂和润湿剂。然后进行充分搅拌，直至所有油溶性组分全部溶解。在常温条件下，混合 31.8m³（200bbl）大约需要 2h 或更长时间，将油预热或剧烈搅拌可以缩短溶解时间。

（3）按所需的水量将水加入 2 号罐内，并让其溶解所需 CaCl₂ 量的 70%。

（4）在钻井液枪等专门的设备的强力的搅拌下，将 $CaCl_2$ 盐水缓慢加入油相。最好是在 3.5MPa 以上的泵压下，通过 1.27cm（0.5in）的钻井液枪喷嘴对钻井液进行搅拌。若泵压达不到 3.45MPa，则应选用更小喷嘴，并降低加水速度。

（5）在继续搅拌下加入适量的亲油胶体和石灰。当乳状液形成后，应全面测定其性能，如流变参数、pH 值、破乳电压和 HTHP 滤失量等。

（6）如性能合乎要求，可加入重晶石以达到所要求的钻井液密度。加重晶石的速度要适当（以每小时加入 200~300 袋为宜）。如重晶石被水润湿，则会使钻井液中出现粒状固体，这时应减缓加入速度，并适当增加润湿剂的用量。

（7）当体系达到所需的密度后，加入剩余的粉状 $CaCl_2$，最后再进行充分搅拌。

（二）油基钻井液的性能

由于油基钻井液的连续相是油，因此在性能上与水基钻井也有较大的区别。

1）密度

（1）温度和压力对密度的影响。

钻井液作为一种多相流体，既具有热膨胀性，又具有可压缩性，因此其密度是温度和压力的函数。实验表明，一般情况下，随井深增加，ρ_m 逐渐减小。对于井温不高的浅井，在计算井底静液压力时如忽略温度和压力对钻井液密度的影响，则不会产生较大的误差。但对于深井则不然，从 Hoberock 等的研究结果可知，某种水基钻井液在地面常温常压下的密度为 $1.62g/cm^3$，但在 6100 m 井深处（温度191℃. 压力103.4MPa）则降至 $1.53g/cm^3$。此时，井底钻井液液柱静压力的实际值要比将 ρ_m 当作常数时求得的值小 2.14MPa，这样大的误差会给井控带来严重问题。

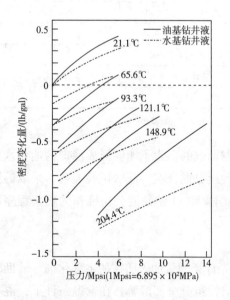

图 5-19　水基和油基钻井液的密度
变化量与温度、压力的关系

由于油基钻井液多用于深井和各种复杂地层，并且与水相比，油的可压缩性要强得多，因此定量研究温度和压力影响油基钻井液密度的一般规律对正确设计和合理使用该类钻井液具有重要意义。

McMordie 等人用相同的实验方法分别评价了温度、压力对水基和油基两类钻井液密度的影响。研究结果表明，无论水基钻井液还是油基钻井液，其密度的变化量均是温度和压力的函数，并与初始密度无关。两类钻井液的密度变化量与温度、压力的关系如图 5-19 所示。由图可知，油基钻井液的热膨胀性和可压缩性均明显强于水基钻井液。当温度相同时，较低压力条件下油基钻井液的密度变化值高于水基钻井液，但在较高压力条件下则相反。显然，如果在常温常压下两类钻井液的密度相同，那么在深井井段的高温高压下，油基钻井液的密度会大于水基钻井液。

（2）密度的调控方法。

通常使用的油基钻井液的密度范围为 $0.84{\sim}2.64\mathrm{g/cm^3}$。最常用的加重材料是重晶石和碳酸钙。重晶石能将油基钻井液密度提至 $2.64\mathrm{g/cm^3}$，而碳酸钙只能提至 $1.58\mathrm{g/cm^3}$。

不使用加重材料，而采取调整油水比和改变水相密度的方法也能在一定程度上控制油基钻井液的密度。无机盐是用来增加水相密度的主要物质，其中最常用的无机盐为 $CaCl_2$ 和 NaCl。

为更好地适用于低压地层，有时需要降低油基钻井液的密度。这种情况下可采取以下方法。

①用基油稀释，提高油水比。这种方法会使钻井液中固相所占体积分数减少，黏度和切力降低。

②用固控设备清除部分加重材料。

③加入塑料微球。这种充氮塑料微球由酚醛树脂或脲醛树脂制成，其直径范围为 $50{\sim}300~\mu m$，密度范围为 $0.1{\sim}0.258\mathrm{g/cm^3}$。加入钻井液之后，还会引起黏度和切力增加，滤失量降低。

2）流变性

油包水乳化钻井液是水滴和各种固相颗粒分散在油相中形成的多相分散体系，影响其流变性能的因素及影响程度与水基钻井液有较大区别，具体表现为：

（1）除亲油胶体等增黏剂外，体系的油水比对黏度、切力有较大影响。

（2）在一定温度下，随压力增加，表观黏度明显增大。

（3）体系的乳化稳定性对流变参数有直接影响。

下文就各组分及温度、压力对流变性的影响展开分析。

（1）油基钻井液中各组分对流变性的影响。

使用一种具有典型配方的油包水乳化钻井液，在只改变其中一种组分加量，而其余组分加量维持不变的情况下，分别测定其流变参数。实验结果表明，随着有机土、重晶石、含水量（通常用水油比表示）和乳化剂的逐渐增加，钻井液的表观黏度依次增大，均呈现出规律性的变化。有机土的增加对表观黏度增加的影响程度最大，此后依次为乳化剂、水和重晶石。

关于油包水乳化钻井液中各组分影响流变性的机理，到目前为止尚未形成统一的认识。比较一致的观点为，有机土和氧化沥青等亲油胶体、加重材料以及水滴在油相中的高度分散是引起塑性黏度增大的主要原因。有机土颗粒和微细水滴之间的相互作用是使油包水乳化钻井液能够具有较高的动切力和凝胶强度的主要原因。尽管有机土颗粒表面是亲油的，但亲油程度有一定限度。在高度分散的多相体系中，土粒与水滴之间仍存在一定的亲合力，因而一些微细水滴会自发地吸附在有机土颗粒的表面，并将其部分润湿。这种土粒

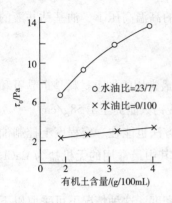

图 5-20　有水与无水时有机土
含量对 τ_0 影响的对比

与水滴之间的相互作用使颗粒间形成结构网络，在宏观上则表现为钻井液的动切力和表观黏度增大。按照这种增黏机理，油包水乳化钻井液 τ_0 的大小主要取决于体系中有机土颗粒的水滴的浓度（包括含量和分散度的大小），以及它们之间相互作用的强度。相互作用的强度又与有机土的表面性质和油水间的界面张力有关。

由图 5-20 所示的实验结果可知，当油水比为 77/23 时，随着钻井液中有机土含量增加，τ_0 显著增大。另一条曲线表明，当含水量为 0 而其余组分的含量相同时，钻井液的 τ_0 很小，并且随着有机土含量增加，τ_0 没有大的变化。这表明当油基钻井液中不含水时，有机土在油相中不易形成网状结构，只有通过与悬浮水滴相互作用，结构才会明显增强。

根据以上分析可知，在使用油基钻井液时，常用以下方法调整其流变参数：

①需要增加黏度、切力时，可适当减小油水比，即适当增加一部分水的含量，必要时需同时补充乳化剂，使体系中微细水滴的浓度增加。油水比对表观黏度的影响情况如图 5-21 所示。

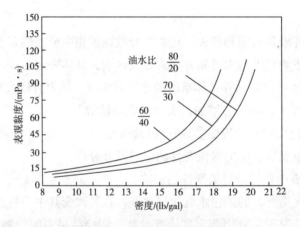

图 5-21　油水比对油包水乳化钻井液表观黏度的影响

②增加粘切的另一途径是适当增大有机土、氧化沥青等亲油胶体的用量，但需注意在体系不含水或含水较少时，亲油胶体主要增加 μ_p，而对增加 τ_0 和凝胶强度无明显效果。

③对于加重的油基钻井液，其表观黏度会随密度（亦即重晶石加量）增大而逐渐增加。重晶石是惰性颗粒，这里增加的主要是 μ_p，而不是 τ_0。因此，一旦出现中钻井液中重晶石悬浮不好的情况（尤其是高温环境下），应立即补充乳化剂和润湿剂，以增强乳化稳定性，提高体系中微细水滴的分散度和浓度，与此同时，应加强固控并进一步减少体系中的钻屑含量。这样处理既可避免重钻井液经常出现的过度增稠，又可通过增大动塑比迅速提高钻井液在低剪切速率下悬浮重晶石的能力。

④需要降低黏度、切力时，则可适当增大油水比，即适当增加基油的用量。用好固控设备，尽可能地清除钻屑，也是控制粘切的重要手段。

（2）温度和压力对油基钻井液流变性的影响。

与水基钻井液相比较，油包水乳化钻井液的一个重要特点是其流变性受压力影响较大，在高温高压下仍能保持较高的黏度。在实际钻井过程中，井内钻井液所承受的温度和压力会同时随井深增加而升高。一方面，温度升高会使油包水乳化钻井液的表观黏度减小；另一方面，压力升高又会使其表观黏度增大。大量实验研究表明，常温下压力对表观黏度的影响确实很大，但随着温度升高，压力的影响会逐渐减小。当钻至深部地层时，虽然井下高温引起的表观黏度降低会从压力因素中得到部分补偿，但总体效果为温度的影响明显超过了压力的影响。

图5-22所示为使用具有典型组成的两种油基钻井液，在不同温度下测得的表观黏度随井深的变化曲线。由图可知，这两种钻井液的表观黏度均随井深增加而减小，表明在深部井段，影响流变性的主要因素是温度，而不是压力。同时还可看出，高温高压下的表观黏度与地层的地温梯度关系很大。例如，当地温梯度 $G_t = 2.5℃/100m$ 时，6000 m深处2号钻井液的表观黏度为23.7mPa·s，但如果 $G_t = 3.5℃/100$ m，在同一深度该钻井液的表观黏度为11.0mPa·s。

3）滤失量

油基钻井液的一个特点是滤失量低，并且滤液主要是油而不是水，这是油基钻井液适于钻强水敏性易坍塌复杂地层以及能够有效保护油气层的主要原因。

通常情况下，只要具有良好的乳化稳定性，油基钻井液的API滤失量可调整至接近于零，HTHP滤失量也不超过10mL。低滤失主要是由于钻井液中的亲油胶体物质在井壁上的吸附和沉积可形成致密的滤饼所导致的。其次，分散在油中的乳化水滴

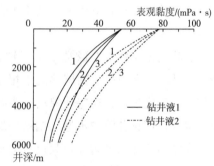

图5-22　油包水乳化钻井液表观黏度与井深关系曲线

也有利于堵孔，起到一定的降滤失作用。水相的高含盐量（含 $CaCl_2$、$NaCl$）可有效地防止油基钻井液中的水分向井壁岩石运移。

如果油基钻井液的乳化稳定性受到破坏，则不仅滤失量会显著增加，而且滤液中还会出现油水并存，此时应及时补充足量的乳化剂和润湿剂以增强乳化稳定性。当发现滤失量过高而滤液中不含水时，则表明体系中亲油胶体含量偏低。此种情况下，应适当补充有机褐煤、氧化沥青等降滤失剂。在井底温度超过200℃的深井、超深井中，控制滤失量的难度会明显增大，这时应采取的有效方法是，适当增加氧化沥青的用量，同时还应配合使用DV-22等高温降滤失剂。

对于为提高钻速而采用的低胶质油基钻井液，滤失量可适当放宽。密度为 $1.92g/cm^3$ 的此种钻井液其API滤失量可控制为2~4mL，HTHP滤失量（176.7℃，3.45MPa）的适宜

范围为 15~25mL。如果是非加重钻井液，API 滤失量可放宽至 10mL，HTHP 滤失量也可进一步放宽至 40mL。所谓低胶质，指的是在保证油基钻井液具有良好的乳化和悬浮稳定性的前提下，将其中含有大量胶体颗粒（指粒径 < 1μm 的亚微米颗粒）的亲油胶体含量降至最低限度。虽然由此而引起油包水乳化钻井液的滤失量、特别是 HTHP 滤失量会明显增加，但却使机械钻速显著提高，甚至接近或超过在相同钻井条件下使用水基钻井液的钻速，从而使钻井总成本大幅度降低。通常对这种油基钻井液在组成上的基本要求是只添加适量有机土以提高钻井液的携岩和悬浮重晶石的能力，但一般不得添加氧化沥青、有机褐煤等降滤失剂。

4）乳化稳定性

油基钻井液的核心问题是在使用过程中必须确保乳状液的稳定性。目前，衡量乳状液稳定性的定量指标主要是破乳电压，测量油基钻井液破乳电压的实验称为电稳定性（ES）实验。

在钻井液体系中，油作为连续相是不导电的。因此，将电极插入并施以较低电压时，不会产生电流。但逐渐加大电压直至乳状液破乳时，电流计便会指示有电流产生。使乳状液破乳所需的最低电压称为破乳电压，显然其值越高则钻井液越稳定。按一般要求，油包水乳化钻井液的破乳电压不得低于 400 V。实际上，许多性能良好的钻井液，其破乳电压都在 2000 V 以上。

乳状液稳定性变差通常是由于钻井液中出现亲水固体而引起的。如果钻井液缺少光泽，流动时旋涡减少，钻屑趋向于相互聚结并容易黏附在振动筛筛网上，用泥浆杯取样后固相下沉速度过快，这些现象均表明有亲水固体存在。其原因一是钻遇水层时引起大量地层水浸入，使钻井液中水量大幅度增加；二是当大量亲水钻屑进入钻井液后，乳化剂和润湿剂在钻屑表面的吸附导致其过量消耗且未能及时加以补充。一旦出现上述情况，应及时补充乳化剂和润湿剂，并注意调整好油水比，使原有的乳化稳定性尽快恢复。

5）固相含量

油基钻井液对固相含量的要求与水基钻井液相似，应尽可能清除无用固相。由于大多数固相最初具有亲水性，若含量过高，既影响钻井液的乳化稳定性及其他性能，又影响机械钻速，使钻井成本增加。测定固相含量的方法与水基钻井液基本相同，只是应注意：①清洗容器宜用基油；②因水相中含有较多无机盐，只有经过校正即将可溶性无机盐的质量从蒸干后的固体质量中减掉，才是钻井液中的实际固相含量。

用于油基钻井液的主要固控设备是纲目振动筛，应尽可能使用 200 目筛网。单独使用旋流器和离心机会使大量价格昂贵的液流废弃。对于加重油基钻井液，可使用钻井液清洁器。油基钻井液属于强抑制性的钻井液，钻屑的分散程度较低。因此，只要乳化稳定性保持良好，用振动筛清除钻屑的效果会优于一般的水基钻井液，因为用基油稀释的费用很高。所以只有当使用细目振动筛和钻井液清洁器后也难以达到固相含量指标时，才考虑用稀释法降低固相含量。

（二）活度平衡的油包水乳化钻井液

油包水乳化钻井液的活度平衡概念是20世纪70年代初由Chenevert等人首先提出的。所谓活度平衡，是指通过适当增加水相中无机盐（通常使用$CaCl_2$和$NaCl$）的浓度，使钻井液和地层中水的活度保持相等，从而达到阻止油浆中的水向地层运移的目的。采用该项技术可有效避免在页岩地层钻进时出现的各种复杂问题，使井壁保持稳定。实际上，在目前使用的绝大多数油基钻井液水相中，无机盐含量都较高，即普遍地考虑了活度平衡问题。

1. 渗透压和页岩吸附压

对于理想溶液，每种组分的离开液相趋势（逃逸趋势）与溶液中该组分的摩尔分数成正比。由于盐水溶液中单位体积的水分子数比纯水少，在相同温度条件下，当有半透膜将纯水与盐水隔开时，一部分纯水会自动地透过膜移向盐水，使盐溶液稀释。在油基钻井液中，乳化水滴与油相之间的界面膜起着半透膜的作用，当钻井液水相中的盐度高于地层水的盐度时，页岩中的水自发地移向钻井液，使页岩去水化。反之，如果地层水具有比钻井液水相更高的盐度，钻井液中的水将移向地层，这种作用通常称为钻井液对页岩地层的渗透水化。水的这种自发运移趋势可用渗透压表示。渗透压是指为阻止水从低盐度溶液（高蒸汽压）通过半透膜移向高盐度溶液（低蒸汽压）所要施加的压力。

当页岩与淡水接触时，页岩即吸水膨胀，此时页岩对水的吸附压相当于渗透压。当油基钻井液水相中$CaCl_2$的质量分数达到40%时，大约可产生111MPa的渗透压，这将足以使富含蒙脱石的水敏性地层发生去水化。大多数情况下，将$CaCl_2$质量分数控制在22%~31%范围内，大约产生34.5~69.0 MPa的渗透压即可满足生产需求。

由于$NaCl$饱和溶液只产生40 MPa的渗透压，因此，$CaCl_2$在油基钻井液中的使用更为广泛。

2. 控制油基钻井液活度的方法

在一定温度下，只有当钻井液和页岩地层中水的活度相等时它们的化学位才相等。因此，水的活度相等是油基钻井液和地层之间不发生水运移的必要条件。活度控制的意义在于通过调节油基钻井液水相中无机盐的浓度，使其产生的渗透压大于或等于页岩吸附压，从而防止钻井液中的水向岩层运移。通常用于活度控制的无机盐为$CaCl_2$和$NaCl$。在常温下它们的浓度与溶液中水的活度的关系如图5-23所示。只要确定出所钻页岩地层中水的活度，便可由图查出钻井液水相应保持的盐的质量分数。

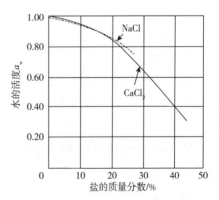

图5-23　常温下$CaCl_2$和$NaCl$溶液中水的活度与其质量分数的关系

如何确定页岩中水的活度，是对油基钻井液进行活度控制的关键。Mondshine最早提出一种简便的估算方法，他认为页岩地层的活度与埋藏深度及孔隙压力有关，而基岩应力反映了这两者对活度的综合影响。基岩应力 σ_m、上覆岩层压力 P_{ob} 和孔隙压力 P_p 之间的关系可用下式表示：

$$\sigma_m = P_{ob} - P_p \tag{5-1}$$

例如，Mondshine 测得某地层上覆岩层压力为 0.26MPa/m（1psi/ft），地层孔隙压力为 0.105MPa/m（0.465psi/ft），则基岩应力等于 0.0121MPa/m（0.535psi/ft）。此外，地层间隙水的含盐量对水的活度也有较大影响。由图 5-24 可知，只要已知基岩应力和地层间隙水的盐度，便可确定油基钻井液水相中 $CaCl_2$ 的大致质量浓度。

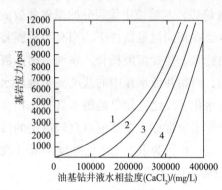

图 5-24　油基钻井液水相中 $CaCl_2$ 质量浓度的确定

Chenevert 提出用两种不同方法测量页岩中水的活度。一种方法是将取自地层的岩屑进行冲洗、烘干，然后置于已控制好活度环境的干燥器中。通过定时称量样品，测出如图 5-25 所示的岩样对水的吸附和脱附曲线。最后，根据岩样的实际含水量，由图中曲线确定岩样中水的平均活度。例如，所用硬页岩实际含水质量分数为 2.2%，由图 5-25 可知，页岩的平均活度 $a_w = 0.75$。此法的缺点是耗时较长，岩样与环境达到完全平衡约需两周。另一种十分简便的方法是使用特制的电湿度计。该仪器既可测量页岩样品中水的活度，又可直接测量油基钻井液中水的活度。测量时，将湿度计的探头置于试样上方的平衡蒸汽中。探头的电阻对水蒸气的量十分敏感，由于测试通常在大气压力条件下进行，因此水的蒸汽压 P_w 与水蒸气中水的体积分数成正比。在恒温条件下 P_w 与 a_w 直接相关，这样在某一湿度下就有与之相对应的 a_w。电湿度计常使用某种已知活度的饱和盐水进行校正。当页岩中水的活度确定以后，便可在油基钻井液的水相中加入一定量的 $CaCl_2$ 或 NaCl，使其活度与页岩中水的活度相等。$CaCl_2$ 或 NaCl 的适宜加量可由图 5-25 确定。

例 5-2　为配制活度平衡的油包水乳化钻井液，需将适量的 $CaCl_2$ 加至油基钻井液的水相中。已知页岩的活度为 0.8，试求 $CaCl_2$ 在水相中的浓度（kg/m^3）。如果油基钻井液中水的体积分数为 0.3，则每立方米钻井液中需加入多少 $CaCl_2$？

解：由图 5-25 可知，当 $CaCl_2$ 的质量分数约为 22% 时，水的活度 a_w（应与页岩中水的活度保持相等）$= 0.8$。设 $CaCl_2$ 在油基钻井油水相中的浓度为 x，则

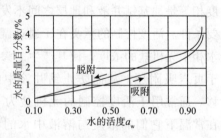

图 5-25　美国西得克萨斯地区硬页岩的吸附与脱附等温曲线

$$[x / (1000 + x)] = 0.22$$

$$x = 282.1 \ (\text{kg/m}^3)$$

因钻井液水相的体积分数为 0.3，故每立方米钻井液所需的 $CaCl_2$ 为：

$$282.1 \times 0.3 = 84.6 \ (\text{kg/m}^3)$$

在生产现场，更简便的方法是根据所要求的 a_w 值，利用图 5-26 和图 5-27，直接读取 NaCl 或 $CaCl_2$ 应添加的量。由图可知，NaCl 最多只能将钻井液的 a_w 降至 0.75，而 $CaCl_2$ 则有可能将 a_w 降至 0.32。两图注释中的 NaCl、$CaCl_2$ 浓度均为质量分数。

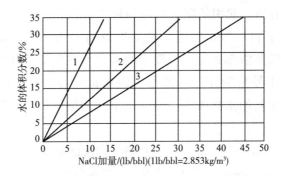

图 5-26　油基钻井液中 NaCl 加量的确定

1—质量分数为 1% 的 NaCl（$a_w = 0.93$）；2—质量分数为 20% 的 NaCl（$a_w = 0.80$）；

3—质量分数为 27% 的 NaCl（20℃饱和溶液，$a_w = 0.75$）

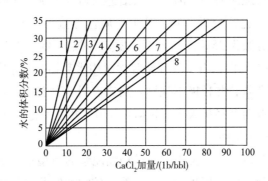

图 5-27　油基钻井液中 $CaCl_2$ 加量的确定

1—质量分数为 10% 的 $CaCl_2$（$a_w = 0.94$）；2—质量分数为 15% 的 $CaCl_2$（$a_w = 0.90$）；

3—质量分数为 20% 的 $CaCl_2$（$a_w = 0.83$）；4—质量分数为 25% 的 $CaCl_2$（$a_w = 0.74$）；

5—质量分数为 30% 的 $CaCl_2$（$a_w = 0.63$）；6—质量分数为 35% 的 $CaCl_2$（$a_w = 0.52$）；

7—质量分数为 40% 的 $CaCl_2$（$a_w = 0.39$）；8—质量分数为 42.6% 的 $CaCl_2$（20℃饱和溶液，$a_w = 0.32$）

根据经验，对于钻遇的大多数水敏性页岩地层，将钻井液的 a_w 控制为 0.52~0.53，即 $CaCl_2$ 质量分数在 30%~35% 范围内是适宜的。一些钻井液工程师有意识地控制钻井液的 a_w 比预调值稍低些，以使页岩地层适度去水化。还有的在遇到一口井同时存在几个具有不同活度页岩层的情况时，采取加入足量无机盐以平衡 a_w 最低的页岩层的办法，造成一部分水从页岩转移到钻井液中。

实践证明，以上做法都是可取的。但是，也要防止进入钻井液的水量过多。如果进水过多，一方面会影响钻井液的油水比和性能，另一方面会导致页岩过快收缩，容易引起井壁剥落掉块，反而不利于维持井壁稳定。

随着温度的升高，页岩的 a_w 值将略有降低，而油基钻井液的 a_w 值略有增加。但由于影响很小，温度因素一般可不予考虑。

3. 活度平衡油包水乳化钻井液的应用效果

国内外钻井实践表明，使用活度平衡的油包水乳化钻井液，是对付强水敏性复杂地层（包括软的页岩层和硬的页岩层）最为有效的方法。就防塌效果而言，目前使用的任何其他类型的钻井液都无法与活度平衡油包水乳化钻井液相比。这是因为惟有这种钻井液能完全阻止外来液体侵入地层，因而也只有它能完全抑制住页岩中蒙脱石、伊蒙混层等黏土矿物的水化膨胀与分散。下文例举两例说明该类钻井液在生产现场的应用效果。

在美国路易斯安那州南部地区钻井，经常遇到钻探难度较大的硬页岩层。使用水基钻井液时井径扩大极为严重，在一口邻井改用含 5% 淡水的油基钻井液仍未解决井壁坍塌问题。最后通过使用水相为饱和盐水（$a_w = 0.75$）的活度平衡的油基钻井液，终于钻出规则的井眼，井径扩大率近似为 0。

路易斯安那州某近海地区的一口油井，当钻进到临近 3200 ft（975m）时遇到水敏性极强的软页岩地层。对页岩进行分析可知，其中含质量分数为 35% 的蒙脱石，质量分数为 35% 的伊利石岭，质量分数为 35% 的高岭石，质量分数为 35% 的石英，质量分数为 35% 的长石，质量分数为 35% 的白云石。一开始曾尝试用水基钻井液钻穿此页岩层，但用水基钻井液钻出的井眼坍塌严重，井径极不规则。后来在井深接近 3300 ft（1006m）处改用活度平衡的油基钻井液，此时井径扩大率很快减小至 0，井壁不稳定问题得以解决。

（三）低毒油包水乳化钻井液

自 20 世纪 80 年代初以来，一类被称作矿物油泥浆的新型钻井液在许多国家的石油工业中得到广泛应用。虽然从配浆原理和性能上看，矿物油钻井液与常规油包水乳化钻井液（简称柴油钻井液）并无本质区别，但由于前者在组成上使用以脂肪烃或脂环烃为主要成分的精制油（俗称矿物油或白油）代替通常使用的柴油，作为油包水乳化钻井液的连续相，因而显著减轻了钻屑排放时对环境，特别是对海洋生物造成的危害，因此，矿物油钻井液又被称为低毒油包水乳化钻井液。

目前，油包水乳化钻井液已发展成为钻深井、大斜度定向井、水平井和各种复杂地层不可缺少的重要手段。但是，作为基油的柴油中芳烃含量一般高达 30%~50%。其中多核芳烃常占 20% 以上。如果将油包水乳化钻井液用于海洋钻井，这些芳烃（尤其是多核芳烃）组分会对海洋生物造成很高的毒性伤害。随着人类对环保问题的重视和环保条例的不断完善，目前柴油钻井液的应用已受到很大限制。然而，由于各种矿物油中的芳烃含量较低（其中多核芳烃不超过 5%），因此对于海洋生物产生的毒性较小。在许多地区，使用矿物油钻井液钻出的岩屑一般不需经过专门处理便可达到排放标准。在钻井液稳定性及其他性能方面，大量实践已证明矿物油钻井液亦不次于柴油钻井液。并且与柴油相比，矿物油还具有不伤害皮肤，不损坏橡胶部件以及无难闻气味等优点。因此，矿物油钻井液自1980年被首次用做钻井液以来，迅速在美国墨西哥湾、英国北海油田和我国南海等许多海上油田得到推广应用。矿物油钻井液的出现及其工艺技术的发展，无疑为油基钻井液开辟了更广阔的应用前景。

1. 低毒油包水乳化钻井液的组成特点

1）基油

并非所有经过精制的矿物油均可作为低毒油包水乳化钻井液的连续相。除了芳烃含量外，油的黏度、闪点、倾点和密度等均为应考虑的因素。目前，最广泛地用作钻井液基油的矿物油有 Exxon 公司生产的 Mentor26、Mentor28 和 Escaid110 矿物油，Conoco 公司生产的 LVT（Low Viscosity and Toxicity）矿物油和 BP 公司生产的 BP8313 矿物油等。这些矿物油与2号柴油的性质对比如表5-27所示。表5-27还显示出各种基油在常温下的黏度有较大差别，使用者可根据对钻井液性能的设计要求适当地选择基油。通常情况下，若重点要求提高钻速及便于维护，则可选择低黏的 LVT 和 Escaid110 矿物油；若更重视钻井液的热稳定性和携岩能力，则最好选择黏度较高的 Mentor28 矿物油，若各方面性能都需要兼顾时，则应选择黏度适中的 Mentor26 矿物油。除表5-27所列的5种常用矿物油外，还有一些未注明商品名称的矿物油亦可用作矿物油钻井液的基油。

2）添加剂

尽管柴油钻井液中所使用的大多数乳化剂和润湿剂用在矿物油钻井液中的效果均较好，但这些添加剂中有些是剧毒的，实际应用中须根据其毒性大小作出选择。矿物油钻井液中常用的乳化剂和润湿剂有脂肪酸酰胺、妥尔油脂肪酸、钙的硝酸盐和改性的眯唑啉等，这些物质对海洋生物的毒性都比较低。虽然其中改性的眯唑啉毒性较强，但由于其浓度 <0.5%，不会对整个钻井液体系的毒性有明显的影响。此外，有机土仍可作为增黏剂和悬浮剂，用于矿物油钻井液中。石灰在钻井液中与乳化剂发生反应生成钙皂，有助于提高乳化性能。过量的石灰可以起到控制钻井液碱度的作用，并可用作 H_2S 和 CO_2 等酸性气体的清除剂。必要时，也可使用氧化沥青和有机褐煤等作为高温稳定剂，以控制高温高压下的流变性能和滤失性能。

3）典型配方

美国 Exxon 公司提出的矿物油钻井液（$\rho = 1.92g/cm^3$）的典型配方及其性能如表5-32所示。由表中数据可知，基油的黏度对钻井液的 μ_p、τ_0 及凝胶强度有较大影响。NL Baroid 和 M-I 两家钻井液公司具有代表性的矿物油钻井液（$\rho = 1.32g/cm^3$）的组成如表5-33所示。为便于比较，表5-33中亦列出了柴油钻井液的组成。1、2号钻井液为 NL Baroid 公司的典型配方，3~6号钻井液为 M-I 公司的典型配方。1~4号钻井液的密度为 $1.32g/cm^3$，5号、6号钻井液的密度为 $2.04g/cm^3$。

表 5-32　Exxon 公司典型低毒油基钻井液的组成和性能

	钻井液类型	Mentor28 矿物油钻井液	Mentor26 矿物油钻井液	Escaidll0 矿物油钻井液
组 成	油水比	90/10	90/10	90/10
	主乳化剂/（g/L）	10.0	10.0	10.0
	辅乳化剂/（g/L）	24.2	24.2	24.2
	润湿剂/（g/L）	6.28	6.28	6.28
	30% CaCl$_2$ 溶液/L	11.1	11.1	11.1
	石灰/（g/L）	28.5	28.5	28.5
	有机土/（g/L）	20.0	22.8	22.8
	重晶石/（g/L）	1266.7	1266.7	1266.7
	滤失控制剂	28.5	28.5	28.5
性 能	密度/（g/cm^3）	1.92	1.92	1.92
	塑性黏度/（mPa·s）	77	52	40
	屈服值/Pa	12.9	10.5	7.2
	凝胶强度/Pa	10.1/14.4	7.7/11.5	4.8/8.6
	电稳定性/V	2000	1370	1070
	HTHP 滤失量/mL	3.7	4.1	4.4

注：HTHP 滤失量是在 180℃，4.5MPa 环境下测得的。

表 5-33　NL Bariod 和 M-I 钻井液公司矿物油钻井液和柴油钻井液的典型组成

组分 ＼ 钻井液序号	1	2	3	4	5	6
2 号柴油/mL	115.9	—	231.5	—	194.7	—
Mentor26 矿物油/mL	—	115.9	—	231.5	—	194.7
水/mL	20.0	20.0	36.2	63.2	25.3	25.3
乳化剂/Inverm L/g	6.8	6.8				
乳化与滤失控制剂 Duratone/g	9.1	9.1				
有机土 Geltone/g	2.7					
有机土 Bentone/g		4.5				
乳化剂与润湿剂 EZ-Mul/g	4.5	4.5				
岩屑 Rev-dust/g	9.1	9.1				
石灰/g	9.1	9.1	2.0	2.0	2.0	2.0
氯化钙/g	9.2	9.2	22.3	22.3	8.93	8.93
重晶石/g	85.8	85.8	167.3	167.3	504	504
乳化剂 DFL/g	—	—	2.0	2.0	2.0	2.0
乳化与润湿剂 DWA/g	—	—	2.0	2.0	2.0	2.0
有机土 VG-69/g			6.45	6.45	3.0	3.0

2. 矿物油钻井液与柴油钻井液性能的对比

大量室内实验和现场试验表明，矿物油钻井液已具备与柴油钻井液相似的优良性能，甚至某些性能优于柴油钻井液。与水基钻井液相比，柴油钻井液的突出特点是：耐高温、耐盐钙侵和可保持井壁稳定。矿物油钻井液同样具备这 3 个特点。表 5-34 和表 5-35 所示为 Hinds 等的研究结果。由表可知，无论在高温老化前还是老化后，矿物油钻井液的流变性能、滤失性能以及电稳定性都不会比柴油钻井液差。表 5-35 中，经 204℃ 老化后的矿物油钻井液的 HTHP 滤失量大于柴油钻井液，但其 τ_0 明显地比柴油钻井液稳定。而表 5-34 中，矿物油钻井液的 API 滤失量和 HTHP 滤失量均低于柴油钻井液。

表 5-34　矿物油钻井液与柴油钻井液的性能比较（$\rho = 1.68g/cm^3$）

性　能	矿物油钻井液		柴油钻井液	
	老化前	149℃ 老化 16h 后	老化前	149℃ 老化 16h 后
塑性黏度/（mPa·s）	55	39	47	32
屈服值/Pa	14.4	12.4	12.9	9.6
10min 切力/Pa	6.7	6.7	6.2	6.2
电稳定性/V	960	1030	880	930
API 滤失量/mL	0.6	1.6	1.4	2.0
（149℃，34.5MPa）滤失量/mL	6.6	6.8	8.4	12.4

近年来，国内外均对矿物油钻井液的高温高压流变性进行了大量研究。普遍认为这种钻井液在用于钻深井或超深井时，在井下高温高压条件下仍具有相当好的流变性能，即使在 204℃ 温度下黏度仍可保持为约 20mPa·s，从而可保证较好的携岩能力。图 5-28 和图 5-29 对除基油外其余组分完全相同的 2 类油基钻井液在不同温度、压力条件下的 μ_a 进行了对比，其配方分别见表 5-33 中第 3~6 号钻井液。尽管实验用矿物油钻井液在常温下的 μ_a 低于柴油钻井液，但在井下高温条件下其 μ_a 值却与柴油钻井液相近，甚至于高于柴油钻井液。这表明矿物油钻井液的 μ_a 受温度影响较小，比柴油钻井液具有更好的高温稳定性。此外，实验还表明，在相同的温度和压力下矿物油钻井液具有较高的 τ_0/μ_P 值和较低的 n 值，其剪切稀释性能亦优于柴油钻井液。

表 5-35　矿物油钻井液与柴油钻井液的性能比较（$\rho = 2.16g/cm^3$）

性　能	矿物油钻井液		柴油钻井液	
	老化前	204℃，34.5MPa，老化 16h 后	老化前	204℃，34.5MPa，老化 16h 后
塑性黏度/（mPa·s）	114	82	84	55
屈服值/Pa	10.1	7.6	12.4	0.96
10min 切力/Pa	6.2	19.2	7.2	2.4
电稳定性/V	400	380	340	320
滤失量/mL	5.8	8.0	6.2	4.6

注：两类钻井液的油水比均为 90:10。

3. 低毒油包水乳化钻井液的现场应用

随着人类对环保的要求越来越高，低毒油包水乳化钻井液在国内外海洋油气钻探作业中得到了广泛的推广应用，并可能在陆上钻井中逐渐取代柴油钻井液。Unocal 公司北海大陆架的荷兰 HeUer 油田使用低毒油包水乳化钻井液成功地钻成了 8 口水平井。这些井的共同特点是：井壁稳定，井径规则，井眼净化情况良好。由于配合使用了 $CaCl_2$ 等酸溶性桥堵剂，钻井液对产层的损害程度也很小。英国 BP 石油公司在 Magnus 和 Forties 两个海上钻井平台使用矿物油钻井液后，完全克服了在大段泥页岩地层钻进时遇到的复杂工况。与过去所使用的 KCl – 聚合物抑制性水基钻井液相比，使用矿物油钻井液后，不仅井径规则得多，而且机械钻速也明显得到提高。表 5-36 所示为 Magnus 平台上使用这两种钻井液钻 $17\frac{1}{2}$in（444.5mm）和 $12\frac{1}{4}$in（311.2mm）井眼时的钻速的比较。

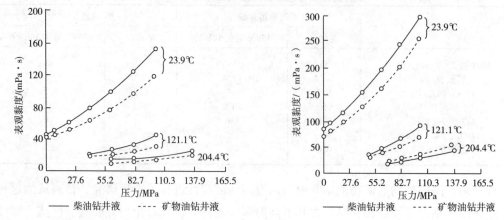

图5-28　钻井液的表观黏度曲线（$\rho = 1.32 \text{g/cm}^3$）　图 5-29　钻井液的表观黏度曲线（$\rho = 2.04 \text{g/cm}^3$）

表5-36　使用不同钻井液机械钻速的比较

钻井液类型	钻速/（m/h）	
	$17\frac{1}{2}$in（444.5mm）井眼	$12\frac{1}{4}$in（311.2mm）井眼
矿物油钻井液	25	18
KCl – 聚合物钻井液	13	7

由于矿物油钻井液的特性及其优点，其可广泛应用于以下几种情况。

（1）在任何易出问题的页岩中钻进，包括水化性能极强的页岩和水化性能差但容易破碎、垮塌的页岩。

（2）在经常发生压差卡钻的地层中钻进。

（3）在水基钻井液难以适用的高温地层中钻进，矿物油钻井液抗温可达 280 ℃。

（4）在污染物质含量高水基钻井液难以适用的地层中钻进。这是由于矿物油钻井液不受碳酸盐、硫化氢、硬石膏、盐或水泥的影响，而且具有很强的容纳钻屑的能力。

（5）钻大斜度定向井和水平井。

（6）钻敏感的生产层。矿物油钻井液比其他类型的钻井液对储层的损害小。

此外，矿物油钻井液可广泛地用做解卡液、取心液、射孔液和封隔液。目前，矿物油的价格一般比柴油高 20%~30%。如果选用低黏度矿物油作为基油，某些低毒添加剂和有机土的用量较大，这也使矿物油钻井液的成本有所提高。然而据 NLBaroid 公司统计，如果将一口井有关钻井液的各种费用累加起来并扣除钻井液回收费，则使用矿物油钻井液所需净费用比使用柴油钻井液低 6%。

【任务实施】

任务1　配制淡水钻井液实训

一、学习目标

掌握淡水钻井液的配制方法，黏土基本知识及配浆用量的计算方法。

二、准备工作

（1）准备低压管汇、混合漏斗、钻井液枪、储备罐等设备。

（2）准备黏土、纯碱等处理剂以及充足的水源。

三、训练内容

（一）实训方案

配制淡水钻井液的实训方案如表5-37所示。

表5-37　配制淡水钻井液实训方案

序号	项目名称	教学目的及重点
1	配制淡水钻井液的计算	掌握配制淡水钻井液的计算公式
2	配制淡水钻井液	掌握配制淡水钻井液的操作步骤
3	异常操作	分析原因，掌握配制淡水钻井液的方法
4	正常操作	掌握配制淡水钻井液的正常操作方法

（二）正常操作要领

配制淡水钻井液的正常操作要领如表5-38所示。

表5-38　配制淡水钻井液正常操作要领

序号	操作项目	调节使用方法
1	配制淡水钻井液的计算	公式：$m_c = [\rho_c V_m (\rho_m - 1)] / (\rho_c - 1)$ $V_w = V_m \rho_m - m_c$ $M_{纯碱} = 5\% \ m_c$ 式中　m_c——所需膨润土的质量，t； 　　　ρ_c——膨润土密度，g/cm^3； 　　　V_m——所配制原浆的体积，m^3； 　　　ρ_m——原浆密度，g/cm^3； 　　　V_w——所需水量，m^3
2	配制淡水钻井液	操作步骤： （1）按钻井液性能及总量计算配浆剂的用量 （2）检查低压管汇、混合漏斗、钻井液枪等设备是否完好 （3）在配浆罐中加入清水后，依次加入纯碱、黏土溶解 （4）溶解后，搅拌均匀 （5）达标后存入储备罐 （6）静止24h后再使用 技术要求： （1）穿戴好劳保用品 （2）低压管汇、混合漏斗、钻井液枪等设备灵活好用，储备罐不漏 （3）将配好的钻井液加入储备罐中静止24h方可使用

四、考核建议

为了准确的评价本课程的教学质量和学生的学习效果，体现注重学生职业能力培养的教学目标，建议对本课程的各个环节进行考核，以便对学生作出公正、准确的评价。建立过程考评（任务考评）与期末考评（课程考评）相结合的方法，强调过程考评的重要性。过程考评占60%，期末考评占40%。考核评价方式如表5-39所示。

表5-39　考核评价表

	评价内容	分值	权重
过程评价	配制淡水钻井液原材料的计算（认知、计算能力）	20	60%
	配制淡水浆钻井液（技能水平、操作规范）	40	
	方法能力考核（制定计划或报告能力）	15	
	职业素质考核（"5S"与出勤执行情况）	15	
	团队精神考核（团队成员平均成绩）	10	
期末考评	期末理论考试（联系生产实际问题、职业技能证书考核中"应知"内容）	100	40%

任务2　配制加重钻井液实训

一、学习目标

掌握加重钻井液的配制及有关计算，熟悉加重剂知识。

二、准备工作

（1）按设计要求备足加重剂。备足 FCLS、NaCL、PHP 胶液。浆密度为 1.03g/cm^3，体积为 2000mL 的钻井液，加重至密度为 1.06 g/cm^3，最终体积无限制。

（2）检查混合漏斗、钻井液枪、加重罐、阀门是否灵活可靠。

（3）准备一套常规钻井液测定仪，准备充足的水源。

三、训练内容

（一）实训方案

配制加重钻井液的实训方案如表5-40所示。

表5-40　配制加重钻井液实训方案

序号	项目名称	教学目的及重点
1	配制加重钻井液的计算	掌握加重钻井液的计算公式
2	配制加重钻井液的步骤及技术要求	掌握加重钻井液的常规操作步骤
3	配浆加重钻井液设备的正确使用	掌握配制加重钻井液设备、仪器的使用方法
4	异常操作	分析原因、掌握配制加重钻井液的方法
5	正常操作	掌握配制加重钻井液正常操作的方法

（二）正常操作要领

配制加重钻井液的正常操作要领如表5-41所示。

表 5-41 配制加重钻井液的正常操作要领

序号	操作项目	调节方法
1	搅拌机的使用	（1）启动搅拌机时，搅拌速度由慢到快；（2）关闭搅拌机时，搅拌机速度由快到慢
2	加重钻井液计算	（1）体积无限制，直接加重。对于某一给定的钻井液体系，加重前、后的体积关系可用下式表示： $$V_2 = V_1 + V_B = V_1 + \frac{m_B}{\rho_B}$$ 式中 V_1，V_2 和 V_B 分别表示加重前、后的钻井液及重晶石的体积，m_B 和 ρ_B 分别为重晶石的质量和密度。钻井液加重前、后的质量关系可表示为： $$\rho_2 \cdot V_2 = \rho_1 \cdot V_1 + m_B$$ 式中 ρ_2、ρ_1 分别为加重前、后的钻井液的密度 由以上二式可得： $$V_2 = V_1 \frac{(\rho_B - \rho_1)}{(\rho_B - \rho_2)}$$ 重晶石用量可由下式求得： $$m_B = (V_2 - V_1) \cdot \rho_B$$ （2）体积有限制，放浆再加重。有时，根据钻井需要，加重前要降低低密度固相的含量，在加重之前要先加水稀释，此时加重剂的用量计算仍按体积关系和质量关系的变化求出。然后求出重晶石的用量 （3）放浆稀释再加重。加重前、后的体积关系式为： $$V_2 = V_1 + V_B + V_w = V_1 + \frac{m_B}{\rho_B}$$ $$\rho_2 \cdot V_2 = \rho_1 \cdot V_1 + m_B + V_w$$ $$f_{C_1} \cdot V_1 = f_{C_1} \cdot V_2$$ $$V_1 = V_2 \cdot \frac{f_{C_3}}{f_{C_1}}$$ $$V_w = \frac{[V_2(\rho_B - \rho_2) - V_2(\rho_B - \rho_1)]}{(\rho_B - \rho_w)}$$
3	配制加重钻井液的操作步骤、技术要求	操作步骤： （1）准备工作。准备好加重剂、降黏剂、处理剂、溶液和水 （2）检查仪器、设备。检查漏斗、搅拌器、加重罐和常规性能测定仪 （3）检查计算。检查黏度、切力，计算加重剂的用量 （4）启动设备。启动加重材料储罐气阀，开泵经混合漏斗低压循环加重 （5）加重。加重梯度约为 $0.03 \sim 0.05 \text{g/cm}^3$ （6）关闭设备。关闭加重材料储罐气阀，停止低压循环 （7）测量密度。测量钻井液密度 技术要求： （1）加重前密度、切力必须处于设计最低限，并具有良好的流动性 （2）加重在钻井过程中进行，加重幅度必须控制在每周升高 $0.03 \sim 0.05 \text{g/cm}^3$，防止压漏 （3）加重剂必须经过混合漏斗，使之充分分散水化。加重过程必须连续，防止因加重不均匀而压漏地层 （4）根据加重剂用量加 $0.05\% \sim 0.1\%$（质量分数）的聚合物，增加加重后钻井液的稳定性 （5）加重过程中尽量避免在钻井液中加大量水，可配合稀释剂处理 （6）加重后钻井液性能必须调整到设计要求范围内 （7）若加重过程中出现加重灰罐出灰量变化，导致钻井液密度不均匀，则可用低密度钻井液进行适量补充，使密度均匀，防止压力激动而压漏地层

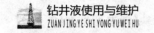

四、考核建议

为了准确的评价本课程的教学质量和学生的学习效果，体现注重学生职业能力培养的教学目标，建议对本课程的各个环节进行考核，以便对学生作出公正、准确的评价。建立过程考评（任务考评）与期末考评（课程考评）相结合的方法，强调过程考评的重要性。过程考评占60%，期末考评占40%。考核评价方式如表5-42所示。

表5-42　考核评价表

	评价内容	分值	权重
过程评价	配制加重钻井液计算考核（理解和熟记）	20	60%
	配制加重钻井液操作考核（技能水平、操作规范）	40	
	方法能力考核（制定计划或报告能力）	15	
	职业素质考核（"5S"与出勤执行情况）	15	
	团队精神考核（团队成员平均成绩）	10	
期末考评	期末理论考试（联系生产实际问题、职业技能证书考核中"应知"内容）	100	40%

任务3　配制、使用盐水钻井液实训

一、学习目标

掌握盐水钻井液的配制和常用抗盐处理剂的作用。

二、训练准备

（1）穿戴好劳保用品。

（2）备好配制罐和储备罐。

（3）备足钻井液处理剂，如单宁碱液，Na-CMC、NaOH、NaCl、膨润土。

（4）准备钻井液全套性能测定仪及pH试纸（1~14）。

（5）检查固控设备、搅拌器、钻井液枪。

三、训练内容

（一）实训方案

配制盐水钻井液的实训方案如表5-43所示。

表5-43　配制盐水钻井液实训方案

序号	项目名称	教学目的及重点
1	配制盐水钻井液的计算	掌握配制盐水钻井液的计算方法
2	配制使用盐水钻井液	掌握配制盐水钻井液的常规操作步骤
3	搅拌器及固控设备的使用	掌握搅拌器及固控设备的正确使用方法
4	异常操作	分析原因，掌握配制盐水钻井液的方法
5	正常操作	掌握配制盐水钻井液的正常操作方法

（二）正常操作要领

配制、使用盐水钻井液的正常操作要领如表5-44所示。

表5-44 配制、使用盐水钻井液的正常操作要领

序号	操作项目	调节使用方法
1	配制盐水钻井液的计算	拟配制密度为1.15g/cm³的盐水钻井液1m³，需要降黏剂2%（质量分数），烧碱1%（质量分数），食盐7%（质量分数），膨润土若干（膨润土密度为2.2 g/cm³，水的密度为1.0 g/cm³，1m³看作1000kg）。计算各组分的加量 （1）膨润土加量的计算： 已知：$V_钻 = 1$ m³，$\rho_钻 = 1.15$g/cm³，$\rho_土 = 2.2$g/cm³ 则 $m_土 = V_钻\rho_土(\rho_钻 - \rho_水)/(\rho_土 - \rho_水) = 1 \times 2.2 \times (1.15 - 1.0)/(2.2 - 1.0) = 0.275$（t） $= 275$（kg） （2）降黏剂加量的计算：$1000 \times 2\% = 20$（kg） （3）NaOH加量的计算：$1000 \times 1\% = 10$（kg） （4）NaCl加量的计算：$1000 \times 7\% = 70$（kg）
2	配制使用盐水钻井液	操作步骤： （1）计算欲配制一定浓度的盐水钻井液所需的烧碱、氯化钠处理剂用量和膨润土用量 （2）在配制罐中加入一定量清水后，首先加入膨润土充分搅拌，使膨润土充分预水化 （3）在配制罐中加入烧碱处理剂充分搅拌，然后加入所需氯化钠充分搅拌 （4）测定所配盐水钻井液的全套性能和pH值 （5）将配制好的盐水钻井液打入储备罐 技术要求： （1）加烧碱时，应防止被烧碱灼伤 （2）加膨润土时，一定要使膨润土预水化

四、考核建议

为了准确的评价本课程的教学质量和学生的学习效果，体现注重学生职业能力培养的教学目标，建议对本课程的各个环节进行考核，以便对学生作出公正、准确的评价。建立过程考评（任务考评）与期末考评（课程考评）相结合的方法，强调过程考评的重要性。过程考评占60%，期末考评占40%。考核评价方式如表5-45所示。

表5-45 考核评价表

	评价内容	分值	权重
过程评价	盐水钻井液配制计算（理解能力），钻井液膨润土含量的测定	20	60%
	盐水钻井液的配制（技能水平、操作规范）	40	
	制定计划，完成报告（制定计划或报告能力）	15	
	职业素质考核（"5S"与出勤执行情况）	15	
	团队精神考核（团队成员平均成绩）	10	
期末考评	期末理论考试（联系生产实际问题、职业技能证书考核中"应知"内容）	100	40%

任务4 维护、处理盐水钻井液实训

一、学习目标

掌握盐水钻井液的维护、处理和常用抗盐处理剂的作用。

二、训练准备

（1）穿戴好劳保用品。

（2）备好配制罐和储备罐。

（3）备足钻井液处理剂，如烧碱、80A51、木质素磺酸盐、腐殖酸、CMC、HEC、XC、消泡剂、膨润土等。

（4）准备钻井液全套性能测定仪，pH试纸（1~14）。

（5）检查固控设备、搅拌器、钻井液枪、配药池、配浆池等。

三、训练内容

（一）实训方案

维护、处理盐水钻井液的实训方案如表5-46所示。

表5-46　维护、处理盐水钻井液实训方案

序号	项目名称	教学目的及重点
1	维护、处理盐水钻井液	掌握配制盐水钻井液的常规操作步骤
2	搅拌器及固控设备的使用	掌握搅拌器及固控设备的正确使用方法
3	异常操作	分析原因，掌握维护盐水钻井液的方法
4	正常操作	掌握维护盐水钻井液正常操作的方法

（二）正常操作要领

维护、处理盐水钻井液的正常操作要领如表5-47所示。

表5-47　维护、处理盐水钻井液的正常操作要领

序号	操作项目	调节使用方法
1	维护、处理盐水钻井液	操作步骤： （1）先用烧碱处理水，再用预处理水配浆 （2）钻井工程中可直接用适于高矿化度的钻井液处理剂，并根据咸水或海水的矿化度和所钻井的井深选择合适的处理剂 （3）用预处理的水和处理剂维护钻井液 （4）选择合适的消泡剂控制钻井液发泡 （5）性能测定后应及时清洗仪器 技术要求： （1）一般用80A51、木质素磺酸盐、腐植酸、CMC、HEC、XC、生物聚合物等抗盐处理剂 （2）处理钻井液时处理剂量要大，一般比淡水钻井液高0.5~1倍，一次处理要彻底，一次处理不彻底可反复多次处理，直至性能稳定 （3）维护钻井液的欲处理水。可用低浓度的烧碱水，如烧碱罐底的烧碱水加入部分咸水冲稀或配制一定浓度的烧碱水 （4）用咸水维护钻井液时，应补充适量的烧碱水维持pH值在11以上 （5）需要补充膨润土时，一定要使用预处理水水化的膨润土浆

四、考核建议

为了准确的评价本课程的教学质量和学生的学习效果，体现注重学生职业能力培养的教学目标，建议对本课程的各个环节进行考核，以便对学生作出公正、准确的评价。建立过程考评（任务考评）与期末考评（课程考评）相结合的方法，强调过程考评的重要性。

过程考评占60%，期末考评占40%。考核评价方式如表5-48所示。

表5-48　考核评价表

	评价内容	分值	权重
过程评价	维护、处理盐水钻井液的准备	10	60%
	维护、处理盐水钻井液的处理过程	50	
	制定计划，完成报告（制定计划或报告能力）	15	
	职业素质考核（"5S"与出勤执行情况）	15	
	团队精神考核（团队成员平均成绩）	10	
期末考评	期末理论考试（联系生产实际问题、职业技能证书考核中"应知"内容）	100	40%

任务5　配制、使用聚合物抑制性钻井液实训

一、学习目标

掌握聚合物抑制性钻井液配制和计算，熟悉聚合物钻井液的特点和应用。

二、训练准备

（1）穿戴好劳保用品。

（2）备足钻井液处理剂，高分子聚合物、CMC、NaOH、PHP、膨润土。

（3）检查配制罐和储备罐。

（4）检查水源、固控设备、搅拌器、钻井液枪是否运转正常。

（5）准备钻井液全套性能测定仪，pH试纸（1~14）。

三、训练内容

（一）实训方案

配制、使用聚合物抑制性钻井液的实训方案如表5-49所示。

表5-49　配制、使用聚合物抑制性钻井液实训方案

序号	项目名称	教学目的及重点
1	配制聚合物抑制性钻井液的计算	掌握配制聚合物抑制性钻井液的计算方法
2	配制聚合物抑制性钻井液	掌握配制聚合物抑制性钻井液的常规操作步骤
3	配制设备的使用	掌握配制仪器、设备的使用的正确使用方法
4	异常操作	分析原因，掌握聚合物钻井液的配制方法
5	正常操作	掌握配制聚合物钻井液的正常操作方法

（二）正常操作要领

配制、使用聚合物抑制性钻井液的正常操作要领如表5-50所示。

表5-50　配制、使用聚合物抑制性钻井液的正常操作要领

序号	操作项目	调节使用方法
1	配制聚合物抑制性钻井液的计算	拟配制密度为1.15g/cm³的聚合物抑制性钻井液1m³，需要质量分数为5%、水解为30%的部分水解聚丙烯酰胺（PHP）3%，Na-CMC2%，膨润土若干（膨润土密度为2.2g/cm³，水的密度为1.0 g/cm³，1 m³视为1000kg）。计算各组分的加量 （1）膨润土加量的计算： 已知：$V_钻=1$ m³，$\rho_钻=1.15$g/cm³，$\rho_土=2.2$g/cm³ 则 $m=V_钻\rho_土(\rho_钻-\rho_水)/(\rho_土-\rho_水)=1\times2.2\times(1.15-1.0)/(2.2-1.0)=0.275$（t）$=275$（kg） （2）PHP加量的计算：$1000\times3\%=30$（kg）（$\approx30$L） （3）Na-CMC加量的计算：$1000\times2\%=20$（kg）
2	配制、使用聚合物抑制性钻井液	操作步骤： （1）计算欲配制钻井液所需处理剂的用量和膨润土用量 （2）首先在注入定量水的配制罐中加入膨润土并充分搅拌，使膨润土充分预水化 （3）在配制罐中加入高分子聚合物及所用处理剂，充分搅拌均匀 （4）测定钻井液的全套性能和pH值 （5）将配制好的钻井液打入储备罐 （6）清洗全部仪器 技术要求： 　PHP在钻井液中的含量须根据地层的不同而有所区别：东营组以上地层，钻井液的PHP含量保持在0.1%～0.15%（质量分数），沙河街组地层保持在0.2%～0.3%（质量分数）。NaOH加入量以保持要求的pH值为准

四、考核建议

为了准确的评价本课程的教学质量和学生的学习效果，体现注重学生职业能力培养为目标，建议对本课程的各个环节进行考核，以便对学生作出公正、准确的评价。建立过程考评（任务考评）与期末考评（课程考评）相结合的方法，强调过程考评的重要性。过程考评占60%，期末考评占40%。考核评价方式如表5-51所示。

表5-51　考核评价表

	评价内容	分值	权重
过程评价	聚合物钻井液的配制计算（理解、计算能力）	20	60%
	聚合物钻井液的配制（技能水平、操作规范）	40	
	制定计划，完成报告（制定计划或报告能力）	15	
	职业素质考核（"5S"与出勤执行情况）	15	
	团队精神考核（团队成员平均成绩）	10	
期末考评	期末理论考试（联系生产实际问题、职业技能证书考核中"应知"内容）	100	40%

任务6　配制、使用正电胶钻井液

一、学习目标

掌握正电胶钻井液的配制、使用和维护方法，了解正电胶钻井液的特点。

二、训练准备

（1）穿戴好劳保用品。

（2）备足钻井液处理剂，LV – CMC 500kg、SMP 500kg、SPNH 500kg、NPAN 500kg、XY – 27 500kg、FCLS 500kg、SMK 500kg、正电胶 50kg。

（3）准备配制罐 1 个，搅拌机 1 台。

（4）准备钻井液全套性能测定仪 1 套，pH 试纸（1 ~ 14）。

三、训练内容

（一）实训方案

配制正电胶钻井液的实训方案如表 5-52 所示。

表 5-52　配制正电胶钻井液实训方案

序号	项目名称	教学目的及重点
1	配制正电胶钻井液的计算	掌握配制正电胶钻井液的计算方法
2	配制正电胶钻井液	掌握配制正电胶钻井液的常规操作步骤
3	配制设备的使用	掌握配制设备、仪器的正确使用方法
4	异常操作	分析原因，掌握配制、使用正电胶钻井液的方法
5	正常操作	掌握配制、使用正电胶钻井液的正常操作方法

（二）正常操作要领

配制、使用正电胶钻井液的正常操作要领如表 5-53 所示。

表 5-53　配制、使用正电胶钻井液的正常操作要领

序号	操作项目	调节使用方法
1	配制正电胶钻井液的计算	拟配制密度为 $1.15 g/cm^3$ 的正电胶钻井液 $1 m^3$，需要质量分数正电胶（MMH）3%，Na – CMC2%，膨润土若干（膨润土密度为 $2.2 g/cm^3$，水的密度为 $1.0 g/cm^3$，$1 m^3$ 视为1000kg）。计算各组分的加量 （1）膨润土加量的计算： 已知：$V_{钻} = 1 m^3$，$\rho_{钻} = 1.15 g/cm^3$，$\rho_{土} = 2.2 g/cm^3$ 则 $m = V_{钻}\rho_{土}（\rho_{钻} - \rho_{水}）/（\rho_{土} - \rho_{水}）= 1 \times 2.2 \times（1.15 - 1.0）/（2.2 - 1.0）= 0.275（t）= 275（kg）$ （2）MMH 加量的计算：$1000 \times 3\% = 30（kg）（\approx 30L）$ （3）Na – CMC 加量的计算：$1000 \times 2\% = 20（kg）$ （4）NaCl 加量的计算：$1000 \times 7\% = 70（kg）$
2	配制使用正电胶钻井液	操作步骤： （1）穿戴好劳保用品 （2）检查并确认循环系统及搅拌机灵活好用 （3）认真分析临近井、完成井和本井的特点 （4）确定正电胶钻井液体系，对其做模拟井底温度的小型实验，确定最佳配方 （5）根据最佳配方确定处理剂种类，正确计算处理剂加量 （6）将处理剂配成胶液，按循环周加入井内 （7）待钻井液循环一周返出后，测量其全套性能 （8）清洗测量仪器并摆放整齐 （9）将配制现场清扫干净 技术要求： （1）据不同井型、不同地层特点确定正电胶钻井液体系 （2）拟定处理剂用量，包括全井用量及分段处理用量 （3）做小型实验模拟井底温度，进行钻井液配制尝试

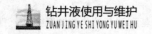

四、考核建议

为了准确的评价本课程的教学质量和学生的学习效果，体现注重学生职业能力培养的教学目标，建议对本课程的各个环节进行考核，以便对学生作出公正、准确的评价。建立过程考评（任务考评）与期末考评（课程考评）相结合的方法，强调过程考评的重要性。过程考评占 60%，期末考评占 40%。考核评价方式如表 5-54 所示。

表 5-54　考核评价表

	评价内容	分值	权重
过程评价	正电胶钻井液配制计算（理解、计算能力）	20	60%
	正电胶钻井液配制计算及配制过程（技能水平、操作规范）	40	
	制定计划，完成报告（制定计划或报告能力）	15	
	职业素质考核（"5S"与出勤执行情况）	15	
	团队精神考核（团队成员平均成绩）	10	
期末考评	期末理论考试（联系生产实际问题、职业技能证书考核中"应知"内容）	100	40%

任务7　配制、使用、处理及维护超深井钻井液实训

一、学习目标

掌握超深井钻井液的配制方法，熟悉高温对钻井液性能及处理剂的影响，了解抗高温的钻井液体系。掌握超深井钻井液体系的处理维护方法，熟悉其特点和类型，了解钻井液维护的实验方法及钻井液最高温度的位置。

二、训练准备

（1）穿戴好劳保用品。

（2）备足钻井液处理剂（抗高温），如加重剂、稀释剂、NaOH、膨润土、降滤失剂及清水等。

（3）检查配制罐和储备罐。

（4）检查混合漏斗、搅拌器、钻井液枪是否运转正常。

（5）准备钻井液全套性能测定仪，pH 试纸（1~14）及 HTHP 滤失设备。

（6）准备恒温箱 1 台。

（7）准备钻井液滤液适量及总硬度滴定仪器和试剂等。

三、训练内容

（一）实训方案

配制、使用、处理及维护超深井钻井液的实训方案如表 5-55 所示。

表5-55　配制、使用、处理及维护超深井钻井液实训方案

序号	项目名称	教学目的及重点
1	配制超深井钻井液的计算	掌握配制超深井钻井液的计算方法
2	配制、使用、维护高温超深井钻井液	掌握配制、使用、维护超深井钻井液的常规操作步骤
3	处理及维护超深井钻井液	掌握常规处理及维护超深井钻井液的操作步骤
4	异常操作	分析原因、掌握配制超深井钻井液的方法
5	正常操作	掌握配制超深井钻井液的正常操作方法

（二）正常操作要领

配制、使用、处理及维护超深井钻井液的正常操作要领如表5-56所示。

表5-56　配制、使用、处理及维护超深井钻井液的正常操作要领

序号	操作项目	调节使用方法
1	配制超深井钻井液的计算	拟配制密度为$1.15g/cm^3$的三磺钻井液$1m^3$，需要质量分数为2%的磺甲基单宁（SMT），质量分数为5%的磺甲基褐煤（SMC），质量分数为3%的磺甲基酚醛树脂（SMP），质量分数为0.5%的烧碱，膨润土若干（膨润土密度为$2.2 g/cm^3$，水的密度为$1.0 g/cm^3$，$1 m^3$视为1000kg），计算各组分的加量 （1）膨润土加量的计算： 已知：$V_钻 = 1 m^3$，$\rho_钻 = 1.15g/cm^3$，$\rho_土 = 2.2g/cm^3$ 则$m = V_钻\rho_土（\rho_钻 - \rho_水）/（\rho_土 - \rho_水）= 1 \times 2.2 \times （1.15 - 1.0）/（2.2 - 1.0）= 0.275（t）= 275（kg）$ （2）SMT加量的计算：$1000 \times 2\% = 20（kg）（\approx 20L）$ （3）SMC加量的计算：$1000 \times 5\% = 50（kg）$ （4）SMP加量的计算：$1000 \times 3\% = 30（kg）$ （5）NaOH加量的计算：$1000 \times 0.5\% = 5（kg）$
2	配制、使用超深井钻井液	操作步骤： （1）按钻井液性能及总量，计算所需各种处理剂的用量和膨润土用量 （2）在配制罐中加入清水后，首先加入膨润土并充分搅拌，使膨润土充分预水化 （3）加入相应的处理剂，充分搅拌均匀 （4）取适量钻井液置于恒温箱中，在高温及对应饱和蒸汽压下恒温一定时间，在低温下测其性能 （5）钻井液达标后加入储备罐中，静止24h即可使用 技术要求： （1）工作设备灵活好用 （2）配浆罐、储备罐不漏 （3）温度和恒温时间要准确
3	处理、维护超深井钻井液	操作步骤： （1）定期检查钻井液的高温稳定性 （2）定期检查钻井液中土相类型和含量 （3）定期分析钻井液的滤液性质 （4）定期做钻井液的容土量、容水限 （5）定期测量泥饼摩擦系数 （6）开动所用固控设备 （7）少处理、多维护，即"维护为主，处理为辅" 技术要求： （1）模拟地层温度来考察钻井液的稳定性 （2）以井底温度的80%来测定HTHP滤失量，其值应小于20mL，最大不超过25mL

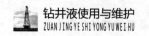

续表

序号	操作项目	调节使用方法
3	处理、维护超深井钻井液	（3）膨润土含量低时，可加入预水化好的膨润土来提高钻井液的动塑比。 （4）用滴定法测定钻井液滤液中的 Cl^-、Ca^{2+}、Mg^{2+} 及总硬度，并选择抗高温、抗盐处理剂 （5）钻井液摩擦系数应越低越好，一般小于 0.15 （6）搅拌机运转率为 100%，除砂器运转率大于 90%，控制含砂量小于 0.3%，最大不得超过 0.5% （7）用等浓度药液维护钻井液，禁止大量加水

四、考核建议

为了准确的评价本课程的教学质量和学生的学习效果，体现注重学生职业能力培养的教学目标，建议对本课程的各个环节进行考核，以便对学生作出公正、准确的评价。建立过程考评（任务考评）与期末考评（课程考评）相结合的方法，强调过程考评的重要性。过程考评占 60%，期末考评占 40%。考核评价方式如表 5-57 所示。

表 5-57　考核评价表

	评价内容	分值	权重
过程评价	超深井钻井液的配制计算（理解、计算能力）	20	60%
	高温超深井钻井液的配制（技能水平、操作规范）	20	
	处理、维护超深井钻井液（技能水平、操作规范）	20	
	制定计划，完成报告（制定计划或报告能力）	15	
	职业素质考核（"5S"与出勤执行情况）	15	
	团队精神考核（团队成员平均成绩）	10	
期末考评	期末理论考试（联系生产实际问题、职业技能证书考核中"应知"内容）	100	40%

任务 8　配制、使用油基钻井液实训

一、学习目标

掌握油基钻井液的配制、使用及维护方法，熟悉油基钻井液的组成、特点、组分及其应用。

二、训练准备

（1）穿戴好劳保用品。

（2）配备相应的配制罐和储备罐。

（3）检查并确保回水阀门、混合漏斗、钻井液枪灵活好用。

（4）检查并确保搅拌机转动灵活好用。

（5）接通蒸汽管线。

（6）配备好各种防火工具。

（7）配备温度计 1 只，量程为 150℃。

（8）根据配制数量准备足够的各类配制材料，并摆放到规定位置。

三、训练内容

（一）实训方案

配制、使用油基钻井液的实训方案如表 5-58 所示。

表 5-58　配制、使用油基钻井液实训方案

序号	项目名称	教学目的及重点
1	配制油基钻井液的计算	掌握配制油基钻井液的计算方法
2	配制、使用油基钻井液	掌握使用油基钻井液的常规操作步骤
3	配制油基钻井液设备的使用	掌握配制油基钻井液设备的使用方法
4	异常操作	分析原因，掌握油基钻井液的配制方法
5	正常操作	掌握配制油基钻井液设备的正常操作方法

（二）正常操作要领

配制、使用油基钻井液的正常操作要领如表 5-59 所示。

表 5-59　配制、使用油基钻井液的正常操作要领

序号	操作项目	调节使用方法
1	配制油基钻井液的计算	拟配制密度为 $1.2g/cm^3$ 的油基钻井液 $1m^3$，需要有机土 10%、硬脂酸 1%、质量分数为 30% 的 NaOH3%、生石灰 1%、重晶石（密度为 4.0 g/cm^3）若干，计算各组分的加量。（柴油有机土的密度为近似视为 1.0 g/cm^3，$1m^3$ 柴油有机土浆视为 1000kg） （1）NaOH 加量的计算：$1000 \times 30\% \times 3\% = 9$（kg） （2）有机土加量的计算：$1000 \times 10\% = 100$（kg） （3）生石灰加量的计算：$1000 \times 1\% = 10$（kg） （4）NaCl 加量的计算：$1000 \times 7\% = 70$（kg） （5）重晶石加量的计算： 已知：$V_原 = 1m^3$，$\rho_加 = 4.0g/cm^3$，$\rho_原 = 1.2g/cm^3$，$\rho_重 = 1.0g/cm^3$ 则 $m = V_原\rho_加（\rho_重 - \rho_原）/（\rho_加 - \rho_重）= 1 \times 10^6 \times 4.0 \times（1.2 - 1.0）/（4.0 - 1.0）= 2.86 \times 10^5$（g）$= 286$（kg）
2	配制使用油基钻井液	操作步骤： （1）根据配制钻井液的数量取定量柴油加入到配制罐中，并加热到 80~90℃ （2）将有机土直接加入到加热后的柴油中，搅拌 1.5~2h，使之完全分散 （3）在温度 70~80℃下，向配制好的柴油有机土浆中加入硬脂酸，并加入烧碱水搅拌 2h，使其充分皂化，皂化后的油浆具有一定的切力，根据切力要求确定有机土粉的加量 （4）边搅拌边加入生石灰和食盐，束缚进入油浆中的水分 （5）边搅拌边加入重晶石粉，搅拌 1.5~2h，使密度达到性能要求，并打入储备罐 技术要求： （1）必须保证加料时达到要求的温度和搅拌时间 （2）必须加入石灰和食盐，以提高其稳定性，使配成的油基钻井液滤失量小于 1mL

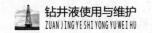

四、考核建议

为了准确的评价本课程的教学质量和学生的学习效果，体现注重学生职业能力培养的教学目标，建议对本课程的各个环节进行考核，以便对学生作出公正、准确的评价。建立过程考评（任务考评）与期末考评（课程考评）相结合的方法，强调过程考评的重要性。过程考评占60%，期末考评占40%。考核评价方式如表5-60所示。

表5-60　考核评价表

	评价内容	分值	权重
过程评价	油基钻井液配制计算（理解、计算能力）	20	60%
	配制使用油基钻井液（技能水平、操作规范）	40	
	制定计划，完成报告（制定计划或报告能力）	15	
	职业素质考核（"5S"与出勤执行情况）	15	
	团队精神考核（团队成员平均成绩）	10	
期末考评	期末理论考试（联系生产实际问题、职业技能证书考核中"应知"内容）	100	40%

任务9　处理定向井钻井液实训

一、学习目标

掌握定向井的钻井液特点及其处理方法，熟悉定向井钻井液存在的问题。了解定向井钻井液的类型，定向井与水平井钻井液的配方，了解相关岩性知识。

二、训练准备

（1）穿戴好劳保用品。

（2）确认固控设备运转良好。

（3）准备好处理剂。

（4）选择适当的润滑剂。

（5）准备滤失测定仪器1套。

（6）准备六速旋转黏度计1台。

三、训练内容

（一）实训方案

处理定向井钻井液的实训方案如表5-61所示。

表5-61　处理定向井钻井液实训方案

序号	项目名称	教学目的及重点
1	认知定向井的特点	了解定向井的特点
2	处理定向井钻井液	掌握定向井钻井液的常规操作步骤
3	处理定向井钻井液相关设备的使用	处理定向井钻井液设备的使用方法
4	异常操作	分析原因，掌握定向井的处理方法
5	正常操作	掌握处理定向井钻井液的正常操作方法

（二）正常操作要领

处理定向井钻井液的正常操作要领如表5-62所示。

表5-62　处理定向井钻井液的正常操作要领

序号	操作项目	调节使用方法
1	处理定向井钻井液	操作步骤： （1）选择钻井液类型 （2）选择防止井壁坍塌的防塌剂 （3）选择减小摩擦系数的润滑剂 （4）准备各种处理及剂 （5）确保固控设备使用率符合要求 （6）分层段合理选择钻井液性能 （7）确保动切力合理，保持井眼清洁 技术要求： （1）在条件允许的条件下，尽量使用油基钻井液（油包水钻井液） （2）超过3500m的井应采用聚磺润滑防塌钻井液或其他可靠体系（如正电胶体系） （3）防塌处理剂可使用KOH、聚丙烯酸钾、有机硅腐殖酸钾（K-OS-AM）、磺化沥青、磺化酚醛树脂（SMP） （4）混入5%～15%的原油，并加入SNR-1（有机硅润滑剂）、RT-881高效润滑剂等 （5）电测、下套管起钻前可向全井或裸眼井段加入一定量的固体润滑剂 （6）井斜到45°时，选用层流，井斜到55°到水平状态时，选用紊流 （7）层流时，增加初切和凝胶强度，滤失量尽量减少到5mL以下 （8）避免人为原因造成的井下复杂情况

四、考核建议

为了准确的评价本课程的教学质量和学生的学习效果，体现注重学生职业能力培养的教学目标，建议对本课程的各个环节进行考核，以便对学生作出公正、准确的评价。建立过程考评（任务考评）与期末考评（课程考评）相结合的方法，强调过程考评的重要性。过程考评占60%，期末考评占40%。考核评价方式如表5-62所示。

表5-62　考核评价表

	评价内容	分值	权重
过程评价	定向井的特点（理解认知能力）	20	60%
	处理定向井钻井液（技能水平、操作规范）	40	
	制定计划，完成报告（制定计划或报告能力）	15	
	职业素质考核（"5S"与出勤执行情况）	15	
	团队精神考核（团队成员平均成绩）	10	
期末考评	期末理论考试（联系生产实际问题、职业技能证书考核中"应知"内容）	100	40%

【拓展提高】

一、单溶质溶液配制用量计算

单溶质溶液配制用量计算的公式为：溶液浓度＝溶质质量之和/溶液体积；

处理剂加量＝液体处理剂体积/钻井液体积×100%；

处理剂加量＝固体处理剂质量/钻井液体积×100%。

例 5-3　欲配制溶质质量浓度为 15% t/m³ 的烧碱水 4m³，需固体烧碱多少吨？

解：$W = (15/100) \times 4 = 0.6$（t）

答：需用固体烧碱 0.6t。

二、多溶质溶液配制用量计算

例 5-4　欲配制溶质质量浓度为 10% t/m³ 的的栲胶碱液（栲胶：烧碱 = 2:1）5 m³，需栲胶和烧碱各多少吨？

解：溶质总量 $= (10/100) \times 5 = 0.5$（t）

　　栲胶量 $= 0.5 \times [2/(2+1)] \approx 0.33$（t）

　　烧碱量 $= 0.5 \times [1/(2+1)] \approx 0.17$（t）

答：需栲胶 0.33t，烧碱 0.17t。

例 5-5　欲配制 15:1:100 煤碱液 6t，需用褐煤、烧碱各多少吨？

解：褐煤量 $= (15/100) \times 6 = 0.9$（t）

　　烧碱量 $= (1/100) \times 6 = 0.06$（t）

答：需褐煤 0.9t，烧碱 0.06t。

三、钻井液总容量计算

钻井液总容量 = 井筒容量 + 参加循环的钻井液罐中容量 + 备用容量 + 合理损耗量。其中，井筒容量为：

$$V_h = \frac{\pi}{4}(d_{h_1}^2 D_1 + d_{h_2}^2 D_2 + \cdots + d_{h_n}^2 D_n)$$

$$V_t = \frac{\pi}{4}d_t^2 H$$

式中　V_h、V_t——井筒容量，m³；

　　　　V_t——圆柱形钻井液罐内钻井液容量，m³；

　　　　d_{h_n}——各井段的井筒平均直径，m；

　　　　d_t——钻井液罐直径，m；

　　　　D_n——各井段井筒长度，m；

　　　　H——钻井液罐高度，m。

四、钻井泵排量计算

钻井泵排量的计算公式为：

$$Q = nK$$

式中　Q——钻井液泵排量，L/s；

　　　n——钻井液冲数，min⁻¹；

　　　K——钻井液每冲排量，L。

五、钻井液环空上返速度计算

钻杆外钻井液环空上返速度计算公式为：

$$v_p = \frac{12.7Q}{d_h^2 - d_{po}^2}$$

钻铤外钻井液环空上返速度计算公式为：

$$v_p = \frac{12.7Q}{d_h^2 - d_{co}^2}$$

式中　d_h——井段的井筒平均直径，cm；

　　　V_p——钻杆外钻井液环空上返速度，m/s；

　d_{po}，d_{co}——钻柱外径，钻铤外径，cm。

六、钻井液循环一周时间计算

用计算法求取钻井液循环一周所需时间的公式为：

$$t = \frac{V}{Q}$$

而用实测法求取钻井液循环一周所需时间的公式为：

$$t = t_气 + \frac{V_地}{Q}$$

式中　t——钻井液循环一周的时间，s；

　　　V——参加循环的钻井液总量，L；

　　　$t_气$——测得玻璃纸片从井口返至振动筛所需的时间，s；

　　　$V_地$——在地面循环的钻井液总量，L；

　　　Q——钻井液泵排量，L/s。

【思考题与习题】

一、填空题

1. 提高钻井液密度的加重材料，以使用（　　　）最为普遍。

2. 固体烧碱 0.2t，能配制出质量浓度为 10% t/m³ 的烧碱水（　　　）m³。

3. 饱和盐水钻井液主要用于钻其他水基钻井液难以适用的（　　　）。

4. 聚合物钻井液具有较强的携带岩屑的能力，主要是因为这种钻井液的剪切稀释性（　　　），环空流体的黏度、切力较（　　　）。

5. 钻遇（　　　）地层时，使用甲基聚合物钻井液可以取得比较理想的防塌效果。

6. 现在使用的油水比的范围是（　　　）。

7. 油基钻井液的应用受到一定的限制，其主要原因是（　　　）。

8. 聚合物钻井液体系中岩屑和膨润土的含量比为（　　　）。

9. 正电胶钻井液的 pH 值应控制在（　　　）。

10. 气体钻井液体系要求地层出水量要小于（　　　）。

11. 根据定向斜井的特点，除选用相应的钻井液外，还应严格控制滤失量和（　　　）。

12. 阳离子聚合物处理剂对高价金属离子表现出特殊的（　　　）。

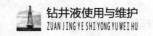
二、判断题

1. 水基钻井液中膨润土和钻屑的平均密度为 2.6 g/cm^3，通常称他们为低密度固相。而加重材料被称为高密度固相。（　　　）

2. 加重材料主要用来提高钻井液密度，以控制地层压力，防塌，防喷。（　　　）

3. 有机土是指在油中分散的亲油性黏土，属于天然矿物。（　　　）

4. 抗盐土可用作盐水钻井液的增黏、增切处理剂。（　　　）

5. 石灰石粉可用来配制密度为 1.3g/cm^3 的钻井液，主要用于完井液和修井液的加重剂。（　　　）

6. 盐水钻井液体系抗盐和抗钙、镁离子的能力较强，但腐蚀性较大。（　　　）

7. 两性聚合物钻井液可用于浅、中、深不同井段的钻进。（　　　）

8. 水解聚丙烯晴抗盐能力强，但抗钙能力差。（　　　）

9. 油包水乳化钻井液的滤失量可调整到接近于 0，高温高压滤失量也不超过 10mL。（　　　）

10. 高温分散作用对钻井液性能的影响有两个方面，一是高温增稠，二是高温胶凝。（　　　）

三、简答题

1. 经检测，钻井液中含有 2.5mg/L H$_2$S，钻井液总体积为 220m^3，试计算需加入多少 Zn$_2$（OH）$_2$CO$_3$ 可将 H$_2$S 全部清除？

2. 根据滤液分析结果，钻井液中 Ca^{2+} 质量浓度为 150 mg/L。准备使用 NaHCO$_3$ 将 200m^3 钻井液中的 Ca^{2+} 减少至 30 mg/L，试求进行该项处理所需加入 NaHCO$_3$ 的量。

3. 通常用调节钻井液 pH 值的方法来控制石灰钻井液中 Ca^{2+} 的浓度，其原理是什么？对于石膏钻井液，能否采用这种方法？为什么？

4. 已知配浆水中含有 900 mg/L 的 Ca^{2+} 和 400 mg/L 的 Mg^{2+}，试计算通过沉淀作用清除 Ca^{2+} 和 Mg^{2+} 所需 NaOH 和 Na$_2$CO$_3$ 的质量浓度。除去这两种离子后，钻井液滤液中还含有其他离子吗？

5. 随着钻井作业的进行，盐水钻井液的 pH 值将趋于下降，其原因是什么？为了防止 pH 值过低，应采取什么措施？

6. 与分散性钻井液相比较，聚合物钻井液的主要优点是什么？对不分散低固相聚合物钻井液的性能指标有何要求？

7. 试比较常规阴离子聚合物钻井液、阳离子聚合物钻井液和两性离子聚合物钻井液各有何特点？试写出目前国内使用的以上 3 种聚合物钻井液具有代表性的处理剂。

8. 正电胶钻井液的化学组成是什么？这种新型钻井液为何能在我国生产现场得到广泛的应用？

9. 国内常用的抗高温钻井液体系有那些？其中聚磺盐井液有何特点？其使用要点是什么？

10. 某钻井液池中的非加重钻井液漏斗黏度偏高，流动阻力大。按 API 标准测试其性能，结果如下：密度为 $1.08g/cm^3$，塑性黏度为 $10mPa \cdot s$，切动力为 $43.1Pa$，pH 值为 11.5，API 滤失量为 $33mL$，泥饼厚度为 $2.4mm$，Cl^- 含量为 $200mg/L$，膨润土含量为 $71g/L$，井口钻井液温度为 $49℃$，预测的井底温度为 $62.8℃$。试根据以上参数，分析钻井液出现明显增稠的原因，并提出对其进行处理的措施。

11. 与水基钻井液相比较，油基钻井液的优、缺点各有那些？

12. 油基钻井液共经历了哪几个发展阶段？目前主要在什么情况下使用？

13. 除了油相和水相之外，油基钻井液中的必要组分还有哪些？它们各起什么作用？

14. 在油包水乳化钻井液中使用的乳化剂有哪些类型？对其 HLB 值一般有何要求？为什么通常选用二元金属皂，而不用一元金属皂？

15. 20 世纪 70 年代初，Chenevert 等人提出了油包水乳化钻井液的活度平衡概念，试解释其基本原理和技术要点。

16. 为配制活度平衡的油包水乳化钻井液，需将适量的 $CaCl_2$ 加至钻井液的水相中。已测得页岩中水的活度为 0.72. 试求 $CaCl_2$ 在水相中的适宜质量浓度（用 kg/m^3 表示）。若该钻井液中 $f_w = 0.25$，则每立方米钻井液中需加入多少 $CaCl_2$？

17. 低毒矿物油钻井液是在什么背景下研制出来并投入使用的？其特点是什么？

学习情境 6　固控设备的使用与维护

【学习目标】

能力目标：

（1）能了解固控设备的工作原理。

（2）能掌握固控设备的常规操作。

（3）能使用常用固控设备。

（4）能对固控设备进行维护。

（5）能了解固控工艺。

知识目标：

（1）掌握固控设备的工作原理。

（2）了解固控设备的使用和维护方法。

（3）掌握固控工艺。

素质目标：

（1）具有吃苦耐劳、爱岗敬业的职业意识。

（2）能独立使用各种媒介完成学习任务，具有自主学习的能力。

（3）具备分析解决问题、接受及应用新技术的能力，以及与生产实践相关的方法能力。

（4）能反思、改进工作过程，能运用专业词汇和同学、老师讨论工作过程中的各种问题。

（5）具有团队合作精神、沟通能力及语言表达能力。

（6）具有自我评价和评价他人的能力。

【任务描述】

通过对各固控设备的使用和维护的学习，使学生能够使用和维护固控设备。本项目所针对的工作内容主要是振动筛的结构及工作原理，旋流器的结构及工作原理，钻井液清洁器的结构及工作原理，离心机的结构及工作原理。具体包括振动筛、旋流器、钻井液清洁器、离心机的结构、工作原理和使用、维护，以及钻井液固控工艺。帮助学生掌握现场固控设备的使用和维护方法。

要求学生以小组为单位，根据任务要求，制定出工作计划，能够分析和处理操作中遇到的异常情况，撰写工作报告。

【相关知识】

一、钻井液常用的固控设备

固相控制钻井液中的固相按其作用可分为两类：一类是有用固相，如膨润土、加重材料以及非水溶性或油溶性的化学处理剂；另一类是无用固相，如钻屑、劣质土及砂粒等。钻井实践表明，过量无用固相的存在是破坏钻井液性能、降低钻速并导致各种井下复杂情况的最大隐患。所谓钻井液固相控制，就是指在保存适量有用固相的前提下，尽可能地清除无用固相。通常将钻井液固相控制简称为固控。

钻井液固相控制是实现优化钻井的重要手段之一。正确、有效地进行固控可以降低钻井扭矩和摩阻，减小环空抽吸压力波动，减小压差卡钻的可能性，提高钻井速度，延长钻头寿命，减轻设备磨损，改善下套管条件，增强井壁稳定性，保护油气层，并且减低钻井液费用，从而为科学钻井提供必要的条件。因此，钻井液固控是现场钻井液维护和管理工作中最重要的环节之一。

（一）振动筛

1. 结构及工作原理

振动筛是一种过滤性的机械分离设备，它通过机械振动将大于网孔的固体以及通过颗粒间的黏附作用将部分小于网孔的固体筛离出来。从井口返出的钻井液流经振动着的筛网表面时固相从筛网尾部排出，含有小于网孔固相的钻井液透过筛网流入循环系统，从而完成对较粗固相颗粒的分离作用。振动筛由筛架、筛网、激振器和减振器等部件组成（图6-1）。振动筛具有最先、最快分离钻井液固相

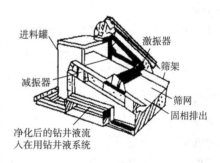

图6-1 振动筛结构简图

的特点，担负着清除大量钻屑的任务。如果振动筛发生故障，其他固控设备（除砂器、除泥器、离心机等）都会因超载而不能正常、连续地工作。因此，振动筛是钻井液固控的关键设备。

2. 技术性能

振动筛所能够清除固相颗粒的大小依赖于网孔的尺寸及形状。目前井场上通用的筛网规格如表6-1所示。由于基本尺寸相同的网孔可用两种不同直径的金属丝编成，所以表6-1中所示的筛分面积百分比有些差别。

表6-1 石油钻井中通用的振动筛筛网规格

网孔尺寸/mm	金属丝直径/mm	筛分面积分数/%	目数/（目/in）
2.00	0.500/0.450	64/67	10
1.60	0.500/0.450	58/61	12

续表

网孔尺寸/mm	金属丝直径/mm	筛分面积分数/%	目数/（目/in）
1.00	0.315/0.280	58/61	20
0.560	0.280/0.250	44/48	30
0.425	0.224/0.200	43/46	40
0.300	0.200/0.180	36/39	50
0.250	0.160/.0140	37/41	60
0.200	0.125/0.112	38/41	80
0.160	0.110/0.090	38/41	100
0.140	0.090/0.071	37/41	120
0.112	0.056/0.050	44/48	150
0.110	0.063/0.056	38/41	160
0.075	0.050/0.045	36/39	200

现场资料表明，使用 12 目粗筛网最多只能清除钻井液中 10% 的固相。为了使更多、更细的钻屑得以清除，应使用 80~120 目的细筛网。然而，这又会产生以下问题：①细筛网的网孔面积小于常规筛网，从而减小了处理量；②所用的细钢丝强度较低，因而细筛网的使用寿命较常规筛网短；③当高黏度钻井液通过细筛网时，网孔易被堵塞，甚至完全糊住，即出现所谓"桥糊"现象（图 6-2）。

为了提高筛网的寿命和抗堵塞能力，还经常使用将 2 层或 3 层筛网重叠在一起的叠层筛网，其中低层的粗筛网起支撑作用。此外，还有层与层之间有一定空间距离的双层或多层筛网。一般上层用粗筛网，下层用细筛网。上层粗筛网清除粗固相，可减轻下层细筛网的负担，以便更有效地清除较细固相。其缺点是下层筛网的清洗、维护、保养及更换比较困难。由于筛网越细越易被堵，因此细网振动筛的振幅高于常规振动筛，通过高振幅的强力振动，减轻堵塞程度并避免"桥糊"现象的发生。

在选用振动筛时，除根据固相粒度分布选择适合的筛网外，还应考虑的另一重要因素是筛网的许可处理量。振动筛的处理能力应能适应钻井过程中的最大排量。影响振动筛处理量的因素，除其自身的运动参数外，还有钻井液类型、密度、黏度、固相粒度分布与含量，以及网孔尺寸等。筛网越细，钻井液黏度越高，则处理量越小，一般黏度每增加 10%，处理量会降低约 2%。为了满足大排量的要求，有时需要 2 台或 3 台振动筛并联使用。几种筛网的许可处理量与钻井液密度的关系如图 6-3 所示。

使用振动筛时还应注意以下几点：①正确地安装与操作；②筛网的张紧程度要适当，否则筛网寿命会大大缩短；③网孔尺寸以钻井液覆盖筛网总长度的 75%~80% 为宜；④安装水管线，并及时清洗筛网，从而防止堵塞。

3. 使用、维护及保养

1）安装

（1）将设备固定在有足够刚度和强度的水平基础上，将进液管与进料箱入口法兰连接，检查橡胶浮子连接螺栓是否有松动，如有松动则需要紧固。

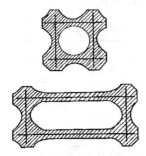

图6-2 "桥糊"现象示意图

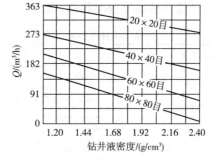

图6-3 振动筛筛网许可处理量与钻井液密度的关系

（2）按激振器说明书的要求将规范电源接入振动筛的控制箱，卸下激振器轴承盖中心位置上的堵塞，启动电动机，观察电动机转子旋向，旋向确定后，装上堵塞，电动机按标记接地。

（3）根据使用要求选择不同目数的筛布，并由中间向两边拧紧，固定筛网的一端，然后再固定另一端。若筛网下面的橡胶垫条发生断裂或磨损，则应及时予以更换，否则筛网会过早损坏。网孔尺寸以钻井液覆盖筛网总长度的75%～80%为宜。如发生钻屑堵塞筛孔现象，应换用更细的筛布，而不是更换更粗的筛布，否则将无法起到清除钻屑的作用。

2）振动筛的操作

（1）将皮带护罩打开，顺时针拉动皮带，使激振器转动。激振器转动应灵活、无阻卡，且盖好护罩。

（2）合闸启动电动机。双激振器振动筛先开启1号电动机，待1号电动机运转正常后，开启2号电动机。待振动筛运转正常后，开启进液阀，让钻井液进入筛箱，并观察筛网表面钻屑走向与钻井液流动方向是否一致。调整筛面角度，使筛面角度达到筛箱长度的2/3为宜，随着流量、黏度的变化，应对筛面的角度进行适时调整。

（3）停机时先关闭进液阀，让振动筛持续转动3min，将筛面上的残留物排出，此后，先停2号电动机，再停1号电动机，并用清水冲洗筛网。

3）检查与保养

（1）每天润滑轴承，做到润滑良好，转动灵活。每周检查一次传动皮带的松紧程度及护罩是否固定。

（2）激振器的保养。定期检查地角螺栓是否有松动，定期检查激振器引入电缆悬挂是否有摩擦、挤压现象，拆装激振器时严禁使用铁器敲打，严禁自行调节激振器的激振力，激振器的润滑必须按电动机说明书执行，随时注意电动机运转情况，设备停止不用时应清扫激振器外壳上的钻井液污物，严禁用水直接冲洗控制箱和分线盒。

（3）振动筛的维护保养。定期检查所有连接螺栓是否松动，检查筛网下面的橡胶垫条是否发生断裂和磨损，检查进料箱是否聚积泥饼，长期搁置不用时或长途运输前，应清除振动筛上的钻井液污物。双层振动筛若只安装一层筛网时，应将筛网安装在下面一层。

4）钻井液振动筛在使用过程中常见故障及处理方法

钻井液振动筛在使用过程中的常见故障及处理方法如表6-2所示。

表6-2 钻井液振动筛在使用过程中的常见故障及处理方法

故障现象	产生原因	处理方法
不产生振动	未供电	按要求供电
	电缆接头松动或断裂	重新接线
	电动机损坏	更换电动机
	皮带松紧不一致	调节或更换皮带
不排砂	两台电动机旋向不对	重新调整电动机旋向
	只有一台电动机运转	启动两台电动机运转
	筛网太松	调节或更换筛网
振动不平稳	橡胶浮子损坏	更换橡胶浮子
	安装不平	重新调整水平位置
	电动机轴承损坏	更换电动机轴承
噪声大	螺栓松动	紧固螺栓
	电动机轴承磨损	更换电动机轴承
	设备未固定	固定设备
电动机轴承温度太高	润滑脂选用不当或加注过多（或过少）	加适量规定使用的润滑脂
	轴承磨损	更换轴承
进液流通不畅	进料箱内泥饼堵塞	消除泥饼

（二）旋流器

1. 旋流器的结构与工作原理

用于钻井液固相控制的旋流器是一种带有圆柱部分的立式锥形容器，其结构如图6-4所示。锥体上部的圆柱部分为进浆室，其内径即为旋流器的规格尺寸，其侧部有一切向进

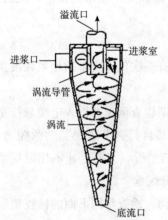

浆口。顶部中心有一涡流导管，构成溢流口。壳体下部呈圆锥形，锥角为15°~20°。底部的开口称为底流口，其口径尺寸可调。

在压力作用下，含有固体颗粒的钻井液由进浆口沿切线方向进入旋流器。在高速旋转的过程中，较大、较重的颗粒在离心力作用下被甩向器壁，沿壳体螺旋下降，由底流口排出。而夹带细颗粒的旋流液在接近底部时会改变方向，形成内螺旋向上运动，并经溢流口排出。因此在旋流器内就同时存在着两股呈螺旋流动的流体，一股是含有大量粗颗粒的液流向下作螺旋运动，另一股携带较细颗粒连同中间的空气柱一起向上作螺旋运动。

根据斯托克斯（stokcs）定律可知，粒径小的颗粒比粒

图6-4 旋流器的结构

溢流口
进浆口
进浆室
涡流导管
涡流
底流口

径大的颗粒沉降速度慢得多，而密度大的颗粒（如重晶石）比密度小的颗粒（如钻屑）沉降快。此外，钻井液黏度越高，密度越大，则颗粒沉降越慢。当用离心的方法将重力加速度提高若干倍时，则颗粒的沉降速度便会增大若干倍，此种措施正是使用了旋流器和离心机控制固相的基本原理，通常将这类固控措施称做强制沉降。

2. 旋流器的使用与调节

目前用于钻井液固控的旋流器多为平衡式旋流器。如果这种旋流器的底流口尺寸调节适当，那么在给旋流器输入纯液体时，液体将全部从溢流口排出；而当含有可分离固相的液体输入时，则固体将会从底流口排出，且每个排出的固体颗粒表面都黏附着一层液膜。此时的底流口大小称作该旋流器的平衡点。

如果将底流口调节到比平衡点的开口小时，在平衡点与实际的底流开口之间会出现一个干的锥形砂层。当较细的颗粒穿过砂层时，会失去其表面的液膜，并造成底流口堵塞，这种情况通常称为"干底"，由"干底"引起的故障又称为"干堵"。如果底流口的开度大于平衡点所对应的内径，那么将有一部分液体从底流口排出，这种情况称为"湿底"。在实际操作中，理想的平衡点很难调节和保持。在仅有"干底"和"湿底"两种选择的情况下，应选择后者。只要液流损失不严重，则可视为正常情况。

图6-5所示为旋流器的理想工作状态。此时，底流口有两股流体相对流过，其中一股是空气的吸入，另一股则是含固相的稠浆呈"伞状"排出。只有此种工作状态才能充分发挥旋流器的效力。空气被吸入的原因是由于向上旋流束的高速运动使旋流区内形成一个低压区，被吸入的空气和向上的旋流束会一起从溢流口流出。

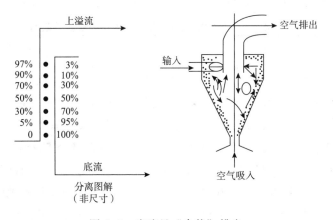

图6-5 底流呈"伞状"排出

当钻井液中固相含量过大，造成被分离的固相量超过旋流器的最大许可排量时，则底流会呈"绳状"排出（图6-6）。此时底流口无空气吸入，因而很容易发生堵塞。在这种不正常的工作状态下，许多处于旋流器清除范围之内的固相颗粒会折回溢流管并返回钻井液体系。

由于"伞状"底流里较细颗粒的含量比"绳状"底流高，且较细颗粒具有较高的比表面，因此"绳状"底流里单位质量固体的含液量比"伞状"底流少，即底流密度大于

"伞状"底流。但是，这并不意味着底流以"绳状"排出时的分离效率更高。相反，由于此时溢流里含有较多的细颗粒，会使返回循环系统中的钻井液具有较高的密度和黏度，因此，认为底流密度越大越好的观点是片面的。

通常情况下，可以通过调节底流口的大小来排除"绳流"。但当固相颗粒输入严重超载时，旋流器不可避免地会出现"绳状"底流。此时只能通过改进振动筛的使用方式或增加旋流器数量等措施来防止"绳状"底流的出现。

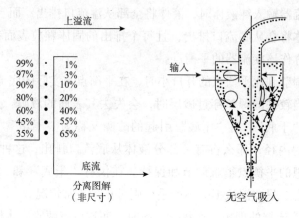

图6-6　底流呈"绳状"排出

3. 旋流器的类型

旋流器的分离能力与旋流器的尺寸有关，直径越小则分离的颗粒也越小。表6-3所示为各种尺寸的旋流器可以分离的固相颗粒粒径范围。

表6-3　各种尺寸旋流器可分离的固相颗粒粒径范围

旋流器直径/mm	50	75	100	150	200
可分离固相颗粒直径/mm	4~10	7~30	10~40	15~52	32~64

处于可分离粒径范围的某一尺寸的颗粒，特别是较细的颗粒，并不可能100%从底流口排出。为了定量表示旋流器分离固相的能力，有必要引入"分离点"这个概念，即如果某一尺寸的颗粒在流经旋流器之后有50%从底流被清除，其余50%从溢流口排出后又回到钻井液循环系统，那么该尺寸就称作这种旋流器的50%分离点，简称分离点。显然，旋流器的分离点越低，表明其分离固相的效果越好。表6-4列出了几种规格的旋流器在正常情况下的分离点。可以看出，小尺寸的旋流器具有更好的分离效果，然而其处理钻井液的量小于大尺寸旋流器。

表6-4　各种尺寸旋流器在正常情况下的分离点

旋流器直径/mm	300	150	100	75
分离点/μm	65~70	30~34	16~18	11~13

现场使用表明，旋流器的分离点并不是一个常数，而是随着钻井液的黏度、固相含量以及输入压力等因素的变化而变化。通常情况下，钻井液的黏度和固相含量越低，输入压

力越高，则分离点越低，分离效果越好。

旋流器按其直径不同，可分为除砂器、除泥器和微型旋流器3种类型。

（1）除砂器。通常将直径为150~300 mm 的旋流器称为除砂器。在输入压力为0.2MPa 时，各种型号的除砂器处理钻井液的能力为20~120m³/h。处于正常工作状态时，它能够清除大约95%直径大于74μm 的钻屑和约50%直径大于30μm 的钻屑。为了提高使用效果，在选择其型号时，对钻井液的许可处理量应该是钻井时最大排量的1.25倍。

（2）除泥器。通常将直径为100~150 mm 的旋流器称为除泥器。在输入压力为0.2MPa 时，其处理能力不应低于10~15m³/h。正常工作状态下的除泥器可清除95%直径大于40μm 的钻屑和约50%直径大于15μm 的钻屑。除泥器的许可理量应为钻井时最大排量的1.25~1.5倍。

（3）微型旋流器。通常将直径为50mm 的旋流器称为微型旋流器，在输入压力为0.2MPa 时，其处理能力不应低于5m³/h。微型旋流器的分离粒度范围为7~25μm，主要用于处理某些非加重钻井液，以清除超细颗粒。

4. 旋流器的使用注意事项

（1）应根据钻井液泵的排量确定使用的旋流器个数，旋流除砂器和旋流除泥器的处理量应为钻井液泵排量的1.5倍。

（2）钻井液进口压力应保持在规定范围，使处理前后钻井液密度差大于0.02g/cm³，底流密度大于1.7 g/cm³。

（3）微型旋流器与旋流除砂器、旋流除泥器不同，其用于分离钻井液中的膨润土时，可将钻井液中95%的膨润土分离出来，以便进行重晶石回收。使用时可将钻井液加水稀释。

（4）旋流除砂器要尽早使用，连续使用，不要等钻井液的密度、含砂量上升后再使用。

（5）由于重晶石的颗粒尺寸在旋流除泥器的可分离范围内，因此加重钻井液只能使用振动筛、旋流除砂器，而不能使用旋流除泥器。

5. 旋流器的操作

（1）在上级固控设备（振动筛）正常工作状态下，逆旋打开旋流器（除砂器）上水阀门，闭合电源开关，启动旋流器，用手检查底流口。底流口应为伞状排砂，并有空气吸入感。

（2）停用时，应先停旋流器，再停振动筛。

6. 旋流器常见故障维护

旋流器的常见故障及其维护措施如表6-5所示。

表6-5 旋流器常见故障及维护措施

故　障	维护措施
进料口压力太低	①检查砂泵吸入管是否有砂粒堆积，必要时进行清理 ②检查轴承密封套是否有空气漏入泵内，并将其上紧

续表

故　　障	维护措施
没有底流或底流很少	①尖嘴堵塞，可卸掉顶部阀门加以清洗 ②溢流阀门内有真空，可在溢流管线中安装一个真空调节器 ③顶部阀门太小，应适当开大
底流"绳状"或"串状"排列	①顶部阀门太小，应适当开大 ②进口压力太低，应检查砂泵 ③钻井液黏度太大，应适当降低黏度
底流密度接近进口钻井液密度	①尖嘴太小，关小顶部阀门

（三）钻井液清洁器

钻井液清洁器是1组旋流器和1台细目振动筛的组合。上部为旋流器，下部为细目振动筛（图6-7）。钻井液清洁器处理钻井液的过程分为两步：第一步是旋流器将钻井液分离成低密度的溢流和高密度的底流，其中溢流返回钻井液循环系统，底流落在细目振动筛上；第二步是细目振动筛将高密度的底流再分离成两部分，一部分是重晶石和其他小于网孔的颗粒并透过筛网，另一部分是大于网孔的颗粒从筛网上被排出。所选筛网一般在100~325目之间，通常多使用150目。由于旋流器的底流量只占总循环量的10%~20%，因此筛网的"桥糊"和堵塞现象不严重。

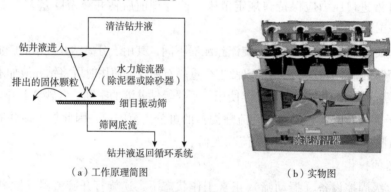

（a）工作原理简图　　　　　　　　（b）实物图

图6-7　钻井液清洁器的工作原理

钻井液清洁器主要用于从加重钻井液中除去比重晶石粒径大的钻屑。加重钻井液在经过振动筛的一级处理之后，仍含有不少低密度的固体颗粒，这时如果单独使用旋流器进行处理，重晶石会大量流失。使用钻井液清洁器的优点就为既降低了低密度固体的含量，又避免了大量重晶石的损失。

（四）离心机

工业用离心机有多种类型，但用于钻井液固控的主要是倾注式离心机，其结构如图6-8所示。

倾注式离心机又称为沉降式离心机，其核心部件有滚筒、螺旋输送器和变速器。离心机工作时，钻井液通过一固定的进浆管进入离心机，然后在输送器轴筒上被加速，并通过在轴筒上开的进浆孔流入滚筒内。由于滚筒的转速极高，在离心力作用下，密度或体积较大的颗粒被甩向滚筒内壁，使固、液两相发生分离。其中固体被输送器送至滚筒的小端，经底流口排出。而含有细颗粒的流体以相反方向流向滚筒大端，从溢送流口排出。滚筒内液层的厚度靠调节离心机端面上 9~12 个溢流孔来控制。输送器能够连续地推动沉降下来的固体颗粒向小端移动。当移至图中所示的干湿区过渡带时，由于离心力和挤压力的作用，大多数自由水被挤掉，留在颗粒表面的主要是吸附水。因此，离心机是惟一能够从分离的固相颗粒上清除自由水的钻井液固控装置，其可将液相损失降至最低。变速器的作用是使输送器的转速稍慢于滚筒的转速，一般仅慢 20~10 r/min，其目的在于能连续输送固相。多数变速器的变速比为 80:1，即滚筒每转动 80r，输送器便少转 1r。例如，若滚筒以 1600 r/min 的转速旋转，输送器则以 1580 r/min 的转速旋转，它们之间的转速差为 20 r/min。

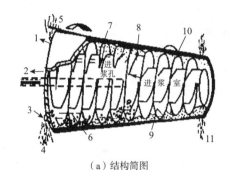
（a）结构简图

（b）实物图

图 6-8　离心机结构图

1—分离后的钻井液出口；2—钻井液进口；3—溢流口；4—溢流液体；5—外壳；6—钻井液液面；
7—钻井液槽道；8—输送器；9—泥饼；10—干湿区过度带；11—底流口

　　离心机可用于处理加重钻井液以回收重晶石并清除细小的钻屑颗粒。在 20 世纪 50 年代初钻井用离心机问世之前，加重钻井液的固控除使用振动筛外，主要采取加水稀释的方法，这样处理的结果是不仅会导致钻井液性能不稳定，面且使钻井液成本大幅度增加。使用离心机的优势为既降低了加重钻井液中低密度固相的含量，使黏度、切力得到有效的控制，又可大大地减少重晶石的补充量，从而降低钻井液的成本。具体做法为钻井液用离心机处理后，将底流的固相颗粒回收，并将溢流的流体（主要包含低密度固体）丢弃。钻井液清洁器和离心机都可用于从加重钻井液中清除钻屑，并回收大部分重晶石。但是，这两种设备清除颗粒的粒度范围有所不同。钻井液清洁器清除的钻屑颗粒大于重晶石颗粒，而离心机清除的钻屑颗粒则小于重晶石颗粒。二者的作用可以相互补充，对于密度大于 $1.80g/cm^3$ 的加重钻井液，最好两种设备同时使用。

　　离心机还常用于处理非加重钻井液，以清除粒径很小的钻屑颗粒，以及对旋流器的底流进行二次分离，回收液相，排除钻屑。

　　为了提高离心机的分离效率，一般需用水适当稀释输入离心机的钻井液，从而使钻井液的漏斗黏度降至 34~38s，稀释水的加入速度为 0.38~0.5L/s。离心机的转速对分离颗粒粒度也有很大影响。例如，处理量为 $21.6m^3/h$ 的离心机，当工作转速为 3250r/min 时，

对水基钻井液可分离重晶石至 $2\mu m$，分离钻屑至 $3\mu m$。而工作转速为 2500 r/min 时，可分离重晶石至 $6\mu m$，分离钻屑至 $9\mu m$。在使用离心机时，应注意选择合适的转速和处理量，以取得预期效果。各种固控设备可分离固体颗粒的大致粒度范围如图 6-9 所示。

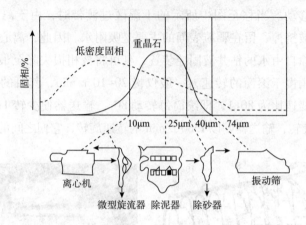

图 6-9　各级分离的粒度固控设备

二、固控工艺及原理

（一）钻井液中固相物质的分类

钻井液中的固相（或称固体）物质，除按其作用分为有用固相和无用固相外，还有以下几种不同的分类方法。

1. 按固相密度分类

按固相密度可分为高密度固相和低密度固相两种类型。前者主要指密度为 $4.2g/cm^3$ 的重晶石，还有铁矿粉、方铅矿等其他加重材料；后者主要指膨润土和钻屑，还包括一些不溶性的处理剂，一般认为这部分固相的平均密度为 $2.6g/cm^3$。

2. 按固相性质分类

按固相性质可分为活性固相和惰性固相。凡是容易发生水化作用或与液相中其他组分发生反应的均称为活性固相，反之则称为惰性固相。前者主要指膨润土，后者包括砂岩、石灰岩、长石、重晶石以及造浆率极低的黏土等。除重晶石外，其余的惰性固相均被认为是有害固相，即固控过程中需清除的物质。

3. 按固相粒度分类

按照美国石油学会（API）制订的标准，钻井液中的固相可按其粒度分为 3 类：①黏土（或称胶粒）：粒径 $<2\mu m$；②泥：粒径为 $2\sim73\mu m$。③砂（或称 API 砂）：粒径 $>74\mu m$。

一般情况下，非加重钻井液中固相的粒度分布情况如表 6-6 所示。由表 6-6 可知，粒径大于 2000 μm 的粗砂粒和粒径小于 $2\mu m$ 的胶粒在钻井液中所占的比例都不大。如果以 $74\mu m$（相当于通过 200 目筛网）为界，粒径大于 $74\mu m$ 的颗粒仅占 3.7%~25.9%，表明钻井液固相颗粒中多数为粒径小于 $74\mu m$ 的颗粒。由此可知，仅以含砂量（$>74\mu m$）的多少作为检验钻井液固控效果的标准是不准确的。

表6-6 钻井液中固相粒度分布情况（使用典型分散性水基钻井液测定）

类 别	外观描述	粒径范围/μm	对应目数	质量分数/%
砂	粗 中 中细	>2000 250~2000 74~250	>10 60~10 200~60	0.8~2 0.4~8.7 2.5~15.2
泥	细 极细	44~74 2~44	355~200 —	11~19.8 56~70
黏土	胶粒	<2	—	5.5~6.5

（二）常用的固控方法

钻井液固控有多种不同的方法，但首先应考虑的是机械方法，即通过合理使用振动筛、除砂器、除泥器、清洁器和离心机等机械设备，利用筛分和强制沉降的原理，将钻井液中的固相按密度和颗粒大小不同而分离开，并根据需要决定取舍，以达到固相控制的目的。与其他方法相比，这种方法处理时间短、效果好，且成本较低。

除机械方法外，常用的固控方法还有稀释法和化学絮凝法。

稀释法既可用清水或其他较稀的流体用于直接稀释循环系统中的钻井液，也可在钻井液池容量超过限度时用清水或性能符合要求的新浆，替换出一定体积的高固相含量的钻井液，从而使总的固相含量降低。如果用机械方法清除有害固相仍达不到要求，便可用稀释的方法进一步降低固相含量。也有时是在机械固控设备缺乏或出现故障的情况下不得不采用稀释法。稀释法虽然操作简便、见效快，但在加水的同时必须补充足够的处理剂，如果是加重钻井液还需补充大量的重晶石等加重材料，因而会使钻井液成本显著增加。为了尽可能降低成本，一般应遵循以下原则：①稀释后的钻井液总体积不宜过大；②部分旧浆的排放应在加水稀释前进行，不要边稀释边排放；③一次性多量稀释的费用少于多次少量稀释的费用。

化学絮凝法是在钻井液中加入适量的絮凝剂（如部分水解聚丙烯酰胺）使某些细小的固体颗粒通过絮凝作用聚结成较大颗粒，然后用机械方法将其排除或在沉砂池中沉除的方法。这种方法是机械固控方法的补充，两者相辅相成。目前广泛使用的不分散聚合物钻井液体系正是依据这种方法使总固相含量保持在所要求的4%以下。化学絮凝方法还可用于钻井液中过量的膨润土的清除。由于膨润土的最大粒径约为5μm，而离心机一般只能清除粒径6μm以上的颗粒，因此用机械方法无法降低钻井液中膨润土的含量。化学絮凝总是安排在钻井液通过所有固控设备之后进行。

（三）非加重钻井液的固相控制

1. 钻屑体积与质量的估算

非加重钻井液是指体系中不含加重材料的钻井液，其固相含量不应超过22%，一般应低于加重钻井液的总固相含量。但是，由于非加重钻井液一般用于上部井段，此时井径较大，地层较松软，机械钻速高，低密度固相的增长率相对较大，因此钻屑的清除量比使用

加重钻井液时更高。

一口井在钻进过程中，每小时钻出的钻屑量可由式（6-1）求得：

$$V_s = \frac{\pi(1 - \phi)d^2}{4} \frac{dD}{dt} \tag{6-1}$$

式中　　V_s——进入钻井液的钻屑体积，m^3/h；

　　　　ϕ——地层的平均孔隙度；

　　　　d——钻头直径，m；

　　dD/dt——机械钻速，m/h。

例如，美国墨西哥湾沿岸的油气井在开井（即钻表层）时通常使用直径为38.1cm（15in）的钻头，机械钻速不低于30.5m/h（100ft/h）。若所钻地层的平均孔隙度为0.25，即可求出：

$$V_s = [\pi(1 - 0.25)(38.1/1000)^2/4] \times 30.5 = 2.61 \ (m^3/h)$$

由于低密度固相的平均密度为$2.6g/cm^3$，故每小时钻出钻屑的质量为：

$$2.61 \ m^3/h \times 2.6t/m^3 = 6.786 \ (t/h)$$

由此可见，进入钻井液的钻屑量是相当大的。只有不断清除这些钻屑，才能使钻井液保持所要求的性能，从而保证正常钻进的进行。

2. 膨润土和钻屑的粒度分布

为了选择适合的固控设备和方法，必须了解作为有用固相的膨润土和作为清除对象的钻屑的粒度分布及范围。虽然膨润土和钻屑均属钻井液中的低密度固体，两者密度十分相近，但从图6-10中的粒度分布曲线可以看出，两类固相的粒度分布情况却有很大差别。膨润土的粒度范围大致为0.03~5μm，而钻屑的粒度范围极宽，为0.05~10000μm。在粒径小于1μm的胶体颗粒和亚微米颗粒中，膨润土所占的体积分数明显高于钻屑，而在粒径大于5μm的较大颗粒中，则几乎全部为钻屑颗粒。

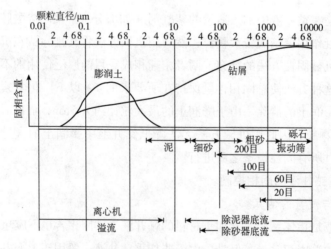

图6-10　非加重钻井液中膨润土和钻屑的粒度分布

由图 6-10 可知，各种振动筛的分离能力有很大区别，其中筛网为 200 目的细目振动筛可清除粒径大于 $74\mu m$ 的砂粒。常规除砂器、除泥器可分别清除 $30\mu m$ 和 $15\mu m$ 以上的泥质颗粒。而在离心机溢流中，则主要含有粒径在 $6\mu m$ 以下的微细颗粒。因此，如钻井液中膨润土含量过高，则只能采用化学絮凝或加水稀释的方法加以解决。

3）非加重钻井液的固控流程

图 6-11 所示为基本的非加重钻井液的固控流程。在整个系统中，固控设备的排列顺序为振动筛、除砂器、除泥器和离心机，以保证固相颗粒按从大到小的顺序依次被清除。固控设备型号的选择，应依据钻井液的密度、固相类型与含量、流变性能，以及固控设备的许可处理量而定。各种固控没备（离心机除外）的许可处理量，一般不得小于泥浆泵最大排量的 1.25 倍。从图 6-11 中还可看出，在通过所有固控设备之后，需对净化后的钻井液进行处理以调整其性能，适量补充所需的化学处理剂、膨润土和水，这是因为以上物质中的一部分会随着被清除的固相而流失，因此需要适当补充。另外，在钻井液进入的主除砂器之前，应适当加水稀释以提高分离效率。

非加重钻井液能否达到固控要求，很大程度上取决于对各种旋流器的是否使用合理。部分井队只重视一级固控，认为用好振功筛就行了，这显然是不正确的。当快速钻进时，除砂器、除泥器均应连续开动。图 6-12 所示为几种不同的除泥措施所导致的不同结果。图中曲线表明，中途除泥或间歇式除泥都会导致钻井液密度随井深而明显增加，只有连续除泥才能使钻井液密度保持相对稳定。

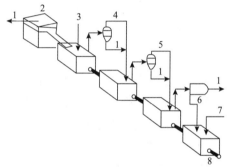

图 6-11　非加重钻井液固控的基本流程

只要测出旋流器和离心机底流的流量和密度，便可按照下例的计算方法求出单位时间内所失去的水量和排除的固相质量。

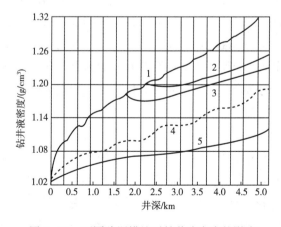

图 6-12　不同除泥措施对钻井液密度的影响

例6-1 将泥浆杯置于除泥器的底流口，如果收集1000mL底流需要32s，并测得底流密度为2.09g/cm³，试计算每小时所排出的固相质量和水的体积。

解：除泥器底流的密度可用固相和水的体积分数表示，如：

$$\rho = (m_s + m_w) / (V_s + V_w) = (\rho_s V_s + \rho_w V_w) / (V_s + V_w)$$

$$= \rho_s f_s + \rho_w f_w = \rho_s f_s + \rho_w (1 - f_s)$$

式中 ρ——底流密度，g/cm³；

m_s，m_w——固相、水的质量，g；

V_s，V_w——固相、水的体积，cm³；

f_s，f_w——固相、水的体积分数。

已知低密度固相的平均密度为2.6g/cm³，水的密度为1.0 g/cm³，相应数据代入后得

$$f_s = 0.681$$

由于底流流量为1/32（L/s），故每小时所排出的固相质量为：

$$m_s = (1/32) \times 0.681 \times 2.6 \times 3600 = 199.2 （kg/h）$$

每小时所排出的水的体积为：

$$V_w = (1/32) (1 - 0.681) \times 3600 = 35.9 （L/h）$$

以上计算结果表明，对于此种类型的单个除泥器，每小时应补充的水量约为36L，否则循环系统内钻井液的体积会逐渐减少。

（四）加重钻井液固控的特点

加重钻井液又称为重泥浆。加重钻井液中同时含有高密度的加重材料和低密度的膨润土及钻屑。重晶石是最常用的加重材料，由于它在钻井液中的含量很高，因此其费用在钻井液成本中占有很大的比例。大量重晶石的加入必然会降低钻井液对来自地层的岩屑的容纳量，并对膨润土的加量有更为苛刻的要求。加重钻井液中，钻屑与膨润土的体积分数之比一般不应超过2:1，而非加重钻井液中该比值可放宽至3:1或更多。大量钻井实践表明，过量钻屑及膨润土的存在会造成重泥浆的黏度、切力过高，使钻井液失去正常的流动状态。此时如果不加强固控，仅依靠加水稀释来暂时缓解过高的黏度、切力，则只能造成恶性循环，不仅钻井液成本大幅度增加，而且常导致压差卡钻等复杂状况的发生。因此，就加重钻井液而言，清除钻屑的任务比非加重钻井液更为重要和紧迫，并且其难度也比非加重钻井液要大得多。总的而言，加重钻井液固控的主要特点为既要避免重晶石的损失，又要尽量减少体系中钻屑的含量。

1. 重晶石的粒度分布

了解重晶石粉的粒度分布情况对实现加重钻井液的固控目标而言是非常重要的。按照我国国家标准和API标准，钻井液用重晶石粉的200目筛筛余量均小于3%，即要求至少有97%的重晶石粉粒的粒径小于74μm。通常情况下，绝大多数重晶石粉颗粒的粒度范围为2~74μm。由图6-13中典型的重晶石粒度分布曲线可以看出：①粒径小于2μm的颗粒约占8%；②粒径小于30 μm的颗粒约占76%；③粒径小于40μm的颗粒约占83%。

加重钻井液中各种固相的粒度分布以及固控设备可分离固相颗粒的范围如图6-14所示。由图可知，常规除砂器和除泥器的可分离粒度范围均与重晶石粉的粒度范围发生部分重叠，因此加重钻井液一般不单独使用旋流器。这种情况下，用好振动筛对固相控制更为重要。如能用200目细筛网，即可在钻井液中固相的粒度减小至重晶石粒度上限之前将大部分粒径大于74μm的钻屑颗粒清除掉。若使用粗筛网，则应配合使用钻井液清洁器。

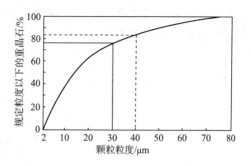

图6-13 典型的重晶石颗粒粒度分布曲线

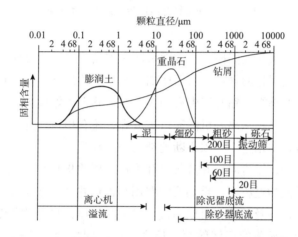

图6-14 加重钻井液中重晶石、膨润土和钻屑的粒度分布

2. 加重钻井液的固控流程

加重钻井液固控系统的基本流程如图6-15所示。该系统为振动筛、清洁器和离心机三级固控，其中振动筛和清洁器用于清除粒径大于重晶石的钻屑。对于密度低于1.8g/cm³（15ppg）的加重钻井液，使用清洁器的效果十分显著，如果对通过筛网的回收重晶石和细粒低密度固相进行适当稀释并添加适量降黏剂，则可基本上达到固控的要求，此时可不必使用离心机。但是，当密度超过1.8g/cm³时，清洁器的使用效果会逐渐变差。这种情况下，常使用离心机将粒径在重晶石范围内的颗粒从液体中分离出来。由图6-15可知，含大量回收重晶石的高密度液流（密度约为1.8g/cm³）从离心机底流口返回在用的钻井液体系，而将从离心机溢流口流出的低密度液流（密度约为1.15g/cm³）废弃。离心机主要用于清除粒径小于重晶石粉的钻屑颗粒。

在实际应用中，目前国内各油田有时仍单独使用除砂器处理加重钻井液，但是必须使用分离粒度大于74μm的大尺寸除砂器。由于重晶石与钻屑颗粒的沉降直径比约为1:1.5，因此能清除粒径74μm以上钻屑颗粒的除砂器，也会除掉粒径为49μm以上的重晶石粉。由图6-13可知，在重晶石中这部分颗粒约占10%~15%。经这种除砂器处理过的加重钻井液再进入钻井液清洁器，便可有效减轻钻井液清洁器的负担。此种处理措施的缺点是会使部分粒度较大的重晶石受到损失。

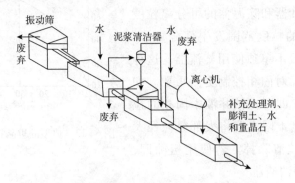

图6-15　加重钻井液固控系统的基本流程

3. 离心机分离

将离心机用于加重钻井液固控，一方面可回收重晶石，另一方面可有效地清除微细的钻屑颗粒，降低低密度固相的含量，从而使加重钻井液的黏度、切力得以控制。但是，在使用过程中也有一定的弊端。钻井液中有约3/4的膨润土和处理剂，以及一部分粒径很小的重晶石粉会随钻屑细颗粒从离心机溢流口被废弃，还有相当一部分水也不可避免地被排掉。因此，为了维持正常钻进，必须不断地补充一些新浆。

统计分析结果表明，钻进时钻井液每口井维护费用约90%的费用使用于固相控制或有关操作中。加重钻井液的过程中，重晶石的费用约占钻井液总材料费用的75%。因此，正确地选择和使用固控设备及系统，可以通过大量清除钻屑，减少钻井液及其配浆材料、处理剂的消耗，从而取得显著的经济效益。反之，如果固控设备选配不当，使用和保养不善，则不仅不能取得理想的固控效果，还会在经济上造成难以弥补的损失。

【任务实施】

任务1　振动筛的使用和维护

一、学习目标

掌握振动筛的工作原理，熟悉振动筛使用、安装、维护、保养及故障处理方法。

二、训练准备

（1）穿戴好劳保用品。

（2）准备润滑剂若干。

（3）准备振动筛、轴承各一个。

（4）准备起子、活动扳手等工具。

三、训练内容

（一）实训方案

振动筛的使用和维护实训方案如表6-7所示。

表6-7　振动筛的使用和维护实训方案

序号	项目名称	教学目的及重点
1	认知振动筛的各部件	了解振动筛工作原理
2	振动筛使用和维护处理	掌握振动筛使用、维护和处理过程及步骤
3	异常操作	分析原因，掌握振动筛的使用和维护、处理方法
4	正常操作	掌握振动筛使用的正常操作方法

（二）正常操作要领

振动筛使用及维护的正常操作要领如表6-8所示。

表6-8　振动筛使用及维护正常操作要领

序号	操作项目	调节使用方法
1	认知振动筛的各部件	振动筛由底座、筛架、激振器、减震器等部件组成。其工作原理是：通过机械振动将大于网孔的固体以及通过颗粒间的黏附作用将部分小于网孔的固体筛离出来，从井口返出的钻井液流经振动着的筛网表面时固相从筛网尾部排出，含有小于网孔固相的钻井液透过筛网流入循环系统，从而完成对较粗固相颗粒的分离作用
2	振动筛的使用和维护处理	操作步骤： （1）准备工作。准备专用润滑脂、工具及配件 （2）检查。检查振动筛筛面是否完好，固定是否良好；检查振动筛电机螺栓是否紧固 （3）开机。检查开机后有无异常噪音，温度和运转是否正常，是否可投入使用 （4）调整。使用时调整筛箱倾角，使钻井液覆盖筛面总长度达75%~80% （5）停用。停止使用前，先用清水或水蒸气把筛面、筛槽冲洗干净，再空运转1~2min，方可关闭电源 技术要求： （1）钻井液常用筛布目数为（12目、16目、20目、40目、60目、80目） （2）筛布的目数可以根据钻井的需求合理选用，且筛布要绷紧，须更换时应及时更换 （3）采用转筒式装置时应及时转动

四、考核建议

为了准确的评价本课程的教学质量和学生的学习效果，体现注重学生职业能力培养的教学目标，建议对本课程的各个环节进行考核，以便对学生作出公正、准确的评价。建立过程考评（任务考评）与期末考评（课程考评）相结合的方法，强调过程考评的重要性。过程考评占60%，期末考评占40%。考核评价方式如表6-9所示。

表6-9　考核评价表

	评价内容	分值	权重
过程评价	振动筛的工作原理（认知能力）	20	60%
	振动筛的使用维护及处理（（技能水平、操作规范）	40	
	方法能力考核（制定计划或报告能力）	15	
	职业素质考核（"5S"与出勤执行情况）	15	
	团队精神考核（团队成员平均成绩）	10	
期末考评	期末理论考试（联系生产实际问题、职业技能证书考核中"应知"内容）	100	40%

任务2　旋流器的使用和维护

一、学习目标

掌握旋流器的使用和调节，熟悉其中的相关概念。

二、训练准备

（1）穿戴好劳保用品。

（2）准备好扳手、钳子等用具。

三、训练内容

（一）实训方案

旋流器使用和维护的实训方案如表6-10所示。

表6-10　旋流器使用及维护实训方案

序号	项目名称	教学目的及重点
1	认知旋流器各部件	了解旋流器的工作原理
2	旋流器（平衡式）的调节处理	掌握旋流器（平衡式）的调节及故障处理过程
3	异常操作	分析原因，掌握旋流器的使用和维护处理方法
4	正常操作	掌握旋流器使用的正常操作方法

（二）正常操作要领

旋流器使用和维护的正常操作要领如表6-11所示。

表6-11　旋流器使用和维护的正常操作要领

序号	操作项目	调节使用方法
1	认知旋流器各部件	旋流器锥体上部的圆柱部分为进浆室，其内径为即旋流器的规格尺寸。旋流器侧部有一切向进浆口，顶部中心有一涡流导管，构成溢流口。壳体下部呈圆锥形，锥角为15°~20°。底部的开口称为底流口，其口径大小可调。旋流器的工作原理可参考stokes公式和离心力公式 （图）
2	旋流器（平衡式）的调节处理	操作步骤： （1）用合适的泵向旋流器中注入清水 （2）把底流尖嘴全部放开 （3）逐渐调小尖嘴尺寸 （4）在钻井过程中，根据实际情况按上述方法不断调整旋流器 技术要求： （1）旋流器的工作压力为0.15~0.25MPa （2）全部敞开时应有一些水以帘状喷洒的形式漏出 （3）尖嘴从小到大的调节过程中，当只有慢速底流从排泄口排出时，此点为正常平衡点 （4）避免引起"平摊"或"干底"效应的过分调整，否则会造成严重的底流开口堵塞和过分的下部磨损 （5）钻井中出现"绳流"或"串状"排泄，应放大尖嘴尺寸，直到呈伞状为止。当过量负荷消失后再进行平衡操作

四、考核建议

为了准确的评价本课程的教学质量和学生的学习效果，体现注重学生职业能力培养的教学目标，建议对本课程的各个环节进行考核，以便对学生作出公正、准确的评价。建立过程考评（任务考评）与期末考评（课程考评）相结合的方法，强调过程考评的重要性。过程考评占60%，期末考评占40%。考核评价方式如表6-12所示。

表6-12　考核评价表

	评价内容	分值	权重
过程评价	旋流器的工作原理（认知能力）	20	60%
	旋流器（平衡式）的调节使用维护及处理（技能水平、操作规范）	40	
	方法能力考核（制定计划或报告能力）	15	
	职业素质考核（"5S"与出勤执行情况）	15	
	团队精神考核（团队成员平均成绩）	10	
期末考评	期末理论考试（联系生产实际问题、职业技能证书考核中"应知"内容）	100	40%

任务3　离心机的使用和维护

一、学习目标

掌握离心机的使用和调节方法。

二、训练准备

（1）穿戴好劳保用品。

（2）准备好扳手、钳子等用具。

三、训练内容

（一）实训方案

离心机的使用和维护实训方案如表6-13所示。

表6-13　离心机的使用和维护实训方案

序号	项目名称	教学目的及重点
1	认知离心机的各部件	了解离心机的工作原理
2	离心机的使用和维护	掌握离心机的使用和维护及故障处理方法
3	异常操作	分析原因，掌握离心机的使用和维护方法
4	正常操作	掌握离心机使用的正常操作方法

（二）正常操作要领

离心机的使用和维护正常操作要领如表6-14所示。

表6-14　离心机的使用和维护正常操作要领

序号	操作项目	调节使用方法
1	认知离心机各部件	离心机的结构及各部件如下图所示 1—分离后的钻井液出口；2—钻井液进口；3—溢流口；4—溢流液体；5—外壳；6—钻井液液面；7—钻井液槽道；8—输送器；9—泥饼；10—干湿区过度带；11—底流口
2	离心机的使用和维护	操作步骤： （1）准备工作：检查轴承座等连接处固件是否松动，检查清水阀、进料阀是否处于关闭状态 （2）开机，开机前用手盘车，不得有摩擦卡阻现象 （3）启动主辅电机。启动辅电机至转速正常，20s后再启动主电机至运转正常 （4）启动供液泵。主电机运转10min后，启动供液泵运转正常，然后逐渐打开进液阀，并达到所需排量

序号	操作项目	调节使用方法
2	离心机的使用和维护	（5）停止使用。先停供液泵，逐渐关闭进液阀，然后打开清水阀，离心机继续运转 10～15min。观察溢流口，溢流较清且排渣口不再排出固体物质时，可关闭清水阀，停止主电机 技术要求： （1）离心机转速可在 300～3250r/min 内调整 （2）低速状态下可回收重晶石，高速状态下可回收膨润土和黏土 （3）供液时，阀门由小到大逐渐打开，以免引起离心机过载 （4）机器运转 2h 后，检查主轴承，温度升高不得高于 40℃ （5）停机时间较长，转鼓内沉积物（渣）未冲洗干净时，转鼓内偏下部易形成泥饼或冰渣，再次开机之前务必手动盘车，用水冲洗化开泥饼或冰渣后方可开机 （6）按要求进行维护和保养

四、考核建议

为了准确的评价本课程的教学质量和学生的学习效果，体现注重学生职业能力培养的教学目标，建议对本课程的各个环节进行考核，以便对学生作出公正、准确的评价。建立过程考评（任务考评）与期末考评（课程考评）相结合的方法，强调过程考评的重要性。过程考评占 60%，期末考评占 40%。考核评价方式如表 6-15 所示。

表 6-15　考核评价表

	评价内容	分值	权重
过程评价	离心机的工作原理（认知能力）	20	60%
	离心机的使用和维护（技能水平、操作规范）	40	
	方法能力考核（制定计划或报告能力）	15	
	职业素质考核（"5S"与出勤执行情况）	15	
	团队精神考核（团队成员平均成绩）	10	
期末考评	期末理论考试（联系生产实际问题、职业技能证书考核中"应知"内容）	100	40%

【思考题及习题】

一、填空题

1. 与（　　）起反应的固相称为活性固相。

2. 在低密度钻井液中，固相体积分数不应超过（　　）。

3. 细网振动筛的振幅应（　　）于常规振动筛。

4. 旋流器壳底下部呈圆锥形锥角角度范围是（　　）。

5. 离心机清除的钻屑颗粒比重晶石颗粒（　　）。

6. 钻井液清洁器的筛网通常使用（　　）目。

7. 旋流器按其直径不同可分为（　　）。

8. 钻井液底流"绳状"排出，说明钻井液中固相含量（　　）。

9. 振动筛振动不稳，需（　　）。

10. 对于密度大于 $1.8 \mathrm{g/cm^3}$ 的加重钻井液，为回收重晶石和除去更多的钻屑，最好（　　　）。

二、判断题

1. 旋流器的分离能力与旋流器的尺寸有关，直径越小，分离颗粒越大。（　　　）

2. 钻井液清洁器是一组旋流器和一组粗目振动筛的组合。（　　　）

3. 沉降式离心机的核心部件由滚筒、螺旋输送器两部分组成。（　　　）

4. 振动筛是一种过滤性的机械分离设备。（　　　）

5. 振动筛过热时，需通风或使用高温润滑剂。（　　　）

6. 溢流口的大小称为旋流器的平衡点。（　　　）

7. 旋流器的分离点越低，说明其分离固相的效果越好。（　　　）

8. 振动筛轴承中有砂时，需要更换轴承。（　　　）

9. 旋流器只是一种圆柱形容器。（　　　）

10. 旋流器侧部有一切向进液口，顶部中心有一涡流导管，构成溢流口。（　　　）

三、简答题

1. 什么叫钻井液的固相控制？常用的固控方法有那几种？

2. 常用的机械固控设备有哪些？每种设备能够消除无用固相的一般范围分别是多少？

3. 什么叫旋流器的50%分离点？常规除砂器和除泥器的50%分离点各是多少？

4. 从除砂器的底流口收集 $800 \mathrm{mL}$ 底流需要 $24 \mathrm{s}$，并测得底流密度为 $2.2 \mathrm{g/cm^3}$，试计算该单个除砂器每小时所排除的固相质量和水的体积。

5. 试写出加重钻井液和加重钻井液固控的基本流程，比较两者的主要区别。在加重钻井液固控中，使用钻井液清洁器的目的是什么？

6. 试阐述钻井液固相控制对完成钻井作业的重要意义。

学习情境7　井下复杂情况的预防和处理

【学习目标】

能力目标：

（1）能分析井壁不稳定的原因，制定预防井塌的措施及处理泥页岩坍塌掉块的方案。

（2）能分析井漏的原因，制定预防井漏的措施及处理井漏的方案。

（3）能分析井喷的原因，了解井喷的征兆，制定预防井喷的措施及处理井喷的方案。

（4）能分析卡钻的类型及原因，制定预防卡钻的措施及处理黏附卡钻的方案。

（5）能正确处理水侵、石膏侵、水泥侵、黏土侵及 H_2S 侵等井下复杂情况。

知识目标：

（1）掌握井壁不稳定的机理和对策。

（2）掌握井漏的预防处理办法。

（3）掌握井喷的预防处理办法。

（4）掌握卡钻的预防处理办法。

（5）掌握盐水侵、石膏侵、水泥侵、黏土侵及 H_2S 侵的处理办法。

素质目标：

（1）明确职业岗位所处的重要位置，并不断提高自身职业能力。

（2）树立实事求是、精益求精的职业意识。

（3）能清晰、有逻辑、有重点、大胆地用语言表达自己的思想，具备应对失败的能力以及吃苦耐劳的精神。

（4）建立起安全生产和环境保护意识。

（5）能在各项生产活动中与老师、同学相互合作、沟通，有责任心。

（6）能对自己在集体中的作用、能力作出客观的评价，并对他人的工作作出客观评价。

【任务描述】

通过井下复杂情况的预防与处理的学习，使学生掌握井塌、井漏、井喷、卡钻及其他井下复杂情况的预防和处理办法。具体工作内容为：井塌的预防和处理；井漏的预防和处理；井喷的预防和处理；卡钻的预防和处理；其他井下复杂情况的预防和处理。

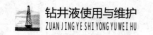
要求学生以小组为单位，根据任务要求，制定出工作计划，能够分析和处理操作中遇到的异常情况，撰写工作报告。

【相关知识】

随着深井、超深井、丛式井及水平井等特殊井的增加及欠平衡钻井等新技术的应用，钻井中遇到的井壁不稳定（失稳）、井漏、井喷及卡钻等井下复杂情况和钻井事故越来越突出，如今已经成为影响安全、优质、快速钻井及经济效益的主要因素之一。因此，做好复杂情况下的钻井液处理工作尤为重要。

一、井壁不稳定机理及钻井液技术

井壁不稳定（失稳）是指钻井或完井过程中出现的井壁坍塌、缩径、地层压裂等井下复杂情况（图7-1）。前两者会造成井径扩大或缩小，后者易造成井漏。井壁失稳会严重影响钻井速度、质量及其成本，甚至延误勘探与开发的速度。为了保持井壁稳定，实现优质安全钻进，必须搞清井壁失稳地层的结构特征，井壁失稳的原因，相关的钻井工程与钻井液技术措施等。本小节主要介绍井壁坍塌、缩径两种井壁失稳类型及其机理和相应的钻井液技术。

（一）井壁不稳定现象及地层类型

1. 井壁不稳定现象

1）井塌的现象

井塌通常表现为返出钻屑的尺寸增大，数量增多且成分混杂；钻井液的黏度、切力、密度、含砂量明显增高，泵压增高且不稳定，严重时会出现憋泵现象，并可憋漏地层；扭矩增大，憋钻严重，停转转盘打倒车；上提钻具遇卡，下放钻具遇阻，下钻（或接单根）下不到井底，划眼遇阻，严重时会发生卡钻或无法划至井底；井径扩大，出现糖葫芦井眼，测井遇阻。

2）缩径的现象

当钻井过程中发生缩径时，由于井径小于钻头直径，因而会出现扭矩增大、憋钻等现象，严重时会导致转盘无法转动，甚至被卡死。上提钻具或起钻遇卡，严重时会发生卡钻。下放钻具或下钻遇阻，如地层缩径严重，可能导致井眼闭合。

3）压裂现象

当钻井液的循环压力大于地层破裂压力时，则会压裂地层，使地层出现裂缝，钻井液漏失，从而导致泵压的下降。如果液柱压力降到易塌地层的坍塌压力或孔隙压力之下，则可能发生井塌或井喷等复杂情况。

2. 井壁不稳定地层的类型

在钻井过程中，如果钻遇泥页岩、砂质或粉砂质泥岩、流沙、砂岩、泥质砂岩或粉砂岩、砾岩、煤层、岩浆岩、碳酸盐岩等地层，则可能发生井壁不稳定现象。井塌可能发生在各种不同岩性、不同黏土矿物种类及含量的地层中，绝大多数井塌发生在泥页岩地层中。严重井塌往往发生在层理裂缝发育或破碎的各种岩性地层，孔隙压力异常的泥页岩层，处于强地应力作用的层位，厚度大的泥岩层、生油层及倾角大、易发生井斜的地层。缩径大多发生在蒙皂石含量高、含水量大的浅层泥岩层，盐膏层，含盐膏软泥岩层，高渗透性砂岩或粉砂岩层，以及沥青等地层中。压裂可发生在任何地层中。

（二）井壁不稳定的原因

井壁不稳定的实质是力学不稳定，当井壁岩石所受的应力超过其本身的强度时就会发生井壁不稳定。其原因十分复杂，主要可归纳为力学因素、物理化学因素和工程技术措施3个方面的原因，后两者最终均会因影响井壁应力分布和井壁岩石的力学性能而造成井壁不稳定。

1. 力学因素

（1）原地应力状态

原地应力状态是指在发生工程扰动之前就已经存在于地层内部的应力状态（简称为地应力）。地应力的铅垂应力分量通常称为上覆岩层压力，主要由上部地层的重力产生。而水平方向的地应力分量会受到上覆岩层压力、地层岩性、埋藏深度、成岩历史、构造运动情况等诸多因素的影响，其中，上覆岩层压力是主要影响因素。由于多次构造运动，在岩石内部形成了十分复杂的构造应力场，构造

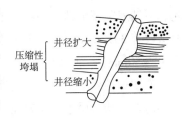

图 7-1　井壁不稳定的类型

应力大多以水平方向为主，且两个水平方向上构造应力的大小不等。因此，在一般情况下，地应力的 3 个主应力分量是不相等的。

地层被钻开之前，地下的岩石受到上覆压力、水平方向地应力和孔隙压力作用，处于平衡状态。孔隙压力是指地下岩石孔隙内流体压力，在正常沉积环境中，地层处于正常的压实状态，孔隙压力为静液柱压力，即正常地层压力，压力系数为 1.0；在异常压实环境中，孔隙压力大于正常地层压力时称为异常高压地层，压力系数大于 1.0。

2）井眼周围围岩应力状态的变化

井眼被钻开后，地应力被释放，井内钻井液作用于井壁上的压力取代了所钻岩层对井壁岩石的支撑，破坏了原有应力的平衡，引起井壁周围应力重新分布。若钻井液密度降低，井眼围岩差应力（径向应力减小，切向应力增大）升高，超过岩石的抗剪强度时，则会发生剪切破坏，表现为脆性地层发生坍塌，井径扩大；塑性地层发生塑性变形，造成缩径。相反，当钻井液密度升高至一定值后，井壁处的切向应力就会变成拉伸应力，当拉伸应力大于岩石的抗拉强度时，则会发生拉伸破坏，压裂地层，表现为井漏。

3）造成井壁力学不稳定的原因

钻井过程中保持井壁力学稳定的必要条件是钻井液液柱压力必须大于地层坍塌压力，小于地层破裂压力。坍塌压力是指井壁发生剪切破坏的临界井眼压力。钻井过程中造成井壁力学不稳定的原因可归纳为以下几个方面。

（1）液柱压力小于地层坍塌压力。孔隙压力异常不仅发生在储层中，在泥页岩地层中也较普遍地存在。以往钻井液密度设计均依据所钻遇油气水层的孔隙压力，而没考虑易坍塌地层可能存在异常孔隙压力与地应力。在实际钻井过程中，同一裸眼井段部分地层的坍塌压力往往大于油、气、水层的孔隙压力，依据孔隙压力确定密度的钻井液在高坍塌压力地层钻进时，井筒中钻井液液柱压力不足以平衡地层坍塌压力，这就会使所钻地层处于力学不稳定状态，引起井壁坍塌。

对盐膏层、含盐膏泥岩和高含水的软泥岩等地层，其高度延展性几乎可以传递上覆地层的全部负荷，如井筒中钻井液液柱压力不足以平衡其产生塑性变形的压力，此类岩层就会发生蠕变。所谓蠕变是指材料在恒应力状态下，其变形随时间而逐渐增大的一种特性。盐岩在深部高温高压环境下，由于具有蠕变特性，即使井壁上的应力仍处于弹性范围，也会导致井眼随时间而逐渐缩小。由于盐岩层的塑性变形（蠕变）会引起井眼缩径，常导致起、下钻遇阻及卡钻。例如，中原油田文－218井使用密度为 $1.79g/cm^3$ 的钻井液，钻进岩盐层至3912m时，从电测得知在3856～3899m井段井径缩小18%～23%（比钻头直径小40～50mm）。继续电测时又发生遇阻，下钻划眼至3912m，后上提遇卡。因此，盐岩层的蠕变或塑性变形是钻进该类地层时造成井下复杂情况的一个重要原因。

此外，盐膏层中的泥岩在上覆盖层压力与井温作用下，黏土表面所吸附的水会逐渐被挤出成为孔隙水，使体积增大约40%～70%。若泥岩被盐层所封闭，而盐层不具备渗透性能，水无处可排，则会导致在两个盐层之间的泥岩孔隙中形成异常压力带。钻开此类地层时，如果钻井液液柱压力低于此类泥岩发生塑性变形的压力，泥岩就会缩径，导致出现井下复杂情况。盐膏层塑性变形不仅发生在岩盐中，而且还会发生在含盐泥岩中。

（2）起钻抽吸作用使液柱压力降低。在起钻过程中，未及时灌注钻井液，钻井液塑性黏度和动切力过高或起钻速度过快等因素均会产生高的抽吸作用，使作用于井壁的液柱压力下降，当该压力低于地层坍塌压力时就会发生井塌。此外，在裸眼井段，如果所钻过的上部地层中存在大段含蒙皂石或伊蒙无序间层的泥岩，在钻进下部地层时如用时过长，上部泥岩就会因吸水膨胀而造成井径缩小，起钻至此井段则会发生"拔活塞"抽吸作用，环空灌不进钻井液，从而产生很大的抽吸压力而形成负压差，严重时便会抽塌下部地层。

（3）井喷或井漏导致井筒中液柱压力降低。钻井过程中如发生井喷或井漏，则会造成井筒中液柱压力下降。当此压力小于地层坍塌压力时，则会发生井塌。

（4）钻井液密度过高。钻井过程中，如所采用的钻井液密度过高，显著超过了地层孔隙压力，则会有更多的钻井液滤液进入地层，加剧地层中黏土矿物水化，引起地层孔隙压力增加及围岩强度降低，最终导致地层坍塌压力增大。当坍塌压力的当量密度超过钻井液密度时，井壁就会发生力学不稳定，造成井塌。

2. 物理化学因素

通常情况下，岩石均由非黏土矿物、晶态黏土矿物（如蒙皂石、伊利石、伊蒙间层、绿泥石、绿蒙间层、高岭石等）和非晶态黏土矿物（如蛋白石等）所组成，但不同岩性地层所含的矿物类型和含量不完全相同。对井壁稳定性产生影响的主要组分是地层中所含的黏土矿物。

当地层被钻开后，在井筒中钻井液与地层孔隙流体之间的压差、化学势差和地层毛细管力的驱动下，钻井液滤液进入地层，从而引起地层中黏土矿物水化膨胀，导致井壁不稳定。影响地层中的黏土矿物与水接触发生水化膨胀的因素是多方面的。

（1）地层中所含黏土矿物不同，其水化膨胀程度不同，黏土矿物膨胀能力由大到小的顺序为蒙皂石＞伊蒙间层矿物＞伊利石＞高岭石＞绿泥石。

（2）地层中含有石膏、氯化钠和芒硝等无机盐时，则会促使地层发生吸水膨胀。比如，当地层中含有无水石膏时，无水 $CaSO_4$ 吸水转变为 $CaSO_4 \cdot 2H_2O$，其体积增加约 26%，因而含膏泥岩的膨胀性与其中的无水石膏含量有密切关系。

（3）地层中存在着层理裂缝，部分微细裂缝在井下高有效应力作用下处于闭合状态，但当与水接触时，水仍然会沿着这些微缝进入，引起地层水化膨胀。

（4）时间、温度和压力对泥页岩的水化膨胀会产生一定影响。地层中的黏土矿物与钻井液滤液接触时间增长会加剧黏土水化膨胀。随着温度的升高，黏土的水化膨胀速率和膨胀量都明显增高；而压力的增大则可抑制黏土水化膨胀。

（5）钻井液中所含有机处理剂和可溶性盐的类型及含量，滤液的 pH 值等均会影响黏土的水化膨胀。

由于地层中所含的黏土矿物吸水会发生水化膨胀，产生水化应力，改变了井筒周围地层的孔隙压力与应力分布，从而导致井壁岩石强度降低，地层坍塌压力发生变化。当井壁岩石所受到的周向应力超过岩石的屈服强度时，则会导致井壁不稳定。因此，井壁不稳定是化学因素与物理因素共同作用的结果。

3. 钻井工程因素

钻井工程措施也是影响井壁稳定的重要因素。钻井过程中，起、下钻速度过快，钻井液静切力过大，开泵过猛，钻头泥包等原因均可能发生强的抽吸作用，降低钻井液作用于井壁的压力，造成井塌。钻井过程中如果发生井喷、井漏或起钻没灌满钻井液，则会使井内液柱压力大幅度下降，造成井壁岩石受力失去平衡并进而导致井塌。当钻进破碎性地层或层理裂隙发育的地层时，如果钻井液环空返速过高，在环空形成紊流，则对井壁的冲刷力可能会超过被钻井液浸泡后的岩石强度，这时就会造成井壁坍塌。若井身质量不好，如井眼方位变化大，狗腿度过大，则易造成应力集中，加剧井塌的发生。钻易塌地层时，若转速过高、起钻用转盘卸扣，则会由于钻具剧烈碰击井壁而加速井塌。

总之，在钻井过程中，如果影响井壁稳定性的一些工程措施不当，则均有可能降低钻井液作用在井壁上的压力和岩石强度，进而导致井壁不稳定。

（三）稳定井壁的技术措施及其确定方法

1. 稳定井壁的技术措施

目前已在实践中总结出各种稳定井壁的技术措施，这些措施可归纳为以下几个方面。

1）选用合理的钻井液密度

为了保持井壁稳定，必须依据所钻地层的坍塌压力与破裂压力来确定钻井液密度，保持井壁处于力学稳定状态，防止井壁发生坍塌或塑性变形。为了保持井壁稳定，必须依据所钻地层的地层破裂压力 $P_破$（$P_漏$）、地层孔隙压力 $P_地$ 和地层坍塌压力 $P_坍$ 共 3 个压力剖面来合理确定钻井液密度，保持井壁处于力学稳定状态，防止井壁发生坍塌或塑性变形。如果钻井液柱压力（包括钻井液液柱静压力和循环压力）$P_液 > P_破$，则井漏；$P_液 < P_坍$，则井塌；$P_液 < P_地$，则井喷。当 $P_地 > P_坍$ 时，应满足 $P_破 > P_液 > P_地$，安全压力（当量钻井液密度）$\Delta P = P_破 - P_地$。当 $P_坍 > P_地$ 时，应满足 $P_破 > P_液 > P_坍$，$\Delta P = P_破 - P_坍$。ΔP 大钻则不易出现井下复杂情况，ΔP 小钻井困难，压力剖面当量密度与钻井液密度关系如图 7-2 所示。

对于脆性地层（包括泥页岩、岩浆岩、灰岩等），黄荣樽等依据库仑－摩尔强度准则推导出的保持井壁稳定所需钻井液密度的计算式为：

$$\rho_m = \left[\eta(3\sigma_{h_1} - \sigma_{h_2}) - 2CK + \frac{\alpha P_p(K^2 - 1)}{(K^2 + \eta)}H \right] \times 100 \qquad (7-1)$$

$$K = c\tan\left(45° - \frac{\varphi}{2}\right)$$

式中　H——井深，m；

　　　ρ_m——钻井液密度，g/cm^3；

　　　C——岩石的粘聚力，MPa；

　　　η——应力非线性修正系数；

　　　σ_{h_1}——最大水平地应力，MPa；

　　　σ_{h_2}——最小水平地应力，MPa；

　　　P_p——孔隙压力，MPa；

　　　α——有效应力系数；

　　　φ——内摩擦角。

上式中地层的力学参数 C、φ 值可用声波、密度和伽玛测井资料进行计算，亦可通过岩心的三轴应力实验进行测定。地应力可用现场水力压裂试验或室内利用岩心进行加载观察声发射的凯塞效应法来求得，利用上式，可以计算出地层坍塌压力，并绘制出地层的坍塌压力剖面。图 7-3 所示为港海 3-1 井的压力剖面，钻井过程中依据此剖面的数据来控制钻井液密度，若井下情况正常，则易坍塌的玄武岩井段的平均井径扩大率仅为 2.5%。

钻井液密度的确定，还可以通过针对岩盐地层进行的高温高压下的三轴蠕变实验，得出处于弹性范围的岩盐黏弹性流变模式。依据黏弹性本构方程，可绘制岩盐层在控制收缩率情况下的钻井液密度图版，钻盐膏层时，可参照图版，依据井深、井底温度来确定钻井液的密度。

2）优选防塌钻井液类型与配方

采用物理化学方法来阻止或抑制地层的水化作用的主要技术措施有：①提高钻井液的

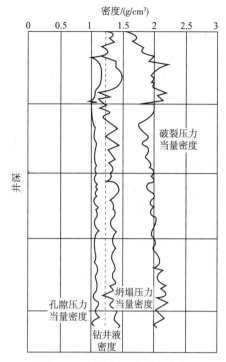

图 7-2 压力剖面当量密度与
钻井液密度的关系

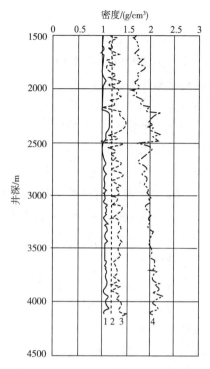

图 7-3 港海 3-1 井的压力剖面

1—破裂压力当量钻井液密度线；2—孔隙压力当量钻井液密度线；

3—坍塌压力当量钻井液密度线；4—实际钻井液密度线

抑制性；②用物理化学方法封堵地层的层理和裂隙，阻止钻井液滤液进入地层；③提高钻井液对地层的膜效率，降低钻井液活度使其等于或小于地层水的活度；④提高钻井液滤液的黏度，降低钻井液高温高压滤失量和泥饼渗透率，尽量减少钻井液滤液进入地层的量。上述措施可通过优选钻井液类型及配方来实现。

国内外常用的防塌钻井液有以下几种类型：油基（或油包水）钻井液、饱和盐水钻井液、KCl（或 KCl 聚合物）钻井液、钙处理钻井液、聚合物（包括聚丙烯酰胺、钾铵基聚合物、两性离子聚合物、阳离子聚合物、聚磺等）钻井液、硅基（或稀硅酸盐）钻井液和聚合醇（或多元醇）钻井液等。本小节就含 K^+、NH_4^+ 钻井液和硅酸盐钻井液的防塌机理展开分析。

（1）含 K^+、NH_4^+ 钻井液防塌机理。

K^+ 和 NH_4^+ 是两种比较特殊的离子，在抑制页岩水化方面有着特殊的效果，其中，含 K^+ 的钾基钻井液作为防塌钻井液已经自成体系。K^+、NH_4^+ 抑制页岩水化的主要机理包括下述两点。

①这两种离子的水化能低。K^+、NH_4^+ 水化能分别为 393kJ/mol 和 364kJ/mol，均低于其他常见的阳离子。由于黏土对阳离子的吸附具有选择性，优先吸附水化能较低的阳离子，因而 K^+、NH_4^+ 往往比 Na^+ 或 Ca^{2+} 优先被黏土所吸附。此外，当其被黏土吸附后，由于水化能低，会促使晶层间脱水，使晶层受到压缩，形成紧密的构造，从而能够有效地抑制黏土水化。

②K⁺、NH₄⁺的直径分别为 2.66Å（$1Å = 10^{-10}m$）和 2.86Å，其大小差不多刚好可以进入氧六角环，形成镶嵌式吸附，很难交换下来。同时由于水化后的 K⁺、NH₄⁺离子半径仍小于伊利石的层间间隙（10.6Å），因而能进入伊利石的层间，由于形成键合，从而抑制了相邻硅酸盐晶片的膨胀和分离。这种作用称为晶格固定作用。正是由于这种作用，使 K⁺ 有可能尽量靠近相邻晶层的负电荷中心，因而所形成的致密构造不会在水中再发生较强的水化。由于这种构造已经过脱水、压缩，因此 K⁺ 很难再被置换。

聚合物中的阳离子类别对聚合物的抑制效果有较大的影响。由于 K⁺、NH₄⁺ 能有效地抑制泥页岩水化，因而钾、胺基聚合物抑制地层膨胀与分散的效果，也优于其他的聚合物。各地采用 KCl - 聚合物钻井液钻进易坍塌地层都取得了很好的效果其典型配方为：1.5%～3% 膨润土 + 0.1%～0.3% PAM（或其衍生物）+ 3%～8% KCl + 适量的降滤失剂 + 少量的除氧剂等。这种钻井液体系通常称为钾盐聚合物钻井液，是目前国内外公认的最理想的水基防塌钻井液体系之一。其特点为将有机聚合物的防塌机理与无机处理剂 KCl 中 K⁺ 的防塌机理有机地结合在一起，具有双重效用，对各类泥页岩地层均有较强的抑制作用。

（2）硅酸盐钻井液的防塌机理。

含硅酸盐钻井液也是防塌效果很好的钻井液体系，进入 20 世纪 90 年代后，随着环保相关的要求越来越严格，油基钻井液的使用受到了限制。为了应对井壁不稳定的工况，美、英等国的钻井液公司开始重新研究硅酸盐钻井液。我国近年来也开始研究稀硅酸盐钻井液，并已在多口井中获得应用。

硅酸盐稳定井壁的作用机理可归纳为以下几点：硅酸盐在水中可以形成不同尺寸的胶体和高分子的纳米级粒子。这些粒子在吸附、扩散或在压差作用下进入井壁的微小孔隙中，其硅酸根离子与岩石表面或地层水中的钙、镁离子发生反应，生成的硅酸钙沉淀覆盖在岩石表面，从而起到封堵作用。当进入地层的硅酸根遇到 pH < 9 的地层水时，会立即变成凝胶，形成三维凝胶网络，封堵地层的孔喉与裂缝。当温度超过 80℃（在 105℃ 以上更明显）时，硅酸盐的硅醇基与黏土矿物的铝醇基发生缩合反应，产生胶结性物质，将黏土等矿物颗粒结合成牢固的整体，从而封固井壁。硅酸盐稳定含盐膏地层主要是通过硅酸根与地层中的钙、镁离子生成沉淀，从而在含膏地层表面形成坚韧、致密的封固壳以加固井壁。硅酸盐与地层所发生的上述作用，完全能够阻止钻井液滤液进入地层以及钻井液压力向井壁地层中的传递，从而有效降低了泥页岩地层的水化趋势。

近年来国外所使用的硅酸盐钻井液的典型配方如表 7-1 所示。

表 7-1　硅酸盐钻井液的典型配方

地区	处理剂及其加量/（g/L）									
	硅酸钠	KCl	PAC	XC	淀粉	聚乙二醇	烧碱	纯碱	H₂S 清除剂	重晶石
挪威	134	84.25	3.7	1.7	12.6				6.6	34
挪威	167	84.5	3.9	1.4	13.2	2.0			8.8	560
北海	50		7.13	2.85	14.1		1.43	0.71		

硅酸盐钻井液尽管有较好的稳定井壁作用，但当钻井液中膨润土含量较高，或钻遇含较多蒙脱石或伊蒙混层造浆性强的泥岩地层时，其流变性能难以控制，须在该方面继续进行改进，从而使硅酸盐钻井液得到更为广泛的应用。

防止坍塌必须有合理的钻井技术工程措施，否则仍然不能使井壁保持稳定。在钻井工程上主要应采取的技术措施包括：确定合理的井身结构和井下钻具结构；选择合理的泵量，根据地层特点确定环空流型与返速；根据地层特点确定各井段起、下钻速度，起钻过程中须及时灌钻井液。坚持短起、下钻，钻头在井下工作时间不超过24h；尽量不在坍塌井段中途开泵循环，不用喷射钻头划眼；钻可钻性级别低的极软地层、软地层、盐层、煤层等类地层时，应根据井眼尺寸和环空返速来控制钻速；应尽可能提高钻速，以降低钻井液侵泡易坍塌井段的时间。

2. 稳定井壁技术措施的确定

（1）作为基础工作，首先应对所设计区块易发生井壁不稳定地层的矿物组分、理化特征、结构特征、地层孔隙压力、坍塌压力、破裂压力和漏失压力等进行比较系统的测试和分析。

（2）在深入调研该地区所发生过的各种井下复杂情况或事故，钻井技术措施和钻井液使用情况的基础上，综合分析可能出现井壁不稳定的原因及应采取的对策。

（3）利用坍塌层的岩心或岩屑进行室内实验，评价钻井液对井壁不稳定地层的膨胀性、分散性、强度、封堵性能、HTHP滤失量和滤饼渗透率等性能的影响。在以上实验基础上优选稳定井壁的钻井液类型、配方和性能，综合评价钻井液稳定井壁的效果。

（4）确定稳定井壁的技术措施。首先确定合理的钻井液密度，以保持地层处于力学稳定状态。然后再根据地层矿物组分、结构特征、已钻井情况、室内实验结果等来确定与易坍塌地层特性相配伍的钻井液类型、配方和相应的工程技术措施。必须将优选钻井液类型、配方、性能与优选裸眼钻进时间、套管程序、钻井参数、工艺技术措施等因素结合起来综合考虑。此外，还须考虑所选择的技术措施的可行性、经济合理性以及是否符合环保要求等。

二、防漏与堵漏

井漏是在钻井、固井、测试等作业中，各种工作液（包括钻井液、水泥浆、完井液及其他流体等）在压差作用下漏入地层的现象。其表现为正常循环情况下，井口返出钻井液的数量少，严重时井口不返钻井液，钻井液池液面下降，有时会发生钻速突然变快或钻具突然放空、泵压明显下降等现象。钻井液漏失是钻井作业中一种常见的井下复杂情况，在各个层段、各类岩性的地层中都可以发生。一旦发生漏失，不仅会延误钻井时间，损失钻井液，损害油气层，干扰地质录井工作，而且还可能引起井塌、卡钻、井喷等一系列复杂情况与事故，甚至导致井眼报废，造成重大的经济损失。因此，在钻井过程中应尽量避免发生井漏。

（一）井漏的原因及分类

1. 井漏的原因

井漏发生的基本条件：一是地层中存在能使钻井液流动的漏失通道，如孔隙、裂缝或溶洞。二是井筒与地层之间存在能使钻井液在漏失通道中发生流动的正压差。漏失通道要有足够大的开口尺寸和足以克服钻井液在漏失通道中流动阻力的压差时才会发生井漏。

在钻井过程中采取措施不当，比如钻井液密度过高、下钻速度过快、在易漏层开泵过猛等，都会使地层中原本不会产生井漏的漏失通道开口尺寸扩张、相互连通而发生井漏，或使原本无漏失通道的地层压裂进而引发井漏。如果地层破裂压力小于钻井液液柱压力与环空压耗或波动压力之和时，地层将被压裂，产生井漏。如果漏失通道中含有非常活跃的天然气，则井漏后容易发生井喷。除钻井液密度对井漏有影响外，钻井液的黏度、切力及流变性、泥饼质量等均会直接影响井漏的发生及井漏的严重程度。

在钻井和完井中当出现以下两种情况时会发生井漏：第一种情况是当地层存在天然漏失通道时，钻井液作用于井壁的动压力超过地层的漏失压力；第二种情况是当动压力大于地层的破裂压力时，会压裂地层，形成新的漏失通道。

漏失压力是使钻井液进入地层漏失通道所需的最低压力，其值等于地层孔隙压力与钻井液在地层漏失通道中发生流动的压力损耗之和。与下列因素有关：①地层孔隙压力；②地层天然漏失通道的大小、形态、及漏失厚度；③钻井液流变性；④漏失层内外泥饼的质量。

2. 井漏的分类

目前，现场最常用的井漏分类方法是按漏失速度分类和按漏失通道形状分类。按漏失速度分类如表7-2所示，按漏失通道形状分类如表7-3所示。

表7-2　按漏失速度的井漏分类

漏速/（m³/h）	≤5	5~15	15~30	30~60	≥60
井漏类型	微漏	小漏	中漏	大漏	严重漏失

表7-3　按漏失通道形状的井漏分类

漏失通道形状	孔隙	裂缝	孔隙—裂缝	溶洞
井漏类型	孔隙性漏失	裂缝性漏失	孔隙—裂缝性漏失	溶洞性漏失

（二）井漏的预防

应对井漏现象应坚持预防为主的原则，预防井漏主要有以下几种方法。

1. 设计合理的井深结构

如果同一裸眼井段存在多个压力系统，钻井液性能无法同时满足防喷、防塌和防漏要求时，必须设计合理的井身结构，用套管封隔低破裂压力地层、高压层和漏失层，才能保证钻井作业的顺利进行，井身结构设计必须以各种地层压力剖面为依据。

2. 确定合理的钻井液性能

在确定裸眼井段钻井液性能（尤其是钻井液密度）时，应使作用于井壁上的总压力小于地层的最小破裂压力和漏失压力，并大于地层坍塌压力和孔隙压力。对于孔隙、裂缝、溶洞十分发育的地层和易破碎地层，为防止井漏的发生，钻井液密度产生的液柱压力应尽可能接近或约低于地层孔隙压力，实现近平衡或欠平衡钻井。

钻井液黏度和切力也是影响漏失的因素之一。钻井液密度确定后，依据井下具体情况确定合理的钻井液流变性，同样可有效地预防井漏的发生。对于地层松软、压力低的浅井段，采用大直径钻头钻进时，应选用低密度高黏切钻井液，以增大漏失阻力，防止井漏。而对于深井的高压小井眼井段或深井压力敏感层段，则应选用低黏切钻井液，以尽可能降低环空循环压耗，防止井漏。

3. 采用合适的钻井工程措施

1）确定合理的钻井参数与钻具结构

在易漏层段钻进时，尤其是深井小井眼，应确定合理的钻井参数与钻具结构，以达到降低环空循环压耗的目的，防止井漏的发生。在满足携带钻屑的前提下，尽可能降低钻井液排量。钻具结构须选用合理，一方面可增大环空间隙，另一方面可防止起、下钻时破坏井壁滤饼。在高渗透易漏层段钻进时，应降低钻井液滤失量，改善滤饼质量，防止因形成厚滤饼而引起环空间隙缩小。在软的易漏层段钻进时，应控制钻压，适当降低机械钻速，力求环空钻屑浓度小于5%，降低实际环空钻井液的密度。

2）采取适当的钻井工程措施

起、下钻波动压力会造成井壁破裂，进而发生井漏，减小波动压力可有效预防井漏。在深井、小井眼或钻井液粘切较高时，尤其要重视波动压力引起井漏的问题。下钻、接单根或下套管时须控制下放速度，在易漏裸眼井段更是如此。开泵循环时，应采用"先转动后开泵，小排量、缓慢开泵"的原则。因井塌或砂桥等原因引起、下钻遇阻时，须小排量缓慢开泵，并控制划眼速度。在软地层、易缩径地层、高渗透地层钻进时，要注意提高钻井液的抑制性，降低钻井液滤失量，改善滤饼质量，防止因出现钻头泥包、缩径或形成厚滤饼等情况而引起环空间隙减小或憋泵。加重钻井液时，要控制加重速度，防止因加重不均或加重过快造成井内液柱压力过高而引起井漏。采用欠平衡钻井也是防止井漏的有效措施。

4. 先期堵漏

有时受条件限制，无法采用下套管的办法将上部低压层与下部高压层分开，为了防止井漏，可按所需最高当量钻井液密度进行漏失试验，若上部地层不能承受所需要的当量钻井液密度，则可在进入高压层之前，对上部地层进行先期堵漏，直至符合要求。

在一些探井钻井中，由于地层压力预测不准确或其他原因发生溢流或井喷，需要提高钻井液密度压井时，也可在压井钻井液中加入堵漏材料，防止压井过程中上部地层发生漏失。

（三）井漏的处理

1. 漏失层判断

井漏发生后，判断漏失层的位置是堵漏措施中一个非常重要的环节，主要有以下几种

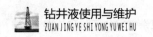

方法。

1）观察法

钻进过程中发生井漏，要观察分析钻进情况。在钻开天然裂缝性岩石段时，钻井液通常会突然快速漏失，并伴随有钻速加快、扭矩增大和蹩跳钻等现象，若上部井段未曾遇到过井漏问题，表明漏层位置在井底。观察岩心可以了解地层的倾角、接触关系、孔隙、裂缝、溶洞及断层等的发育情况，观察钻屑可以了解地层的破碎程度。综合分析观察结果，可以了解漏失通道情况，判断漏失层层位。

2）综合分析

综合分析钻井过程中的钻井参数、钻井液性能、地质资料、邻井资料等，从而判断漏失层位，且要分析原来曾发生过井漏的层段重新漏失的可能性。根据地层压力和破裂压力的资料对比，最低压力点是首先要考虑的位置，特别是已钻过的油层、气层、水层及套管鞋附近。根据地质剖面图和岩性对比，漏失层往往在裂缝发育的地方，与邻井相同井段进行对照分析可确定发生漏失层的位置。钻井液性能的变化能反应井底岩石的性质，并以此来判断漏失层的位置。

3）测试法

测试法指的是采用反循环测试，从钻杆内、外同时泵入钻井液测试，井漏前后泵压变化测试，立管压力测试，注轻钻井液等水动力学测试方法来确定漏失层的准确位置。使用专门仪器，通过测试井温、声波、电阻、流量、放射性示踪原子等来判断漏失层的位置。同时，还要对漏失类型进行大致判断（表7-4）。

表7-4　漏失类型判断

判断依据	漏失类型	裂缝开度/mm
砂泥岩层井漏，漏速达到较高至失返	孔隙性漏失	—
泥岩地层井漏，漏速一般小于30m³/h	孔隙或微小裂缝性漏失	<1
碳酸盐岩地层井漏，漏速小于30m³/h	微小裂缝性漏失	<1
碳酸盐岩地层井漏，漏速为30～60 m³/h	中等裂缝性漏失	2～5
碳酸盐岩地层，钻进时钻速加快，钻具蹩跳，发生井漏且井口很快失返	大裂缝性漏失	>5
碳酸盐岩地层，钻进时出现钻具放空，井口突然失返	溶洞性井漏	—

2. 处理井漏的常规方法与措施

处理井漏就是当钻井和完井过程中发生井漏时，为了堵住漏失层，必须加入各种堵漏材料（即堵漏剂），使之在距井筒很近范围内的漏失通道内建立一道堵漏隔墙，用以隔断钻井液的漏失通道。处理井漏的方法与措施，要根据井漏的性质而定，其目的是简单、有效、经济、合理、安全且尽可能最大限度地降低井漏造成的损失。

1）调整钻井液性能与钻井措施

调整钻井液性能与钻井工程的措施主要包括降低钻井液密度，改变钻井液黏度和切力，降低钻井液排量，简化钻具结构，以及控制钻进速度等，其目的是降低井内液柱压力、环空压耗及波动压力，增加钻井液在漏失通道中的流动阻力，降低或消除井漏压差，从而达到处理井漏的目的。降低钻井液密度时要分阶段缓慢进行，同时又要使钻井液的其他性能不要有太大波动，防止因钻井液密度的降低而引起井喷、井塌等井下复杂情况的发生。

2）桥接堵漏和水泥浆堵漏

桥接堵漏是利用不同形状、尺寸的桥接材料，根据井漏性质，以不同的配方混于钻井液中，配成堵漏浆液并直接注入漏层的一种堵漏方法。由于该方法使用方便、施工安全，对孔隙和裂缝造成的部分漏失或失返漏失一般具有较好的堵漏效果。

水泥浆在凝固状态前呈流动态状，可以适应各种漏失通道的堵漏需要。对于大裂缝或溶洞等引起的严重井漏，破碎性地层引起的诱导性井漏，均应首先考虑水泥浆堵漏。

3）强行钻进与随钻堵漏

钻井过程中，有时会钻遇长段天然孔洞、裂缝，造成严重井漏，如果此时采用堵漏作业则往往会事倍功半。对于这样的井漏，在条件允许的情况下，采用强行钻进，完全通过漏层以后，再下入套管封隔漏层会收到理想的效果。

随钻堵漏是把桥接堵漏材料加入到钻井液中进行边钻进边堵漏。与停钻堵漏相比，随钻堵漏可以节省处理井漏的时间。对于微小裂缝和孔隙性地层引起的部分漏失或钻遇长段易漏破碎带时，若漏速小于$30m^3/h$，一般可采用随钻堵漏。例如，2005年，辽河油田某区块4口钻井中有3口井发生漏失，漏失地层岩性以砾石为主，砂粒粗，渗透性高，以渗透性漏失为主，适合实施随钻堵漏钻井液技术。根据实验结果，在完井过程中向聚合物分散钻井液中加入1.5%防漏堵漏剂，可取得明显的效果。

4）静止堵漏

静止堵漏是在发生完全或部分漏失的情况下，将钻具起出漏失井段或起至技术套管内，静止一段后，漏失现象即可消失的一种堵漏措施。静止堵漏主要适用于钻井过程中因操作不当，人为憋裂地层而发生诱导裂缝引起的井漏，以及钻井液密度过高、液柱压力超过地层破裂压力而引起的井漏等情况。无论什么原因发生的井漏，在堵漏的准备阶段均可采用静止堵漏措施。

采用静止堵漏的情况下，在发生堵漏时应立即停止钻进，将钻具起至安全井段，静止$8\sim24h$。如果将钻具起至技术套管内静止，静止时间内可以不循环钻井液。如果在裸眼井段静止，则应定时灌钻井液，保持钻井液面在套管内，防止再次发生漏失。在发生部分漏失的情况下，如果循环堵漏无效，最好在起钻前先替入堵漏钻井液，然后再起钻，从而增强静止堵漏效果。采用静止堵漏后再次下钻时，应控制下钻速度，尽量避免在漏失层开泵循环。恢复钻进后，钻井液的密度、黏度和切力不宜立即做大幅度调整，以防止再次发生

井漏。

5）暂堵法堵漏

暂堵法堵漏是指应用堵漏材料对油气层进行封堵，油气井投产后采用相应的解堵剂进行解堵的一种方法。此法主要用于渗透性和微裂缝性地层漏失，并能有效地减小因漏失引起的油气层损害。各油田已广泛使用的封堵剂有单向压力封堵剂或易酸溶、油溶、水溶的堵漏剂等。

常见的堵漏措施还有化学堵漏、复合堵漏及高滤失浆液堵漏等，堵漏方法的选择要视具体情况而定。

3. 不同类井漏的处理

1）砂岩、泥岩孔隙性漏失的处理

继续钻进或降低排量继续钻进，使钻井液中的固相颗粒在漏失通道及井壁上堆积，形成滤饼后进行自身封堵和起钻静止堵漏。若这类井漏发生在上部大井眼井段，可通过提高钻井液粘切或向漏层中挤入一定量的高黏钻井液进行处理。此外，应合理使用固控设备，在平衡地层压力的前提下，降低钻井液密度。若为长井段孔隙性漏失，可在钻井液中加入堵漏材料进行随钻堵漏。若地层缝隙十分发育，井漏相对比较严重，则可配制桥浆进行停钻堵漏。

2）裂缝性井漏的处理

若表层井段严重漏失，则可用清水强行钻过后下套管封隔。若为天然孔隙、裂缝引起的压差性漏失，则漏失程度不同，处理方法亦不同，通常可采取降低排量钻进、降低密度和粘切、随钻堵漏、桥接堵漏、水泥浆堵漏等方法进行处理。若为因波动压力引起的压裂性漏失，则应起钻静止处理。若为因井眼中当量钻井液密度过高引起的压裂性漏失，则可采用降密度、降排量、降黏切的方式进行处理。诱导性或压力敏感性地层漏失，可采用降密度、降排量、降黏切处理或用水泥浆堵漏。长井段易破碎地层漏失，则可采用随钻堵漏后下套管封隔或水泥浆逐段堵漏的方式进行处理。

3）复杂恶性井漏的处理

溶洞恶性井漏的情况下，若为表层井漏，则应采用清水强钻下套管封隔或速凝水泥浆堵漏的方式。若为中深部地层，可采用水泥浆堵漏、桥浆与水泥浆复合堵漏的措施，先投入石子充填后，再注桥浆和水泥浆堵漏。压力敏感性水层漏失，则采用化学凝胶与水泥浆复合堵漏的措施。对于又喷又漏的情况，一般可在压井液中加入桥接堵漏材料，采用环空压井堵漏同步作业的方法进行处理。

三、预防井喷的钻井液技术

井喷是指地层流体失去控制，喷到地面或是窜至其他地层里的现象，属于钻井工程中较为常见的恶性事故，轻则使油气层受到破坏，影响钻井工期；严重时会导致油气井报废，延误油气田的勘探开发工作，甚至造成人员伤亡。

在钻井过程中，井底压力小于地层压力是导致井喷发生的根本原因。由于对地层压力掌握不准确，导致所设计的钻井液密度过低，不足以平衡地层压力，或者由于井内液柱高度下降，钻井液密度下降，起钻抽吸作用、气侵等都会导致井内钻井液液柱压力下降。

（一）预防井喷的技术措施

1. 预防井喷的钻井液技术措施

1）选用合理的钻井液密度

依据3个地层压力剖面，设计合理的钻井液密度，其中，油层或水层的密度附加值为 $0.05 \sim 0.10 g/cm^3$，气层的密度附加值为 $0.07 \sim 0.15\ g/cm^3$。对于探井应依据随钻地层压力监测的结果，及时调整钻井液密度，始终保持井筒中液柱压力高于裸眼井段最高地层孔隙压力。

2）进入油、气、水层前，调整好钻井液性能

除调整钻井液密度，使其达到设计要求外，在保证钻屑正常携带的前提下，应尽可能采用较低的钻井液黏度与切力，特别是终切力随时间变化的幅度不宜过大，从而降低起、下钻过程中的压力波动。

3）严防井漏

需要加重时，防止因加重速度过快而压漏地层。应注意控制开泵泵压，防止憋漏地层。对于裸眼井段存在不同压力系统的地层，下部油、气、水层压力超过上部裸眼井段地层的漏失压力时，应在进入高压层之前进行堵漏，从而防止钻至高压油、气、水层时因井漏而诱发井喷。

4）控制钻井液密度

钻遇到高压油、气层时，应注意随时监测钻井液密度，一旦发现气侵，应立即开动除气器，并使用消泡剂除气，从而及时恢复钻井液密度。

5）控制钻井液总量

钻开油、气、水层后，钻进过程中应随时观测钻井液池中钻井液的体积总量。起钻时应灌满钻井液，并监测灌入钻井液的量。下钻时，应观测钻井液池液面和从井筒中所返出钻井液的量。下钻时应分段循环钻井液，以避免大量气体因上返时膨胀而形成井涌。循环时要计算油气的上蹿速度，从而判断油气活跃程度及钻井液密度是否适当。凡钻遇高压油、气、水层的井，应储备高于井筒内钻井液密度的加重钻井液，其数量应接近井筒中钻井液的量。

2. 预防井喷的钻井工程措施

预防井喷的钻井工程措施包括控制油气层钻进时的机械钻速，以防因钻速过快而造成油气进入井筒。依据3个地层压力剖面设计合理的井身结构，防止因上喷下漏或下喷上漏造成液柱压力下降而引起井喷。按井的类别正确选用井控装置，发现溢流应及时使用井控装备，以防止井喷的发生。溢流往往是井喷征兆的首要信号，一旦发现溢流，则必须立即关闭防喷器，且用一定密度的加重钻井液进行压井，以迅速恢复液柱压力，重新建立压力平衡，制止溢流。

1）发现溢流

有油气侵入钻井液时，机械钻速会突然升高或出现放空现象，钻井液中出现油气显示，钻屑中发现油砂或水砂，气测值增大或氯离子含量增大。钻进过程中钻井液性能变化大，钻遇油气层时，密度降低，黏度、切力和温度升高。地层水侵入钻井液时，密度下降，黏度、切力开始增高而后又下降，滤失量增大，pH 值下降。若氯离子含量增大则表明是地层盐水侵入。密度、黏度和切力下降则表明是淡水侵入。

钻进过程中，泵压下降，从环空返出的钻井液量不正常，钻井液罐液面增加，停泵后出口仍有钻井液返出。起钻时灌入钻井液不正常，灌入钻井液的体积小于起出钻具的体积，甚至不能灌入钻井液。停止起钻后钻井液出口仍有钻井液返出。下钻时返出的钻井液量不正常，从井口返出的钻井液量超过下入钻具的体积，钻井液池面增加。下钻后循环过程中钻井液返出量很大，停泵后钻井液继续外溢。

2）处理井喷对压井液的要求

正确选用压井液是缩短处理溢流、井喷时间，防止处理过程中再出现井漏、卡钻等井下复杂情况与事故的重要技术措施之一。

（1）压井钻井液密度的计算公式为：

$$\rho_{m_1} = \rho_m + \Delta\rho \qquad (7-2)$$

$$\Delta\rho = 100 \times \frac{P_d}{D} + \rho_c \qquad (7-3)$$

式中　ρ_m——原钻井液密度，g/cm^3；

　　　ρ_{m_1}——压井液密度，g/cm^3；

　　　$\Delta\rho$——压井所需钻井液密度增量，g/cm^3；

　　　P_d——发生溢流关井时的立管压力，MPa；

　　　D——垂直井深，m；

　　　ρ_c——安全密度附加值，g/cm^3。

ρ_c 取值的一般原则为：油层、水层为 $0.05 \sim 0.10\ g/cm^3$，气层为 $0.07 \sim 0.15\ g/cm^3$。用于压井的钻井液密度不宜过高，以防止压漏地层，诱发更为严重的井喷，但其密度亦不宜过低，否则会压不住井。

（2）压井液的性能。压井液的类型和配方应与发生溢流前的井浆相同，对其性能的要求也应与原井浆相似，即必须使压井液具有较低的黏度及适当的切力，尽可能低的滤失量、泥饼摩擦系数及含砂量。同时，还应具有很好的稳定性，以防止重晶石沉淀或在压井过程中发生压差卡钻。

（3）压井用加重钻井液的配制。用于压井的加重钻井液，其体积量通常为井筒体积加上地面循环系统中钻井液体积总和的 1.5 ~ 2 倍。配制加重钻井液时，必须预先调整好基浆性能，膨润土含量不宜过高（应随加重钻井液密度的增大而减小），然后再加重。往钻井液中加入重晶石时一定要均匀，力求保持稳定的钻井液性能。采取循环加重压井时，应按循环周加入重晶石，一般每个循环周密度提高值控制在 $0.05 \sim 0.10 \ g/cm^3$，从而保持钻井液均匀、稳定。

四、卡钻的预防及处理

钻具在井下被卡死，既不能转动又不能上下活动的现象称为卡钻。井漏、井喷和井塌等各种井下复杂事故如果处理不当，都会导致卡钻。在正常钻进过程中也会发生卡钻，卡钻是较常见的钻井事故之一。同时，卡钻也是耗时最长、危害较大的一种事故。卡钻的预兆可从扭矩、起、下钻阻力及泵压的变化来判断。卡钻现象，首先要坚持以预防为主的原则，但一旦实际发生，则须立即停钻进行处理，并设法尽快解除。

钻井过程中常见的卡钻类型很多，大多数卡钻的发生与钻井液性能有关。

（一）压差卡钻

压差卡钻又称黏附卡钻，是指钻具在井中静止时，在钻井液液柱压力与地层压力之间的压差作用下，将钻具紧压在井壁上而导致的卡钻。压差卡钻与钻井液性能关系最为密切。压差卡钻发生后，钻具不能活动，或者活动的范围很小，但钻井液可以循环，泵压升高也不明显。

1. 压差卡钻发生的原因

当钻柱旋转时，靠在井壁上的钻柱被一层钻井液薄膜所润滑，钻柱各边的压力相等。当钻柱静止时，靠在井壁上的钻具部分压在泥饼上，迫使泥饼中的孔隙水流入地层，造成泥饼的孔隙压力降低。当泥饼内的孔隙压力降至与地层的孔隙压力相时，在钻柱两侧会产生压差（液柱压力与地层压力之差），此压差会增加上提钻柱的阻力。若要上提钻具，则其提升力必须超过其摩擦阻力才能将钻具提起；若克服不了摩擦阻力，则会发生卡钻(图7-4)。

随着钻井液密度和压差增大，摩擦阻力也增大。钻具与井壁的接触面积越大，则摩擦阻力越大。也就是说摩擦阻力与井斜角及方位角的变化情况，滤饼厚度及其质量，井眼与钻具尺寸，钻具在井内静止时间长短，岩屑床厚度及泥饼摩擦系数等因素有关。

2. 预防压差卡钻的主要措施

1）降低钻井液密度

在确保不发生井喷的前提下，尽可能降低钻井液的密度。

2）减少钻具与井壁的接触面积

降低钻井液滤失量（特别是高温高压滤失量），改善滤饼质量，使其薄、坚韧、致密，并具有低的渗透率和良好的可压缩性。注意活动钻具，减少钻具与井壁的接触时间。对于直井，应尽可能把井打直，避免井斜角过大以及井斜角和方位角的剧变。采用合理的钻具结构，使用螺旋钻铤，将钻具与井壁接触面积减至最小限度。对于定向井，应避免方位角剧变。

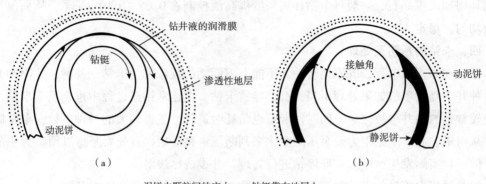

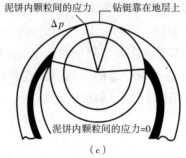

图 7-4 压差卡钻机理示意图

3）降低滤饼摩擦系数

采用优质钻井液，在钻井液中混油或加入润滑剂，使用好固控设备，降低钻井液含砂量。

4）减少岩屑床的厚度

对于大位移井和水平井，应依据所钻井井斜角的大小，选用合适的钻井液流变参数以及合理的环空返速，以防止岩屑床的形成或尽量减小岩屑床的厚度。

3. 解除压差卡钻的方法

1）确定卡点位置

为了解除卡钻，必须首先确定卡点位置，确定的方法有两种：一种是实测钻杆受到一定拉力后产生的伸长值，再用公式计算卡点；另一种是用测卡仪进行实测。

2）用油或解卡液浸泡

在确定卡点位置后，可使用原油、柴油或解卡液浸泡，以减少钻具与井壁的黏附面积及降低泥饼的摩擦系数。解卡液必须对固相表面有良好的润滑及油润湿的特性，且对钻井液没有污染或污染程度较小。非加重解卡液通常用原油或柴油与表面活性剂（渗透剂和润滑剂等）配制而成，适用于非加重钻井液。其密度低于钻井液的密度，因而顶替到预定位置后会自动向上运移。故在顶替时，当钻杆内的解卡液液面高于环空解卡液液面时就必须停泵，否则钻杆内高密度的钻井液会继续将解卡液向上顶，直至压力达到平衡时。这样便有可能使解卡液因无法全部与卡点接触而导致解卡失败。加重解卡液适用于加重钻井液，其密度必须接近或等于钻井液密度，这样才能保证解卡液能停留在卡点位置，在全部浸泡时间内均能发挥作用。

3）用稀盐酸浸泡

如果钻井液是用石灰石粉加重，而钻井过程发生了卡钻，或卡钻地层为碳酸盐岩，则可采用稀盐酸浸泡解卡。

4）降低钻井液密度以减小压差

如裸眼井段地层比较稳定，不易坍塌，则在发生压差卡钻后，可使用加抑制剂与润滑剂的水，通过降低压差来进行解卡。

（二）泥包卡钻

所谓"泥包"就是黏附在钻头周围的钻屑等物质。出现泥包后，轻则会降低机械钻速，重则在上提钻具过程中形成泥包卡钻。

1. 泥包卡钻的原因

在水化能力极强的泥岩地层钻井时，由于钻井液环空返速过低，携岩屑能力差，钻井液黏度、切力和滤失量大，滤饼质量差，导致极易吸水膨胀的泥岩岩屑包在钻头上产生钻头泥包，且在上提钻具时越包越多，越提越紧，最终导致卡钻。

发生泥包卡钻时机械钻速会逐渐降低、转盘扭矩逐渐增大，泵压有所上升，上提钻具阻力增大，起钻时，井口环形空间的液面不降或下降很慢，又或随钻具的上起而外溢。

2. 泥包卡钻的预防

为防止钻头泥包卡钻应选用合适的环空返速，及时携带岩屑。依据地层的特性，选用抑制性强的钻井液。在软地层中钻进，一定要维持低黏度、低切力的钻井液性能。此外，还可在钻井液中加入钻头防泥包剂，从而改善钻井液的润滑性能，降低岩屑在钻头上的黏附力。

3. 泥包卡钻的处理

泥包卡钻一旦发生，则不能强行上提钻具，而应接上方钻杆开泵循环，并将钻具下放到卡点以下后再活动和转动钻具，并在解除泥包后再起钻。钻进时，要经常观察泵压和钻井液出口的流量有无变化。若循环效果不明显，则可适当降低钻井液的黏切，并增大排量冲洗钻头。

（三）沉砂卡钻

沉砂卡钻是由于钻井液悬浮性能不好，或处理钻井液过程中由于黏度和切力下降幅度过大，导致钻井液中所悬浮的钻屑和重晶石沉淀，埋住井底一段井眼而造成的卡钻。此外，当设备发生故障而突然停泵时，由于钻井液黏度和切力过低，无法悬浮钻屑和重晶石，也会造成沉砂卡钻。沉砂卡钻时钻头和一部分钻具压入沉砂中，使水眼被堵死，往往导致钻井液不能循环。

防止沉砂卡钻的要点是使钻井液保持适当的黏度与切力，能有效地携带和悬浮钻屑与重晶石。还应设计合理的环空返速，较好地清洗井眼与井底，保持井眼清洁。此外，在极软地层中钻进时，应注意控制钻速，防止环空中的钻屑质量分数过高。

一旦发生沉砂卡钻，应尽一切可能憋通钻头水眼以恢复循环（注意开泵时采用小排

量），同时，提高钻井液黏度与切力，边循环边活动钻具。切忌用大排量猛开泵，或盲目地猛提、硬压、强转钻具。导致沉砂挤压得更紧，卡得更死，甚至造成井漏或井塌等更为复杂的井下状况。如经过上述措施后仍然无法恢复循环，则只能采取套铣倒扣的方法进行解卡。

（四）其他类型卡钻

1. 井塌卡钻和砂桥卡钻

1）井塌卡钻

井塌卡钻是指在钻井过程中突然发生井塌而造成的卡钻。当突然钻至破碎性地层时，钻井液无法抑制坍塌。井壁已经发生坍塌后，为处理井塌，在划眼过程中又会出现坍塌，塌块会将钻具卡死。若钻井过程中发生井漏，液柱压力下降，则会突然引起上部地层坍塌而造成卡钻。若钻井过程中发生井喷，井筒中液柱压力下降，也会引起上部地层坍塌。此外，由于上提或下放钻具速度过快造成强烈的抽吸或挤压，或由于开泵过猛、钻具对井壁的撞击等原因，也会导致突然井塌并造成卡钻。

2）砂桥卡钻

砂桥卡钻是由于松散的易坍塌或易剥落地层与胶结牢固、井径规则的地层交互，会形成井径忽大忽小的所谓"糖糊芦"井眼，钻井过程中岩屑在井眼扩大部分上返速度低，不能顺利地向上携带，逐渐沉积在大小井径交错的台阶处，形成砂桥，卡住钻具。下钻时，如下放钻具过猛，速度过快，将钻头插入砂桥，便会造成砂桥卡钻，有时还会堵死钻头水眼，使钻井液停止循环。

防止井塌卡钻和砂桥卡钻的根本方法是搞清地层特性，采取有效措施保持井壁稳定，防止突发性井塌的发生。处理井塌卡钻时，如钻头水眼未被堵死，可采用小排量开泵，建立循环，并同时缓慢活动钻具，逐渐增大排量，从而带出坍塌物并解卡。如采取上述措施后仍无法解卡，或钻头水眼已被堵死，则只有通过套铣倒扣的方式来解卡。

2. 掉块卡钻

当井内掉入较大的岩块，不能顺利地通过环形空间，在较小的环空处卡住便会造成的卡钻；有时即使掉下的岩块较小，但因所采用的是满眼钻具，因此也会发生卡钻。此类卡钻现象即为掉块卡钻。大多数情况下，掉块是从井壁上坍塌的岩块，但也可能是因钻头使用不当而掉下的牙轮，或因地面操作不慎而掉入的落物。

为了防止掉块卡钻，钻井过程中应采取有效措施保持井壁稳定。并使用品质较好的钻头，防止掉牙轮。此外，地面操作应谨慎实施，从而防止落物。

3. 缩径卡钻

缩径是指已钻过井段的井眼直径小于所使用的钻头直径，即井径缩小的现象。缩径卡钻一般发生在起、下钻过程中，即钻头起至缩径井段时发生遇卡，因上提过猛而卡死；或在下钻过程中，钻头下至缩径井段遇阻，因划眼中措施不当而卡死。

缩径常发生在盐膏层、含盐膏软泥岩、含膏泥岩、浅层高含水泥岩、浅层或中深井段的泥岩层和高渗透性砂砾岩层等地层中。一旦发生岩盐层缩径卡钻，应将一段钻井液换成清水，反复洗井，使挤入井内的岩盐溶解，逐渐使卡钻解除。缩径卡钻通常不易解除，因此必须采取有效的预防措施。

4. 键槽卡钻

当井身质量不好时，在某一井段内井斜角和井斜方位角会发生突然变化，形成"狗腿"，起、下钻过程中，钻具在"狗腿"的弯曲部位反复拉刮会形成键槽。在起钻、下钻或钻进过程中钻具嵌入键槽，便会造成键槽卡钻。

键槽卡钻的卡点是固定的，总是在一小段井段内，有时钻类可以在小幅度内活动，且钻井液可以循环。发生键槽卡钻后，可以通过活动钻具或其他钻井工艺措施解除卡钻。

【任务实施】

任务1　处理泥页岩的坍塌掉块实训

一、学习目标

掌握泥页岩坍塌掉块的处理，熟悉相关地质基础知识。

二、训练准备

(1) 穿戴好劳保用品。

(2) 准备增黏剂、防塌剂（FA367、PHPA、xy－27、HPAN、磺化沥青）、降滤失剂、加重剂各适量，pH试纸（1~14）各1个。

(3) 准备钻井液全套性能测定仪1套，搅拌器1台，钻井液配制罐和储备罐各1个。

(4) 检查地面设备、循环系统及钻井泵能否正常使用。

三、训练内容

（一）实训方案

处理泥页岩坍塌掉块的实训方案如表7-5所示。

表7-5　处理泥页岩坍塌掉块实训方案

序号	项目名称	教学目的及重点
1	制定泥页岩井塌的处理方案	分析井下情况，制定井塌方案
2	检查地面设备及循环系统、钻井泵能否正常使用	检查地面设备及循环系统、钻井泵能否正常使用
3	异常操作	分析原因，掌握井塌处理方法
4	正常操作	掌握泥页岩坍塌掉块处理的正常操作方法

（二）正常操作要领

处理泥页岩坍塌掉块的正常操作要领如表7-6所示。

表 7-6　处理泥页岩坍塌掉块的正常操作要领

序号	操作项目	调节使用方法
1	操作步骤	（1）仔细分析井下情况，正确制定处理方案 （2）根据处理方案正确制定所需要处理剂的种类和加入比例，并正确计算各处理剂（包括加重剂）的用量 （3）加处理剂适当提高钻井液的黏度、切力，提高其悬浮和携屑的能力。 （4）根据井下情况适当提高钻井液的密度，以平衡地层压力 （5）若上提遇卡，可配制高黏度钻井液 10～15m³，并泵入井内，形成塞疏携带掉块 （6）坍塌问题解决后要加强循环，待砂粒循环干净后方可停泵起钻，否则若出现大量沉砂，过早停泵可能会引起卡钻 （7）注意观察掉块返出情况，及时测量钻井液性能
2	技术要求	（1）分析井下情况，主要分析坍塌程度、进尺快慢、循环情况和井眼是否畅通，以便计算处理剂用量 （2）发生坍塌掉块时不要停泵，在循环过程中加入 CMC 或 SMP 以提高黏度并降低滤失量，同时补充加入防塌剂，可选择 FA-367、PHPA、XY-27、HPNH、磺化沥青中的任一种，使其在钻井液中的含量达到 1%～1.5%，这样通常情况下便可控制坍塌 （3）若属于钻井液密度偏低发生的坍塌，可适当加入加重剂，提高钻井液密度，使其达到或稍高于设计上限 （4）有坍塌掉块发生时，接单根要快，掉块严重时不准停泵（特殊情况除外） （5）钻井液不能采用紊流 （6）起、下钻在坍塌井段要控制速度 （7）起钻前要加强循环，必要时可配制 CMC 活 SMP 稠钻井液（漏斗黏度为 60～100s）封闭井段，再停泵起钻 （8）若憋泵现象严重，可适当降低排量 （9）安排专人观察塌块返出情况

四、考核建议

为了准确的评价本课程的教学质量和学生的学习效果，体现注重学生职业能力培养的教学目标，建议对本课程的各个环节进行考核，以便对学生作出公正、准确的评价。建立过程考评（任务考评）与期末考评（课程考评）相结合的方法，强调过程考评的重要性。过程考评占 60%，期末考试占 40%。考核评价方式如表 7-7 所示。

表 7-7　考核评价表

	评价内容	分值	权重
过程评价	分析井塌原因（分析判断能力）	20	60%
	井塌的的处理过程（技能水平、操作规范）	40	
	方法能力考核（制定计划或报告能力）	15	
	职业素质考核（"5S"与出勤执行情况）	15	
	团队精神考核（团队成员平均成绩）	10	
期末考评	期末理论考试（联系生产实际问题、职业技能证书考核中"应知"内容）	100	40%

任务 2　处理井漏实训

一、学习目标

掌握各种堵漏的处理方法，熟悉井漏的分类，了解井漏的原因及预防措施。

二、训练准备

（1）穿戴好劳保用品。

（2）备足蛭壳渣、石棉粉、PHP 水泥等堵漏剂。

（3）准备 20 ~ 30m³ 井浆。

（4）检查钻井液枪、搅拌机是否灵活好用。

（5）准备钻井液全套性能测定仪。

（6）检查循环系统及封井器。

三、训练内容

（一）实训方案

处理井漏实训方案如表7-8所示。

表7-8　处理井漏实训方案

序号	项目名称	教学目的及重点
1	配制堵漏液	掌握分析井下情况，配制堵漏液
2	掌握堵漏操作过程	掌握堵漏操作过程
3	异常操作	分析原因，掌握堵漏处理方法
4	正常操作	掌握井漏处理的正常操作方法

（二）正常操作要领

处理井漏的正常操作要领如表7-9所示。

表7-9　处理井漏的正常操作要领

序号	操作项目	调节使用方法
1	桥塞堵漏	操作步骤： （1）根据井深和漏失情况确定堵漏液配方，配制堵漏液 （2）打开钻井液枪和回水闸门，启动搅拌机，将堵漏液低压循环均匀（一个泵改为低压循环） （3）去掉钻头将光钻杆下至漏层顶部 （4）在桥塞堵漏液中混加1%的水泥并低压循环至均匀 （5）将堵漏液泵入漏失层 （6）用原钻井液将堵漏液替出钻杆，然后起钻 （7）起出钻具静止24h （8）下钻分段循环钻井液，下至漏失层时缓缓转动钻具，小排量低压开泵、划眼 （9）泵压、排量逐渐恢复到钻进要求时将不再漏失，则证明堵漏成功，可恢复正常钻进 技术要求： （1）堵漏液的数量和其性能要求可根据不同的井深和漏失情况而定，其配方是：井浆 20 ~ 30m³ 加蛭壳渣 7% ~ 10%，石棉粉 3% ~ 5%，PHP1%；也可根据井的某些特殊情况添加某些增稠剂 （2）泵入堵漏液时若发现钻井液从井口返出，则可关闭封井器，控制压力为 0.7 ~ 2MPa （3）堵漏液要连续不断的一次泵入漏失层，严禁中途停泵 （4）设专人观察漏失现象 （5）将堵漏液泵入漏失层，即使漏失量很小，也应关闭封井器，把剩余的堵漏液泵入漏层 （6）起钻时应灌满钻井液

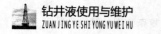
序号	操作项目	调节使用方法
2	平衡穿漏	准备工作： （1）穿戴好劳保用品 （2）备足土粉、CMC、PHP、稀释剂、珍珠岩、锯末、蛭壳渣等 （3）检查混合漏斗、钻井液枪是否灵活好用 （4）检查上水池搅拌器是否运转正常 （5）准备钻井液全套性能测定仪 操作步骤： （1）配制相当于井眼容积 2～3 倍的膨润土钻井液 （2）加 CMC、PHP 调整平衡穿漏液 （3）将钻头下至距漏失层 10～15m 处 （4）开泵循环，将穿漏钻井液替入井内井下穿漏 （5）观察漏失情况 （6）堵漏钻井液返出井口时，停用振动筛，打开分流口 （7）待穿过漏层无漏失现象，再循环 2～3 周，逐渐把堵漏剂筛出 （8）若漏层还未钻穿，穿漏钻井液为 40～50m³ 时，应立即起钻，并灌好钻井液 （9）起钻后再配制穿漏钻井液，继续进行穿漏 技术要求： （1）穿漏平衡液的性能和数量应根据漏失地层的岩性特点、地层压力系数及裂缝空洞发育情况等因素综合考虑而定 （2）平衡液一般由向膨润土加入 0.2% 的 CMC、0.1% 的 PHP 胶液配制而成，其性能要求是，密度为 1.03～1.06g/m³，黏度为 30～60s，滤失量为 10～15mL （3）穿漏过程中如发现钻井液的黏度和切力升高，则可用稀释剂进行处理 （4）若无漏失现象，可逐步混入原钻井液，使密度达到设计要求，并正常钻进 （5）若再穿漏过程中钻井液进多出少，则可在钻井液中加入珍珠岩、锯末、蛭壳渣进行桥塞穿漏 （6）严禁钻井液漏完再起钻 （7）应设专人观察漏失现象 （8）恢复正常钻进后，严禁在漏层位置开泵
3	水化稠化堵漏	准备工作： （1）穿戴好劳保用品 （2）备足处理剂，如柴油 CMC、PHP、稀释剂、珍珠岩、锯末、蛭壳渣等 （3）检查混合漏斗、钻井液枪是否灵活好用 （4）检查上水池搅拌器是否运转正常 （5）备好水泥车 （6）准备钻井液全套性能测定仪 操作步骤： （1）确定堵漏液的数量和性能 （2）确定配制堵漏液配方。在地面配制罐中按配方比例加入柴油、膨润土、纯碱、CPA、蛭壳渣，充分搅拌均匀以配成 10～20m³ 堵漏液 （3）将光钻杆下至漏层顶部 （4）用钻井液泵注原浆，用水泥车注堵漏液，使二者在钻杆内混合，挤入漏失层 （5）用原钻井液将剩余堵漏液替出钻杆 （6）将钻具起出 （7）起出钻具后静止 24h，然后下钻至漏失层上部 （8）缓缓活动钻具，小排量、低泵压开泵循环钻井液 （9）观察漏失情况，逐渐升高泵压，提高排量

续表

序号	操作项目	调节使用方法
3	水化稠化堵漏	（10）当泵压和排量恢复到正常钻进要求时，确认井漏已经堵住后，方可进行正常钻进或进行其他各项施工 （11）如果仍发生漏失，可重复上述操作，再进行堵漏，直到堵住漏失层 技术要求： （1）堵漏液的数量和性能应根据漏失层的岩性特点、地层压力系数和裂缝空洞的发育情况等综合因素而定 （2）在地面罐中配制所需数量的堵漏液，其配方为：柴油:膨润土:纯碱:CPA:蛭壳渣 = 100:100:10:5:（10～20） （3）用水泥车注堵漏液，用钻井泵注原钻井液，按照堵漏液和原钻井液1:1的比例，在钻杆内混合 （4）在施工中若井口上返钻井液，可关闭封井器，控制一定压力（0.7～2MPa）将堵漏钻井液挤入漏失地层 （5）要设专人观察漏失情况

四、考核建议

为了准确的评价本课程的教学质量和学生的学习效果，体现注重学生职业能力培养的教学目标，建议对本课程的各个环节进行考核，以便对学生作出公正、准确的评价。建立过程考评（任务考评）与期末考评（课程考评）相结合的方法，强调过程考评的重要性。过程考评占60%，期末考评占40%。考核评价方式如表7-10所示。

表7-10　考核评价表

	评价内容	分值	权重
过程评价	分析井下情况，配制堵漏液（分析判断能力）	20	60%
	井漏的的处理过程（技能水平、操作规范）	40	
	方法能力考核（制定计划或报告能力）	15	
	职业素质考核（"5S"与出勤执行情况）	15	
	团队精神考核（团队成员平均成绩）	10	
期末考评	期末理论考试（联系生产实际问题、职业技能证书考核中"应知"内容）	100	40%

任务3　处理黏附卡钻实训

一、学习目标

掌握黏附卡钻的处理方法，熟悉卡点深度、解卡剂用量的计算，了解常用的解卡剂。

二、训练准备

（1）穿戴好劳保用品。

（2）备好解卡剂、稀释剂、絮凝剂、降滤失剂、烧碱等。

（3）检查固相控制设备运转是否正常。

（4）检查地面循环设备。

（5）备好固井车。

（6）准确钻井液全套性能测定仪。

三、训练内容

（一）实训方案

处理黏附卡钻的实训方案如表 7-11 所示。

表 7-11　处理黏附卡钻实训方案

序号	项目名称	教学目的及重点
1	了解黏附卡钻处理知识及相关计算	了解黏附卡钻处理知识及相关计算
2	解卡操作过程	掌握解卡操作过程
3	异常操作	分析原因，掌握黏附卡钻处理方法
4	正常操作	掌握解除黏附卡钻处理的正常操作方法

（二）正常操作要领

处理黏附卡钻的正常操作要领如表 7-12 所示。

表 7-12　处理黏附卡钻的正常操作要领

序号	操作项目	调节使用方法
1	黏附卡钻知识	黏附卡钻初期，即尚未卡死的情况下，应保持循环，在允许范围内活动钻具，以下砸为主，反复数次以求解卡。若钻具已被卡死，则采取浴井解卡。浴井解卡是把解卡剂泵入井内，使其返回卡点位置侵泡，减少摩阻系数，边泡边活动钻具，浴井解卡是解卡的有效方法。采用浴井解卡时要准确计算卡点位置和解卡剂用量，最后注解卡剂。若浴井解卡不成功，可采用倒扣套铣、爆破松口的措施 （1）卡点深度计算： 计算公式： $$H = K \times 9.8L/P = 21A \times 9.8L/P$$ 式中　H——卡点深度，m； 　　　L——钻杆连续提升时的平均伸长，cm； 　　　P——钻杆连续提升时的平均拉力，kN； 　　　K——计算系数； 　　　A——管体截面积，cm^2 （2）解卡剂用量计算： 计算公式： $$V = k \times n/4\ (D^2 - d_1{}^2)\ \times H + n/4 d_2{}^2 h$$ 式中　V——解卡剂用量，m^3； 　　　k——井径附加系数，一般取 1.4； 　　　D——井径，m； 　　　d_1——钻具外径，m； 　　　d_2——钻具内径，m； 　　　H——钻具外解卡液侵泡高度，m； 　　　h——钻具内解卡液侵泡高度，m （3）打解卡液最高泵压计算： 计算公式： $$P_{最大} = P_{压差} + P_{流动}$$ $$P_{压差} = 1/100\ (\rho_液 - \rho_卡) \cdot h$$ 式中　$P_{最大}$——打解卡液的最高泵压，MPa； 　　　$P_{压差}$——钻具外液柱压差，MPa； 　　　$P_{流动}$——流动阻力，相当于单泵时的泵压，MPa； 　　　$\rho_液$——钻井液密度，g/cm^3； 　　　$\rho_卡$——解卡剂密度，g/cm^3； 　　　h——钻具内解卡剂侵泡高度，m

续表

序号	操作项目	调节使用方法
2	黏附卡钻实训	操作步骤: (1) 进行钻井液固相控制,清除钻井液中的有害固相 (2) 在地层孔隙压力允许的条件下,尽量降低钻井液密度,降低井内静液压力 (3) 进一步调整钻井液性能,加入稀释剂、降滤失剂,降低钻井液密度、切力和滤失量,提高泥饼质量,适当提高 pH 值 (4) 计算卡点深度 (5) 计算解卡剂用量 (6) 用固井车将解卡剂打入卡点位置,并观察泵压变化 (7) 泡解卡剂每隔 15min 开泵顶一次,每次约 200L 钻井液,并适当活动钻具 (8) 解卡后小排量开泵,注意观察泵压变化,配合上下活动钻具,并将解卡剂替出 (9) 解卡剂替出后要充分循环处理钻井液,使之达到设计要求 技术要求: (1) 进行钻井液固相控制应配合加入选择性絮凝剂 (2) 卡点应找准并防止卡点上移 (3) 在处理钻井液的基础上打入解卡剂 (4) 解卡后避免开泵过猛和大幅度活动钻具 (5) 若侵泡一段时间后上下活动钻具仍不能解卡,可考虑重新泡解卡剂

四、考核建议

为了准确的评价本课程的教学质量和学生的学习效果,体现注重学生职业能力培养的教学目标,建议对本课程的各个环节进行考核,以便对学生作出公正、准确的评价。建立过程考评(任务考评)与期末考评(课程考评)相结合的方法,强调过程考评的重要性。过程考评占 60%,期末考评占 40%。考核评价方式如表 7-13 所示。

表 7-13　考核评价表

	评价内容	分值	权重
过程评价	分析井下情况、卡点,掌握解卡剂用量计算(基本知识)	20	60%
	黏附卡钻的的处理过程(技能水平、操作规范)	40	
	方法能力考核(制定计划或报告能力)	15	
	职业素质考核("5S"与出勤执行情况)	15	
	团队精神考核(团队成员平均成绩)	10	
期末考评	期末理论考试(联系生产实际问题、职业技能证书考核中"应知"内容)	100	40%

任务4　处理盐水侵实训

一、学习目标

掌握盐水侵处理方法及盐水侵后钻井液体系性能变化规律。

二、训练准备

(1) 准备加重剂、纯碱、膨润土、FCLS、CMC。

(2) 检查并确认加重灰罐、混合漏斗、搅拌机、钻井液枪、阀门灵活好用。

(3) 准备常规测试仪 1 套。

三、训练内容

（一）实训方案

处理盐水侵实训方案如表7-14所示。

表7-14　处理盐水侵实训方案

序号	项目名称	教学目的及重点
1	盐水侵后钻井液性能的变化规律	了解盐水侵后钻井液性能的变化规律
2	处理盐水侵操作过程	掌握处理盐水侵后的操作过程
3	异常操作	分析原因，掌握盐水侵后的钻井液处理方法
4	正常操作	掌握盐水侵处理的正常操作方法

（二）正常操作要领

处理盐水侵的正常操作要领如表7-15所示。

表7-15　处理盐水侵的正常操作要领

序号	操作项目	调节使用方法
1	盐水侵相关知识	盐水侵时，一般会使 Cl^- 含量剧增，滤失量增大，泥饼增厚，pH 值下降。当盐水含盐量不高而侵入量很大时，钻井液黏度、切力明显下降。当盐水含盐量较高且侵入不多时，钻井液黏度、切力升高，流动性变差。处理淡水侵时，可将水层压死，一方面要提高钻井液密度压死盐水层，同时还要用处理剂进行处理。当水侵严重时，要注意防止井喷、井塌等事故
2	处理盐水侵实训	操作步骤： （1）检查。检查仪器、加重材料、储罐、混合漏斗、搅拌机、阀门是否灵活好用（可供盐侵钻井液进行室内的模拟处理） （2）钻井液盐水侵后降黏处理。钻井液变稠时，使用高碱比 FCLS、烧碱胶液进行稀释处理，并加入 CMC 进行护胶降滤失，加重钻井液压死盐水层 （3）钻井液盐水侵后增黏处理。钻井液变稀时，应马上提黏，加纯碱、膨润土、CMC，并加入 FCLS、烧碱进行抗盐处理，使钻井液恢复胶体且有足够的切力，同时加重钻井液压死盐水层 （4）若盐水已侵入很多，钻井液黏度低于18s，则应立即关井求压，配制加重钻井液将原浆替出，加重钻井液压力应大于钻井液压力3~4MPa 技术要求： （1）加重钻井液时，应控制加重速度为每周密度上升不超过 0.05g/ cm^3，直至压死盐水层 （2）钻井液黏度低于18s时，必须关井求压，配制加重钻井液，计算重钻井液密度时一定要准确，防止压不死或压漏地层 （3）钻井液应有一定的黏度、切力，以悬浮钻屑和加重材料 （4）处理淡水侵时可提高钻井液密度，将水层压死。处理盐水侵一方面要提高钻井液密度压死盐水层，同时还要用处理剂处理。当水侵严重时，要注意防止井喷、井塌等事故

四、考核建议

为了准确的评价本课程的教学质量和学生的学习效果，体现注重学生职业能力培养的教学目标，建议对本课程的各个环节进行考核，以便对学生作出公正、准确的评价。建立过程考评（任务考评）与期末考评（课程考评）相结合的方法，强调过程考评的重要性。

过程考评占60%，期末考评占40%。考核评价方式如表7-16所示。

表7-16　考核评价表

评价内容		分值	权重
过程评价	分析盐水侵后钻井液性能变化（基本知识）	20	60%
	盐水侵的的处理过程（技能水平、操作规范）	40	
	方法能力考核（制定计划或报告能力）	15	
	职业素质考核（"5S"与出勤执行情况）	15	
	团队精神考核（团队成员平均成绩）	10	
期末考评	期末理论考试（联系生产实际问题、职业技能证书考核中"应知"内容）	100	40%

<h1 align="center">任务5　处理石膏侵实训</h1>

一、学习目标

掌握石膏侵的处理方法，了解聚合物处理剂的作用。

二、训练准备

（1）备足纯碱、烧碱、稀释剂、降滤失剂、聚合物（如 PAC141/CPA 系列），备足石灰。

（2）准备钙离子测定仪1套及相关试剂。

（3）准备常规测定仪1套。

三、训练内容

（一）实训方案

处理石膏侵的实训方案如表7-17所示。

表7-17　处理石膏侵实训方案

序号	项目名称	教学目的及重点
1	石膏侵后钻井液性能变化规律	了解石膏侵后钻井液性能的变化规律
2	处理石膏侵操作过程	掌握处理石膏侵的操作过程
3	异常操作	分析原因，掌握石膏侵后的钻井液处理方法
4	正常操作	掌握石膏侵处理的正常操作方法

（二）正常操作要领

处理石膏侵的正常操作要领如表7-18所示。

表7-18　处理石膏侵的正常操作要领

序号	操作项目	调节使用方法
1	石膏侵相关知识	钻井液石膏侵后，黏度、切力、滤失量增大，泥饼增厚，流动性变差。单纯使用纯碱处理效果不好，因沉淀钙离子的同时又产生了一个可溶性的硫酸钠，会导致黏度、切力、滤失量较大，pH值较低。因此应配合高碱比混合剂进行处理

序号	操作项目	调节使用方法
2	处理石膏侵实训	操作步骤： （1）测定 Ca^{2+} 含量 （2）加入含钙量50%的纯碱，并配合高碱比进行处理，pH值控制在12以上。若滤失量大，则加入降滤失剂降滤失，并配合聚合物保持钻井液性能稳定 （3）若是大段石膏岩层，可将钻井液转化为钙处理钻井液，加入0.3% ~ 0.5%的石灰，并配合烧碱、稀释剂、降滤失剂及聚合物进行维护处理，以保持钻井液具有良好的流动性 技术要求： （1）处理时必须配合高碱比的稀释剂 （2）转化为钙处理钻井时，必须处理彻底，使钻井液性能稳定，以防止井下复杂情况 （3）对大段石膏岩层不宜使用纯碱除钙，其原因是除钙的同时产生了可溶性的硫酸钠，使黏度、切力、滤失量较大，pH值较低。因此应配合高碱比的混合剂进行处理，以免对钻井液和井眼产生不良影响

四、考核建议

为了准确的评价本课程的教学质量和学生的学习效果，体现注重学生职业能力培养的教学目标，建议对本课程的各个环节进行考核，以便对学生作出公正、准确的评价。建立过程考评（任务考评）与期末考评（课程考评）相结合的方法，强调过程考评的重要性。过程考评占60%，期末考评占40%。考核评价方式如表7-19所示。

表7-19 考核评价表

	评价内容	分值	权重
过程评价	分析石膏侵后钻井液的性能变化（基本知识）	20	60%
	石膏侵的的处理过程（技能水平、操作规范）	40	
	方法能力考核（制定计划或报告能力）	15	
	职业素质考核（"5S"与出勤执行情况）	15	
	团队精神考核（团队成员平均成绩）	10	
期末考评	期末理论考试（联系生产实际问题、职业技能证书考核中"应知"内容）	100	40%

任务6 处理水泥侵实训

一、学习目标

掌握水泥侵的处理方法，以及钻井液污染后的性能变化。

二、训练准备

（1）备足纯碱、稀释剂、烧碱。

（2）准备钙离子测定仪、测钙试剂1套。

（3）准备常规测定仪1套。

三、训练内容

(一) 实训方案

处理水泥侵实训方案如表 7-20 所示。

表 7-20　处理水泥侵实训方案

序号	项目名称	教学目的及重点
1	水泥侵后钻井液性能的变化规律	了解水泥侵后钻井液性能的变化规律
2	处理水泥侵操作过程	掌握处理水泥侵后的操作过程
3	异常操作	分析原因，掌握水泥侵后的钻井液处理方法
4	正常操作	掌握水泥侵处理的正常操作方法

(二) 正常操作要领

处理水泥侵的正常操作要领如表 7-21 所示。

表 7-21　处理水泥侵的正常操作要领

序号	操作项目	调节使用方法
1	水泥侵相关知识	钻井液水泥侵后，黏度、切力、滤失量增大，泥饼增厚，严重时会失去流动性。处理时不能单纯使用纯碱降低钙离子浓度，必须配合稀释剂进行处理
2	处理水泥侵实训	操作步骤： (1) 若是小段水泥侵，可直接用稀释剂、少量烧碱进行处理 (2) 若是大段水泥侵，须先测定钙离子含量，再加入含钙量 50% 的纯碱，同时配合稀释剂进行处理，从而使钻井液保持良好的流动性 (3) 有条件时可用清水钻水泥，避免水泥对钻井液产生不良影响 技术要求： 处理水泥侵时必须对水泥侵的程序进行了解，防止因处理不及时而使钻井液性能变坏或出现井下复杂情况

四、考核建议

为了准确的评价本课程的教学质量和学生的学习效果，体现注重学生职业能力培养的教学目标，建议对本课程的各个环节进行考核，以便对学生作出公正、准确的评价。建立过程考评（任务考评）与期末考评（课程考评）相结合的方法，强调过程考评的重要性。过程考评占 60%，期末考评占 40%。考核评价方式如表 7-22 所示。

表 7-22　考核评价表

	评价内容	分值	权重
过程评价	分析水泥侵后钻井液的性能变化（基本知识）	20	60%
	水泥侵的的处理过程（技能水平、操作规范）	40	
	方法能力考核（制定计划或报告能力）	15	
	职业素质考核（"5S"与出勤执行情况）	15	
	团队精神考核（团队成员平均成绩）	10	
期末考评	期末理论考试（联系生产实际问题、职业技能证书考核中"应知"内容）	100	40%

任务7　处理黏土侵实训

一、学习目标

掌握黏土侵后钻井液密度、黏度、切力的调整，熟悉密度、黏度、切力和钻井的关系及影响因素。

二、训练准备

（1）备足与钻井液相同的稀释剂和降滤失剂。

（2）确保水源充足，并准备足量的聚合物抑制剂。

（3）检查固控设备、搅拌器、钻井液枪、配要池、配浆池等性能正常。

三、训练内容

（一）实训方案

处理黏土侵的实训方案如表7-23所示。

表7-23　处理黏土侵实训方案

序号	项目名称	教学目的及重点
1	黏土侵后钻井液性能变化规律	了解黏土侵后钻井液性能的变化规律
2	处理黏土侵操作过程	掌握处理黏土侵的操作过程
3	异常操作	分析原因，掌握黏土侵后的钻井液处理方法
4	正常操作	掌握黏土侵处理的正常操作方法

（二）正常操作要领

处理黏土侵的正常操作要领如表7-24所示。

表7-24　处理黏土侵的正常操作要领

序号	操作项目	调节使用方法
1	黏土侵相关知识	钻井液黏土侵后，钻井液密度增加，黏度、切力急剧上升，导致钻井液越来越稠，甚至失去流动性，严重时可导致缩径、起钻时拔活塞等
2	处理黏土侵实训	操作步骤： （1）对非均质钻井液用大量清水在钻井液循环过程中整周加入，控制固相含量，使密度降至1.15g/cm³，然后再加入稀释剂和降滤失剂进行处理，同时加入聚合物抑制剂抑制黏土的水化分散 （2）对于加重钻井液，使用与钻井液组分相同的处理剂溶液进行稀释处理，使钻井液中黏土含量达到要求，然后加重钻井液使密度达到设计要求，最后用聚合物处理 （3）在处理过程中，要充分利用配备的固控设备对固相进行清除。对钻井液要勤维护，保证钻井液性能稳定，井下安全 技术要求： （1）在加水处理时，必须确保钻井液处理剂含量达到设计要求，以确保井下正常 （2）加水时应细水长流，并尽可能使加水量均匀，同时配合使用聚合物抑制剂，确保黏土含量达到设计要求 （3）黏土侵后，会使钻井液密度增加，黏度和切力都急剧上升，导致钻井液越来越稠，甚至失去流动性，严重时可导致缩径、起钻时拔活塞等，所以发生黏土侵后必须对钻井液进行及时处理，从而维护钻井液性能，使之适应钻井要求

四、考核建议

为了准确的评价本课程的教学质量和学生的学习效果，体现注重学生职业能力培养的教学目标，建议对本课程的各个环节进行考核，以便对学生作出公正、准确的评价。建立过程考评（任务考评）与期末考评（课程考评）相结合的方法，强调过程考评的重要性。过程考评占60%，期末考评占40%。考核评价方式如表7-25所示。

表7-25　考核评价表

	评价内容	分值	权重
过程评价	分析黏土侵后钻井液的性能变化（基本知识）	20	60%
	黏土侵的的处理过程（技能水平、操作规范）	40	
	方法能力考核（制定计划或报告能力）	15	
	职业素质考核（"5S"与出勤执行情况）	15	
	团队精神考核（团队成员平均成绩）	10	
期末考评	期末理论考试（联系生产实际问题、职业技能证书考核中"应知"内容）	100	40%

任务8　处理 H_2S 实训

一、学习目标

掌握 H_2S 的处理，熟悉 H_2S 的性质，了解气侵的特点。

二、训练准备

（1）准备加重剂、碱式碳酸锌、熟石灰、降黏剂、纯碱、CMC、聚合物、氨水、烧碱各适量。

（2）准备加重灰罐、混合漏斗、钻井液全套性能测试仪1套、搅拌机1台。

（3）准备防毒面具每人1套。

三、训练内容

（一）实训方案

处理 H_2S 实训方案如表7-26所示。

表7-26　处理 H_2S 实训方案

序号	项目名称	教学目的及重点
1	H_2S 的性质和气侵的特点	了解 H_2S 的性质和气侵的特点
2	处理 H_2S 后的操作过程	掌握处理 H_2S 的操作过程
3	异常操作	分析原因，掌握 H_2S 的处理方法
4	正常操作	掌握 H_2S 处理的正常操作方法

（二）正常操作要领

处理 H_2S 的正常操作要领如表7-27所示。

表 7-27　处理 H_2S 的正常操作要领

序号	操作项目	调节使用方法
1	H_2S 的性质及气侵特点	H_2S 性质： （1）物理性质：H_2S 是无色、有臭鸡蛋气味的气体，密度比空气稍大，有毒，是一种大气污染物。吸入 H_2S 后会引起头痛、眩晕，吸入量较多时，会引起中毒昏迷，甚至死亡。H_2S 气体能溶于水，是一种挥发性的弱酸，具有酸类的通性 （2）化学性质：H_2S 在较高温度下，易分解成氢和硫，且是可燃性气体，在空气中燃烧可被氧化成二氧化硫和水 气侵特点：气侵后密度突然下降，黏度、切力上升
2	处理 H_2S 实训	操作步骤： （1）钻台上闻道 H_2S 味道时，应立即戴防毒面具，并在钻台和井口处喷洒氨水，使 H_2S 生成硫化铵，以减少毒性 （2）适当提高密度，使液柱压力大于孔隙压力，将 H_2S 压死 （3）用高碱比稀释剂降低黏度、切力，并补充一定量熟石灰来稳定 pH 值 （4）加入碱式碳酸锌形成难溶的硫化物，清除钻井液中的 H_2S，并配合稀释剂、CMC 护胶，增加聚合物含量以提高钻井液的稳定性 技术要求： （1）钻井液黏度、切力应为设计低线，具有良好的流动性，有利于清除 H_2S 气体 （2）加重不要太快，防止压漏地层出现井喷事故 （3）加熟石灰、碱式碳酸锌时必须配合稀释剂进行处理 （4）H_2S 对钻井液性能有破坏，单加碱式碳酸锌不能使钻井液性能有所改善，应配合高碱比稀释剂进行处理，使 H_2S 气体及时排出或生成水和盐

四、考核建议

为了准确的评价本课程的教学质量和学生的学习效果，体现注重学生职业能力培养的教学目标，建议对本课程的各个环节进行考核，以便对学生作出公正、准确的评价。建立过程考评（任务考评）与期末考评（课程考评）相结合的方法，强调过程考评的重要性。过程考评占 60%，期末考评占 40%。考核评价方式如表 7-28 所示。

表 7-28　考核评价表

	评价内容	分值	权重
过程评价	了解 H_2S 的性质和气侵的特点（基本知识）	20	60%
	H_2S 的处理过程（技能水平、操作规范）	40	
	方法能力考核（制定计划或报告能力）	15	
	职业素质考核（"5S"与出勤执行情况）	15	
	团队精神考核（团队成员平均成绩）	10	
期末考评	期末理论考试（联系生产实际问题、职业技能证书考核中"应知"内容）	100	40%

【拓展提高】

一、大段盐岩层、盐膏层的处理

1. 准备工作

（1）穿戴好劳保用品。

（2）备足钻井液处理剂，如加重剂、聚合物、抗盐处理剂、降滤失剂、烧碱水等。

（3）准备钻井液全套性能测定仪。

（4）检查固控设备、搅拌机、钻井液枪等。

2. 操作步骤

（1）将钻井液密度提高到适宜数值，以克服盐岩层的塑性变形。

（2）增加聚合物含量，保持稳定的钻井液性能。因为随着含盐量的增加，聚合物的效能降低，所以必须增加聚合物的含量。

（3）增加抗盐处理剂。

（4）降低滤失量，适当增加降滤失剂的用量。

（5）配制饱和盐水钻井液。

（6）钻井液性能测定完成后及时清洗测定仪。

3. 技术要求

（1）按钻井液加重要求及加重原则进行加重，严防压漏。

（2）抗盐处理剂（如 PAC 系列产品、80A51 共聚物等处理剂）必须加足。

（3）采用高效的降滤失剂，如改性淀粉或改性生物聚合物羟乙基纤维素等。

（4）保持 pH 值在 10～11 之间，及时测量并补充烧碱水。

（5）有条件时最好使用饱和盐水钻井液。

二、配制压井钻井液

1. 准备工作

（1）穿戴好劳保用品。

（2）备足钻井液处理剂，如加重剂、膨润土、稀释剂、降滤失剂、烧碱等。

（3）检查混合漏斗、钻井液枪、搅拌器运转是否正常。

（4）检查配制罐和钻井液储备罐。

（5）准备钻井液全套性能测定仪。

2. 操作步骤

（1）确定钻井液密度。

（2）根据井眼容积确定压井液用量。

（3）根据性能要求计算处理剂用量。

（4）配制压井液并测量压井液性能。

（5）把压井液打入储备罐备用。

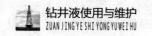
3. 技术要求

（1）正确确定钻井液密度是一个关键环节，压井液密度应适当，过小会压不住，过大则会导致漏失量过大，压井液消耗量大，从而造成数量不够，导致压井失败。

（2）备足压井液数量，至少为井眼容积的 2～3 倍，确保一次压井成功。

（3）配制压井液要充分使用混合漏斗、搅拌器，使压井液密度均匀，黏度、切力较低，以减少流动阻力。钻井液应具有较强的胶体性，防止加重剂沉淀，且滤失量要小，以巩固井壁。

（4）压井液要清洁干净、无杂物，防止压井过程中堵水眼。

三、处理固井前钻井液

1. 准备工作

（1）清理上水池罐沉砂。

（2）准备好 FCLS、NaOH、纯碱、CMC，接通电源。

（3）准备常规钻井液性能测定仪 1 套。

（4）检查并确保固控设备运转正常。

2. 操作步骤

（1）用少量清水、FCLS、NaOH 调整钻井液性能。

（3）用 FCLS、NaOH、纯碱、CMC 配制压塞液。

3. 技术要求

（1）充分使用固控设备降低含砂量，含砂量应小于 0.5%，防止影响固井质量。

（2）调整钻井液性能达到固井施工要求，严禁大幅度调整钻井液，以免因造成井眼不适应而坍塌。

（3）预处理钻井液必须具有抗污染能力和抗高温能力。

（4）压塞液必须具有抗污染能力和抗高温能力，以防止电测声幅仪遇阻。

固井作业对钻井液要求如下：

（1）钻井液要有足够的防塌能力，保证井眼质量良好，减少垮塌和缩径。

（2）含砂量要低，泥饼薄而坚韧、致密，滤失量要小，以提高固井质量。

（3）要有足够的抗污染能力，避免固井时因水泥污染稠化而造成憋泵和声、磁测井遇阻。

（4）钻井液流变性能应满足固井施工要求。

（5）须配制适当的隔离液，防止钻井液和水泥浆混合稠化，提高水泥浆的顶替效率和水泥的封固质量。

【思考题及习题】

一、填空题

1. 在钻井过程中，由于钻遇地层中的泥页岩水化膨胀或盐岩层塑性变形而使井径（　　　）钻头直径的现象称为缩径现象。

2. 由于起、下钻速度过快、开泵过猛造成的井壁不稳定属于（　　　）因素。

3. 漏失速度在 $100m^3/h$ 以上的漏失称为（　　　）漏失。

4. 处理井漏施工时，尽可能使用光钻具，并将钻具下至（　　　）。

5. 要预防黏附卡钻可以在钻井液中混油和加润滑剂，（　　　）泥饼摩擦系数。

6. 由于井壁不稳定或者洗井效果不好，致使井径不规则而造成的卡钻称为（　　　）卡钻。

7. 起钻过程中不及时向井内灌钻井液，致使井内液柱压力下降，就可能造成（　　　）。

8. 机械钻速突然升高或出现放空现象，钻井液中出现油气显示，钻屑中发现油砂，这种征兆一般发生在（　　　）。

二、判断题

1. 井塌现象之一是井口返出的岩屑量增多，砂样混杂，且钻屑尺寸增大。（　　　）

2. 正常循环情况下，钻井液由井口返出的量越来越少，并逐渐不返钻井液，可能是发生了井漏。（　　　）

3. 溢流往往是井喷征兆的第一信号，应引起足够重视。（　　　）

4. 井塌卡钻是在钻进过程中突然发生井塌而造成的卡钻。（　　　）

三、简答题

1. 影响井壁不稳定的因素主要有哪些？

2. 稳定井壁的技术措施有那些？列举出 3 种防塌效果较好的钻井液类型。

3. 井漏会造成什么危害？试阐述发生井漏的原因和防止井漏的主要措施。

4. 预防井喷的钻井液技术措施有哪些？

5. 主要可采用哪些方法解除压差卡钻？

学习情境 8　保护油气层钻井液技术

【学习目标】

能力目标：

（1）能掌握油气层损害的原因。

（2）能配制、使用和维护保护油气层的钻井液。

（3）能配制使用钻开油气层前的钻井液。

（4）能处理完井钻井液。

（5）能处理油气侵后的钻井液性能。

知识目标：

（1）掌握油气层损害的机理。

（2）了解油气层伤害以及伤害程度的表示参数。

（3）了解油气层伤害的室内评价方法。

（4）掌握钻井过程中引起油气层伤害的主要原因。

（5）掌握保护油气层对钻井液性能的要求。

（6）了解保护油气层钻井液的主要类型以及各自的特点。

（7）掌握钻井液中常用暂堵剂的类型及其使用原理。

（8）了解屏蔽暂堵技术的要点。

素质目标：

（1）明确职业岗位所处的重要位置，并不断提高自身职业能力。

（2）树立实事求是、精益求精的职业意识。

（3）能清晰、有逻辑、有重点、大胆地用语言表达自己的思想，具备应对失败的能力以及吃苦耐劳的精神。

（4）建立起安全生产和环境保护意识。

（5）能在各项生产活动中与老师、同学相互合作、沟通，有责任心。

（6）能对自己在集体中的作用、能力作出客观的评价，并对他人的工作作出客观评价。

【任务描述】

通过对保护油气层钻井液技术内容的学习，使学生了解油气层损害的原因，会配制、使用和维护保护油气层的钻井液。本项目所针对的工作内容主要包括：油气层损害机理，保护油气层的钻井液技术，完井钻井液处理技术及油气侵后钻井液的处理技术。

要求学生以小组为单位，根据任务要求，制定出工作计划，能够分析和处理操作中遇到的异常情况，撰写工作报告。

【相关知识】

完井工作一般包括钻开油气层、下油层套管、射孔、下油管及井下装置、安装完井井口、替喷投产或测试，期间所使用的各种工作液统称为完井液。钻井与完井的最终目的在于钻开油气层并形成油气流动的通道，建立油气井良好的生产条件。任何阻碍流体从井眼周围流入井底的现象均称为对油气层的伤害，严重的油气层伤害将极大地影响油气井的产能。

虽然在钻井、完井、修井、实施增产措施和油气开采等各个作业环节中，都存在工作液与油气层之间的相互作用，以破坏油气层原有的平衡状态，增大油气流动的阻力，造成油气层伤害。但是，通过实施保护油气层、防止污染的技术和措施，完全可以将油气层伤害降至最低限度。

在油气层油气流入井底的过程中，压力损失主要集中在井底附近的近井壁带。该区域内油气通道的连通条件和渗透性的好坏（即被污染的程度或保护的效果）对油气井的产能影响很大。因此，保护油气层主要是指尽可能防止近井壁带的油气层受到不应有的伤害。

一、油气层伤害的评价方法

为了在钻开油气层之前准确地判断油气层伤害的类型和程度，以便及时采取相应的保护措施，必须首先建立油气层伤害的评价方法和标准。其中，室内评价方法包括岩心分析、油气层敏感性评价和工作液对油气层的伤害评价，矿场评价方法包括表皮系数法、条件比与产能比法、流动效率法、污染系数法和井底污染半径法。

（一）室内评价方法

1. 岩心分析

油气层的敏感性评价、伤害机理研究、伤害的综合诊断以及保护油气层技术方案的制定，都必须建立在岩心分析的基础之上，岩心分析是油气层保护技术中不可缺少的基础工作。

岩心分析的主要目的是全面认识油气层岩石的物理性质及岩石中敏感性矿物的类型、产状、含量及分布特点，确定油气层潜在伤害的类型、程度及原因，从而为各项作业中油气层保护工程方案的设计提供依据。岩心分析有多种实验手段，其中，岩相学分析有 3 项常规技术。

1）X – 射线衍射分析

X – 射线衍射（XRD）分析是根据晶体对 X – 射线的衍射特性来鉴别物质的方法。由于绝大多数岩石矿物都是结晶物质，每种结晶物质都具有其独特的晶体结构，因此该项技术已成为鉴别油气层内岩石矿物的重要手段。X-射线衍射分析通常用于测定岩样中粒径小于 $4\mu m$ 的黏土矿物和粒径大于 $4\mu m$ 的非黏土矿物，尤其适于确定岩样中各种黏土矿物的类型和含量。测定时不需整块岩心，只需少许有代表性的岩样即可。该项技术的不足之处是不能确定各种敏感性矿物在孔隙中的产状及分布，因此必须与薄片、扫描电镜技术配套使用，才能全面揭示敏感性矿物的特征。

2) 薄片分析

薄片分析技术需首先将岩心磨制成薄片，然后置于光学显微镜下进行观测，通过分析可测定油藏岩石中的骨架颗粒以及基质和胶结物的组成和分布，描述孔隙的类型、性质及成因，了解敏感性矿物的分布及其对油气层可能引起的伤害。薄片分析的特点是直观、实验费用低廉，常安排在 X-射线衍射和扫描电镜之前进行。但只有选择有代表性的岩心制成薄片，分析结果才有实际价值。

3) 扫描电镜分析

扫描电镜（SEM）分析利用细聚焦的电子束在岩样上逐点扫描，激发产生能够反映样品特征的信息并调制成像，扫描电镜分析能提供孔隙内充填物的矿物类型、产状和含量的直观资料，同时也是研究孔隙结构的重要手段。该项技术可以对油气层中的黏土矿物和其他敏感性矿物进行观测，从而获取油气层中孔喉的形态、尺寸、弯曲度以及与孔隙的连通性等资料，进而估算出粒径小于 $37\mu m$ 的地层微粒的类型、含量和分布，并对含铁的酸敏性矿物进行检测等。

SEM 分析的特点是制样简单、分析快速。分析前应将岩样用抽提的方法洗净，然后加工出新鲜断面作为观测面。样品直径一般不超过 1cm。

此外，用压汞法测定岩石毛管压力曲线，用 Amott 和 USBM 法测定岩石润湿性，用红外光谱法测定岩石矿物的组成及所含元素，用图像分析法观测孔喉的尺寸与分布等也都是岩心分析中的常用方法。近年来，以 CT 扫描和核磁共振（NMR）为代表的现代影像技术也逐渐应用于岩心分析中。

2. 油气层敏感性评价

油气层敏感性评价是指对油气层的速敏、水敏、盐敏、碱敏和酸敏性强弱及其所引起的油气层伤害程度进行评价，通常简称为"五敏"实验。

1) 速敏评价实验

油气层的速敏性是指在钻井、完井、试油、注水、开采和实施增产措施等作业或生产过程中，流体的流动引起油气层中的微粒发生运移，致使一部分孔喉被堵塞而导致油气层渗透率下降的现象。实验表明，只有当流体的流动速度达到一定程度时才会发生微粒运移，并且运移程度随流速的增加而加剧。速敏性评价的目的，一是确定导致微粒运移开始发生的临界流速；二是为将要进行的水敏、盐敏、碱敏和酸敏实验以及其他各种伤害评价实验提供合理的实验流速。一般情况下，要先进行速敏评价实验，所有后期评价实验的流速均应低于临界流速，且应控制在临界流速的 0.8 倍。

速敏和其他敏感性评价的实验装置均为岩心流动实验仪。对于采油井，速敏评价实验应选用煤油作为实验流体。对于注水井，则应使用地层水或模拟地层水作为实验流体。通过测定不同注入速度下岩心的渗透率，判断油气层岩心对流速的敏感性。对临界流速的判定标准为：若流量 Q_{i-1} 对应的渗透率 K_{i-1} 与流量 Q_i 对应的渗透率 K_i 之间满足下式：

$$\frac{K_{i-1} - K_i}{K_{i-1}} \times 100\% \geq 5\% \qquad (8-1)$$

则表明已经发生流速敏感，流量 Q_{i-1} 即为临界流量，此后可由临界流量求得临界流速。

2）水敏评价实验

在油藏条件下，油气层岩石中含有的黏土矿物与地层水处于相对平衡的状态。但是，当某种与油气层不相配伍的工作液侵入后，这种平衡会受到破坏。所谓水敏，主要指矿化度较低的钻井液等工作液进入地层后引起黏土水化膨胀、分散和运移，进而导致渗透率下降的现象。进行水敏评价实验的目的是对油气层岩石水敏性的强弱作出评价，并测定最终使油气层渗透率降低的程度。

测定时，首先用地层水或模拟地层水测得岩心的渗透率 K_f，然后用次地层水（将地层水与蒸馏水按 1:1 的比例混合）测得岩心的渗透率 K_{sf}，最后用蒸馏水测出岩心的渗透率 K_w，通常用 K_w 和 K_f 的比值来判断水敏程度，其评价指标如表 8-1 所示。

表 8-1 水敏程度评价指标

K_w/K_f	≤ 0.3	$0.3 \sim 0.7$	≥ 0.7
水敏程度	强	中等	弱

3）盐敏评价实验

盐敏评价实验是测定当注入流体的矿化度逐渐降低时岩石渗透率的变化，从而确定导致渗透率明显下降时的临界矿化度（C_c）。其意义在于当进行钻井液、完井液等工作液设计时，将其矿化度保持在Ｉ临界矿化度以上，从而避免因黏土矿物水化膨胀、分散而对油气层造成伤害。

盐敏评价实验程序与水敏评价实验基本相同。首先用模拟地层水测定岩样的盐水渗透率，然后依次降低地层水的矿化度，再分别测定渗透率，直至找出 C_c 值时为止。

若矿化度 C_{i-1} 对应的渗透率度 K_{i-1} 与矿化度 C_i 对应的渗透率 K_i 之间满足下式：

$$\frac{K_{i-1} - K_i}{K_{i-1}} \times 100\% \geq \pm 5\% \qquad (8-2)$$

则表明已发生盐敏，矿化度 C_{i-1} 即为临界矿化度。

4）碱敏评价实验

地层水一般呈中性或弱碱性，但大多数钻井液、完井液的 pH 值在 8~12 之间。当高 pH 值的工作液进入油气层后，将促进油气层中黏土矿物的水化膨胀与分散，并使硅质胶结物结构破坏，促进微粒的释放，从而造成堵塞伤害。碱敏评价实验的目的在于确定临界 pH 值以及由碱敏引起油气层伤害的程度。显然，在设计各类工作液时，其 pH 值应控制在

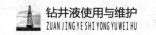

临界 pH 值以下。

进行测定时，以地层水的实际 pH 值为基础，通过适量添加 NaOH 溶液配制不同 pH 值的盐水，最后一级盐水的 pH 值等于 12。如果 pH_{i-1} 值所对应的盐水渗透率 K_{i-1} 与 pH_i 值所对应的盐水渗透率 K_i 之间满足式（8-2）的条件，则表明已发生碱敏，pH_{i-1} 值即为临界 pH 值。

5）酸敏评价实验

酸化是常用的油田增产措施，但倘若使用的酸液与油气层不配伍，则会与油气层中的某些矿物、流体反应生成沉淀物或释放出微粒，从而对孔喉造成堵塞，使酸化达不到预期效果，甚至会使油气层渗透率下降。该实验通过模拟酸液进入地层的过程，用不同酸液测定酸化前后渗透率的变化，从而判断油气层是否存在酸敏性并确定酸敏的程度。

酸敏评价实验先用地层水测出岩样的基础渗透率，再用煤油正向测出注酸前的渗透率 K_1。反向注入 0.5~1.0 倍孔隙体积的酸液，反应 1~3h。最后用煤油正向测定注酸后的渗透率 K_2。根据两渗透率之间的比值 K_2/K_1，可对酸敏程度作出评价，评价指标如表 8-2 所示。

表8-2　酸敏程度评价指标

K_2/K_1	≤0.3	0.3~0.7	≥0.7
酸敏程度	强	中等	弱

敏感性评价是诊断油气层伤害的重要实验手段。通常情况下，对任何一个油田区块，在制订保护油气层技术方案之前，都应系统地开展敏感性评价实验。

3. 工作液对油气层伤害的评价

该评价的目的是通过测定钻井液、完井液、水泥浆、射孔液、压井液、洗井液、修井液、压裂液和酸液等工作液侵入油气层岩石前后渗透率的变化，来评价工作液对油气层的伤害程度，判断它与油气层之间的配伍性，从而为优选工作液的配方和施工工艺参数提供实验依据。

该项评价实验应尽可能模拟地层的温度和压力条件。一般先用地层水饱和岩样，再用中性煤油进行驱替，建立束缚水饱和度，并测出污染前岩样的油相渗透率 K_o。然后在一定压力下反向注入工作液，历时 2h。若 2h 内不见滤液流出，可尝试采用延长接触时间或增大驱替压力，直至有滤液流出时为止。将岩样取出并刮除滤饼后，再次用煤油进行驱替，正向测定污染后岩样的油相渗透率 K_{op}，并用下式评价工作液的伤害程度：

$$R_s = \left(1 - \frac{K_{op}}{K_o}\right) \times 100\% \qquad (8-3)$$

式中，R_s 称为渗透率的伤害率，表示工作液对油气层的伤害程度。

（二）矿场评价方法

油气层伤害的矿场评价，可以反映井筒附近几十米甚至几百米内油气层的受损程度，还可评估保护油气层技术措施所取得的效果。

目前，广泛应用于现场的矿场评价方法主要是不稳定试井法，即在油气井完成之后，通过测定压降曲线或压力恢复曲线时所获得的不稳定试井数据，对油气层的伤害程度作出分析和评价。根据评价标准不同，矿场评价分为以下 5 种方法。

1. 表皮系数法

表皮系数是描述由于近井壁地带的油气层伤害而导致流体渗流阻力增加的一个常数。其计算公式为：

$$S = \left(\frac{K_o}{K_{op}} - 1\right)\ln\frac{r_d}{r_w} \tag{8-4}$$

式中 S——油气层的表皮系数；

 r_d, r_w——油气层的伤害带半径、井眼半径，m。

S 是一个无量纲量。其数值越大，表示伤害程度越大。若 $S = 0$，则表示油气层无伤害，这样的油气井可称为完善井。若 $S < 0$，则认为井底处于超完善条件下，这样的油气井可称为超完善井。均质油气层伤害程度的评价标准如表 8-3 所示。

表 8-3 均质油气层伤害程度的评价标准

伤害程度	轻微伤害	中等伤害	严重伤害
S	0	2 ~ 10	>10

2. 条件比与产能比法

条件比（CR）是指油气井供给半径以内的平均有效渗透率与远离井底、末受伤害油气层的有效渗透率之比值。产能比（PR）是指在相同的生产压差条件下，油气层受到伤害时的原油产量与未受伤害时的原油产量之比值。CR 和 PR 越接近于 1，则伤害程度越小。对于同一油气层，CR 和 PR 相等。它们的数学表达式为：

$$CR = PR = \frac{\lg\dfrac{r_e}{r_w}}{\lg\dfrac{r_e}{r_w} + 0.4342S} \tag{8-5}$$

式中 r_e——油气井的供给半径，m。

3. 流动效率法

流动效率表示在获得相同原油产量的条件下，油气层受到伤害后的采油指数（PI）与未受伤害时的理想采油指数（PI_0）之比值。其计算式为

$$E_f = \frac{PI}{PI_0} = \frac{P - P_f - 0.8684 m_0 S}{P - P_f} \tag{8-6}$$

式中 E_f——流动效率；

 P, P_f——分别为地层压力和井底流动压力，MPa；

 m_0——压力恢复曲线直线段的斜率。

由式（8-6）可知，S 值越大，则 E_f 值越小。当 $S = 0$ 时，$E_f = 1$。

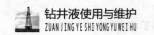

4. 污染系数法

污染系数等于1与产能比的差值，即

$$DF = 1 - PR \qquad (8-7)$$

显然，当油气层未受伤害时，$DF = 0$；受到伤害时，$DF > 0$。

5. 井底污染半径法

井底污染半径（r_d）反映钻井液等外来流体侵入油气层的深度，是表示伤害程度的一项重要指标。

以上5种方法所确定的指标分别从不同角度反映了油气层的伤害程度，其中表皮系数是最基本的参数。采用中途测试的方法，也可测得表皮系数。

二、油气层伤害机理分析

油气层伤害机理是指油气层伤害的产生原因以及伴随伤害而发生的物理、化学变化过程，对于不同的油气层，其储集特征和导致伤害的外部环境均有较大差别，因此可能发生的伤害机理也不尽相同。油气层伤害机理研究是油气层保护技术的基础工作。

根据世界近4000口井的资料，对各个作业环节中每种机理所造成的油气层损害严重程度进行了系统总结（表8-4）。

表8-4 各井下作业过程中油气层损害的相对大小

油气层损害原因	建井阶段				油藏开采阶段		
	建井与固井	完井	修井	增产措施	中途测试	开采	注液开采
钻井液固相颗粒堵塞	* * * *	* *	* * *	—	*	—	—
微粒运移	* * *	* * * *	* * *	* * * *	* * * *	* * *	* * * *
黏土水化膨胀	* * * *	* *	* * *	—	—	—	* *
乳化堵塞/水锁	* * *	* * * *	* *	* * * *	*	* * * *	* * * *
润湿反转	* *						* * * *
相对渗透率下降	* * *	* * *	* * * *	* * *		* *	
有机垢	*					* * * *	* * * *
无机垢	* *	* * *	* * * *	*		* * * *	* * *
外来颗粒堵塞	—	* * * *	* * *	* * *			
次生矿物沉淀	—			* * * *	—	—	* * *
细菌堵塞	* *	* *	* *	* *		* *	* * * *
出砂	—	* * *	* *	* * * *		* * *	* *

注：*愈多表示油气层损害愈严重。

研究表明，引起油气层伤害最大的原因是微粒运移，其次是乳状液堵塞和水锁，再次是润湿反转和结垢等。在钻井和固井作业中，对油气层伤害最严重的原因是钻井液固相颗粒堵塞和黏土的水化膨胀。

（一）油气层潜在伤害因素

油气层潜在伤害因素是指导致渗透率降低的油气层内在因素，若没有外因作用的诱发，则不会造成油气层伤害。

1. 油气层孔隙特性

孔喉类型和孔隙结构参数与油气层的伤害关系十分密切。一般情况下，如果孔喉直径较大，则固相颗粒侵入的深度较深，因固相堵塞造成的伤害就会比较严重，而滤液造成水锁、气阻等伤害的可能性较小。此外，孔喉的弯曲度越大，连通性越差，则油气层越易受到伤害。

油气层伤害类型很大程度上取决于油气层的孔隙度和原始渗透率。对于渗透率较高的油气层，可推断其孔隙尺寸较大且连通性较好，胶结物含量较低，这种情况下受固相侵入而造成的伤害较大。而对于低渗油气层，由于其孔喉尺寸小且连通性差，胶结物含量高，因而固相造成的伤害不是主要的，容易发生黏土水化膨胀、微粒运移和水锁等伤害。

2. 油气层的敏感性矿物

敏感性矿物是指油气层中容易与外来流体发生物理和化学作用并导致油气层渗透率下降的矿物。绝大多数敏感性矿物属于自生矿物，其粒径一般在小于 $37\mu m$ 的微粒级范围之内，且比表面大，多数位于孔喉附近，因而总是优先与外来流体相接触并相互作用。敏感性矿物的类型基本上决定了油气层伤害的类型。按照其引起敏感的因素不同，可将敏感性矿物分为速敏、水敏、盐敏、酸敏和碱敏 5 种类型，其分类情况及主要的伤害形式如表 8-5 所示。

表 8-5　油气层中常见的敏感性矿物及其伤害形式

敏感性类型		敏感性矿物	主要伤害形式
速敏性		高岭石、毛发状伊利石、微晶石英、微晶长石、微晶白云母等	分散运移、微粒运移
水敏性和盐敏性		蒙皂石、绿蒙混层、伊蒙混层、降解伊利石、降解绿泥石等	晶格膨胀、分散运移
酸敏性	盐酸酸敏	绿泥石、绿蒙混层、铁方解石、铁白云石、赤铁矿、黄铁矿等	$Fe(OH)_3\downarrow$、非晶质 $SiO_2\downarrow$、微粒运移
	氢氟酸酸敏	方解石、白云石、浮石、钙长石、各种黏土矿物等	$CaF_2\downarrow$、非晶质 $SiO_2\downarrow$
碱敏性（pH 值 >12）		钾长石、钠长石、斜长石、微晶石英、蛋白石、各种黏土矿物等	硅酸盐沉淀，形成硅凝胶

此外，油气层伤害的形式还与敏感性矿物的产状有关。通常情况下，敏感性矿物含量越高，对油气层的伤害程度越大。当其他条件相同时，油气层渗透率越低，敏感性矿物所造成伤害的程度会越大。因此，通过岩心分析准确测定敏感性矿物的含量，对于预测受伤害的形式及可能造成的伤害程度是十分重要的。

3. 油藏岩石的润湿性

润湿性是控制地层流体在孔隙介质中的位置、流动和分布的重要因素。对于亲水性岩

石,水通常吸附于颗粒表面或占据小孔隙角隅,油气则位于孔隙中间部位;而亲油性岩石正好与此相反,可造成油气的有效渗透率降低。

润湿性决定了岩石中毛细管压力的大小和方向。由于毛细管压力方向总是指向非润湿相,因此对于亲水性岩石,毛细管压力是水驱油的动力;而对于亲油性岩石,毛细管压力则是水驱油的阻力,会导致注水过程中水驱油效率降低。润湿性对油气层中微粒运移的情况有很大影响。一般只有当流动着的流体润湿微粒时,运移才容易发生。因此,润湿性对微粒运移有较大影响。

油气层流体也是引起油气层伤害的潜在因素。因此,在进行钻井液等工作流体设计时,必须全面了解地层水、原油和天然气的性质。如果外来流体的矿化度低于地层水的矿化度,则易引起油气层中黏土矿物水化膨胀与分散等问题。若外来流体与地层水的离子组成不配伍,则容易发生结垢等伤害。

若原油中石蜡、胶质和沥青质含量较高或凝固点过高,则可能生成有机垢,从而堵塞孔喉造成伤害。若沥青质含量过高,还会在一定条件下吸附在岩石表面,引起从亲水向亲油的润湿反转。原油与入井流体不配伍还可能形成高黏度的乳状液,产生乳化堵塞。

天然气性质主要体现在 H_2S 和 CO_2 等腐蚀性气体的含量上。H_2S 和 CO_2 均为成酸气体,易与一些多价阳离子反应生成化学沉淀。CO_2 含量过高时,还可能形成 $CaCO_3$ 无机垢。它们在腐蚀设备时所生成的一些腐蚀产物(如 H_2S 在腐蚀过程中生成 FeS 沉淀)会引起微粒堵塞。

(二)固体颗粒堵塞造成的伤害

1. 流体中固体颗粒堵塞油气层造成的伤害

当井筒内流体的液柱压力大于油气层孔隙压力时,外来流体中的固体颗粒就会随液相一起进入油气层,其结果会堵塞油气层而引起伤害。特别是在泥饼形成之前,固体颗粒侵入的可能性更大。影响外来固体颗粒对油气层的伤害程度和侵入深度的因素包括下述 3 个方面。

1)固体颗粒粒径与孔喉直径的匹配关系

实验研究表明,只有满足颗粒粒径大于孔喉直径的 1/3 这一条件,颗粒才能通过架桥形成泥饼。显然,越细的颗粒越易侵入深部的油气层。为了有效地阻止固体颗粒的侵入,大于孔喉直径 1/3 的颗粒在工作流体中的含量应不少于体系中固相总体积的 5%。

2)固体颗粒的质量分数

工作流体中固体颗粒的质量分数越高,则颗粒的侵入量越大,造成的伤害越严重。若使用清洁盐水钻开油气层,则基本上可以避免这种形式的伤害。

3)施工作业参数

较大的正压差对固体颗粒的侵入有利,因此近平衡或欠平衡压力钻井是目前保护油气层的一项重要工程措施。此外,工作流体的剪切速率越大,与油气层的接触时间越长,则固体颗粒侵入越深,对油气层的伤害程度越大。

2. 地层中微粒运移造成的伤害

油气层中含有许多粒度极小的黏土和其他矿物的微粒,在未受到外力作用时,这些微粒附着在岩石表面被相对固定，在一定外力作用下，它们会从孔壁上分离下来，并随孔隙内的流体一起流动。当运移至孔喉位置时，一些微粒便会被捕集而沉积下来，对孔喉造成堵塞。在各种井下作业过程中都会出现由于微粒运移而造成的油气层伤害。

（三）工作液与油气层岩石不配伍造成的伤害

1. 水敏性伤害

当进入油气层的工作液与油气层中的水敏性矿物不配伍时，使水敏性矿物发生水化膨胀和分散，从而导致油气层的渗透率降低的现象称为水敏性伤害。油气层中水敏性矿物含量越高，所造成的水敏性伤害越严重；油气层中黏土矿物水化能力越强，所造成的水敏性伤害越严重；工作液的矿化度越低，所造成的水敏性伤害越严重；当油气层中水敏性矿物的含量相似时，低渗油气层水敏性伤害程度大于高渗油气层。

2. 碱敏性伤害

高 pH 值的工作液侵入油气层后，与油气层中的碱敏性矿物发生相互作用，造成油气层渗透率下降的现象称为碱敏性伤害。影响碱敏性伤害程度的因素有油气层中碱敏性矿物的含量，地层流体的 pH 值以及工作液的侵入量。碱敏性伤害程度随 pH 值升高而增大。

3. 酸敏性伤害

由于酸化作业时所使用的酸液与油气层岩石不配伍而导致油气层渗透率下降的现象称为酸敏性伤害。伤害形式一是造成微粒释放，二是某些已溶解矿物所电离出的离子在一定条件下再次发生沉淀，造成酸敏性伤害的沉淀物和凝胶有 $Fe(OH)_3$、$Fe(OH)_2$、CaF_2、MgF_2、Na_2SiF_6、Na_3AlF_6 以及硅酸凝胶等。影响酸敏性伤害程度的因素有油气层中酸敏性矿物的含量，酸液的组成及质量分数，以及酸化后反排酸液的时间。大部分沉淀在酸液质量分数很低时才能生成。

4. 油气层岩石润湿反转造成的伤害

在工作液中某些表面活性剂、原油中沥青质等极性物质的作用下，油气层岩石会由亲水变为亲油，导致油相由原来占据孔隙的中间位置变成占据较小孔隙的角隅或吸附于颗粒表面，从而明显减少了油流通道。毛管力由原来的驱油动力变为驱油阻力，会使注水过程中的驱油效率显著降低。实验表明，当油气层转变为油润湿后，油相渗透率将下降15%～85%。影响润湿反转的因素主要是工作液中表面活性剂的类型及质量分数，原油沥青质的含量及组成，以及水相的离子组成、浓度、pH 值和地层温度。

（四）工作液与油气层流体不相配伍造成的伤害

1. 无机垢堵塞

如果工作液与油气层流体含有不相配伍的离子，便会在一定条件下形成无机垢。常见的无机垢类型有 $CaCO_3$、$CaSO_4 \cdot 2H_2O$、$BaSO_4$、$SrSO_4$、$SrCO_3$ 和 FeS 等。在钻井、完井、修井和油气开采等各作业环节中，都可能遇到无机垢堵塞问题。对于许多生产井和注水井，无机垢堵塞是主要伤害。影响无机垢形成的因素除工作液与油气层流体中的盐类组成及质量分数外，还与地层温度、压力、两种流体的接触时间等因素有关。此外，若工作液

的 pH 值较高，则可使地层水中的 HCO_3^- 转化为 CO_3^{2-}，否则容易引起 $CaCO_3$ 垢的形成。

2. 有机垢堵塞

当工作液与油气层的原油不相配伍时，可形成有机垢堵塞油气孔道。有机垢一般以石蜡为主，同时还有含量不等的沥青质、胶质、树脂及泥砂等。影响形成有机垢的因素除原油的含蜡量、凝固点外，还与工作液的 pH 值、温度和压力等有关。

3. 乳化堵塞

工作液中常含有一些具有表面活性的添加剂，这些添加剂进入油气层后会使油水界面性质发生改变，从而使外来的油相（如油基钻井液中的基油）与地层水或者外来的水相与油气层原油相混合后形成相对稳定的 W/O 型或 O/W 型乳状液。此类乳状液会直接对孔喉造成堵塞，乳状液黏度极高，也会增加油气的流动阻力。

4. 细菌堵塞

在各作业环节或油气开采过程中，地层中原有的细菌或随工作液一起侵入的细菌在遇到适宜的生长环境时，便会迅速繁殖，所产生的菌落和枯液可堵塞油气孔道而对油气层造成伤害。常见的细菌类型有硫酸盐还原菌、腐生菌及铁细菌等。细菌残体对注水井近井地带造成的堵塞往往更为严重，这是由于注入水中含有大量的 O_2，有利于好氧菌的繁殖。

（五）油气层岩石毛细管阻力造成的伤害

岩石的孔道是油气层中流体流动的基本空间，是无数个大小不等、形状各异、彼此曲折相连的毛细管。由岩石的毛细管阻力引起的主要伤害形式是水锁效应，对于低渗或特低渗油气藏，水锁效应往往是其主要的伤害机理，应引起特别的重视。水锁效应通常是由于钻井液等工作液的滤液侵入而引起的。因此，应尽量控制外来流体的滤失量。

三、打开油气层的钻井液技术

钻井液是与油气层接触的第一类工作液，因此在打开油气层过程中做好油气层保护工作，是实施油气层保护技术的首要环节。

（一）保护油气层对钻井液的要求

钻开油气层的优质钻井液不仅要在组成和性能上满足地质和钻井工程的要求，而且还必须满足油气层保护技术的基本要求。

1. 必须与油气层岩石相配伍

钻井液与油气层岩石相配伍主要体现为可防止各种敏感性伤害和润湿反转。水敏性油气层应选用强抑制性钻井液。盐敏性油气层钻井液的矿化度应不小于临界矿化度。碱敏性油气层钻井液的 pH 值不得超过临界 pH 值，尽可能控制为 7 ~ 8。酸敏性油气层，最好不选用酸溶性暂堵剂。速敏性油气层，则应尽量降低正压差并注意防止井漏。在选用 W/O 型或 O/W 型钻井液钻井时，应避免使用油湿性较强的表面活性剂作为乳化剂，以免岩石孔隙表面发生润湿反转。

2. 必须与油气层流体相配伍

在钻井液配方设计时，必须考虑滤液组分不与地层流体发生沉淀反应，以防止发生结垢等伤害。滤液与地层流体之间不发生乳化作用。滤液的表面张力不宜过高，以防发生水锁伤害。滤液中可能含有的细菌不会在油气层所处的环境中繁殖生长。

3. 尽量降低固相含量

为防止因固相颗粒堵塞而造成的伤害，钻井液中除保持维护性能所必需的膨润土和加重材料外，应尽可能降低其他无用固相的含量，膨润土含量也应以够用为度。在选用各类暂堵剂时，其颗粒尺寸应与油气层的平均孔径相匹配。对于渗透率较高的油气层，应尽可能采用无固相或无黏土钻井液。

4. 密度可调

我国油气层的压力系数范围为 $0.4 \sim 2.87$，因此必须研制出从气体钻井流体直至密度高达 $3.0\,g/cm^3$ 的不同类型的钻井液，以满足不同油气层压力近平衡钻井的需要。对于低压、低渗、岩石坚固的油气层，需采用负压差钻进来减轻对油气层的伤害。

（二）打开油气层钻井液体系

1. 无固相清洁盐水钻井液

水基钻井液具有配制成本较低，所需处理剂来源广，可供选择的类型多，以及性能比较容易控制等优点，一直是钻开油气层的首选钻井液体系。

无固相清洁盐水钻井液不含膨润土及其他固相。其密度可通过加入不同类型和数量的可溶性无机盐进行调节。选用的无机盐包括 $NaCl$、$CaCl_2$、KCl、$NaBr$、KBr、$CaBr_2$ 和 $ZnBr_2$ 等，各种常用盐水基钻井液的密度范围如表 8-6 所示。密度可在 $1.0 \sim 2.3\ g/cm^3$ 范围内调整，基本能满足备类油气井对钻井液密度的要求。无固相清洁盐水钻井液的流变参数和滤失量通过添加对油气层无伤害的聚合物来进行控制。为了避免对钻具造成腐蚀，还应加入适量缓蚀剂。

表8-6　各类盐水基钻井液所能达到的最大密度

盐水体系 （21℃饱和）	NaCl	KCl	NaBr	CaCl₂	NaCl – CaCl₂	CaBr₂	CaCl₂ – CaBr₂	CaCl₂ – CaBr₂ – ZnBr₂
溶液密度/ （g/cm³）	1.18	1.0 ~ 1.17	1.39	1.39	1.20 ~ 1.32	1.81	1.40 ~ 1.80	2.30

1）NaCl 盐水体系

NaCl 的来源广，成本低，其溶液的最大密度可达 $1.18\ g/cm^3$ 左右，常用的添加剂为 HEC（羟乙基纤维素）和 XC 生物聚合物等。配制时应注意充分搅拌，使聚合物均匀地完全溶解，否则不溶物会堵塞油气层。通常还使用 NaOH 或石灰控制 pH 值。若遇到的地层中含 H_2S，则需提高 pH 值至 11.0 左右。

2）KCl 盐水体系

KCl 盐水液是对付水敏性地层最理想的无固相清洁盐水钻井液体系。KCl 盐水基液的密度范围为 $1.0 \sim 1.17\ g/cm^3$。该体系使用的聚合物与 NaCl 盐水体系基本相同，KCl 与聚合物的复配使用使该体系对黏土水化的抑制作用更强。为了降低成本，KCl 常与 NaCl、

$CaCl_2$ 复配，组成混合盐水体系。只要 KCl 质量分数保持在 3% ~ 7%，其抑制作用就足以得到充分的发挥。

3）$CaCl_2$ 盐水体系

$CaCl_2$ 盐水液的最大密度可达 1.39 g/cm^3。为了降低成本，$CaCl_2$ 也可与 NaCl 配合使用，所组成的混合盐水的密度范围为 1.20 ~ 1.32 g/cm^3。该体系需添加的聚合物种类及用量范围与 NaCl 体系基本相似。

4）$CaCl_2 - CaBr_2$ 混合盐水体系

$CaCl_2 - CaBr_2$ 混合盐水液密度范围为 1.40 ~ 1.80 g/cm^3，由于 $CaCl_2 - CaBr_2$ 混合盐水液本身具有较高的黏度，只需加入较少量的聚合物即可。HEC 和 XC 生物聚合物的一般加量范围均为 0.29 ~ 0.72g/L。该体系的适宜 pH 值范围为 7.5 ~ 8.5。配制 $CaCl_2 - CaBr_2$ 混合液时，一般用密度为 1.70 g/cm^3 的 $CaBr_2$ 溶液作为基液。如果所需密度在 1.70 g/cm^3 以下，则可将密度为 1.38 g/cm^3 的 $CaCl_2$ 溶液加入上述基液进行调整；如果需将密度增至 1.70 g/cm^3 以上，则需加入适量的固体 $CaCl_2$，然后充分搅拌直至 $CaCl_2$ 完全溶解。

5）$CaBr_2 - ZnBr_2$ 与 $CaCl_2 - CaBr_2 - ZnBr_2$ 混合盐水体系

这两种混合盐水体系的密度均可高达 2.30 g/cm^3，专门用于某些超深井和异常高压井。配制时应注意溶质组分之间的相互影响（如密度、互溶性、结晶点和腐蚀性等）。对于 $CaCl_2 - CaBr_2 - ZnBr_2$ 体系，增加 $CaBr_2$ 和 $ZnBr_2$ 的质量分数可以提高密度，降低结晶点，但成本也会相应增加。而增加 $CaCl_2$ 的质量分数，则会降低密度，使结晶点上升，配制成本却相应降低。

使用无固相清洁盐水钻井液钻开油气层的优点在于可避免因固相颗粒堵塞而造成的油气层伤害。可在一定程度上增强钻井液对黏土矿物水化作用的抑制性，减轻水敏性伤害。由于无固相的存在，机械钻速可显著提高。但由于该类钻井液的配制成本高，工艺较复杂，对固控要求严格，同时具有对钻具、套管腐蚀较严重和易发生漏失等问题，因此在使用上受到较大的限制。无固相甲酸盐钻井液可以克服清洁盐水液腐蚀性强的缺点。

2. 其他水基钻井液

1）水包油钻井液

水包油钻井液是以水为连续相、油为分散相的无固相水包油乳状液。其组分除水和油外，还有水相增黏剂、降滤失剂和乳化剂等。其密度可通过改变油水比和加入不同类型、不同质量分数的可溶性无机盐来调节，最低密度可达 0.89 g/cm^3。这种钻井液特别适用于技术套管下至油气层顶部的低压、裂缝发育、易发生漏失的油气层。同时，也是欠平衡钻井中的一种常用钻井液体系。其不足之处是油的用量较大，配制成本较高。同时对固控的要求较高，维护处理也有一定难度。

2）无膨润土暂堵型聚合物钻井液

无膨润土暂堵型聚合物钻井液体系由水相、聚合物和暂堵剂固相颗粒组成，其密度依据油气层孔隙压力，通过加入 NaCl、$CaCl_2$ 等可溶性盐进行调节，地层压力系数较高或易坍塌的油气层仍然使用重晶石等加重材料。在一定的正压差作用下，所加入的暂堵剂在近井壁地带形成内泥饼和外泥饼，可阻止钻井液中的固相和滤液继续侵入。

酸溶性暂堵剂通常为 $CaCO_3$，加量一般为 3% ~ 5%，不宜用于酸敏性油气层。

水溶性暂堵剂通常为悬浮的盐粒，钻井液主要由饱和盐水、聚合物、固体盐粒和缓蚀剂等组成，密度范围为 1.04 ~ 2.30 g/cm³。由于盐粒不再溶于饱和盐水，因而会悬浮在钻井液中，常用的水溶性暂堵剂有细目氯化钠和复合硼酸盐等。这类暂堵剂可在油井投产时，用低矿化度水溶解盐粒而解堵，不宜在强水敏性的油气层中使用。

油溶性暂堵剂常用的是油溶性树脂，一类是脆性油溶性树脂，在钻井液中主要用于架桥颗粒，如油溶性的聚苯乙烯、改性酚醛树脂和二聚松香酸等；另一类是可塑性油溶性树脂，其微粒在一定压差作用下可以变形，主要作为充填颗粒。油溶性暂堵剂可被产出的原油或凝析油自行溶解而清除，也可通过注入柴油或亲油的表面活性剂将其溶解后解堵。

将不同类型的暂堵剂适当进行复配，会取得更好的使用效果。无膨润土暂堵型聚合物钻井液通常只适于技术套管下至油气层顶部，并且油气层为单一压力层系的油气井中使用。虽然这种钻井液有许多优点，但由于其配制成本高，使用条件较为苛刻，特别对于固控的要求很高，故在实际钻井中并未广泛采用。

3）低膨润土暂堵型聚合物钻井液

膨润土会对油气层带来危害，但它却能够给钻井液提供必需的流变和降滤失性能，还可减少钻井液所需处理剂的加量，降低钻井液的成本。低膨润土暂堵型聚合物钻井液的特点是，在组成上尽可能减少膨润土的含量，使之既能使钻井液获得安全钻进所必需的性能，又不对油气层造成较大的伤害。在这类钻井液中，膨润土的含量一般不得超过50g/L。其流变性和滤失性可通过选用各种与油气层相配伍的聚合物和暂堵剂来控制。除了含适量膨润土外，其配制原理和方法与无膨润土暂堵型聚合物钻井液相类似。低膨润土暂堵型聚合物钻井液在我国各油田应用较多。

4）改性钻井液

对于大多数采用长段裸眼钻开油气层的井，技术套管未封隔油气层以上的地层，为减轻油气层伤害，必须在钻开油气层之前，对钻井液从组成和性能上加以适当调整，以满足油气层保护对钻井液的要求。

目前，经常采取废弃一部分钻井液后用水稀释的方式，以降低膨润土和无用固相的含量。根据需要调整钻井液配方，尽可能提高钻井液与油气层岩石和流体的配伍性。选用适合的暂堵剂，并确定其加量。降低钻井液的 API 和 HTHP 滤失量，改善其流变性和泥饼质量。

使用改性钻井液的优点是应用方便，对井身结构和钻井工艺无特殊要求，而且原钻井液可得到充分利用，配制成本较低，因而在国内外均得到广泛的应用。但由于原钻井液中未清除固相以及某些与油气层不相配伍的可溶性组分的影响，因此难免会对油气层造成一定程度的伤害。

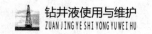
3. 保护油气层的油基钻井液

目前使用较多的油基钻井液是油包水乳化钻井液。由于这类钻井液以油为连续相，其滤液是油，因此能有效地避免对油气层的水敏伤害。与一般水基钻井液相比，油基钻井液的伤害程度较低。但是，使用油基钻井液钻开油气层时应特别注意防止因润湿反转和乳化堵塞引起的伤害，其关键在于必须选用合适的乳化剂和润湿剂，同时还应防止钻井液中过多的固相颗粒侵入油气层。对于砂岩油气层，应尽量避免使用亲油性较强的阳离子型表面活性剂，最好是在非离子型和阴离子型表面活性剂中进行筛选。

油基钻井液的配制成本高，易造成环境污染，因而在使用中会受到限制。与水基钻井液相比，目前在我国油基钻井液的使用相对较少。

4. 气体类钻井流体

对于低压裂缝性油气层、稠油层、低压强水敏或易发生严重井漏的油气层，由于其压力系数往往低于 0.8，要减轻正压差造成的伤害，需要选择密度低于 1.0 g/cm³ 的钻井流体来实现近平衡或欠平衡压力钻井。

气体类钻井流体按其组成可分为空气、雾、泡沫和充气钻井液 4 类，其特点是密度小，钻速快，通常在负压条件下钻进，因而能有效地钻穿易漏失地层，减轻由于正压差过大而造成的油气层伤害。其中后两种已在我国得到推广应用。

1）空气

空气钻井流体是由大气中的空气（有时亦使用天然气）、缓蚀剂和干燥剂等组成的一种循环介质，常用于钻开已下过技术套管的下部易漏失地层、强水敏性油气层和低压油气层。空气钻井流体的特点是流体密度低，在负压下钻进，本身又不含固相和液相，因此可最大限度地减轻对油气层的伤害，机械钻速可提高 3~4 倍，还可有效地防止由于井漏对油气层造成的伤害。但是，空气钻井流体会受到井壁不稳定和地层出水等问题的限制，并且需在井场配备大排量的空气压缩机等专用设备。一般情况下，地面注入压力为 0.7~1.5MPa，环空返速为 12~15m/s 时可有效地进行空气钻井。

2）雾

雾是由空气、发泡剂、防腐剂和少量水混合组成的循环流体。其中空气作为分散介质，液体为分散相，它们与岩屑一起从环空中呈雾状返出。使用这种流体钻井是空气钻井和泡沫钻井之间的一种过渡。当钻遇地层液体（如盐水层）而不宜再继续使用空气作为循环介质时，则可转化为此种钻井流体。雾保护油气层的原理与空气钻井流体类似，适用于钻开低压、易漏失和强水敏性的油气层。在所用液体中，可加入 3%~5% 的 KCl 和适量聚合物以利于防塌。为了能有效地将岩屑携至地面，注入压力不得低于 2.5MPa，环空返速应保持在 15m/s 以上，其空气需要量应比空气钻井时高 15%~50%。

3）泡沫

在钻开低压油气层时，通常是在地面配制成泡沫后再泵入井内，使用的是稳定泡沫，又称为预制稳定泡沫。其液相是发泡剂和水，气相是空气。典型配方为：1% 发泡剂 +

0.4% ~0.5%稳定剂 +0.5%增黏剂。气液体积比对泡沫的稳定性和流变性有很大影响，形成稳定泡沫的气液体积比范围为 (75 ~98)/(25 ~2)，即含液量为2% ~25%。配制泡沫时，用一台注塞泵将发泡剂等各种添加剂、水和一定比例的空气同时注入泡沫发生器内，经过剧烈搅拌，便形成由细小气泡组成的稳定泡沫，然后经由立管泵入井内。

使用稳定泡沫钻井，密度范围一般为0.03 ~0.09 g/cm³，流体的静压力只有水的1/50 ~1/20。钻井时呈负压状态，再加上泡沫中液体含量少，因此可大大减少滤液和固相进入油气层的机会。由于钻进时环空流速高达30 ~100m/min，泡沫自身具有较高的黏度，其携屑能力是水的10倍，是常规钻井液的4 ~5倍，这样可保证井内的岩屑颗粒能及时携出井口，从而减少了固相颗粒进入油气层的机会。泡沫与油气层配伍性较好，能有效地应对地层水，并且抗污染能力强。泡沫作为循环流体只能使用一次，因此所携出的岩屑颗粒不可能重新进入地层，机械钻速高，且泡沫与油气层的接触时间较短。以上特点使稳定泡沫成为比较理想的保护油气层的钻井流体，特别适于钻低压油气层，也是目前欠平衡钻井中常使用的一种钻井流体。这种体系的不足之处在于配制成本较高，作业时对气液比的要求十分严格，控制气液比有一定难度，废泡沫的排放问题解决难度较大等。此外，还须配置一整套专用设备。上述缺点限制了泡沫钻井技术的广泛应用。

4）充气钻井液

充气钻井液就是将空气注入钻井液体系。注空气的目的是为了减小密度，从而降低流体对井底的静液压力。通过改变充入气量，可随时调整钻井液的密度，实现平衡压力钻井。充气钻井液的最低密度一般可低至0.7 g/cm³。在使用充气钻井液时，环空流速应保持在1 ~10m/s，地面正常工作压力为3.5 ~8MPa。在经过地面除气器后，气体从充气钻井液中脱出，液相再进入钻井泵继续循环。充气钻井液主要适于钻开压力系数为0.7 ~1.0的油气层，并经常在欠平衡压力钻井时使用。

【任务实施】

任务1　配制、使用钻开油气层前的钻井液

一、学习目标
掌握钻开高压油气层前钻井液的配制，熟悉油气层保护知识。

二、训练准备
（1）穿戴好劳保用品。

（2）备足钻井液处理剂如加重剂、稀释剂、烧碱、降滤失剂等。

（3）检查混合漏斗、钻井液枪、搅拌器等运转是否正常。

（4）检查配制罐和钻井液储备罐。

（5）准备钻井液全套性能测定仪。

三、训练内容

(一) 实训方案

配制使用钻开油气层前的钻井液的实训方案如表8-7所示。

表8-7　配制使用钻开油气层前钻井液实训方案

序号	项目名称	教学目的及重点
1	钻开油气层前对钻井液性能的要求及相关计算	掌握钻开油气层对钻井液性能的要求及计算
2	配制、使用钻开油气层前钻井液操作过程	掌握配制、使用钻开油气层前钻井液的操作过程
3	异常操作	分析原因，掌握钻开油气层前钻井液性能的处理方法
4	正常操作	掌握配制、使用钻开油气层前钻井液的正常操作方法

(二) 正常操作要领

配制、使用钻开油气层前钻井液的正常操作要领如表8-8所示。

表8-8　配制、使用钻开油气层前钻井液的正常操作要领

序号	操作项目	调节使用方法
1	相关计算	在钻开油气层前用密度为 $1.15 g/cm^3$ 的钻井液钻进，在钻至油气层前，需要将钻井液密度加重至 $1.3\ g/cm^3$。在加重前，首先用1%的单宁碱液、0.5%的 Na–CMC、0.5%的质量分数为10%的NaOH进行处理。模拟配制 $1\ m^3$ 钻井液，计算各组分的加量（重晶石的密度为 $4.0\ g/cm^3$） （1）单宁碱液加量的计算： 　　　　$1000 \times 1.15 \times 1\% = 11.5$（kg）（$\approx 11.5L$） （2）Na–CMC 加量的计算： 　　　　$1000 \times 1.15 \times 0.5\% = 5.75$（kg） （3）NaOH 固体加量计算： 　　　　$1000 \times 1.15 \times 0.5\% \times 10\% = 0.575$（kg） （4）重晶石加量的计算： 已知：$V_原 = 1\ m^3$，$\rho_加 = 4.0\ g/cm^3$，$\rho_重 = 1.3\ g/cm^3$，$\rho_原 = 1.15\ g/cm^3$，则 $m_加 = V_原 \times \rho_加 \times (\rho_重 - \rho_原) / (\rho_加 - \rho_重) = 222$（kg）
2	配制钻开油气层钻井液实训	操作步骤： （1）据地质预测和邻井资料确定油气层深度、厚度、压力，确定配浆方案 （2）计算配制钻井液所需的处理剂用量和重晶石用量 （3）在配制罐的原钻井液中，加入稀释剂、降滤失剂、烧碱进行处理，然后加入重晶石充分搅拌均匀 （4）测定钻井液性能是否达到要求 （5）性能测定完毕后及时清理仪器 技术要求： （1）对邻井资料的分析必须准确 （2）配浆各用量要准确，其中烧碱必须足够，以便侵入少量的油乳化于钻井液中，使钻井液具有较好的抗油污能力

四、考核建议

为了准确的评价本课程的教学质量和学生的学习效果，体现注重学生职业能力培养的教学目标，建议对本课程的各个环节进行考核，以便对学生的评价公正、准确。建立过程考评（任务考评）与期末考评（课程考评）相结合的方法，强调过程考评的重要性。过程考评占60%，期末考评占40%。考核评价方式如表8-9所示。

表8-9　考核评价表

	评价内容	分值	权重
过程评价	配制钻开油气层钻井液的相关计算（基本知识）	20	60%
	配制油气层钻井液的处理过程（技能水平、操作规范）	40	
	方法能力考核（制定计划或报告能力）	15	
	职业素质考核（"5S"与出勤执行情况）	15	
	团队精神考核（团队成员平均成绩）	10	
期末考评	期末理论考试（联系生产实际问题、职业技能证书考核中"应知"内容）	100	40%

任务2　维护处理钻开油气层前钻井液实训

一、学习目标

掌握钻开油气层前钻井液的维护处理，了解屏蔽暂堵剂的作用机理。

二、训练准备

（1）穿戴好劳保用品。

（2）备足钻井液处理剂，如加重剂、稀释剂、降滤失剂、烧碱。

（3）检查地面设备和循环系统是否齐全、畅通。

（4）检查固控设备、搅拌器、钻井液枪、除气和排油等设备运转是否灵活好用。

（5）检查加重灰罐、混合漏斗以及井口防喷装置是否正常。

（6）确认消防设备齐全、好用。

（7）准备钻井液全套性能测定仪1套。

三、训练内容

（一）实训方案

维护处理钻开油气层前钻井液的实训方案如表8-10所示。

表8-10　维护处理钻开油气层前钻井液实训方案

序号	项目名称	教学目的及重点
1	钻开油气层前对钻井液的性能要求	掌握钻开油气层前对钻井液性能的要求
2	维护处理钻开油气层前钻井液的操作过程和要求	掌握维护处理钻开油气层前钻井液的操作过程和要求
3	异常操作	分析原因，掌握钻开油气层前钻井液的维护处理方法
4	正常操作	掌握维护处理钻开油气层前钻井液的正常操作方法

（二）正常操作要领

维护处理钻开油气层前钻井液的正常操作要领如表8-11所示。

表 8-11 维护处理钻开油气层前钻井液的正常操作要领

序号	操作项目	调节使用方法
1	维护处理钻开油气层前钻井液实训	操作步骤: (1) 根据地质预测和邻近井的资料确定油气层的深度、厚度、压力,确定加重前对钻井液性能进行调整的方案 (2) 调整钻井液性能,对钻井液进行预处理,加入稀释剂降滤失剂等,并配合加入烧碱水,使钻井液具有低黏度、低切力、低滤失等性能 (3) 加入烧碱水,提高 pH 值,使少量侵入的油乳化于钻井液中,使钻井液具有良好的抗油侵能力 (4) 测定调整后的钻井液性能是否符合要求 (5) 设计钻井液加重的钻井液维护方案 (6) 检查加重设备及加重材料生物储备 (7) 储备高密度的钻井液 (8) 按设计方案对钻井液进行加重,即在进入油气层前将密度提高至设计要求 (9) 加重时要使用混合漏斗、钻井液枪等,按钻井液循环周均匀加入 (10) 加重速度以每分钟不超过 10 袋(每袋 25kg)加重剂为宜,最多不超过 15 袋 (11) 加重后要测量循环周性能 (12) 性能测定后要及时清理仪器 技术要求: (1) 在钻开油气层前 50m 对钻井液进行性能调整 (2) 提高 pH 值达 11 以上后有利于原油乳化 (3) 加重材料的储备必须充足,一般准备重钻井液 2 罐,特殊情况需 4 罐 (4) 重钻井液储备量约 80m³,密度为地质设计的上限 (5) 加重密度必须达到设计要求,加重以后设计密度不低于规定的下限,并观察钻井液是否均匀,同时应经常注意观察油气显示 (6) 做好重钻井液的防雨、防水工作,管理好储备的轻重钻井液和加重剂,每次起、下钻时罐内储备的重钻井液都要进行循环,以免加重剂沉淀

四、考核建议

为了准确的评价本课程的教学质量和学生的学习效果,体现注重学生职业能力培养的教学目标,建议对本课程的各个环节进行考核,以便对学生作出公正、准确的评价。建立过程考评(任务考评)与期末考评(课程考评)相结合的方法,强调过程考评的重要性。过程考评占 60%,期末考评占 40%。考核评价方式如表 8-12 所示。

表 8-12 考核评价表

	评价内容	分值	权重
过程评价	维护处理钻开油气层前钻井液的相关知识(基本知识)	20	60%
	维护处理油气层钻井液的处理过程(技能水平、操作规范)	40	
	方法能力考核(制定计划或报告能力)	15	
	职业素质考核("5S"与出勤执行情况)	15	
	团队精神考核(团队成员平均成绩)	10	
期末考评	期末理论考试(联系生产实际问题、职业技能证书考核中"应知"内容)	100	40%

任务3　处理完井钻井液实训

一、学习目标

学习完井液的处理方法，进一步熟悉降滤失剂、润滑剂和稀释剂的作用。

二、训练准备

（1）穿戴好劳保用品。

（2）备足钻井液处理剂，如加重剂、稀释剂、降滤失剂、烧碱等。

（3）检查地面设备和循环系统是否齐全、畅通。

（4）检查固控设备、搅拌器、钻井液枪、除气和排油等设备运转是否灵活好用。

（5）检查加重灰罐、混合漏斗以及井口防喷装置是否正常。

（6）确认消防设备齐全、好用。

（7）准备钻井液全套性能测定仪1套。

三、训练内容

（一）实训方案

处理完井钻井液实训方案如表8-13所示。

表8-13　处理完井钻井液实训方案

序号	项目名称	教学目的及重点
1	完井液性能技术要求	掌握完井液性能的技术要求
2	处理完井钻井液操作过程	掌握处理完井钻井液的操作过程
3	异常操作	分析原因，掌握完井液的处理方法
4	正常操作	掌握维护处理钻井液的正常操作方法

（二）正常操作要领

处理完井钻井液的正常操作要领如表8-14所示。

表8-14　处理完井钻井液的正常操作要领

序号	操作项目	调节使用方法
1	处理完井钻井液实训	操作步骤： （1）钻井液中加入防塌降滤失剂来降滤失，做造壁性处理 （2）加入润滑剂进行润滑处理，降低泥饼黏附系数 （3）测定泥饼黏附系数，使其尽量小 （4）测定调整后的钻井液性能是否符合要求 （5）加入稀释剂和烧碱进行稀释处理 技术要求 （1）钻井液的滤失量通常小于5mL，最大不超过8mL，滤饼要薄、坚韧、致密 （2）加入SMP、超细$CaCO_3$增加造壁性 （3）加有机硅润滑剂SNR-1及NDL-3等用于降低滤饼摩擦阻力 （4）泥饼摩擦系数要小于0.2 （5）稀释处理的结果应保持钻井液滤液的pH值大于10，切力应尽量低（指下套管以后）

四、考核建议

为了准确的评价本课程的教学质量和学生的学习效果，体现注重学生职业能力培养的教学目标，建议对本课程的各个环节进行考核，以便对学生作出公正、准确的评价。建立过程考评（任务考评）与期末考评（课程考评）相结合的方法，强调过程考评的重要性。过程考评占 60%，期末考评占 40%。考核评价方式如表 8-15 所示。

表 8-15　考核评价表

	评价内容	分值	权重
过程评价	处理完井钻井液的相关知识（基本知识）	20	60%
	处理完井钻井液的操作过程（技能水平、操作规范）	40	
	方法能力考核（制定计划或报告能力）	15	
	职业素质考核（"5S"与出勤执行情况）	15	
	团队精神考核（团队成员平均成绩）	10	
期末考评	期末理论考试（联系生产实际问题、职业技能证书考核中"应知"内容）	100	40%

任务4　处理油气侵后钻井液性能实训

一、学习目标

掌握油气侵的处理方法以及油气侵后钻井液性能的变化规律，了解乳化剂的作用。

二、训练准备

（1）穿戴好劳保用品。

（2）准备降黏剂、乳化剂、烧碱、加重剂、消泡剂各适量，pH 试纸（1~14）1 本。

（3）准备钻井液全套性能测定仪 1 套、搅拌机 1 台。

（4）准备钻井液配制罐和储备罐各 1 个。

三、训练内容

（一）实训方案

处理油气侵后钻井液性能实训方案如表 8-16 所示。

表 8-16　处理油气侵后钻井液性能实训方案

序号	项目名称	教学目的及重点
1	油气侵后钻井液性能的变化规律	掌握油气侵后钻井液性能的变化规律
2	处理油气侵后钻井液性能的操作过程	掌握处理油气侵后钻井液性能的操作过程
3	异常操作	分析原因，掌握油气侵后钻井液的处理方法
4	正常操作	掌握处理油气侵后钻井液性能的正常操作方法

（二）正常操作要领

处理油气侵后钻井液性能的正常操作要领如表 8-17 所示。

表8-17　处理油气侵后钻井液性能的正常操作要领

序号	操作项目	调节使用方法
1	处理油气侵后钻井液性能实训	操作步骤： 　（1）仔细分析井下情况，准确制定处理方案 　（2）根据处理方案，正确制定所需处理剂的种类和加入比例，并准确计算各处理剂的加量 　（3）制定处理剂的加入顺序 　（4）计算加重剂的用量，并实施加重作业 　（5）循环观察性能变化 　（6）备足所需处理剂 　（7）调整钻井液性能，同时排油除气 　（8）加入适量乳化剂 技术要求： 　（1）按每周密度增加0.05g/cm³的幅度，计算出加重剂的用量 　（2）按循环周时间经混合漏斗将加重剂均匀加入（此时的低压循环正是一种除气手段） 　（3）经循环观察，密度不再降低，则证明已经压稳油气层。如果密度仍继续下降，可再按0.05g/cm³的幅度加1周，如此重复，直至压稳 　（4）若侵污严重，粘切过高时，在加重的同时对钻井液进行稀释处理，以利于排油除气 　（5）必要时可再加适量的表面活性剂 　（6）油气侵较为严重时，钻井液中气泡很多，除气不及时会出现加重钻井液密度上升困难，或出现测量不准确的现象。应充分搅拌钻井液，降低钻井液黏度、切力，待彻底除气后方可注入井内

四、考核建议

为了准确的评价本课程的教学质量和学生的学习效果，体现注重学生职业能力培养的教学目标，建议对本课程的各个环节进行考核，以便对学生作出公正、准确的评价。建立过程考评（任务考评）与期末考评（课程考评）相结合的方法，强调过程考评的重要性。过程考评占60%，期末考评占40%。考核评价方式如表8-18所示。

表8-18　考核评价表

	评价内容	分值	权重
过程评价	油气侵后钻井液性能变化规律（基本知识）	20	60%
	处理油气侵钻井液的操作过程（技能水平、操作规范）	40	
	方法能力考核（制定计划或报告能力）	15	
	职业素质考核（"5S"与出勤执行情况）	15	
	团队精神考核（团队成员平均成绩）	10	
期末考评	期末理论考试（联系生产实际问题、职业技能证书考核中"应知"内容）	100	40%

【拓展提高】

一、废弃钻井液的处理方法

（一）回填法

回填法即用从存储坑挖出的土将废钻井液进行填埋。废钻井液存储坑应结构坚实且不易渗透。垫衬材料可使用塑料软膜、沥青、混凝土及经化学处理的土壤—膨润土等。在填埋前，通常通过脱水处理或让其自然蒸发，以减少废钻井液的体积。回填法是最经济的方

法，但可能造成潜在的环境危害。因此许多环保机构都对回填法的使用做了严格的规定。

（二）土地耕作法

土地耕作法是将脱水后的残余固相均匀的撒放到钻井现场（每 100m³ 小于 4.5kg 的氯化物），然后用耕作机械把它们混入土壤。这种方法较适合于相对平坦的开阔地面以便于机械化耕作。使用该法应控制废钻井液残渣中的可溶性盐含量不能超过土壤安全负荷，且不能在雨天、地面坡度大于 5° 及地下水位浅的地区耕作。

土地耕作法适用于淡水钻井液，此外，用于油基钻井液也是比较安全的。研究表明，柴油基和矿物油基钻井液在土壤中降解速度很快，一年内烃含量可降低 90%，但柴油可引起长期效应。

（三）泵入井眼环形空间或安全地层

泵入井眼环形空间或安全地层的方法是一种安全且方便的处理方法，可以及时、就地处理废钻井液，且不需预处理便可直接泵入井眼环形空间或安全地层，不会给地面留下长期隐患。该方法适用于水基和油基钻井液。泵入地层的深度应大于 600m，且远离油气区 2000m 以上，并确保注入地层后不会再返流，否则须用水泥进行密封。因此，该方法具有较大的局限性，在国外某些地区禁止使用。

（四）固液分离

目前使用的固液分离法主要是通过加入混凝剂破坏胶体稳定性，再用机械脱水装置将水脱离。固液分离的流程：将混凝剂加入废钻井液→搅拌→静置→机械脱水→生成污水和浓缩污泥。固液分离后的浓缩污泥比脱水前含水量低，表观变干，体积缩小。可将浓缩污泥就地填埋或运送到别处集中处理。固液分离后得到的污水经处理后可重新用于钻井，也可达标后就地排放。

（五）化学固化

由于废钻井液含有一定数量的固相物质，可加入一定数量的化学添加剂（固化剂），与废钻井液发生一系列复杂的物理、化学作用，将废钻井液中的有害成分（如重金属离子、高聚物、油类等）固化，从而降低其渗透性及迁移作用，以达到防止污染的目的。

固化作业过程是将固化剂直接注入废钻井液池，然后搅拌使其充分混合，并放置几天甚至几十天使其硬化。硬化处理后不仅能防止化学污染，而且还可以生产出固化材料，用于建筑、铺路、填埋等。

常用的固化剂有有机和无机两类。无机类固化剂主要有水泥、石灰、磷石膏、水玻璃、氯化钙、氯化镁、硫酸铅、无定型硅灰等；有机类固化剂主要有聚乙烯醇、甘油、脲醛树脂、氨基甲酸乙酯聚合物、热固（塑）性树脂（如沥青、聚乙烯）等。

（六）其他方法

1. 废钻井液的回收利用

将已完井的钻井液经过性能调整后运送到另一新井使用，即废钻井液的回收利用。此外，还可用天然气、原油、重油等为热源的喷雾干燥法回收粒状钻井液材料，以利于运输和重复利用。

2. 运到某地点集中处理

某些特殊类型废钻井液就地不便处理，因此须将其运至规定的地点集中处理，由于该法会增加运输费用，一般只在特殊情况下使用。

3. 对高质量分数盐溶液的处理

对高质量分数盐（主要是氯化物）溶液的处理是一个比较棘手的问题。国外某公司采取将一种微生物和培养基一起加到废钻井液的方法，微生物在成长过程中利用了氯化物并使固相凝聚。这种方法比化学处理成本低，而且更有效。

4. 对油类物质的处理

油基废钻井液是不允许直接排放的。由于在无氧条件下油类物质很难降解，所以一般不使用填满方法。对油基钻井液常使用焚烧方法和微生物方法进行处理。微生物法是在与空气充分接触的条件下用微生物降解油类，并撒放于土壤，对含大量油类的废钻井液，如果焚烧后不会带来大气污染，则可将其焚烧，灰烬可以掩埋。

5. 转化为固井水泥浆

钻井液转化为水泥浆技术（Mud to Cement）技术，简称 MTC 技术。该技术是向滤失性和悬浮性的钻井液中加入高炉水淬矿渣及激活剂，从而使钻井液转化为性能与油井水泥浆相似的钻井液固化液。

由于倾入大海的废钻井液的有害影响波及范围较广，所以对海上钻井废物的处理日益受到重视。几乎所有的环保机构均禁止在海上排放废钻井液。

二、正常情况下的钻井液工作

（一）钻井各阶段的钻井液工作

1. 钻井液设计

钻井液设计是钻井工程设计的一部分，由工程项目的甲方完成。钻井液设计是现场钻井液技术应用的依据。

1）钻井液设计依据

钻井液设计过程中，以地质资料为主要设计依据，以工程设计数据为保障。同时，应考虑邻近水源水质供应是否充足，以及邻近井的情况等。

2）一口井钻井液的主要设计内容

主要设计内容包括：钻井液设备和地面循环系统的安装技术要求；各井段钻井液类型、分层处理方案和钻井液参数的设计；预计井下复杂情况的预防及处理措施；各井段钻井液的维护处理措施；全井和分井段钻井液处理剂原材料的用量计划及成本预算；分析实验工作的要求和安排。

2. 钻前准备工作和钻表层

1）勘察水源

一口井开钻前，尤其是新区的井，须要勘察水源，并进行取样分析。此外，还应检查

水泵及供水管线，并将储水罐和大循环池注满水。

2）检查循环系统

用清水检查循环系统、容器、钻井液枪、混合漏斗等是否完好，有无刺漏现象，以及钻井液溜槽坡度是否合适。

3）表层准备

钻表层时应该用钻井液罐或大循环池，若使用大循环池时，不要沿高压管线挖地沟。如用钻井液钻表层，应储备足够的钻井液。

4）准备二开

检查和校正好钻井液性能测定仪器，并准备好快速钻进阶段使用的处理剂和原材料。

5）钻表层

钻表层也叫"一开"，一开井段地层一般为黏土层和沙层，有时也夹杂砾石层。地层比较松软，胶结性差，可钻性好。表层深度不大，钻探时间短，对钻井液要求不严格，一般采用清水自然造浆，或者采用膨润土—聚合物钻井液开钻。

钻表层要注意的事项包括：地层易吸水松垮，造成井壁坍塌及井径扩大现象，因此应尽快形成泥饼，巩固井壁；钻速高，要求所用的钻井液携带钻屑能力较强，保持井眼清洁；如果邻井资料有"防塌""防漏"提示时，尽量不要用清水开钻；膨润土—聚合物钻井液滤失量低，形成的泥饼坚韧，造壁性能好，可以保持井壁稳定和井径规则，有利于下套管，为下一步钻井作业打下良好的基础。

3. 快速钻进阶段的钻井液工作

1）快速钻进阶段的特点

现场也常把这一阶段叫做"二开"。二开在钻进过程中是一个极其重要的环节，它具有井段大、裸眼长的特点。上部地层一般都比较松软，多为黏土层、流沙层和松软的泥岩及砂岩层，易水化膨胀和分散造浆，渗透性强，易塌、易漏、易卡。在钻进工艺上主要是要求钻井速度快，且避免中断；且要求钻井液滤失量小，能尽快形成质量好的泥饼来稳固井壁；携带岩屑和悬浮岩屑的能力要强，能满足井眼净化和提高钻速的要求。同时要具有较好的剪切稀释特性。

2）此阶段的钻井液工作

（1）为了克服地层的剧烈造浆并使粉砂、岩屑能在地面迅速沉淀后加以清除，钻井液要保持低黏度、低切力、低密度、低固相含量，并要适当控制滤失量。钻井液主要以大量清水稀释为主，可配合一、二次化学处理，加入絮凝剂防止黏土颗粒分散。

（2）快速钻进要注意防漏，如遇渗透性漏失，可用小排量强行钻穿，一般可将井漏制止。如漏失严重，则应提高钻井液的黏度、切力，降低排量，穿过漏层，切忌大排量冲刷。

（3）钻速快，钻井液消耗量大，要经常不断地补充清水。要注意防止把钻井液池抽干而被迫停钻，或停钻后连续往钻井液池放入几十立方米清水，并打入井内，此类操作容易引起事故。

（4）起钻前50m左右用处理剂处理一次，以促进黏土水化，从而形成结构致密的泥饼以巩固井壁。同时，稍微提高黏度、切力，以便清除井内岩屑，促使井眼净化，避免下钻遇阻。

（5）此阶段进尺快，岩屑量大，起钻前要适当洗井，以保证井下通畅。

4. 中深井和深井阶段

浅井通常没有这个阶段，只有深井和超深井才会经历这个阶段，此阶段的钻井液工作包括以下内容。

（1）在此阶段地层开始变硬，钻速变慢，钻井液的处理维护工作也变得较有规律。首先要调整好钻井液的性能，使钻井液的性能良好、稳定，符合规定的要求。同时要认真清理循环系统，清理快速钻进阶段沉积的岩屑和泥砂。在处理前要认真做好小型实验，力求每次处理都能成功。

（2）通常情况下，随着井深的增加，地层压力梯度也会不断增大，所需钻井液密度也要随之增大，所以要准备足够的加重钻井液或加重剂。

（3）要注意防止井喷、井塌、井漏和卡钻等事故，防止钻井液受到化学污染。进入高压油、气、水层以前要使密度达到设计要求。进入含有化学盐类的地层前要对钻井液进行预处理，以提高其抗盐类污染的能力。

（4）随着井深增加，井底温度不断升高，注意选用抗高温处理剂和抗高温的钻井液类型，并要注意测定高温下的钻井液性能。

（5）此阶段历程长，地层复杂多变，所用的钻井液体系也可能进行多次变换，要及时做好钻井液类型的转化工作。

5. 完钻完井阶段

此阶段是钻一口井的最后阶段，一口井在钻至设计井深之后，能否取全取准所需各种地层资料和达到固井质量合格，交付投产采油，取决于完井工作能否顺利进行及完井工作质量是否达标。完钻完井阶段的工作包括完钻、电测井和井壁取心、通井下套管、固井、安装井口等工作。完井阶段不再钻进，这时应改用完井液，具体工作包括以下几个方面。

（1）根据完井液性能和完井工作的具体情况，制定适当的完井液性能，黏度应比钻进时稍高（如提高5~10s）。应在最后一只钻头钻至设计井深前20~30m时将完井液配制、处理并调整好。处理时要认真细致，保证处理后的钻井液符合要求，避免完井液性能大幅度变化。

（2）应对全井遇阻、遇卡的情况、原因、地层特点和井身质量作出分析，根据具体情况制定具体措施。在最后一只钻头的钻进过程中进行处理，同时适当循环完井液洗井，以保证井内清洁、畅通。

（3）造成电测遇阻的因素很多，井筒的清洁情况、泥饼的厚薄和质量的好坏、井身质量、井筒方位变化、井内有无台阶、是否电缆划出键槽、电测下放电缆的操作方法等均会

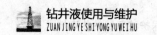
对其产生影响。如发生电测遇阻，应科学地分析原因，采取相应的措施，不要盲目地处理完井液，造成性能大幅度变化。

（4）下套管前须通井，下完套管后不须用处理剂处理，只宜用清水调整完井液，使其具有良好、稳定的性能。不要大幅度降低完井液的黏度、切力，避免破坏井壁甚至造成坍塌，防止井漏和卡套管事故发生，从而保证固井作业安全顺利并提高固井质量。

6. 钻井液现场维护处理

1）现场性能测定

要定时校正钻井液仪器，做到准确无误。按规定及时、正确地测量钻井液性能。使用各种手段认真观察钻井液的变化，做好室内小型实验。

2）现场钻井液化学处理

选择好处理时机。处理剂加量应不超过小型实验加量的 50% ~ 80%。处理时要边观察、边测量、边实验、边处理，处理后要测定循环周数据。做好资料、数据的记录和整理。

（二）特殊钻井作业时的钻井液工作

1. 起、下钻时的钻井液工作

1）起钻前调整好钻井液性能

一般来说，在正常钻进时，虽然水力参数和流变参数已经达到了设计要求，但井内仍然是不干净的。因此，在起钻前应该稍微提高钻井液的黏度，加大泵排量，以保证将井内的岩屑彻底携带出来，并科学应用地面的各种固控设备。

当井下情况比较复杂，有坍塌现象或在平衡压力钻进时，起钻前应提高钻井液密度，以防钻井液长时间在井内静止，避免因静液压力不足以平衡地层压力而造成坍塌或其他事故。

2）起、下钻过程中的工作

（1）观察灌入钻井液和返出钻井液的情况，并作好记录。当因人为因素或因管线堵塞没有及时灌入钻井液时，很可能因井内静液压力下降而造成坍塌或井喷现象。而在下钻过程中井口不返钻井液时，则可能是由于下钻速度过快而将地层压漏。

（2）对起、下钻过程中遇到的阻卡现象应作详细记录，并分析造成的原因，诸如井径缩小、砂桥、井身质量不合格等。造成起、下钻困难的因素往往是多方面的，应该进行科学的分析，制定详细的预防措施。对于由工程或地质方面引起的问题应向主管人员通报。

（3）及时清除钻井液槽里的砂粒，保证钻井液流动畅通。

3）下钻后的钻井液工作

当新钻头下至井底时，开泵前应注意对钻井液长时间静止后的性能进行全面的了解，以便制定更切合实际的技术措施。一般情况下，开泵后循环半周到一周后再加处理剂调整性能，这样有利于携带井内的岩屑，特别是井内有坍塌现象时更应如此。

2. 固井作业对钻井液工作的要求

（1）下套管前要用高效处理剂充分处理钻井液，保证钻井液性能稳定及下套管工作的顺利进行。

（2）因为钻井液的流动性是影响固井质量的重要因素，所以要保证钻井液有较好的流动性。井内钻井液的流动性好，可以保持大排量循环，有利于井眼清洁。同时，在注水泥过程中，钻井液的流动性好，可以使水泥浆保持较高的上返速度，有利于将钻井液顶替干净，对套管和井壁间的胶结与密封都有利。钻井液的流动性主要取决于其黏度和切力，所以，在满足井下条件的情况下，一般要求注水泥前的钻井液具有较低的黏度和切力。

（3）在注水泥和钻水泥塞的过程中，钻井液不可避免地要接触水泥，因此，在配制钻井液时，要特别注意提高其抗水泥污染的能力。若钻井液抗水泥污染的能力差，则对水泥的侵入比较敏感，在接触过程中，会因污染而使钻井液稠化，增大流动阻力，影响顶替效率。

（4）固井时要求泥饼薄而坚韧，滤失量要小。这样可以延缓水泥浆的稠化时间，使水泥浆保持较好的流动性。反之，若泥饼厚而松散，水泥浆滤失量大，会加速水泥浆稠化，增大流动阻力，不仅使固井时泵压升高，而且会使水泥凝固后与井壁胶结不牢固，影响封固质量。

（5）配制适当的隔离液。固井时，钻井液与水泥浆的交界面处，由于水泥浆中钙离子浓度大、pH 值高而造成钻井液黏度高、切力大、受污染而变稠。而且，由于交界面 2 种流体混合，使水泥凝固不好，甚至不凝固，起不到有效封固地层的作用。为了减少和防止此类现象发生，可在注水泥前注入一段清水或含有表面活性剂的液体，从而把钻井液与水泥浆隔离开，这种液体称为隔离液。隔离液应有适当的密度、黏度、切力和较小的滤失量，有利于顶替钻井液。并且不与钻井液和水泥浆发生任何化学反应，不会造成污染。此外，隔离液还要有利于井壁清洗、能够防止井壁坍塌。

3. 取心时的钻井液工作

油层取心的目的主要是为了测量岩心中的含油饱和度、渗透率、孔隙度等参数，用来准确地预测油田储量。所以在油田取心时尽量避免影响含油饱和度的准确性或破坏岩心的原始状态。采用密闭取心保护液（简称密闭液）保护岩心，现场使用效果很好。

1）密闭取心保护液的使用方法

将配制好的密闭液装入内岩心筒，内岩心筒的下端有一个活塞，活塞上带有小孔，能使密闭液通过。在取心钻进时，随着岩心的形成而逐渐进入内岩心筒，岩心则顶着活塞下端的触头上移，从而压迫活塞向上运动，挤出密闭取心保护液，自行涂在岩心的周围。由于密闭液不与井内水基钻井液相容混，所以岩心涂抹密闭液之后，便可防止钻井液滤液对岩心的侵害和污染，基本保持住岩心的原始状态，达到保护岩心的目的。

2）密闭取心保护液的配方

密闭液配方为过氯乙烯树脂：篦麻油：单硬脂酸甘油酯：重晶石 = 10：100：0.5：49（质量

比）。按此配方配出的密闭液性能为：密度为 $1.28 \sim 1.32 g/cm^3$，黏度为 $500 \sim 600 mPa \cdot s$（温度为 $100℃$）。经现场使用效果很好，岩心平均密闭率达 98% 以上。

4. 测井对钻井液工作的要求

在测井过程中，钻井液发挥着重要的作用，是某些测井方法在探测地层参数时不可缺少的介质，其性能好坏直接影响测井的质量和效率。因此，在测井过程中对钻井液的性能有一定的要求。

1）矿化度

钻井液的矿化度决定其电阻率。如果矿化度太高，则钻井液滤液的电阻率很低，在电法测井中将导致井眼的分流作用增大，使普通电法测井所得到的地层电阻率值明显降低，不能反映地层的真实情况。利用这样的电阻率值计算出来的地层含油饱和度将大大降低，不利于油田的合理勘探和开发。在高矿化度钻井液的情况下，必须改用带聚焦电极的侧向测井法来探测地层电阻率，以减小井眼的影响。另外，矿化度高，则钻井液中的氯离子含量较多，也会对中子伽玛测井法造成影响，导致中子伽玛计数率增高及地层的中子测井孔隙度降低。钻井液矿化度对自然电位测井的影响更是不可忽略的。对渗透性地层而言，自然电位异常幅度越明显越好。自然电位异常幅度的大小取决于钻井液滤液的电阻率与地层水的电阻率的比值，因此，需要钻井液具有较低的矿化度。

2）含油量

普通电阻率测井和聚焦型侧向测井之所以能在井中测得各地层的电阻率值，是因为井内有可导电的钻井液存在，可以在井内由供电电极形成一个人工电场，但油基钻井液不导电，上述电法测井则无法使用。此种情况下，必须利用电磁感应原理在井下建立人工电场的感应测井来探测地层的电阻率值。同时，在油基钻井液或含油量超过 10% 时，不能使用普通测井电缆。

3）密度、黏度和含砂量

钻井液密度太大，则井底压差增大，钻井液滤液侵入地层的深度增大，泥饼也会相应增厚。这对各种测井方法的影响都会增大。钻井液的黏度和含砂量过高，除影响钻速及容易造成卡钻外，在测井时也会导致测井仪器遇阻、遇卡现象，影响测井效率。同时，由于仪器在上提过程中所受的阻力增大，会使电缆因受力增加而伸长，从而增大测井深度误差。

综上所述，为了保证测井仪器顺利下入井底，钻井液的密度应该适当，不宜过大；含砂量应小，一般应小于 0.3%；黏度不宜太大，一般不能超过 $90s$。钻井液各种性能均应稳定。若钻井液漏失严重或发生轻微井喷，或井口开始外溢钻井液时，则不能进行测井。同时，钻井液的矿化度和含油量要根据测井方法的需要进行适当的调整。

【思考题及习题】

一、填空题

1. 废弃钻井液的回收利用是将完井的钻井液经（　　　）后运送到另一口新井使用。

2. 要降低对油气层的污染就必须严格控制钻井液的（　　　）。

3. 作完井液使用的无黏土钻井液中常用的无机物桥堵剂是（　　　）。

4. 引起油气层损害程度最大的是（　　　）。

二、判断题

1. 油气层损害的原因之一是工作液与地层岩石不配伍。（　　）

2. 钻开油气层时，来自钻井液的固体粒子不能堵塞油层的孔喉通道。（　　）

3. 钻遇油气层时，钻井液因受气侵而造成密度升高。（　　）

4. 保护储层压井液应具有抑制性和较小的固相损害性。（　　）

三、简答题

1. 什么叫油气层伤害？

2. 油气层损害的室内评价包括哪些方面？在五敏评价实验中为什么速敏实验应首先进行？

3. 在钻井过程中，引起油气层损害的原因主要有哪些？

4. 目前我国保护油气层的钻井液主要有哪些类型？各有何特点？

5. 在钻井液中常用的暂堵剂有哪几种？

参考文献

[1] 鄢捷年. 钻井液工艺学 [M]. 北京：石油工业出版社，2001

[2] 中国石油天然气集团公司人事服务中心. 钻进泥浆工（上、下册）[M]. 东营：中国石油大学出版社，2004.

[3] 周金奎，唐丽等. 钻井液工艺技术 [M]. 北京：石油工业出版社，2009.

[4] 黄汉仁. 泥浆工艺原理 [M]. 北京：石油工业出版社，1981.